MARTIN WALTERS

Die Signale der Vögel

Haupt
NATUR

Die englische Originalausgabe erschien 2011 bei New Holland Publishers (Australia) Pty Ltd unter dem Titel *Endangered Birds – A Survey of Planet Earth's Changing Ecosystems*

Konzept, Gestaltung und Produktion dieses Buches durch:
Marshall Editions
The Old Brewery
6 Blundell Street
London N7 9BH
www.marshalleditions.com

Aus dem Englischen übersetzt von
Coralie Wink, D-Dossenheim, und Monika Niehaus, D-Düsseldorf
Satz der deutschen Ausgabe: Verlag die Werkstatt, D-Göttingen
Umschlag der deutschen Ausgabe: pooldesign.ch

Bibliografische Information der *Deutschen Nationalbibliothek*
Die Deutsche Nationalbibliothek verzeichnet diese Publikation in der Deutschen Nationalbibliografie; detaillierte bibliografische Daten sind im Internet über http://dnb.d-nb.de abrufbar.

ISBN 978-3-258-07682-9

www.haupt.ch

Fachberatung BirdLife International Ltd, Jonathan Elphick
Redaktionsteam Graham Bateman (BCS Publishing Ltd), Paul Docherty, Mary Allen, Miranda Smith, Emily Collins
Gestaltung Tim Scrivens, Ali Scrivens
Bildredaktion Veneta Bullen
Produktion Nikki Ingram
Farblithografie Modern Age Repro House Ltd., Hong Kong

Printed in Singapore by Star Standard Industries (PTE) Ltd.

Umschlagabbildungen

Vorne, von oben nach unten:
Abenddämmerung: Protaswo A&N/Shutterstock; Kanadakranich: Sebastien Burel/Shutterstock; Grüne Felder, East Anglia, GB: Tamara Kulikova/Shutterstock; Fluss, Venezuela: Janne Hämäläinen/Shutterstock

Hinten, von oben nach unten:
Vögel über der Tundra: Witold Kaszkin/Shutterstock; Abendrot: James «BO» Insogna/Shutterstock; Amazonas: rm/Shutterstock

▷ *Ein einsamer Brillenpinguin (Spheniscus demersus) an einem Strand in Kapstadt, Südafrika.*
◁ *Ein fünf Tage altes Seeregenpfeifer-Küken sucht am Strand (USA) nach Futter.*

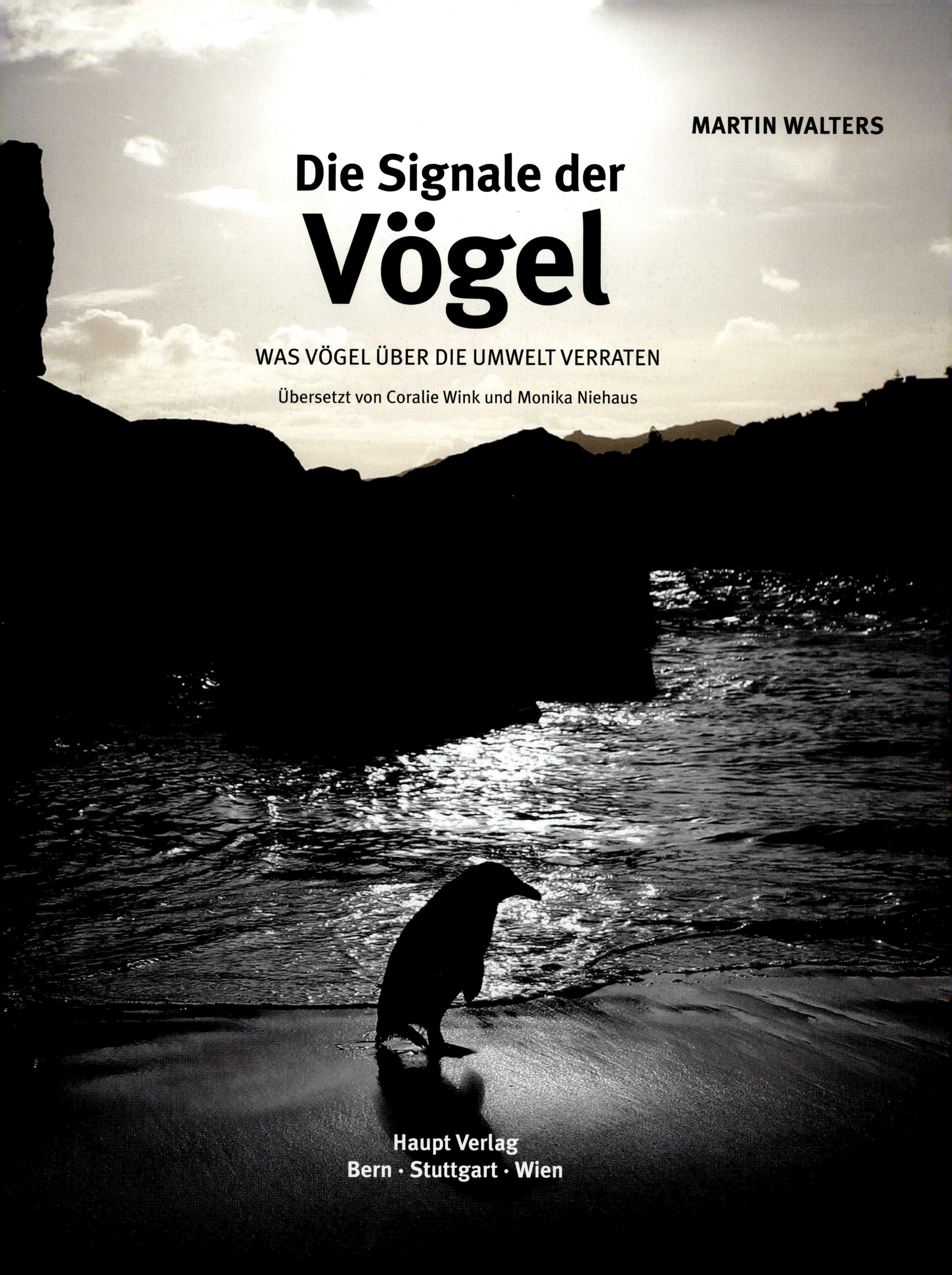

MARTIN WALTERS

Die Signale der Vögel

WAS VÖGEL ÜBER DIE UMWELT VERRATEN

Übersetzt von Coralie Wink und Monika Niehaus

Haupt Verlag
Bern · Stuttgart · Wien

INHALT

Vorwort

Es ist schwer, sich mit dem Aussterben einer Art abzufinden – mit dem unwiederbringlichen Verlust einer Lebensform. Gegenwärtig ist die Natur mit all ihren Lebewesen stärker bedroht als je zuvor – fast immer aufgrund von menschlichen Aktivitäten. Vögel bilden da keine Ausnahme; tatsächlich ist unser Wissen über die vielfältigen Gefährdungen von Vögeln größer als bei allen anderen Tier- oder Pflanzengruppen. Heute droht weltweit mehr als 1200 Vogelarten – rund 12,5 Prozent der Gesamtartenzahl – das Verschwinden. Während sich die natürliche Aussterberate in der Vergangenheit auf weniger als eine Art pro Jahrhundert belief, ist sie in letzter Zeit fast um den Faktor fünfzig gestiegen und steigt weiter. Im Lauf des 20. Jahrhunderts verschwanden insgesamt 56 Vogelarten – die höchste Aussterberate, die je verzeichnet wurde; allein in den letzten dreißig Jahren sind 19 Vogelarten verschwunden. Weitere vier Arten sind zudem in freier Wildbahn bereits ausgestorben; lediglich einige Individuen haben bisher in Zoos und Privatsammlungen überlebt. Zu den kürzlich ausgestorbenen Arten gehört der Delacourzwergtaucher auf Madagaskar, und der Mauigimpel, ein zierlicher, finkenähnlicher Vogel auf Hawaii, ist höchstwahrscheinlich ebenfalls ausgestorben; beide waren nicht in der Lage, sich gegenüber den vom Menschen eingeschleppten Konkurrenten und Fressfeinden zu behaupten.

Nicht nur, dass seltene Vögel immer seltener werden, auch häufige Vögel werden immer weniger häufig. Fast überall sind einstige «Allerweltsarten» inzwischen rar geworden und sind nicht mehr Teil unseres Alltagslebens. Dieser weltweite Rückzug von Vögeln spiegelt einen tiefergehenden Verlust wider – den Verlust der Artenvielfalt.

Doch die Situation ist nicht hoffnungslos. Arten können vor dem Untergang gerettet werden, und es gibt zahlreiche Beispiele für fast «chancenlose» Vogelarten, die trotzdem vor dem Aussterben gerettet werden konnten. Dazu bedarf es jedoch rechtzeitigen Eingreifens, gestützt auf solide Forschung, entsprechende Mittel, politische Entschlossenheit und den festen Willen zu handeln. Ohne die Umsetzung von entsprechenden Schutzprogrammen wären in den letzten Jahren mindestens 16 Arten ausgestorben. Vögel wie der Seychellendajal und der Mauritiusfalke haben bis heute überlebt, weil sich engagierte Naturschutzorganisationen und Einzelpersonen für sie eingesetzt haben.

Die BirdLife International Partnership steht seit vielen Jahren beim Vogelschutz an vorderster Front. Mithilfe von (nichtstaatlichen) Partnerverbänden in mehr als 110 Ländern und Territorien können wir auf die Stärke und den Zusammenhalt einer globalen Partnerschaft bauen, die vor Ort durch die Präsenz des jeweiligen Partnerverbands und ihre koordinierten Aktionen unterstützt wird. In Verbindung mit Fachwissen, Einfluss bei Entscheidungsträgern und erstklassigen Naturschutzexperten vor Ort bedeutet dies, dass wir die Probleme verstehen, die eine global gefährdete Vogelart betreffen, und wissen, welche Schutzmaßnahmen vorrangig zu ergreifen sind. Leider verhindert ein Mangel an finanziellen Mitteln häufig die notwendigen Maßnahmen.

Trotz zahlreicher Erfolge bleibt noch viel zu tun. Dieses Buch kommt zur rechten Zeit, um uns an die Notlage und die Gefahren zu erinnern, denen Vögel überall auf der Welt ausgesetzt sind. Angesichts solcher Probleme könnte man leicht den Mut verlieren, doch für uns ist die Dokumentation des Artenrückgangs eine wichtige Erinnerung an unsere Verantwortung; sie dient als Werkzeug zur Konkretisierung unserer Handlungsplanung und als Ansporn für ein noch leidenschaftlicheres Engagement, um etwas zu bewirken. Die BirdLife International Partnership wird weiterhin Arten retten, Standorte und Habitate schützen sowie engagierte Menschen unterstützen. Damit wollen wir sicherstellen, dass sich auch zukünftige Generationen noch an den Vögeln erfreuen können.

BirdLife INTERNATIONAL

Marco Lambertini
Vorstandsvorsitzender, BirdLife International

◁ *Junge Schwarzbrauenalbatrosse in ihren Nestern auf den Falkland-Inseln. Der Bestandsrückgang dieser stark gefährdeten Albatrosart wird auf die Hochsee-Langleinenfischerei zurückgeführt – die Vögel verenden als Beifang.*

Die in diesem Buch verwendete Systematik orientiert sich an der Website von BirdLife International und berücksichtigt nicht die neuesten Erkenntnisse der DNA-Forschung (Anmerkung der Übersetzerinnen).

GEFAHREN FÜR VÖGEL

EIN GESUNDER UND ARTENREICHER VOGELBESTAND IST EIN SICHERES ZEICHEN DAFÜR, DASS DIE UMWELTBEDINGUNGEN GUT SIND UND SICH EIN LEBENSRAUM IN EINEM STABILEN GLEICHGEWICHT BEFINDET. VÖGEL SIND EIN FRÜHWARNSYSTEM UND KÖNNEN UNS VOR DEN GEFAHREN WARNEN, DIE DURCH EINE UNVERANTWORTLICHE AUSBEUTUNG NATÜRLICHER LEBENSRÄUME DROHEN.

Vögel fungieren unfreiwillig als Barometer oder Gefahrenmelder – sie verhalten sich wie die Kanarienvögel, die früher in den Kohlezechen die Bergleute vor «schlagenden Wettern» (giftigen Grubengasen) warnten. Sie zeigen Habitatverluste und Veränderungen an, die uns auf Dauer allen schaden werden. Vögel haben sich im Lauf ihrer Evolution über viele Millionen Jahre perfekt an ihre komplexen Lebensräume angepasst und sind daher empfindliche Indikatoren für Probleme, die sich auf die natürliche Umwelt auswirken. Dieses Gleichgewicht stören wir auf eigene Gefahr.

In den meisten Weltregionen ist die natürliche Umwelt stark gefährdet und leidet unter den Belastungen, die unser moderner Lebensstil mit sich bringt. Vögel können uns diese Gefahren konkreter vor Augen führen und uns zum Gegensteuern veranlassen. Wenn wir eine hohe Vogeldiversität an möglichst vielen Orten erhalten, was letztlich eine gesündere Umwelt bedeutet, helfen wir nicht nur den heute lebenden Menschen, sondern auch zukünftigen Generationen. Vögel begeistern und faszinieren nicht nur Millionen von «Birdern», Vogel- und Naturfreunden, sondern dienen – vielleicht mehr als jede andere Tiergruppe – dadurch, wie bereits gesagt, als Frühwarnsystem, dessen Botschaften wir beherzigen sollten.

Im Anschluss an dieses Kapitel, in dem die Gefahren für Vögel vorgestellt werden, beschäftigen wir uns mit den wichtigsten Lebensräumen der Erde: ihrer geografischen Lage, vielfältigen Problemen und einigen typischen Vertretern der jeweiligen Vogelwelt. Im dritten Teil des Buches sind alle global bedrohten Vogelarten aufgeführt, und zwar systematisch nach Familien geordnet. Nach einer Einführung in jede Familie oder Familiengruppe werden die bedrohten Arten (mit ihrem gegenwärtigen Gefährdungsstatus) aufgelistet. Ausgewählte Arten werden im Porträt vorgestellt und mit ihren charakteristischen Merkmalen, ihrer Verbreitung sowie den bedrohlichsten Problemen beschrieben. Es folgt ein Abschnitt über Natur- und Vogelschutz (mit Beispielen für verschiedene Aspekte) und die Rolle von BirdLife International. Im letzten Teil werden 47 ausgewählte und besonders lohnende Beobachtungsplätze in aller Welt aufgelistet, die eine breite Palette von Lebensräumen und Regionen repräsentieren.

◁ *Ein Gänsetrupp im Nebel bei Sonnenaufgang. Die meisten Gänsearten sind Zugvögel und wandern regelmäßig über weite Entfernungen. Ihre sommerlichen Brutplätze liegen oft in der nordischen Tundra, ihre Winterquartiere weiter südwärts an Flussmündungen, auf Wattflächen und Küstengrünland.*

VOGELVERBREITUNG

Vögel spielen in ihren Habitaten eine zentrale Rolle, sodass Erhaltung und Schutz dieser Habitate den Schlüssel zum Vogelschutz bilden. Wenn es uns gelingt, seltene oder stark gefährdete Vogelarten erfolgreich zu schützen, bedeutet dies indirekt, dass wir auch ihre gesamte Umwelt schützen – also Bäume und andere Pflanzen, Säuger, Insekten und weitere Tiergruppen.

Vögel sind weltweit verbreitet, und die verschiedenen Arten haben sich erfolgreich an die unterschiedlichsten Habitate angepasst: von eisigen Polarregionen bis zu tropischen Regenwäldern, vom Tiefland bis zu den Hochgebirgen und von ariden Wüsten bis zu Flüssen, Seen und Meeren. Was den Artenreichtum angeht, so bilden Wälder den wichtigsten Lebensraum für Vögel: Mehr als 75 Prozent aller Vogelarten sind ursprünglich Waldbewohner. Vielen Vogelarten ist es gelungen, sich an von Menschen bewirkte (anthropogene) Veränderungen ihrer natürlichen Lebensräume anzupassen; das reicht von Kulturlandschaften wie Gärten und Parks bis zu landwirtschaftlich geprägten Habitaten; tatsächlich leben rund 45 Prozent aller Vogelarten inzwischen in solchen «künstlichen» Habitaten (Sekundärhabitaten). Weitere wichtige Lebensräume für Vögel sind Grasland, Savanne und Binnen-Feuchtgebiete; sie beherbergen jeweils rund zwanzig Prozent der Arten. Viele dieser Arten sind Generalisten, die in mehreren Habitaten vorkommen können. Auf der anderen Seite stellen weltweit zirka vierzig Prozent aller Vogelarten sehr spezielle Anforderungen an ihr Habitat und können nicht überleben, wenn ihr Lebensraum degradiert oder zerstört wird.

Wie eine Analyse der verschiedenen faunengeografischen Regionen zeigt, sind manche Regionen viel artenreicher als andere. Die meisten Arten leben in der neotropischen Region (den Tropen der Neuen Welt); dort sind rund 36 Prozent aller bekannten Landvogelarten heimisch – insge-

▽ *Papageitaucher auf den Lofoten, Norwegen. Diese Alkenvögel benötigen ein reiches Angebot an kleinen Fischen, vor allem an Sandaalen.*

Verteilung der Vogelarten auf faunengeografische Regionen und Staaten

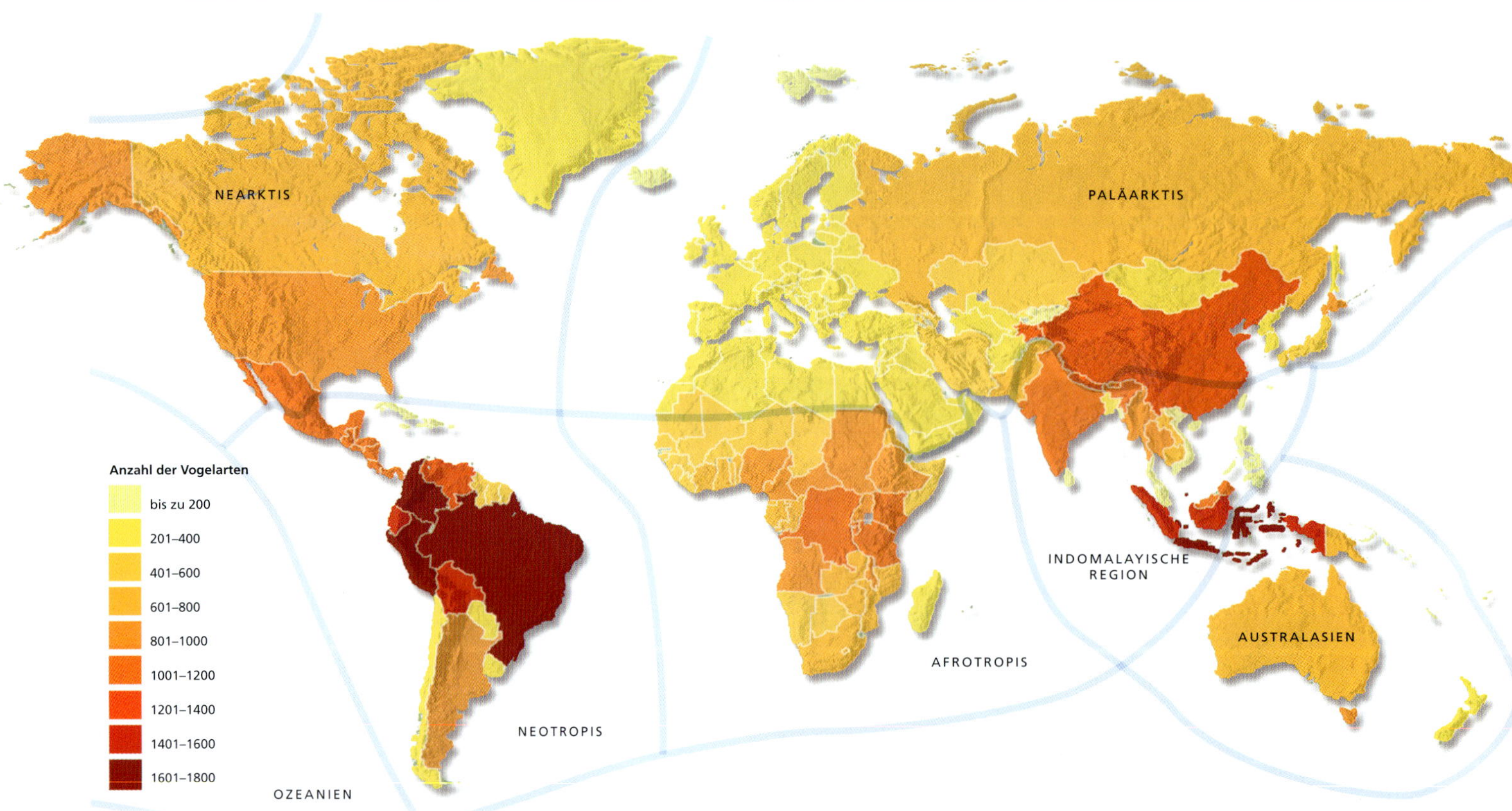

samt 3370 Arten. Auf dem zweiten Platz liegt die afrotropische Region (21 Prozent, rund 1950 Arten), gefolgt von der indomalayischen Region (18 Prozent, rund 1700 Arten), der australasischen Region (17 Prozent, rund 1590 Arten), der paläarktischen Region (zehn Prozent, rund 940 Arten), der nearktischen Region (acht Prozent, rund 730 Arten) und der ozeanischen Region (zwei Prozent, rund 190 Arten).

Angesichts dieser Verteilung kann es kaum überraschen, dass die vier Länder mit dem größten Artenreichtum an Vögeln alle im tropischen Südamerika liegen: Kolumbien, Peru, Brasilien und Ecuador. Wie Indonesien beherbergen all diese Länder mehr als 1500 einheimische Vogelarten. Bolivien und Venezuela kommen auf über tausend Arten, und in China, Indien, der Demokratische Republik Kongo, Mexiko, Tansania, Kenia und Argentinien kommen jeweils rund tausend Vogelarten vor.

◁ *Ein Schläfenfleckspecht läuft im Regenwald von Costa Rica einen Baumstamm hinauf und stützt sich dabei mit seinen steifen Schwanzfedern ab.*

▷ *Ein Bartgeier, auch Lämmergeier genannt, landet auf einem Felsen am Giant's Castle in den Drakensbergen in Natal, Südafrika. Das Verbreitungsgebiet des Bartgeiers ist außerordentlich groß und reicht von Südeuropa und Afrika bis Indien. Zwar ist der Bestand mit höchstens 10 000 Individuen recht klein, doch die Art ist als «nicht gefährdet» eingestuft, da die Bestände recht stabil sind.*

GEFÄHRDUNG WILD LEBENDER VÖGEL

Einen großen Teil ihrer Evolution hindurch haben Vögel unter relativ stabilen Bedingungen und in größtenteils intakten Habitaten gelebt. Viele Jahrmillionen lang blieb die Natur von menschlichen Aktivitäten ungestört, und so konnten Vögel und andere Wildtiere in Ökosystemen gedeihen, die sich – grob gesagt – in einem natürlichen Gleichgewicht befanden.

Als sich die menschlichen Gemeinschaften allmählich ausbreiteten und mit der Zeit große Teile der Erde durch Landwirtschaft und Industrie veränderten, wuchs der Druck auf die Natur bis zur heutigen Situation, in der es kaum noch unberührte Orte gibt. Im Allgemeinen erfolgten diese Veränderungen so rasch, dass die meisten Vögel und andere Tiere sich nicht schnell genug anpassen konnten. Menschengemachte Veränderungen müssen sich jedoch nicht immer nachteilig auf sämtliche Vogelarten auswirken; einige besonders weit verbreitete Arten wie Star, Türkentaube, Mauersegler, Graubülbül und Halsbandsittich haben anthropogene Aktivitäten zu ihrem Vorteil zu nutzen gewusst und nisten in oder an Gebäuden oder suchen in Gärten oder Obstplantagen nach Nahrung. Diese anpassungsfähigen Opportunisten bilden jedoch die Ausnahme. Für die meisten Vögel kam es zum Rückzug: Die Bestände nahmen ab, und die Habitate wurden verkleinert und damit immer stärker zerstückelt und gestört.

DIE KRISE IN ZAHLEN

Von den geschätzten 10 000 heute lebenden Vogelarten ist rund ein Achtel – zirka 1240 Arten – bedroht, und bei einigen Arten ist die Gefahr groß, dass sie in absehbarer Zeit aussterben werden.

Seit der Entdeckung Amerikas vor gut 500 Jahren sind nachweislich 134 Vogelarten ausgestorben, und etwa 190 sind so stark bedroht, dass sie heute am Rand der Auslöschung stehen. Diese Vögel sind als «vom Aussterben bedroht» (Critically Endangered, CR) klassifiziert und benötigen sofortige Schutzmaßnahmen, wenn sie gerettet werden sollen. Vier weitere Arten überleben nur als Gefangenschaftspopulationen und werden als «in freier Wildbahn ausgestorben» (Extinct in the Wild, EW) geführt. Die tatsächliche Aussterberate könnte bei 150 Arten innerhalb der letzten 500 Jahre liegen, und beschleunigt sich offenbar. Natürlich benötigen auch all die stark gefährdeten (Endangered, EN) und gefährdeten (Vulnerable, VU) Arten Schutz, damit sie nicht bald in eine höhere Gefährdungskategorie eingestuft werden müssen.

Anlass zur Sorge gibt, dass 838 weitere Arten als «gering gefährdet/Vorwarnliste» (Near Threatened, NT) eingestuft werden; auch bei ihnen sind sorgfältiges Bestandsmonitoring und Schutzmaßnahmen essenziell, damit sie nicht zu gefährdeten Arten werden. Bezieht man diese Arten ein, so benötigen weltweit insgesamt 2078 Vogelarten dringende Schutzmaßnahmen (die Zahl steigt auf 2082, wenn man die in freier Wildbahn ausgestorbenen Arten dazuzählt).

In diesem Jahrhundert sind höchstwahrscheinlich folgende Arten in freier Wildbahn ausgestorben: der Spix-Ara, ein großer Papagei mit leuchtend blaugrauem Gefieder, der zuletzt in einem Waldgebiet im Osten von Brasilien beobachtet wurde, die Hawaii-Krähe und der Mauigimpel, beide auf Hawaii, die Guamralle, ein flugunfähiger Vogel, der den auf der Pazifikinsel Guam eingeführten Schlangen zum Opfer fiel, und die hübsche, zimtfarbene Socorrotaube, die zum letzten Mal 1972 auf Socorro gesehen wurde (einer mexikanischen Insel des Revillagigedo-Archipels).

BirdLife hat die Probleme analysiert und gezeigt, dass die größten Gefahren von der Landwirtschaft und der Aquakultur ausgehen (65 Prozent aller Arten sind betroffen), gefolgt von Schäden durch eingeschleppte invasive Arten (52 Prozent), Holzeinschlag (43 Prozent) sowie Bejagung und Fallenstellen (41 Prozent). Diese Faktoren führen zu einer Habitatdegradierung (betrifft 93 Prozent der Arten) und/oder zu direkter Mortalität (64 Prozent).

Länder mit den meisten vom Aussterben bedrohten Vogelarten

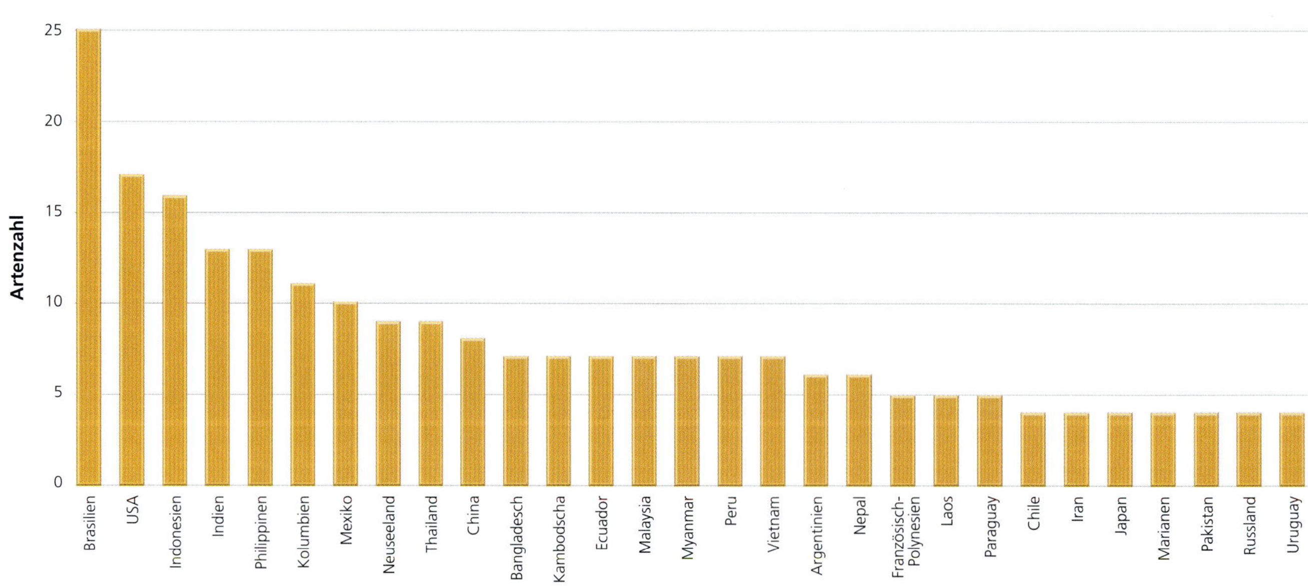

△ *Der Spix-Ara, eine vom Aussterben bedrohte Art, überlebt noch in einer sehr kleinen Population in Brasilien. Er wird zwar in Gefangenschaft nachgezuchtet, könnte in freier Wildbahn aber bereits ausgestorben sein.*

▷ *Der Graubülbül ist ein Beispiel für eine Art, die sich in ganz Afrika flexibel an ein breites Spektrum von Habitaten und von Menschen besiedelte Lebensräume angepasst hat.*

Vögel in Gefahr (Artenzahl)

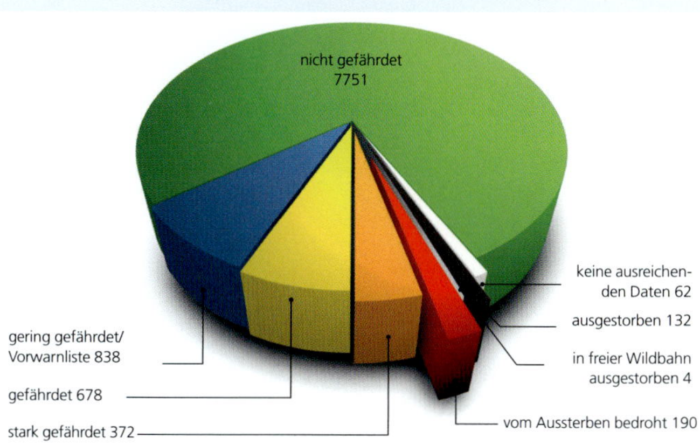

JAGD UND FALLENSTELLEREI

Seit jeher haben Menschen Wildvögel auf verschiedene Weise genutzt – sie wurden als Nahrungsmittel, wegen ihrer dekorativen Federn oder aus sportlichen Gründen gejagt, oder sie wurden gefangen, um sie wegen ihres melodischen Gesangs und/oder ihres attraktiven Gefieders als Käfigvögel zu halten. Viele Arten, vor allem Papageien, Fasane und Tauben, leiden bis heute unter illegaler Fallenstellerei und Käfigvogelhandel. In der Vergangenheit hatte die traditionelle Jagd durch die einheimische Bevölkerung zwar vermutlich wenig Einfluss auf die Vogelbestände, doch heute ist eine solche Nutzung meist nicht mehr nachhaltig. Die Nachfrage hat sich erhöht, die Märkte haben sich vergrößert und sind global geworden, Straße und Schiene haben die Erreichbarkeit selbst der abgelegenen Gebiete verbessert, und die Fangtechniken sind raffinierter geworden. Das führt dazu, dass der Druck auf wild lebende Vögel immer weiter steigt. In den letzten Jahrzehnten sind im internationalen Vogelhandel mehr als ein Viertel aller Vogelarten aufgetaucht. Jährlich werden Millionen von Tieren gehandelt – viele von ihnen sterben bereits auf dem Transport.

KLIMAWANDEL

Die Folgen des Klimawandels sind eine relativ neue Bedrohung für Vögel; diese sind vor allem durch Verschiebungen des Verbreitungsgebiets, Veränderungen des Meeresspiegels sowie eine Zunahme in Häufigkeit und Stärke von Stürmen und Überschwemmungen gefährdet. In den letzten Jahren haben katastrophale Brände viele Regionen verwüstet, vor allem in Australien, Kalifornien und Russland. Die Häufung solcher Ereignisse ist möglicherweise ebenfalls eine Folge des Klimawandels.

Bei einigen Arten hat sich das Verbreitungsgebiet als Reaktion auf die Klimaerwärmung in höhere Gebirgsregionen verschoben und es gibt Hinweise auf eine Arealvergrößerung nach Norden. Computermodelle, in denen der Artenreichtum für Europa simuliert wird, deuten darauf hin, dass sich die Brutgebiete europäischer Vogelarten um mehrere Hundert Kilometer nord- und ostwärts verlagern werden. In der arktischen Tundra könnten die bevorzugten Brutgebiete vieler Watvögel und Entenvögel wie Löffelstrandläufer und Rothalsgans kleiner werden, weil der Klimawandel zu einer Ausdehnung der borealen Nadelwälder führt.

▷ *Die Rothalsgans ist als stark gefährdet klassifiziert; hier ein Vogel auf seinem Gelege in der Tundra der Tamyrhalbinsel in Sibirien (Russland).*

△ *Auf einem Markt in Iquitos, Peru, werden Goldschultersittiche in Käfige gepfercht zum Kauf angeboten; die Vögel wurden illegal im Amazonas-Regenwald eingefangen.*

▽ *Vögel nutzen eine breite Palette von Habitaten, im Norden beispielsweise boreale Gebüsche und Tundra, wie hier in den Bergen des nördlichen Yukon Territory in Kanada.*

GEFAHREN FÜR LEBENSRÄUME

Flora und Fauna im Allgemeinen und Vögel im Besonderen sind mannigfaltigen Gefahren ausgesetzt. Da ist zum einen der Habitatverlust – hauptsächlich aufgrund der vordringenden Landwirtschaft, zunehmender Verschmutzung und der Folgen des Klimawandels (in neuerer Zeit beschleunigt durch die Freisetzung von anthropogen erzeugtem Kohlendioxid und anderen Treibhausgasen). Zum anderen haben viele seltene Vogelarten auch unter eingeschleppten Fressfeinden (Prädatoren) sowie Nachstellungen durch Fallensteller und Jäger zu leiden. Zu weiteren Bedrohungen zählen Wohnungsbau und andere Erschließungsmaßnahmen, Störungen, Abbau von Kohle und Erzen sowie Veränderungen von Waldbrand-Management und Wasserwirtschaft. Habitatzerstörung und Habitatdegradierung sind die gravierendsten Probleme und betreffen mehr als 86 Prozent aller weltweit bedrohten Vogelarten.

LANDWIRTSCHAFT

Die Ausdehnung der Landwirtschaft und vor allem ihre Intensivierung sind hauptsächlich für die weltweiten Habitatverluste verantwortlich. Die traditionelle und weniger intensive Landwirtschaft wirkt sich nicht so schädlich auf Fauna und Flora aus, doch diese Methoden werden zunehmend durch Intensivanbau in Kombination mit künstlicher Bewässerung, hohem Einsatz an Kunstdüngern, Unkrautbekämpfungsmitteln und Pestiziden ersetzt. Waldstücke, Feldhecken, Teiche, Bäche und Sümpfe, die Bestandteil der landwirtschaftlichen Kulturlandschaft waren, wurden meistens beseitigt beziehungsweise trockengelegt und die Äcker vergrößert, um maximale Anbauflächen für die Pflanzenproduktion zu schaffen. Kein Wunder, dass Fauna und Flora insgesamt darunter leiden – ein Beispiel sind die Vögel der Agrarlandschaft in Europa, deren Bestände abgenommen haben. Da der landwirtschaftliche Fortschritt nicht auf nachhaltiger Basis erfolgte, sind die Vögel der Agrarlandschaft in einigen reichen Nationen stark zurückgegangen. Rund ein Drittel von Europas wichtigen Vogelgebieten (IBAs) ist durch die Intensivierung der Landwirtschaft bedroht.

BEVÖLKERUNGSDRUCK

Die größten Gefahren für Habitate gehen vom Menschen und seinen Aktivitäten aus; weil die Weltbevölkerung ständig weiter wächst, nimmt auch der Druck weiter zu. Nach einer Schätzung des US Census Bureau vom Mai 2010 leben inzwischen mehr als 6,8 Milliarden Menschen auf der Erde. Zwar hat die Wachstumsrate in den letzten Jahrzehnten abgenommen, doch die Weltbevölkerung nimmt immer noch zu und wird zwischen 2040 und 2050 voraussichtlich die Neun-Milliarden-Marke erreichen.

Im Jahr 1950 lag die Weltbevölkerung noch bei 2,5 Milliarden Menschen; 2005 waren es schon 6,5 Milliarden. Evolutionär gesehen ist dieser rasche Zuwachs ein sehr junges Phänomen; die meisten Ökosysteme haben ihr Gleichgewicht zu Zeiten einer geringen Bevölkerungsdichte erreicht. Während seiner bisher rund drei Millionen Jahre dauernden Existenz hat der Mensch – bei einer relativ kleinen Bevölkerung von höchstens 10 000 Millionen – einen recht geringen Einfluss auf seine Umwelt genommen. Heute bietet sich ein ganz anderes Bild, und die Auswirkungen menschlicher Aktivitäten (Urbanisierung, Intensivlandwirtschaft und vieles mehr) sind praktisch überall in der Natur zu sehen.

TROPISCHE WÄLDER

Entwaldung ist eines der Hauptprobleme, vor allem in den artenreichen Habitaten der feuchten Tropen. Tropische Regenwälder beherbergen rund fünfzig Prozent aller terrestrischen Arten weltweit, darunter zahlreiche Vogelarten, viele davon bedroht. In tropischen und subtropischen Wäldern sind 43 Prozent aller weltweit gefährdeten Vogelarten heimisch.

Was die Entwaldung angeht, so sind präzise Daten Mangelware, doch einigen Schätzungen zufolge werden pro Tag mehr als 32 000 Hektar zerstört und eine in etwa gleich große Fläche degradiert. Das Verbrennen von Holz setzt noch mehr Kohlendioxid frei, und die nackten Böden sind anschließend der Abtragung (Erosion) durch Sturzfluten, Regenablauf und Wind ausgesetzt. Die Ernährungs- und Landwirtschaftsorganisation der UN, die FAO, geht davon aus, dass zwischen 2000 und 2005 pro Jahr mehr als 10,4 Millionen Hektar Tropenwald vernichtet wurden. In einigen Fällen wurden die abgeholzten Primärwälder durch Sekundärwälder oder Plantagen ersetzt, doch viele Vögel konnten sich nicht an die neue Umgebung anpassen. Die Hauptbedrohung für Wälder sind Holzeinschlag, Umwandlung in Ackerland und Waldbrände, die oft absichtlich gelegt werden.

In den letzten Jahren sind vor allem in Südostasien große Regenwaldgebiete abgeholzt worden, um Platz für ausgedehnte Ölpalmenplantagen zu schaffen. Was zunächst wie eine nachhaltige und umweltfreundliche Me-

thode zur Rohstoffproduktion aussah, gilt inzwischen allgemein als dafür verantwortlich, dass die Lebensräume der Erde rasant zerstört werden.

Der Amazonasregenwald, der durch Entwaldung, Brandrodung und Klimawandel bedroht ist, könnte weitflächig absterben und sich zu einer savannenartigen Buschlandschaft entwickeln, wenn die Entwaldung einen Anteil von zwanzig bis dreißig Prozent der Waldfläche erreicht. Daher ist es besorgniserregend, dass der gegenwärtige Prozentsatz bei einer Entwaldung von 17 Prozent des Amazonasregenwalds liegt.

TEMPERATE UND BOREALE WÄLDER

Die Wälder in den gemäßigten und nördlichen Breiten bleiben ebenfalls nicht verschont. Mit Ausnahme der borealen Nadelwälder im hohen Norden sind die meisten nicht mehr im Naturzustand. Der größte Teil der Primärwälder in den gemäßigten Klimazonen ist bereits vor langer Zeit abgeholzt worden, um Rohstoffe sowie Nutzflächen für Landwirtschaft und Siedlungen zu gewinnen. Die heutigen Wälder sind zwar verändert, beherbergen aber immer noch ein Spektrum faszinierender Vogelarten.

WÜSTEN

Wüsten sind vor allem durch den Abbau von Bodenschätzen sowie Erdölbohrungen und -förderung bedroht; in vielen Wüstengebieten lagern reiche Mineralvorkommen. Zugangsstraßen wirken sich negativ auf die Wüstenvegetation aus und verdichten den Boden. Viele Vögel, die in solchen Habitaten leben, wie Trappen, Flughühner und Lerchen, sind scheu und lassen sich leicht stören.

HOCHGEBIRGE

Im Vergleich zu Tieflandregionen sind viele Gebirgshabitate relativ unberührt. In einigen Bergwäldern ist es jedoch durch Verschmutzung und sauren Regen zu einem Waldsterben gekommen; das gilt vor allem für Nadelwaldgebiete in Mitteleuropa. In den Tropen hat die Holzindustrie selbst viele Bergwälder nicht verschont. Der Klimawandel könnte dazu führen, dass einige gebirgsbewohnende Vogelarten ihr Siedlungsareal in größere Höhenlagen verlagern.

△ Dieser Regenwald in Sabah auf Borneo wurde gerodet; stattdessen wurden die gewinnbringenden Ölpalmen angepflanzt, deren Öl zur Produktion von Biokraftstoffen dient. Die negativen Auswirkungen auf die lokale Fauna sind enorm.

GRASLAND

Natürliche oder naturnahe Graslandhabitate werden nur allzu häufig durch Ackerflächen oder intensiv genutztes Weideland für die Viehhaltung ersetzt; dadurch geht die ursprünglich hohe Biodiversität stark zurück. Die Prärien in Nordamerika, die Steppen in Asien und viele der von verschiedenen Gräserarten dominierten Habitate in Südamerika sind in dieser Weise verändert worden. In Argentinien, beispielsweise, gehören die temperaten Steppen (Pampas) und die subtropischen Savannen (Campos) zu den am stärksten bedrohten terrestrischen Lebensräumen des Landes; die meisten sind in Ackerflächen oder Weideland umgewandelt worden.

BUSCHLAND UND HEIDEFLÄCHEN

In diesen Habitaten kommt es gelegentlich zu Bränden; tatsächlich haben sich die dort heimischen Pflanzen im Lauf ihrer Evolution an Waldbrände angepasst und sind in manchen Fällen sogar auf Feuer angewiesen. Manchmal kommt es jedoch zu verheerenden Buschfeuern die bei der Vogelwelt und anderen Wildtieren viel Schaden anrichten.

◁ Das Vordringen von städtischen Siedlungen in unberührte Lebensräume, wie hier in der Nähe von New Orleans, Louisiana, USA, kann sich sehr negativ auf die dort heimischen Vogelpopulationen auswirken.

▷ Eine Zebramanguste (Mungos mungo) im Etosha Nationalpark (Namibia) versucht, ein Vogelei zu öffnen.

FEUCHTGEBIETE, KÜSTEN UND MEERE

Eine der Hauptgefahren für Feuchtgebiete ist die Eutrophierung; dazu kommt es, wenn Seen und Flüsse durch Abwässer verschmutzt werden, die mit Düngerrückständen aus der Landwirtschaft und mit kommunalen Schadstoffen belastet sind. Das resultierende Überangebot an Nährstoffen führt zu einem übermäßigen Algenwachstum; der daraus entstehende Sauerstoffmangel ist für den Verlust der empfindlicheren Arten verantwortlich. Giftige Algenblüten haben häufig einen Rückgang der Fischbestände zur Folge und stellen auch ein Gesundheitsrisiko für den Menschen dar, weil sich die Gifte in der Nahrungskette anreichern.

Viele Seevögel, wie Albtrosse und Sturmvögel, verfangen sich in Fischernetzen und Langleinen auf hoher See (sogenannter Beifang) und kommen um. Da die Langleinenfischerei ständig wächst, verenden jedes Jahr rund 300 000 Vögel als Beifang der Fischereiflotten – ein immenses Problem! Besonders Albatrosse sind gefährdet, zum Teil deshalb, weil sie in denselben Fischgründen im Südpolarmeer nach Nahrung suchen, in denen die Fischereiflotten und viele illegale Fischtrawler aktiv sind. Von den 22 Albatrosarten sind acht als gefährdet, sechs als stark gefährdet und drei als vom Aussterben bedroht klassifiziert; die restlich fünf gelten als gering gefährdet.

INSELN

Fast ein Drittel aller gefährdeten Vogelarten hat unter invasiven Arten (vor allem eingeführte Fressfeinde, aber auch fremde Pflanzenarten) zu leiden; das gilt vor allem für Arten, die auf isolierten Meeresinseln leben. Habitat-

△ *Dieser Basstölpel hat sich in Chesil Beach, Dorset, England, in einem Nylonnetz verfangen und ist ertrunken.*

▽ *Der Dianchi-See hat wegen der starken Belastung mit Abwässern unter starker Eutrophierung zu leiden; wenn seine Artenvielfalt erhalten bleiben soll, muss sein Ökosystem unter Schutz gestellt werden.*

△ *Dickschnabellummen drängen sich auf den Steilfelsen von Spitzbergen, Norwegen, zusammen. Diese Lumme ist in der Arktis zirkumpolar weit verbreitet; ihre Brutgebiete reichen im Süden bis Alaska, Neufundland und Labrador. Sie ernährt sich vorwiegend von Fisch, Kopffüßern und Krebstieren und ist zwar an sich häufig, hat jedoch lokale Verluste erlitten.*

zerstörung spielt auf Inseln ebenfalls eine wichtige Rolle, vor allem dort, wo die heimische Vegetation vernichtet wird, an welche die lokalen Vogelarten angepasst sind. Sorgen bereitet auch der infolge des Klimawandels ansteigende Meeresspiegel, der zu einer Überflutung von Küstenhabitaten führt. Inseln sind zudem besonders durch die Verschmutzung der Küsten gefährdet, beispielsweise durch Abwässer oder Ölablassungen.

DIE ZUKUNFT

Kaum jemand zweifelt heute noch daran, dass wir eine nicht-nachhaltige Lebensweise pflegen, weil wir die natürlichen Ressourcen der Welt übernutzen, und alle Anstrengungen unternehmen müssen, unseren Lebensstil zu ändern. Der im Mai 2010 erschienene Bericht über das «Übereinkommen über die biologische Vielfalt» (Global Biodiversity Outlook 3) kam zu dem Schluss, dass der Artenschwund rascher fortschreitet als je zuvor; so sind die Aussterberaten möglicherweise bis zu tausend Mal höher als die historische natürliche Rate – «Business-as-Usual stellt keine Option mehr dar, wenn wir irreparable Schäden an den lebenserhaltenden Systemen unseres Planeten vermeiden wollen». Das Ziel, das sich die Spitzenpolitiker der Welt 2002 gesetzt haben, nämlich die Verlustrate der Artenvielfalt bis 2010 zu senken, ist nicht erreicht worden – schlimmer noch, einige der Probleme haben sich sogar verschärft. Positiv ist zu vermerken, dass mehr Land- und Meeresflächen unter Schutz gestellt worden sind. Der Bekämpfung der Ursachen für den Biodiversitätsverlust muss eine höhere Priorität eingeräumt werden, wenn uns an einem gesunden Planeten und einer nachhaltigen Zukunft gelegen ist. Angesichts dieser Situation wurde das Jahr 2010 von den Vereinten Nationen zum Internationalen Jahr der biologischen Vielfalt erklärt. Der Bericht kommt zu dem Schluss, dass unser Handeln in den nächsten ein bis zwei Jahrzehnten darüber entscheiden wird, ob es über das 21. Jahrhundert hinaus eine relativ stabile Umwelt geben wird. Vergessen wir nicht, dass die menschliche Zivilisation in den letzten 10 000 Jahren ohne diese stabile Umwelt nicht hätte existieren können. Wenn wir jetzt nicht handeln, besteht die Gefahr, dass Ökosysteme sich in eine neue, beispiellose und möglicherweise instabile Richtung entwickeln.

DIE GLOBALE VOGEL-DATENBANK

BirdLife International hat wichtige Information über Vögel in der World Bird Database (WBDB) zusammengetragen. Diese Datenbank ermöglicht BirdLife Partnership, den Status von Vogelarten in aller Welt zu überwachen, zu analysieren und darüber zu berichten. Neben ausführlichen Informationen über Vogelarten (vor allem bedrohte Arten) enthält die Datenbank Informationen über wichtige Gebiete, die in zwei Kategorien fallen: die Endemic Bird Areas (EBAs) und die Wichtigen Vogelgebiete (IBAs).

ENDEMIC BIRD AREAS (EBAS)

Endemic Bird Areas, von denen es rund 220 gibt, stellen im Grunde «Brennpunkte» der Artenvielfalt dar; es handelt sich um Vogelgebiete mit besonderem Endemitenreichtum. Eine endemische Art (Tier oder Pflanze) ist eine Art, die nur in einem bestimmten, (räumlich) klar eingegrenzten Gebiet vorkommt. Viele seltene Vogelarten der Welt erfüllen dieses Kriterium.

Als EBA wird ein Gebiet definiert, wo sich mehrere Verbreitungsgebiete lokaler endemischer Vogelarten überschneiden; EBAs müssen mindestens zwei endemische Arten enthalten; das EBA mit den meisten Endemiten zählt achtzig endemische Arten. Obgleich diese Flächen nur rund fünf Prozent der globalen Landfläche ausmachen, sind etwa 2500 Vogelarten (oder zirka 26 Prozent der globalen Vogelfauna) auf diese speziellen Standorte beschränkt. Da die EBAs darüber hinaus viele seltene oder bedrohte Pflanzenarten sowie andere Tierarten beherbergen und gewöhnlich relativ ungestört sind, spielen diese Standorte für den Schutz und Erhalt vielfältiger Habitate eine große Rolle. Jede Vogelart mit einem eingeschränkten Verbreitungsgebiet von weniger als 50 000 Quadratkilometer ist kartiert worden, um so zu ermitteln, wo sich die Verbreitungsgebiete endemischer Arten überlappen und somit ein EBA vorliegt.

Die meisten EBAs liegen in tropischen Ländern, und die Mehrzahl wird von Wäldern dominiert, vor allem von tropischen Tieflandwäldern und Bergregenwäldern. Viele liegen in Gebirgen oder auf Inseln. Ihre Größe reicht von 1,6 Quadratkilometer bis zu mehr als 100 000 Quadratkilometer. Die Länder Indonesien, Mexiko, Brasilien, Peru, Kolumbien, Papua-Neuguinea und China weisen die meisten EBAs auf, in allen Fällen sind es mehr als zehn.

Wenn innerhalb von EBAs Schutzgebiete eingerichtet und gemanagt werden, ist ein besonders effizienter Schutz von seltenen Vögeln, anderen Lebewesen und nicht zuletzt den jeweiligen Habitaten möglich.

WICHTIGES VOGELGEBIET (IBA)

Wichtige Vogelgebiete (IBAs) sind relativ kleine Gebiete, die eine ganz besonders große Bedeutung für den Vogelschutz haben. Viele gehören bereits zu einem anderweitigen Schutzgebiet. Zurzeit sind fast 11 000 Standorte in mehr als 200 Ländern offiziell als IBAs anerkannt. Sie werden von nationalen und lokalen Organisationen eingerichtet, kontrolliert und geschützt. Um sich als IBA zu qualifizieren, muss ein Gebiet einige international festgelegte Kriterien erfüllen, die auf dem Vorkommen sogenannter wertgebender Vogelarten (Schlüsselarten) basieren. Idealerweise sollte jedes IBA so groß sein, dass es Populationen von möglichst vielen Schlüsselarten beherbergen kann. Ein IBA sollte eines oder mehrere der folgenden Kriterien erfüllen:

- eine signifikante Individuenzahl einer oder mehrerer global gefährdeter Arten enthalten
- im Verbund mit anderen IBAs eine Reihe von Arten mit eingeschränktem Verbreitungsgebiet beherbergen
- außerordentlich hohe Individuenzahlen an Zugvögeln oder Massenansammlungen bestimmter Arten beherbergen

Zwar sind IBAs durch die in ihnen ansässigen Vogelarten definiert, da Vögel jedoch effektive Indikatoren für die allgemeine biologische Vielfalt sind, werden in IBAs darüber hinaus reichhaltige Habitate mit einem großen Artenspektrum an Tieren und Pflanzen erhalten.

▽ *Der auf Jamaika endemische Jamaika-Vireo hat ein sehr kleines Verbreitungsgebiet, ist aber gegenwärtig nicht bedroht.*

▷ *Der Kapgeier lebt in Südafrika, Botswana und einigen Nachbarländern. Die Art ist als gefährdet eingestuft; die Population ist klein und nimmt ab – unter anderem deshalb, weil die Tiere vergiftet und gejagt werden, denn sie finden in der traditionellen afrikanischen Medizin Verwendung.*

HABITATE

DER EINFLUSS DES MENSCHEN AUF SEINE NATÜRLICHE UMGEBUNG IST IMMENS UND REICHT ÜBERRASCHEND WEIT IN DIE GESCHICHTE UNSERER SPEZIES ZURÜCK.

Früher hielten Ökologen viele Teile der Wildnis von menschlichen Einflüssen völlig unberührt. Inzwischen vertreten die meisten Ökologen und Naturschützer jedoch die Ansicht, dass nur sehr wenige – wenn überhaupt – Habitate (Lebensräume) vollständig ursprünglich sind.

Seit die ersten Menschen ihre Herkunftsgebiete in Afrika verließen, sich ausbreiteten und schließlich die übrige Welt besiedelten, haben sie sämtlichen Naturräumen, die sie antrafen, ihren Stempel aufgedrückt und damit die sogenannten Kulturlandschaften geschaffen. Die Frühmenschen begannen als Jäger und Sammler und entwickelten nach und nach immer anspruchsvollere landwirtschaftliche Methoden wie Wanderfeldbau, Wanderviehhaltung, Ackerbau und Viehzucht, Kultur von Nutzpflanzen sowie Weidewirtschaft mit Nutztierherden. All diese Tätigkeiten wirkten und wirken sich immer noch auf die Habitate der Erde aus. Bereits vor etwa 15 000 Jahren hatte die stetig zunehmende menschliche Bevölkerung bis auf die unwirtlichsten praktisch alle Lebensräume des Planeten besiedelt.

Es ist leicht einzusehen, dass einige Habitate, beispielsweise die atlantischen Heidegebiete in Nordwesteuropa, im Wesentlichen menschengemacht und durch regelmäßige traditionelle Bewirtschaftung erhalten werden. Wir neigen jedoch dazu, viele andere Habitate als ursprüngliche Naturlandschaft anzusehen. So wurden die nordamerikanischen Präriegebiete früher als natürlich angesehen, gelten inzwischen aber zumindest teilweise als das Jahrtausende alte Produkt der regelmäßigen Brände, die von Prärie-Indianern gelegt wurden – so ließen sich einerseits Großsäuger wie Bison *(Bison bison)* einfacher bejagen, andererseits wurden durch die Brandrodung Bodenfruchtbarkeit und Gräserwachstum verbessert. Viele andere Habitate und besonders die reichen Ökosysteme der Tropen wirken auf uns, als ob sie sich im Naturzustand befänden. Doch nach neueren Forschungen sind selbst zahlreiche Tropenwälder nicht älter als 12 000 Jahre, und die meisten sind seit langem durch den Menschen verändert worden, hauptsächlich durch Brandrodung. In den feuchten Tropen kann die Regeneration sehr rasch erfolgen, sodass nur Experten die Zeichen von in geschichtlicher Zeit erfolgten Eingriffen erkennen können. Nach neueren Untersuchungen im Amazonasgebiet, im Kongobecken und in Südostasien wurden diese Habitate anscheinend alle in prähistorischer Zeit von Menschen gestaltet.

Die noch verbliebenen Naturhabitate sollten aus vielen Gründen erhalten bleiben. Sie dienen dem Schutz unseres Planeten und bilden die Grundlage für eine faszinierende Fauna und Flora. Zukünftige Erhaltungsmaßnahmen müssen ferner soweit wie möglich die Bedürfnisse der einheimischen Bevölkerung berücksichtigen – denn ein Großteil dieser Menschen ist für ihren Lebensunterhalt direkt auf die Natur angewiesen. Dabei ist es eine Herausforderung, dafür zu sorgen, dass eine derartige Nutzung nachhaltig und nicht zerstörerisch ist.

△ *Große Hochflächen im Norden der Britischen Inseln werden als Heidegebiete bewirtschaftet und dienen überwiegend als Lebensraum für das Schottische Moorschneehuhn, die Unterart des Moorschneehuhns (Lagopus lagopus), die nur in Großbritannien und Irland endemisch ist.*

▽ *Waldbrände gehören zwar zum natürlichen Zyklus der mediterranen Hartlaubgebüsche, doch in neuerer Zeit haben Habitatdegradation und von Menschen gelegte Feuersbrünste sich verheerend auf Menschen, Fauna und Flora ausgewirkt; im Bild ein Waldbrand bei Athen (Griechenland).*

HABITATE WELTWEIT

Die wichtigsten terrestrischen Habitate der Erde lassen sich, stark vereinfacht, in vier Haupttypen unterteilen: Wälder, Grasländer, Gebüsche und Wüsten. In Wirklichkeit gibt es dazwischen natürlich zahlreiche Übergänge und diese Haupttypen stellen keineswegs eigenständige Kategorien dar. Jeder Lebensraum ist durch seine eigene, recht typische Vogelfauna charakterisiert wie auch durch die für das Habitat typischen Belastungen und Bedrohungen.

Die Kategorien Gebirge, Feuchtgebiete/Küsten und Inseln sind im strengen Sinne nicht mit den oben vorgestellten Haupttypen vergleichbar, da sie ihrem Wesen nach selbst ein breites Spektrum an Habitaten aufweisen. Berücksichtigt man aber ihre Bedeutung für die Vogelverbreitung und insbesondere ihre Wichtigkeit für bedrohte Vogelarten, so ist es sinnvoll, Gebirgen, Feuchtgebieten/Küsten und Inseln denselben Stellenwert zu geben wie den vier Haupttypen.

Auf der gegenüberliegenden Karte ist die ungefähre Verteilung der wichtigsten Habitate der Erde dargestellt, und zwar in Form der sogenannten potenziellen natürlichen Vegetation – darunter versteht man die Pflanzengesellschaften, die sich in jeder Region entwickeln würden, wenn der Mensch nicht seit Generationen in die Natur eingriffe.

Die reichhaltigsten, wenn auch nicht die großflächigsten Habitate sind die tropischen Wälder, die vor allem im nördlichen Südamerika, westlichen Zentralafrika, Südostasien und Ostaustralien verbreitet sind. Die gemäßigten (temperaten) und nördlichen Breiten sind (oder wären) weitgehend von Wäldern eingenommen, die die Landmassen von Nordamerika, Europa und Asien zu großen Teilen in einem breiten Gürtel bedecken. Diese Wälder bestehen aus temperaten Laubwäldern im Süden und borealen (nördlichen) Nadelwäldern im Norden.

In Regionen, wo das Klima zu trocken ist, um Baumwuchs zuzulassen, entwickeln sich potenziell Grasland-Vegetationstypen in verschiedenster Ausprägung. Noch trockenere (aride) Gebiete beherbergen Wüstenhabitate; hervorzuheben sind Nordafrika, der Mittlere Osten, Zentralasien und ein Großteil von Inneraustralien, aber auch Gebiete im südwestlichen Nordamerika, Südwestafrika und ein schmaler Streifen an der Westküste von Südamerika.

«Mediterrane» Hartlaubgebüsche (Hartlaubgebüsche in Regionen mit Mittelmeerklima) und Heideflächen bedecken Habitate, die einerseits typisch für das Mittelmeerklima sind, andererseits für Kulturlandschaften, die aus degradierten Wäldern entstanden sind. Aus praktischen Gründen stellen wir auch die riesigen arktischen Tundrengebiete in diese Kategorie. Derartige Habitate besitzen oft nicht nur für Vögel, sondern für die gesamte Fauna und Flora große Bedeutung.

Der Verlauf von Gebirgszügen (siehe Karte S. 62) hat großen Einfluss auf das Klima; Gebirge beherbergen überdies eine komplexe Abfolge eigener Habitate – hierbei spielen Höhenstufe und Exposition eine große Rolle. Auch Gebirgshabitate beherbergen eigene und charakteristische Vogelfaunen, zu denen viele seltene oder bedrohte Arten zählen.

Viele Vögel haben sich auf die Nahrungssuche in Feuchtgebieten spezialisiert, zudem brüten etliche auf oder in der Nähe von Gewässern. In diesem Kapitel werden Süßwasser-, Salzwasser- und Küstenhabitate vorgestellt.

Schließlich werden die Inseln als Einzelfall behandelt, da dort viele seltene Vogelarten vorkommen – häufig sind sie für eine Inselgruppe, manchmal sogar für eine bestimmte Insel endemisch. Viele Inselarten haben nur geringe Populationsgrößen und reagieren äußerst empfindlich auf Veränderungen, die sich aus Erschließungsmaßnahmen, Habitatverlust oder der (vorsätzlichen oder versehentlichen) Einführung fremder Arten ergeben.

Wichtige Vogelhabitate weltweit

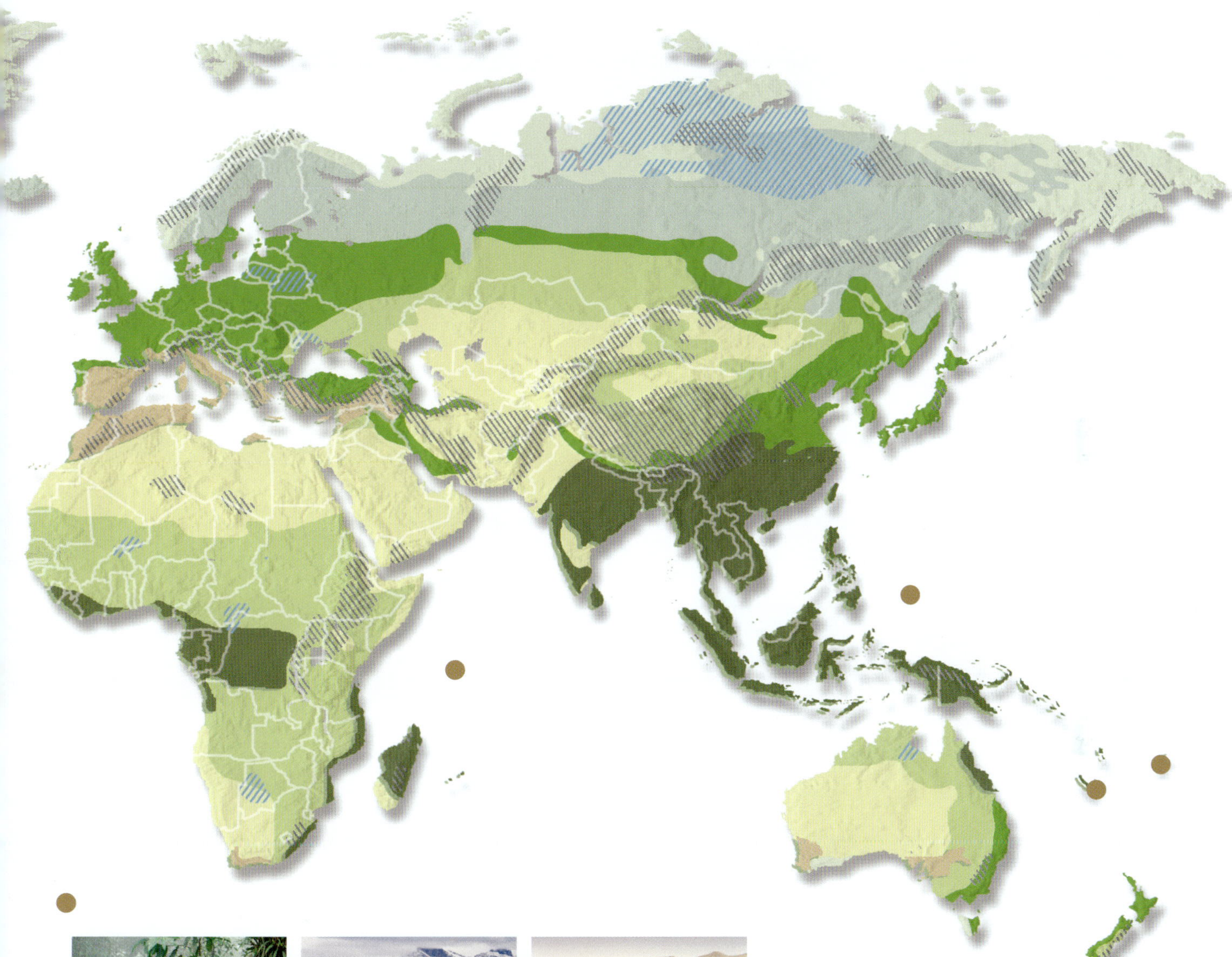

Tropische Wälder

Temperate und boreale Wälder

Wüsten

Gebirge

Grasland

«Mediterrane» Hartlaubgebiete, Heideflächen, Tundren

Feuchtgebiete

Inseln

TROPISCHE WÄLDER

Tropische Regenwälder sind vor allem im nördlichen Südamerika (mit Schwerpunkt im Amazonasbecken), in Westafrika und Südostasien verbreitet. Auch in Zentralamerika finden sich wichtige Regenwaldgebiete, ebenso in Ostaustralien. In Ostindien existieren nur wenige Restgebiete.

Der tropische Regenwald ist zwar die komplexeste und vielfältigste Waldform in den Tropen, doch es existieren noch zahlreiche weitere Tropenwaldtypen; sie alle sind die Heimat seltener Vögel und einer ungeheuren Menge anderer Tier- und Pflanzenarten. Zu diesen Waldtypen zählen regengrüne (saisongrüne, halbimmergrüne) Wälder, Trockenwälder, Savannenwälder, tropische Sumpfwälder und saisonal überflutete Wälder sowie die Bergregenwälder (Nebelwälder, Wolkenwälder) der Höhenlagen.

Tropische Wälder sind aber nicht nur als Hort der Artenvielfalt von Bedeutung, sondern spielen auch eine wichtige Rolle bei der Regulierung des Klimas und der Stabilisierung des Bodens. Die Wälder nehmen die Niederschläge auf und leiten sie in den Boden weiter, von wo sie schließlich in Bäche und Flüsse gelangen; gleichzeitig führen die Regenwälder zur Bildung von fruchtbaren Böden und verhindern die Bodenerosion. Wasser, das aus dichten Regenwaldbeständen verdunstet, kondensiert zu Wolken und regnet später über den Wäldern selbst oder benachbartem Agrarland wieder ab. Die Regenwälder nehmen ferner das wichtige Treibhausgas Kohlendioxid auf und tragen dazu bei, die Auswirkungen der menschengemachten globalen Erwärmung abzuschwächen. Die Entwaldung ist aus mehreren Gründen eine treibende Kraft des Klimawandels: Während die Wälder abgebrannt werden, gelangen große Mengen von Treibhausgasen in die Atmosphäre; wenn Ausdehnung und Dichte der bewaldeten Flächen sinken, geht auch die Fähigkeit der Wälder zur Bindung von atmosphärischem Kohlendioxid zurück.

Leider ist bereits mehr als die Hälfte aller tropischen Regenwälder zerstört worden, und damit bedecken diese Wälder nicht mehr wie ursprünglich 14 Prozent, sondern nur mehr sechs Prozent der gesamten Landmasse. Alleine in den letzten fünfzig Jahren hat die Regenwaldfläche um mehr als ein Drittel abgenommen. Bei der gegenwärtigen Verlustrate könnten tropische Regenwälder innerhalb der nächsten hundert Jahre fast vollständig verschwinden.

◁ Bromelien an einem Bach in Nationalpark Serra da Bocaina (Atlantischer Regenwald, Brasilien). Bromelien gehören zu den Ananasgewächsen; ihre dicken, glänzenden Blätter bilden einen Trichter, in dem sich das Regenwasser fängt.

WICHTIGE TROPENWÄLDER

Tropische Regenwälder bedecken zwar weniger als sechs Prozent der Landmasse, doch man schätzt, dass sie etwa fünfzig Prozent sämtlicher Organismenarten beherbergen. Vielfalt und Bestandszahlen von Pflanzen und Tieren sind erstaunlich: Auf einem Hektar Regenwald können 300 verschiedene Baumarten wachsen; im Atlantischen Regenwald in Brasilien wurden sogar 476 Baumarten auf einem Hektar nachgewiesen. Die Artenvielfalt bei Tieren, vor allem bei Insekten, ist immens, und auch die Vogeldiversität ist sehr hoch.

URSACHEN DER ENTWALDUNG

Tropenwälder sind in vielen Ländern degradiert worden – verantwortlich sind die einheimische Bevölkerung (Entnahme von Nahrung und Feuerholz), die internationale Holzindustrie und Bergbauunternehmen. Große Flächen wurden ferner zur Gewinnung riesiger Agrarflächen gerodet. In den letzten Jahren haben Palmölplantagen die Wälder in vielen Regionen verdrängt, da Palmöl schnelle Gewinne verspricht und als Biokraftstoff konventionelle Treibstoffe teilweise ersetzen soll. Doch nicht nur die Tropenwälder leiden; auch in vielen gemäßigten Klimaregionen, beispielsweise in Nordamerika und Europa, wurden die heimischen Wälder im Lauf von Jahrhunderten gefällt und modifiziert.

Häufig ist die Zerstörung tropischer Wälder direkt auf die Anlage von Straßen und breiten Schneisen zurückzuführen. In einer neueren Untersuchung wurde gezeigt, dass sich die Vielfalt der Tropenwälder am besten dadurch schützen lässt, wenn man die Erschließung dieser Regionen durch Straßenbau großflächig unterbindet. Straßen dienen als Einfallstor für Jäger, Holzfäller und Siedler, ja sogar für invasive Arten, die das natürliche Gleichgewicht des Habitats möglicherweise beeinträchtigen. Die Rodung der Wälder für Ackerbau und Weideviehhaltung ist mit den unkontrollierten Abholzungen die größte Bedrohung für die Regenwälder.

Anders als Baumbestände in saisonal trockenen Habitaten – beispielsweise Hartlaubgebiete in den Regionen mit Mittelmeerklima – sind tropische Regenwälder im Grunde nass oder feucht und lassen sich nur schwer in Brand setzen; ihre bestandsbildenden Baumarten waren im Lauf ihrer Evolution nicht immer wieder natürlichen Feuern ausgesetzt. Allerdings befürchtet man, dass einige der tropischen Regenwälder im Zuge der Klimaerwärmung trockener und damit feueranfälliger werden könnten.

KOHLENSTOFF- UND WASSERKREISLAUF

Die Entwaldung ist eine treibende Kraft des Klimawandels, und Unmengen von Treibhausgasen werden freigesetzt, wenn Wälder abgebrannt werden. Gesunde Wälder nehmen nicht nur Kohlendioxid (eine der Hauptursachen der globalen Erwärmung) auf, sondern geben auch Wasser an die Atmosphäre zurück und tragen so zum natürlichen Wasserkreislauf bei. Die Wälder stabilisieren ferner den Boden, binden Wasser und dienen damit dem Erhalt von ausgeglichenen Grundwasserreserven, aus denen sich Bäche und Flüsse speisen.

AUSWIRKUNGEN AUF VÖGEL

Die tropischen Regenwälder nehmen zwar riesige Flächen ein, wurden und werden aber mit beängstigender Geschwindigkeit zerstört, vor allem zur Holz-, aber auch zur Agrarlandgewinnung. Nach dem Ende der Abholzungen und Rodungen kann der Wald sich rasch regenerieren, wenn der Boden nicht zu stark geschädigt wurde, und es entwickelt sich überwiegend ein Sekundärwald. Diese Sekundärwälder sind zwar, was Fauna und Flora angeht, immer noch wertvoll, und viele der heimischen Arten siedeln sich möglicherweise wieder an, doch einige der seltenen Arten reagieren sehr empfindlich auf Störungen. Die Beeinträchtigung in diesem besonders reichhaltigen Vogelhabitat hat dazu geführt, dass viele Vogelarten dieser Regionen bedroht sind. In Zentralamerika und auf den Karibikinseln haben Abholzungen, Plantagenanbau und Tourismus die Vogelwelt erheblich dezimiert. Häufig überleben die seltenen Vögel vor allem in Naturschutzgebieten; auch der Ökotourismus trägt seinen Teil zum Artenschutz bei.

Südamerika und Teile von Mittelamerika (insbesondere Panama) sind, was Ausdehnung und Vielfalt der Habitate wie auch die Artenzahl der Vögel – 3000 insgesamt – angeht, die reichsten Regionen der Erde. Alleine Kolumbien beherbergt über 1870 Vogelarten – mehr als jedes andere Land der Welt.

Verbreitung des tropischen Regenwaldes und wichtiger Vogelgebiete (IBAs)

	Land	Wichtiges Vogelgebiet (IBA)
1	Madagaskar	Zahama-Nationalpark
2	Malaysia	Belum-Temenggor
3	Philippinen (Mindoro)	Siburan
4	Indonesien (Flores)	Mbeliling
5	Australien (Queensland)	Daintree
6	Sierra Leone	Gola-Forest-Nationalpark
7	Brasilien	Murici
8	Peru	Manu
9	Panama	Golfo de los Mosquitos Forests

Die dortigen komplexen und sehr vielfältigen Lebensräume bieten zahllose ökologische Nischen, die Vögel nutzen können. Darüber hinaus sind oder waren viele dieser Habitate sehr weitläufig und ungestört. Menschengemachte Eingriffe, wie Rodungen zum Häuser- und Straßenbau und besonders die Abholzungen in den Wäldern, haben jedoch dazu geführt, dass die ursprünglichen Biotope stark fragmentiert wurden und ein Großteil der dortigen Vogelwelt darunter gelitten hat. Die Regenwälder des Amazonasbeckens enthalten die höchste Biodiversität überhaupt.

AMAZONASWALD

Die südamerikanischen Regenwälder liegen überwiegend im Norden des Kontinents und konzentrieren sich auf das immense Einzugsgebiet des Amazonas und seiner zahlreichen Nebenflüsse; doch verstreute Vorkommen finden sich nordwärts bis Mexiko. Sie bieten Vögeln eine Vielzahl an Habitaten und Nahrungs- wie auch Brutmöglichkeiten. Der Amazonasregenwald ist das größte Waldgebiet der Welt und erstreckt sich über das Einzugsgebiet des Amazonas (Amazonasbecken), das von Nordbrasilien bis Bolivien, Ostkolumbien und Ostperu reicht. Es bedeckt insgesamt vierzig Prozent der südamerikanischen Landmasse. Der Amazonas hat über tausend Nebenflüsse, die zum Teil, wie der Rio Negro, selbst große und lange Ströme sind. Zu den extrem vielfältigen Wäldern des Amazonasgebiets gehören feuchte und trockene Tieflandwälder, saisonal überschwemmte Wälder sowie moos- und farnreiche Nebelwälder in den Höhenlagen. Meistens zeigen die Regenwälder einen deutlichen Stockwerkaufbau; dabei überwachsen Lianen (zum Beispiel Würgfeigen) und andere Kletterpflanzen die Bäume, die zudem häufig Aufsitzerpflanzen (Epiphyten) tragen. Dank der warmen feuchten Lebensbedingungen gedeihen unzählige Wirbellose und eine üppige, ganzjährig blühende und fruchtende Vegetation – derart reichhaltige Nahrungsgrundlagen werden von zahlreichen Vogelarten genutzt, wobei sich viele Arten zu ausgesprochenen Spezialisten entwickelt haben.

▽ *Inzwischen sind große Regenwaldflächen gerodet – manchmal durch gezielte Brandrodung, wie hier in Brasilien. Der Waldboden ist zwar fruchtbar, wird aber durch heftige Regenfälle häufig ausgelaugt und weggespült, sodass Fauna und Flora keine Lebensgrundlage mehr haben.*

△ *Riesige Baumstämme aus dem Regenwald werden, wie hier in Kamerun, quer durch Afrika transportiert und im nächsten Seehafen zum Export verladen. Vor allem die Nachfrage aus Industrieländern ist schuld daran, dass nach wie vor Produkte aus nicht nachhaltig bewirtschafteten Hölzern hergestellt werden.*

TROPISCHE TROCKENWÄLDER

In Nordostbrasilien kommen Tropenwälder eines anderen Typs vor: Es sind Trockenwälder, die an eine lange, etwa fünf Monate dauernde Trockenzeit angepasst sind. Bestandsbildend sind bis zu 25 Meter hohe Bäume, der Unterwuchs wird häufig von Kakteen dominiert. Diese Wälder, von denen nur etwa ein Drittel im Originalzustand erhalten ist, gehören zu den am stärksten bedrohten der Region. Trockenwälder kommen auch in Paraguay und Argentinien vor.

Die Atlantischen Regenwälder in Brasilien, ein anderer tropischer Waldtyp, haben sich isoliert von den Wäldern des Amazonasbeckens entwickelt und beherbergen Habitate, die außerordentlich reich an endemischen Arten sind. Atlantische Regenwälder bedeckten früher eine Fläche von etwa einer Million Quadratkilometer, von denen heute nur noch weniger als sieben Prozent erhalten sind – und sind damit die in Südamerika am stärksten bedrohten Wälder.

AFRIKANISCHER REGENWALD

Das Kongobecken in Zentralafrika beherbergt das zweitgrößte tropische Regewaldgebiet der Welt, das etwa 18 Prozent des Gesamtregenwaldes ausmacht. Wie ihr Gegenstück am Amazonas sind auch die afrikanischen Regenwälder stark bedroht – jedoch nicht nur durch Abholzungen und Rodungen für die Landwirtschaft, sondern auch wegen der kriegerischen Auseinandersetzungen in dieser Region. Zudem wurden viele Regenwaldtiere als «bushmeat» gejagt und gehandelt, was sich auf zahlreiche Säuger- und Vogelarten auswirkte. Besonders in diesem Gebiet hat die Entwaldung für viele seltene und bedrohte Vogelarten gefährliche Ausmaße angenommen, vor allem durch den Verlust der optimalen Habitate. Durch Unruhen und Bürgerkriege wurde die einheimische Bevölkerung tiefer in die Wälder getrieben. Und wie überall in der Welt schreitet die Entwaldung vor allem aufgrund der Subsistenzlandwirtschaft voran, da hier oft Brandrodung eingesetzt wird und nebenbei noch Brennholz gesammelt und Nutzpflanzen auf dem Regenwaldboden angebaut werden.

REGENWALD IN SÜDOSTASIEN

Auch in Indonesien und den Philippinen befinden sich bedeutende tropische Regenwaldvorkommen; insbesondere Borneo war einst vollständig bewaldet. Die dortigen Wälder wurden in den 1980er- und 1990er-Jahren im großen Stil gefällt und lieferten Holz für die Bau- und Möbelindustrie, für die Papierherstellung – ja sogar für Essstäbchen! Heutzutage sind riesige Flächen mit Ölpalmenplantagen bedeckt, um wertvollen Biokraftstoff zu herzustellen. Was auf den ersten Blick wie ein erstrebenswerter

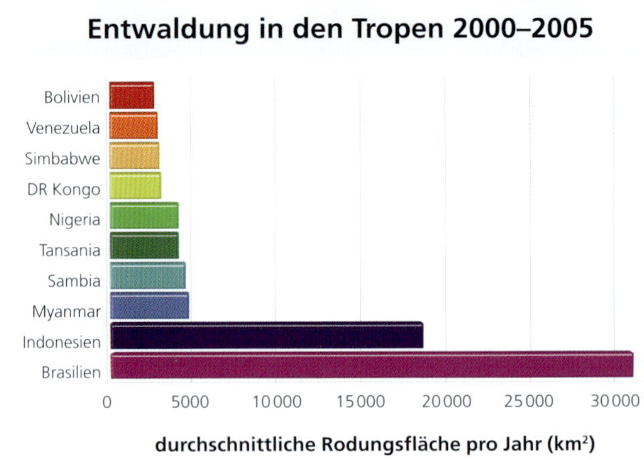

▽ *In diesem Flusstal in Sabah (Borneo) wurden große Regenwaldflächen gerodet, um Platz für Ölpalmenplantagen zu schaffen. Selbst diese flächendeckende Zerstörung kann keine Vorstellung davon vermitteln, was diese Eingriffe wirklich für Fauna und Flora bedeuten.*

△ *Diese Berge nördlich von Quito (Ecuador) wurden von den einheimischen Bauern gerodet und mit Nutzpflanzen bestellt. Für die lokale Wirtschaft war dies zwar gut, hat allerdings der Vogelwelt und anderen Tieren enorm geschadet.*

und nachhaltiger Ersatz für Benzin (und damit Rohöl) aussieht, hat den Wäldern jedoch enormen Schaden zugefügt.

Die mit Ölpalmen bepflanzte Fläche in Indonesien soll im Jahr 2010 bei zehn Millionen Hektar liegen – im Gegensatz zu 600 000 Hektar im Jahr 1985. Auch für den Sojabohnenanbau und Weideflächen wurden Waldgebiete gerodet.

Die heute noch in Borneo existierenden Waldflächen sind sehr vielfältig. Der WWF schätzt, dass sie etwa 222 Säugerarten (44 endemisch), 420 Vogelarten (37 endemisch) und über 15 000 Pflanzenarten (6000 endemisch) beherbergen. Die Tieflandwälder von Borneo weisen die größte Artenvielfalt auf und sind von Bäumen aus der Familie der Dipterocarpaceen beherrscht, die häufig bis zu fünfzig Meter hoch werden. Mehr als die Hälfte dieser Wälder wurde bisher vernichtet, ein Großteil davon in den letzten Jahrzehnten. Der Kahlschlag und die Ausdünnung der Wälder hat nicht nur die Habitate zerstört, sondern auch das ökologische Gleichgewicht verändert: Feuer sind inzwischen wesentlich häufiger und breiten sich viel rascher aus, was zu Luftverschmutzung wie auch zur Freisetzung von immensen Kohlendioxidmengen führt – und somit die globale Erwärmung antreibt. Nach Schätzungen sind in diesen Wäldern auf feuchten Torfböden pro Hektar 500 Tonnen Kohlenstoff gespeichert, die beim Verbrennen in die Atmosphäre gelangen. Diese Regenwälder sind im Naturzustand relativ unempfindlich gegen Feuer, doch durch menschliche Eingriffe sind sie wesentlich anfälliger geworden.

▷ *Sojabohnenfelder soweit das Auge reicht: Das winzige Regenwaldgebiet rechts unten im Bild ist regelrecht umzingelt. Derartige Kulturflächen bieten nur wenigen Vogelarten Unterschlupf.*

ATLANTISCHER TIEFLANDREGENWALD IN BRASILIEN

DER ATLANTISCHE REGENWALD (MATA ATLÂNTICA) ERSTRECKT SICH AN DER BRASILIANISCHEN ATLANTIKKÜSTE VOM (NÖRDLICHEN) BUNDESSTAAT RIO GRANDE DO NORTE SÜDWÄRTS BIS RIO GRANDE DO SUL. DER GESAMTE WALD IST EIN «BIODIVERSITÄTS-HOTSPOT», WO ZAHLREICHE ENDEMISCHE ARTEN GROSSEN BEDROHUNGEN AUSGESETZT SIND.

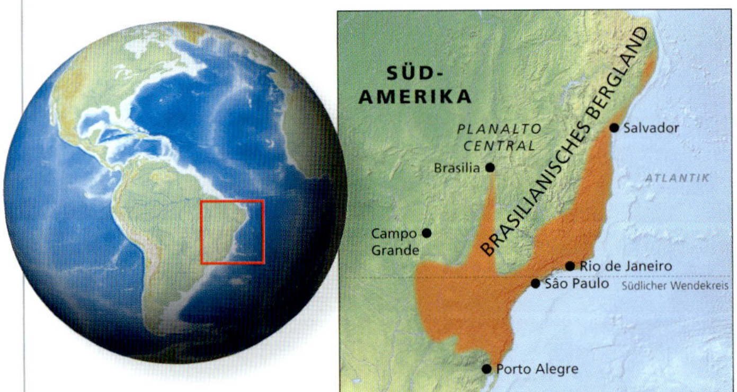

Der Atlantische Tieflandregenwald in Brasilien ist eines der Waldgebiete, die weltweit am stärksten bedroht und gleichzeitig am wenigsten geschützt sind. Seit Jahrhunderten schon leidet diese Region unter Habitatverlust – zuerst durch die Anlage von Zuckerrohrplantagen, später durch Kaffeepflanzungen. Heute dehnen sich die Riesenstädte Rio de Janeiro und São Paulo immer weiter aus und führen zu starkem Urbanisierungsdruck auf den Atlantischen Regenwald.

ERSTAUNLICHE ARTENVIELFALT

Der Tieflandküstenstreifen des Atlantischen Regenwalds in Brasilien ist ein wahres Paradies für Fauna und Flora; auch die Wälder im Landesinneren beherbergen viele selten Tiere und Pflanzen. Im etwa fünfzig bis hundert Kilometer breiten Küstenwald leben mehrere vom Aussterben bedrohte Vogelarten, und er wurde zu einem der wichtigsten «Vogelgebiete mit besonderem Endemitenreichtum» (Endemic Bird Areas, EBAs) der Region erklärt. Der Küstenwald hatte früher eine Ausdehnung von über 230 000 Quadratkilometer, umfasst heute jedoch weniger als zehn Prozent dieser Fläche. Es handelt sich überwiegend um einen Feuchtwald, doch das Spektrum reicht von Küstenwaldgebieten mit Gebüschen über hohe immergrüne Regenwälder bis zu halbimmergrünen (saisongrünen) Wäldern mit deutlich ausgeprägter Trockenzeit. In Untersuchungen wurde gezeigt, dass diese Wälder zu den artenreichsten der Erde gehören und eine erstaunliche Vielfalt an Pflanzenarten beherbergen. Mehr als die Hälfte der Baumarten ist vermutlich endemisch; auf manchen Flächen kommen bis zu 450 verschiedene Arten pro Hektar vor. In diesem EBA sind nicht weniger als 13 Prozent aller bedrohten amerikanischen Vogelarten heimisch.

PARADIES FÜR SELTENE VÖGEL

Auch die Vogelwelt des Atlantikwaldes ist entsprechend reichhaltig und beherbergt nicht weniger als zehn endemische Gattungen, die insgesamt 120 Arten umfassen. Außerdem sind einige bedrohte Vogelarten mit einem über die Region hinausreichenden Verbreitungsgebiet dort heimisch, beispielsweise das Purpurbindentäubchen und die Rotscheitelamazone. Die Störung der Atlantischen Tieflandregenwälder begann mit der Ankunft der europäischen Siedler vor 400 Jahren. Die Waldböden waren fruchtbar und für die Landwirtschaft geeignet, sodass Nutzpflanzen wie Kautschuk, Kaffee und Bananen die ursprüngliche Vegetation in vielen Gebieten ersetzt haben. Weiterhin wurden die Wälder durch Abholzung degradiert; Ursachen waren zum Beispiel die Entnahme von Bauholz, Erzabbau, Straßenbau oder Wohnungs- und Hotelbauten. Die hier heimischen Vögel sind an die speziellen Habitatbedingungen dieser Wälder angepasst und können nur in Primärwäldern überleben. Die Zerstörung oder Veränderung dieser Lebensräume hat häufig erhebliche negative Auswirkungen auf die Vogelwelt, insbesondere auf seltene oder auf Arten mit eingeschränkter Verbreitung.

DER SELTENSTE VOGEL DES ATLANTIKWALDES

Die winzige Goldhähnchenkotinga gehört zu den fünfzig am stärksten bedrohten Vögeln der Welt. Nach Schätzungen von BirdLife Internatio-

Kerndaten Atlantischer Tieflandregenwald

Ursprüngliche Ausdehnung: 1 234 000 km²
Verbliebene Vegetation: 99 900 km²
Endemische Pflanzenarten: 8000
Bedrohte endemische Vogelarten: 55
Bedrohte endemische Säugerarten: 21
Bedrohte endemische Amphibienarten: 14
Ausgestorbene Arten: 1
Bevölkerungsdichte: 87 Einwohner/km²
Geschützte Fläche: 50 400 km²

nal liegt die Population unter fünfzig Individuen. Die Art wurde 1996 im Nationalpark Serra dos Órgãos (nur eine Autostunde nördlich von Rio de Janeiro) entdeckt und damit zum ersten Mal seit über hundert Jahren wieder gesichtet.

Allerdings gab es seither keine gesicherten Beobachtungen mehr. Die Goldhähnchenkotinga steht am Rand des Aussterbens; Grund ist die Entwaldung, die mit dem Gold- und Diamantenabbau wie auch der Anlage von Kaffeeplantagen einherging – und diese Industriezweige sind dort auch heute noch aktiv. Zudem werden in dieser Region etliche Pflanzen (Bromeliengewächse, Mistelgewächse, Orchideen) kommerziell gesammelt; auch dies ist möglicherweise ein Faktor, der die Nahrungsgrundlage der Goldhähnchenkotinga vermindert und die Habitatstruktur des Gebiets verändert. Zu den Schutzmaßnahmen zählt der Schutz kleiner Restflächen, die für die Art geeignete Lebensräume bieten; allerdings ist das bekannte Verbreitungsgebiet der Goldhähnchenkotinga äußerst klein.

◁ Dieser Goldtukan lebt im Atlantischen Regenwald von Südostbrasilien, kommt aber auch in angrenzenden Gebieten von Paraguay und Argentinien vor. Er ernährt sich vorwiegend von Früchten und brütet in alten Spechthöhlen. Habitatverlust und Käfigvogelhandel bedrohen die Art.

△ Die Stahlwerke von Cubatão liegen mitten im bedrohten Atlantischen Küstenregenwald. Cubatão, eine der am stärksten verschmutzten Städte der Welt, ist Standort von 24 Industriebranchen, darunter Stahlindustrie, Ölraffinerien und Düngemittelherstellung, die hier allesamt außerhalb der nordamerikanischen und europäischen Rechtsordnung produzieren können.

AM STÄRKSTEN BEDROHTE VOGELARTEN IM ATLANTISCHEN REGENWALD

	WISSENSCHAFTLICHER NAME	TRIVIALNAME	STATUS	WELTPOPULATION
■	*Calyptura cristata*	Goldhähnchenkotinga	CR	<50
■	*Eleoscytalopus psychopompus*	Bahiatapaculo	CR	50–250
■	*Myrmotherula fluminensis*	Rio-de-Janeiro-Ameisenschlüpfer	CR	50–250
■	*Merulaxis stresemanni*	Nördlicher Stirnhaubentapaculo	CR	50–250
■	*Claravis godefrida*	Purpurbindentäubchen	CR	50–250
■	*Nemosia rourei*	Rubinkehl-Tangare	CR	200–250
■	*Formicivora littoralis*	Restinga-Ameisenfänger	CR	250–1000
■	*Crax blumenbachii*	Rotschnabelhokko	EN	200–250
■	*Cotinga maculata*	Südliche Prachtkotinga	EN	250–1000
■	*Touit melanonotus*	Braunrückenpapagei	EN	250–1000
■	*Glaucis dohrnii*	Bronzeschwanz-Schattenkolibri	EN	250–1000
■	*Formicivora erythronotos*	Schwarzkopf-Ameisenfänger	EN	1000–2500
■	*Pyriglena atra*	Fleckenmantel-Feuerauge	EN	1000–2500
■	*Myrmeciza ruficauda*	Nördlicher Schuppenameisenvogel	EN	1000–2500
■	*Amazona rhodocorytha*	Rotscheitelamazone	EN	1000–2500

ROTE LISTE ■ CR = vom Aussterben bedroht ■ EN = stark gefährdet ■ VU = gefährdet ■ NT = Vorwarnliste ■ LC = nicht gefährdet

Vogelgebiete mit besonderem Endemitenreichtum (EBAs) in Tropenwäldern

Angesichts der Komplexität und Fruchtbarkeit von tropischen Wäldern überrascht es nicht, dass innerhalb dieser Habitate erstaunlich viele «Endemic Bird Areas» (EBAs), also Vogelgebiete mit besonderem Endemitenreichtum zu finden sind.

Südamerika

Eines der wichtigsten, aber auch am stärksten gefährdeten EBAs in Südamerika ist der Chocó am Westabhang der Anden in Südwestkolumbien und Nordwestecuador. Dies ist Regenwald in «Reinkultur» – an manchen Standorten liegt die jährliche Niederschlagsmenge bei 16 000 Millimeter und macht diese Region damit zu einer der nassesten der Erde. Die Vegetation reicht von nassen tropischen Tieflandwäldern bis zu submontanen und montanen Feuchtwäldern (Nebelwäldern) in größeren Höhenlagen und nassen Grasländern in noch größerer Höhenlage. Mit über fünfzig endemischen Arten beherbergt dieses EBA die meisten Vogelarten mit eingeschränktem Verbreitungsgebiet in ganz Amerika. Erwähnenswert sind Einbinden-Waldfalke, Bindengrundkuckuck, Türkiskehl-Höschenkolibri, Blaubauch-Höschenkolibri, Fünffarben-Bartvogel, Langlappen-Schirmvogel, Schiefergrauer Würgerling, Chocó-Vireo (alle bedroht) und viele Tangare wie Goldring-Tangare und Bunttangare.

△ *Der Blaubauch-Höschenkolibri, ist vom Aussterben bedroht. Er ist in einem winzigen und abnehmenden Gebiet der westlichen Anden in Südwestkolumbien heimisch. Sein Habitat ist durch kleinräumige Abholzungen und Ackerbau bedroht.*

Indien und Indonesien

In Indien sind nur Reste der Tropenwälder erhalten, vor allem in den Westghats, einem Gebirge am Westrand des Dekkan-Plateaus. Teils sind dies immergrüne tropische Monsunwälder, teils saisongrüne Feuchtwälder; in größeren Höhenlagen kommen submontane Wälder und Grasland vor. Zu den bedrohten Vogelarten dieser Gebiete gehören Nilgiritaube und Zimtbrusthäherling.

Auch Bali und Java, die früher beide von tropischen Wäldern bedeckt waren, sind als EBA eingestuft. Die meisten seltenen Vögel kommen heutzutage in den Bergwäldern vor; der Tieflandwald ist größtenteils gerodet. Zu den wichtigsten Arten gehören Javaadler, Angelinaeule und der vom Aussterben bedrohte Balistar.

Afrika

Eine der wichtigsten Regionen in Afrika sind die ostafrikanischen Küstenwälder in Kenia, Somalia und Tansania (einschließlich Sansibar). Besondere Vögel dieser halbimmergrünen, saisongrünen Wälder sind die winzige Sokoke-Eule, Sokokepieper, Amani-Nektarvogel und Goland-Weber. Madagaskar besitzt eine unglaublich reichhaltige Flora und Fauna mit zahlreichen endemischen Arten, und die Trockenwälder im Westen der Insel beherbergen eine faszinierende Vogelwelt. Dieses EBA umfasst Bereiche mit saisongrünen Trockenwäldern. Manche der seltenen Vogelarten, insbesondere Van-Dam-Vanga und Kurzfuß-Stelzenralle, sind nur sehr lokal verbreitet.

◁ *Die Sokoke-Eule kommt nur an ein paar Standorten in Ostafrika vor: dem Arabuko-Sokoke-Wald (Kenia) und den östlichen Usambara-Bergen (Tansania). Das Verbreitungsgebiet ist inzwischen durch die Entnahme von Brenn- und Schnitzholz so stark fragmentiert, dass diese Eule als stark gefährdet eingestuft wird.*

△ *Cape Tribulation in Nord-Queensland liegt im Daintree-Regenwald, einem der ältesten Regenwälder der Erde. Dieser Wald nimmt zwar nur 0,2 Prozent der australischen Landmasse ein, beherbergt aber zwanzig Prozent aller australischen Vogelarten, außerdem 65 Prozent aller australischen Schmetterlings- und Fledertierarten, ferner dreißig Prozent der Frosch-, Beuteltier- und Reptilienarten.*

CHINA

In Südchina existierten früher große Tropenwaldgebiete, doch durch eine jahrhundertelange Entwaldung und Landwirtschaft ist von dieser ursprünglichen Vegetation nicht viel übrig geblieben. Die tropische Insel Hainan war einst großflächig mit immergrünem Tieflandregenwald bedeckt, ist jetzt aber weitgehend entwaldet. In den zentralen Bergen haben sich Reste von Bergwald erhalten; dort sind mehrere seltene Vögel wie Hainan-Buschwachtel, Hainan-Laubsänger, Kupfertaube und der schöne Herkules-Eisvogel heimisch. Wie auch anderenorts ist die Entwaldung ein großes Problem; hier wurde nicht nur Bauholz entnommen, sondern die Wälder wurden auch durch Kautschukplantagen ersetzt.

AUSTRALIEN

In Queensland (Ostaustralien) waren das Tiefland und die Hügel in der Gegend zwischen Townsville und Cooktown früher großteils mit Tropenwald bedeckt. Zu den Charakterarten gehören hier der imposante flugunfähige Helmkasuar, die faszinierenden Laubenvögel und die Honigfresser. Die heute noch existierenden Waldbestände sind zum Glück fast alle im Wet Tropics World Heritage Area (Weltnaturerbe) geschützt, und sämtliche Abholzungen sind gestoppt. Doch es ist kaum noch Tieflandwald erhalten, und die übrig gebliebenen Bestände sind meistens sehr stark zerstückelt und degradiert.

URSACHEN DER ENTWALDUNG, WELTWEIT

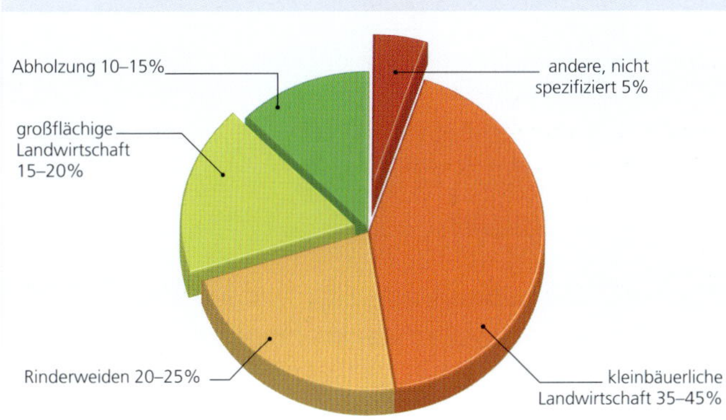

AFFENADLER

PITHECOPHAGA JEFFERYI

IN DEN WÄLDERN DER INSEL MINDANAO LEBT HOCH OBEN IM KRONENRAUM DER IMPOSANTE AFFENADLER, AUCH PHILIPPINENADLER UND LOKAL «KÖNIG DER VÖGEL» ODER «HARIBON» GENANNT.

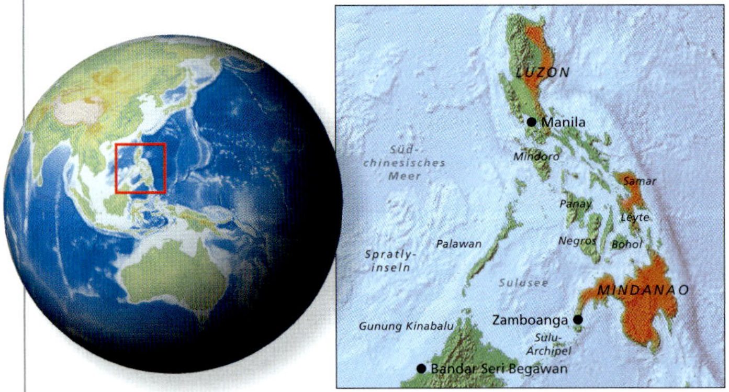

Der Affenadler (Philippinenadler) erbeutet verschiedene Vögel und Säuger, darunter, wie der Name sagt, auch Affen, vorwiegend jedoch Riesengleiter, Palmenroller oder Musangs. Leider ist dieser Adler, der Nationalvogel der Philippinen, inzwischen vom Aussterben bedroht. Ursachen sind rasche Populationseinbrüche in Kombination mit einer langsamen Fortpflanzungsrate, woraus sich ein sehr niedriger Bestand ergibt. Der Affenadler ist auf den Philippinen endemisch, kommt heute aber nur mehr auf Mindanao, Luzon, Samar und Leyte vor. Die meisten Individuen leben auf Mindanao, nur ganz wenige auf den anderen Inseln. Affenadler sind in Tropenwäldern, vom Tiefland bis etwa 1800 Meter, heimisch und bevorzugen Primärwälder gegenüber nachgewachsenen Sekundärwäldern. Sie sind wie die meisten Greifvögel langlebig, brüten aber erst spät, nämlich erstmals im Alter von fünf bis sieben Jahren. Die Partner gehen eine lebenslang Paarbindung ein, brüten alle zwei Jahre und ziehen jeweils einen einzigen Jungvogel auf. Die Nestlinge sind mit etwa 18 Wochen flügge, halten sich aber ungefähr 18 Monate in der Nähe des Brutplatzes auf.

HAUPTBEDROHUNGEN

Der prächtige Affenadler ist vielfach bedroht; wie in zahlreichen tropischen Lebensräumen sind große Bereiche des ursprünglichen Primärwalds, den die Art bevorzugt, durch Abholzungen und Rodungen für die Landwirtschaft zerstört worden. Zudem werden die Vögel bejagt und auch gelegentlich in Fallen gefangen, die für Hirsche und wilde Schweine aufgestellt werden. Da der Affenadler an der Spitze der Nahrungspyramide steht, wirken sich mögliche Pestizidkontaminationen seiner Beute über Anreicherung auch auf ihn aus. Untersuchungen an anderen Greifvogelarten haben gezeigt, dass derartige Giftkonzentrationen im Vogelkörper das Fortpflanzungspotenzial beeinträchtigen und zu Unfruchtbarkeit führen können.

Zum Glück überleben die Affenadler in mehreren Schutzgebieten, insbesondere in zwei Nationalparks auf Mindanao, dem Mount Kitanglad Range Natural Park und dem Mount Apo Natural Park. Im «Philippine Eagle Centre» werden zudem Vögel in Gefangenschaft nachgezüchtet, mit dem Ziel, sie in geeigneten Habitaten wieder anzusiedeln. Daher ist die Zukunft des philippinischen Nationalvogels zwar bedroht, aber nicht hoffnungslos. Auf dem Gelände des 72 113 Hektar großen Mount Apo Natural Park befindet sich auch der höchste Berg der Philippinen (Mount Apo, 2954 m) sowie ein erloschener Vulkan (Mount Talomo, 2674 m). Die Niederschlagsmenge ist sehr hoch und liegt bei durchschnittlich 2500 Millimeter pro Jahr. Regenwälder sind die ursprüngliche Vegetation des Tieflandes; sie gehen in den Höhenlagen in niedrigere Bergwälder mit reichem Moos- und Epiphytenbewuchs über, noch weiter oben folgen Gebüsche und Grasland. Der Tieflandregenwald (unter tausend Meter) wurde weitgehend gerodet, doch vor allem an steileren Hängen gibt es Restbestände. In Baracatan können Vogelbeobachter im seit Langem bestehenden Philippine Eagle Centre möglicherweise sogar einen Blick auf den Affenadler erhaschen.

Mount Apo besitzt zwar Nationalpark-Status, doch in Wirklichkeit genießt der Park wenig Habitatschutz und wird nur minimal gemanagt. Große Tiefland- und Bergwaldbereiche wurden zerstört, sodass inzwischen über die Hälfte des Gebiets entwaldet ist und menschliche Aktivitäten und Siedlungen sich weiterhin negativ auswirken können.

Mount Apo gehört zum Mindanao and Eastern Visaya EBA; dieses wird (zusätzlich zum Affenadlerbestand) durch das Vorkommen weiterer endemischer Waldvögel wie Rotohreule, Silberfischer und Himmelsschnäpper definiert. Viele andere bedrohte Vogelarten sind hier heimisch: Rotsteißkakadu (vom Aussterben bedroht) sowie Streifenuhu, Rotnackenliest, Philippinenhaubenadler, Goldfischer, Hufeisen-Fruchttaube und Philippinen-Raupenfänger (alle gefährdet).

▷ *Unverwechselbar ist die struppige Federhaube des Affen- oder Philippinenadlers, die fast wie eine Löwenmähne wirkt.*

▽ *Das typische Flugbild des Affenadlers, aufgenommen im Eagle Centre in Baracatan an den Hängen des Mount Apo (Mindanao, Philippinen).*

BEDROHTE VÖGEL IN SÜD- UND MITTELAMERIKA

Papageien und Kolibris gehören zu den schönsten Vögeln der südamerikanischen Tropenwälder; zu beiden Gruppen zählen Arten, die teilweise aufgrund von Habitatverlust, Trophäenjagd und (im Fall der Papageien) durch den Käfigvogelhandel bedroht sind. Die größte Art ist der stark gefährdete Hyazinth-Ara; auch weitere Aras sind bedroht, insbesondere der seltene und im Bestand zurückgehende Spix-Ara (vom Aussterben bedroht). Viele Papageien, zum Beispiel die farbenfrohen Amazonenpapageien, sind gleichzeitig durch Habitatverlust und Fang für den Käfigvogelhandel bedroht. Nicht weniger als 16 Amazonenarten sind als bedroht eingestuft, und unter den restlichen 14 stehen drei auf der Vorwarnliste.

GESAMTZAHL LEGAL GEHANDELTER PAPAGEIEN

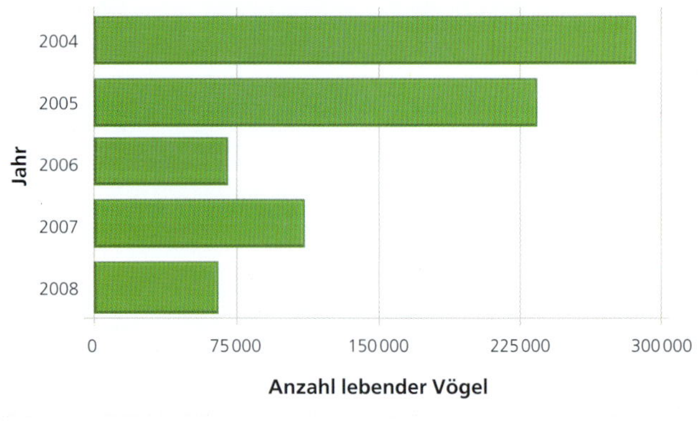

Mit ihrem bunt schillernden Gefieder und ihren akrobatischen Flugkünsten gehören Kolibris zu den interessantesten und schönsten Vögeln der Welt; mehrere Arten besitzen verlängerte Schwanzfedern. In den tropischen Wäldern der Neuen Welt sind viele dieser winzigen fliegenden Edelsteine heimisch, die oft malerische Namen wie Blumenküsser, Glanzschwänzchen oder Veilchenohrkolibri tragen. Mehrere Arten sind selten, neun Arten sind vom Aussterben bedroht, 15 Arten stark gefährdet, sechs Arten gefährdet und 19 Arten stehen auf der Vorwarnliste.

Die lebhaft gefärbten Schmuckvögel sind nur in den Tropenwäldern von Zentral- und Südamerika heimisch und ernähren sich überwiegend von Früchten und Insekten. Von den 96 Arten der Familie sind sechs stark gefährdet, die Goldhähnchenkotinga ist sogar vom Aussterben bedroht. Weitere elf Arten sind als gefährdet eingestuft, zum Beispiel der merkwürdige Langlappen-Schirmvogel mit seinem aufblasbaren Brustlappen und der schirmförmigen Haube. Auch die farbenprächtigen Tangare sind für diese Region charakteristisch. Viele sind Fruchtfresser und die meisten kommen in Zentral- und Südamerika sowie auf den Karibikinseln vor; 22 Arten dieser auffälligen Singvögel sind als bedroht eingestuft. Der winzige Einbinden-Waldfalke ist eine weitere seltene und gefährdete Art; er lebt in ungestörten Wäldern von Südwestkolumbien und Nordwestecuador.

Die riesige und furchterregende Harpyie, einer der größten und kräftigsten Greifvögel der Welt, ist in tropischen Wäldern vom Amazonasbecken bis Südmexiko heimisch. Typische Habitate sind große Waldgebiete im Tiefland, normalerweise unter tausend Meter Meereshöhe. Die Harpyie hat sich auf große Beutetiere und die Jagd im Kronendach spezialisiert und fängt vor allem Faultiere und Affen. Auch Baumstachler sowie Vögel und Reptilien werden verzehrt; häufig ergreift die Harpyie ihre Beute mit ihren äußerst kräftigen Beinen und scharfen Klauen einfach aus dem Geäst. Der große, bis zu 1,5 Meter breite Horst wird normalerweise weit oben in hohen Waldbäumen erbaut. Das Verbreitungsgebiet der Harpyie ist zwar groß, doch die Bestandsdichte ist gering und die Art ist in den meisten Gegenden selten – eine Ausnahme sind die Amazonaswälder von Brasilien und Peru, wo die Population relativ stabil ist. Anscheinend ist die Harpyie in großen Teilen ihres ursprünglichen Verbreitungsgebiets ausgestorben, vielleicht aufgrund von Entwaldung und Störungen. Sie wird häufig bejagt und bietet als großer und unerschrockener Vogel ein gutes Ziel; die Art wurde auf die Vorwarnliste gesetzt, und die Bestände nehmen insgesamt ab.

◁ *Der Elfenbeinsittich ist ein mittelgroßer hübscher Papagei, dessen Verbreitungsgebiet von Westmexiko bis Costa Rica reicht. Der Bestand ist zwar relativ hoch und die Art nach wie vor als nicht gefährdet eingestuft, doch durch den Fang für den Käfigvogelhandel ist die Population in manchen Gegenden lokal zurückgegangen.*

▽ *Im venezolanischen Tropenwald warten Wildvögel in kleinen Käfigen auf Käufer. Illegale Fallenstellerei – für viele Vogelarten eine Hauptbedrohung – ist besonders in den artenreichen Tropenwäldern verbreitet. Vor allem hübsche Singvögel und Papageien laufen Gefahr, für dieses schmutzige Geschäft gefangen zu werden.*

VOGEL DER GÖTTER

Der Quetzal *(Pharomachrus mocinno)* ist einer der schönsten Vögel Zentralamerikas und wurde als Vogel der Götter verehrt. Das Gefieder des Weibchens ist relativ unauffällig graugrün mit schwarz-weiß gebändertem Schwanz und roten Unterschwanzdecken. Das Federkleid des Männchens ist jedoch außergewöhnlich: Im Brutkleid sind die Oberschwanzdecken als Schmuckfedern extrem (bis zu einem Meter) verlängert, und der leuchtend rote Bauch kontrastiert mit dem ansonsten metallisch grün schimmernden Gefieder. Der Queztal lebt in hoch gelegenen Nebelwäldern in Südmexiko, Westpanama, Honduras, Guatemala, El Salvador, Nicaragua und Costa Rica. Früchte sind seine Hauptnahrung, diese wird durch Wirbellose und kleine Wirbeltiere ergänzt. Es erstaunt nicht, dass der Vogel wegen seiner Federn bejagt wurde; in manchen Gegenden und vor allem in Schutzgebieten existieren jedoch noch mäßig große Bestände. Die größte Gefahr geht vermutlich von der Waldzerstörung aus, daher steht der Quetzal auf der Vorwarnliste.

HOFFNUNG FÜR DIE TROPENWÄLDER

Da die Bedrohung der Tropenwälder unbestreitbar ist, werden alle Anstrengungen unternommen, um die wichtigsten Stätten zu schützen und die Bevölkerung darüber aufzuklären, wie wesentlich der Erhalt der Wälder ist. Vor allem die wohlhabenderen Länder sind schuld an der steigenden Holznachfrage. Erst langsam setzt sich die Erkenntnis durch, dass wir Holz aus nachhaltig bewirtschafteten Quellen benötigen. Wenn die Holzentnahme selektiv und nicht per Kahlschlag erfolgt, haben die Wälder eine Überlebenschance, allerdings nicht mehr im Urzustand. Zwar wird in steigendem Maße aufgeforstet, doch derartige Wälder sind nur für wenige Arten attraktiv. Wir müssen die Urwälder oder naturnahen Wälder bewahren, wenn wir die gesamte Fauna und Flora schützen wollen.

◁ *Ein Quetzal-Männchen verlässt seine Bruthöhle, dabei sind die langen Schmuckfedern über den Rücken gefaltet. Beide Partner bebrüten die Eier und versorgen die Nestlinge. Die Bruthöhle befindet sich häufig in einem abgestorbenen Baum, deshalb sind Habitate (im Bild ein Nebelwald in Costa Rica) mit entsprechenden morschen Bäumen unverzichtbar.*

△ *Früher behalf man sich mit Klettergerüsten und Hängebrücken, wie hier im Monteverde-Nebelwald-Reservat in Costa Rica, um den Kronenraum der Regenwälder zu erforschen. Heute laufen Ökotouristen über diese Hängebrücken, während man in der Forschung die beweglicheren Baumkronenkräne einsetzt.*

▽ *Zurzeit sind weltweit elf Baumkronenkräne im Einsatz – fünf Kräne in Regenwäldern und sechs in temperaten (gemäßigten) Wäldern.*

Temperate und boreale Wälder

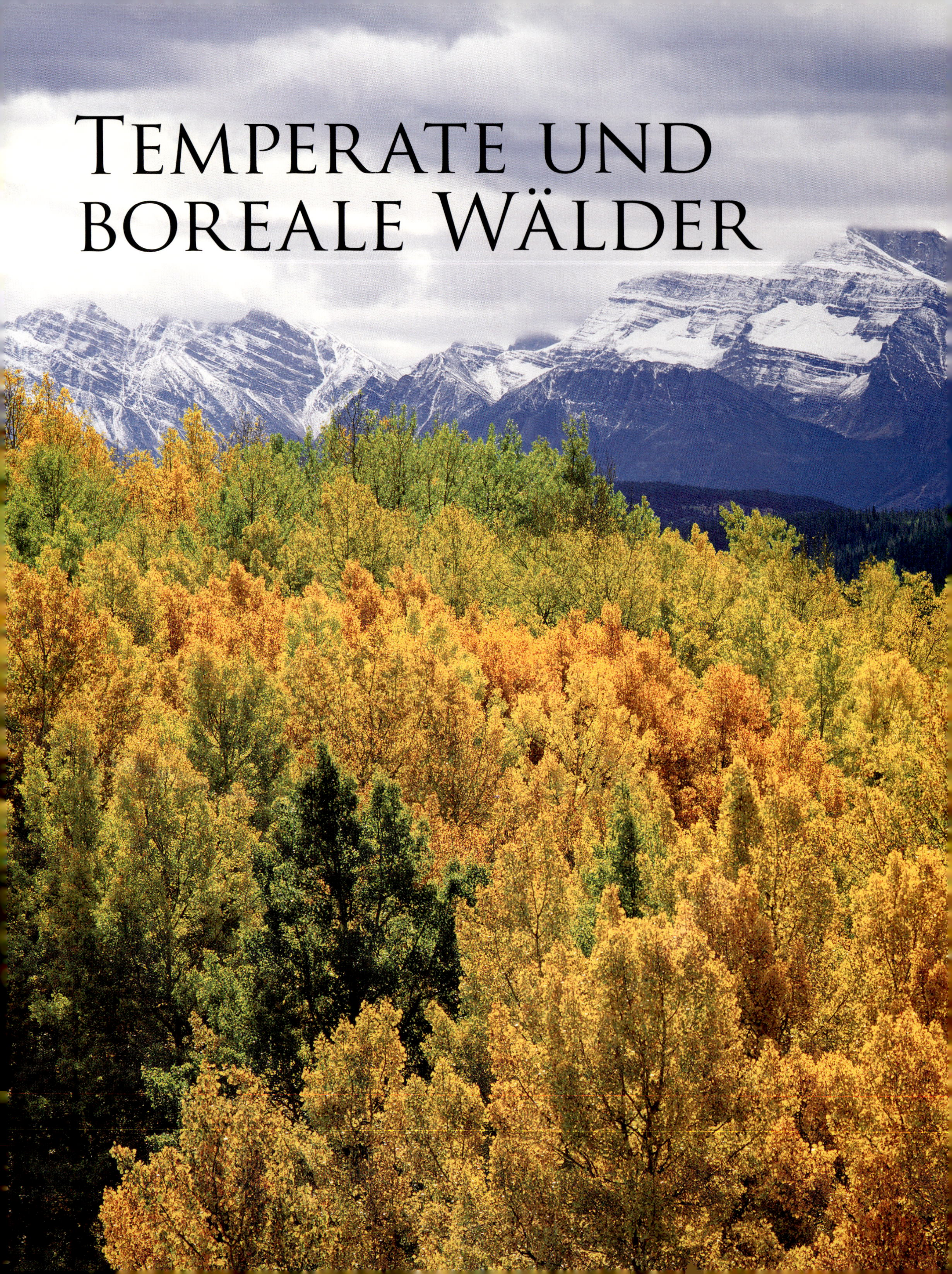

TEMPERATE UND BOREALE WÄLDER KOMMEN ÜBERWIEGEND IN NORDAMERIKA, EUROPA UND NORDASIEN VOR. DIESE WÄLDER SIND NICHT ANNÄHERND SO ARTENREICH WIE TROPISCHE WÄLDER, BEHERBERGEN ABER DENNOCH ZAHLREICHE VOGELARTEN, BEISPIELSWEISE SPECHTE, EULEN, GRASMÜCKEN, LAUBSÄNGER UND WALDSÄNGER SOWIE FASANENARTIGE UND ZUDEM WALDBEWOHNENDE GREIFVÖGEL WIE HABICHTE UND SPERBER.

Auch in Ostaustralien und Tasmanien gibt es temperate Wälder mit ihrer eigenen Vogelwelt. Sogar in tropischen und subtropischen Regionen finden sich im Gebirge, wo niedrigere Umgebungstemperaturen herrschen, Wälder mit temperater Vegetation. Derartige Habitate werden auf Seite 60–71 vorgestellt. Hier behandeln wir vor allem die temperaten und borealen Wälder im Tiefland und im Mittelgebirge.

Die Entwaldung der Tropen ist ein großes ökologisches Problem, doch auch die von temperaten Wäldern bedeckte Fläche ist im Lauf der Jahrhunderte immer kleiner geworden, da diese Regionen zu den stark bevölkerten Gebieten der Erde gehören: Beispiele sind Nordamerika, Europa und China. Auch hier sind Rodungen für die Holzwirtschaft, Landwirtschaft und Erschließung von Siedlungsflächen zusammen mit menschlichen Störungen die Hauptbedrohungen für diesen Lebensraum; tatsächlich existieren praktisch gar keine echten «Urwälder» mehr, da diese im Lauf der Geschichte gerodet, verändert oder als Holzlieferanten bewirtschaftet wurden. Zusätzlich zu diesen direkten Einwirkungen sind viele Wälder durch Luftverschmutzung (über sauren Regen) geschädigt worden, verursacht durch die Verbrennung von fossilen Brennstoffen. Außerdem gibt es immer mehr Hinweise, dass sich die Artzusammensetzung bestimmter Wälder durch die globale Erwärmung langsam verändert: Da es wärmer wird, können die sommergrünen Laubbäume an der Südgrenze der borealen Nadelwälder beispielsweise weiter nordwärts vordringen und sich besser durchsetzen.

◁ *Ein Wald aus Amerikanischer Zitterpappel (Populus tremuloides) im Jasper National Park (Alberta, Kanada); im Hintergrund die Gipfel von Mount Christie und Mount Brussels.*

HAUPTFORMEN TEMPERATER UND BOREALER WÄLDER

BOREALE (NÖRDLICHE) WÄLDER

Diese Wälder liegen ungefähr zwischen dem 50. und 60. Grad nördlicher Breite und bilden einen Gürtel zwischen den temperaten Wäldern und der baumlosen Tundra. Sie bestehen hauptsächlich aus Nadelbäumen und sind einförmiger als die temperaten Wälder. Diese dunklen nördlichen Wälder werden in Nordeurasien auch als Taiga bezeichnet.

Fichte, Tanne, Kiefer und Lärche sind die bestandsbildenden Baumarten der borealen Wälder in Nordamerika, Nordeuropa und Nordasien. Diese Wälder sind zwar wichtige Holzlieferanten und werden intensiv genutzt, doch sie bilden flächenmäßig immer noch das größte terrestrische Habitat. Die boreale Nadelwaldzone reicht in Eurasien von Nordosteuropa quer durch Russland bis zur Pazifikküste und in Nordamerika von Alaska im Westen bis Neufundland im Osten. Erhebliche Gebiete des Nadelwaldgürtels befinden sich nördlich des Polarkreises, und die mittlere Jahrestemperatur liegt in vielen Teilen unter dem Gefrierpunkt. Die mittlere Januartemperatur beträgt häufig –25 Grad Celsius, die Sommer können mit etwa zwanzig Grad Celsius Mitteltemperatur erstaunlich warm sein.

BAUMARTEN

In Nordeuropa sind die dominierenden Baumarten meistens Europäische Fichte *(Picea abies)* und Waldkiefer *(Pinus sylvestris)*. Weiter ostwärts gewinnen hingegen Sibirische Lärche *(Larix sibirica)*, Sibirische Tanne *(Abies sibirica)*, Sibirische Zirbelkiefer *(Pinus sibirica)* und Sibirische Fichte *(Picea obovata)* an Bedeutung. In Nordamerika dominieren andere Fichten-, Kiefern- und Tannenarten. Wenn durch Windbruch oder Kahlschlag freie Flächen entstehen, siedeln sich rasch Birken und Pappeln an und bilden lichtere Sukzessionsgesellschaften, die sich nach und nach zum typischen Klimaxwald aus Kiefern und Fichten entwickeln. In den borealen Nadelwäldern sind viele Vogelarten heimisch, beispielsweise Spechte und Eulen (wie Bartkauz und Sperbereule) sowie Habichte. Zahlreiche Arten wie Kreuzschnäbel, Hakengimpel, Tannen- und Kiefernhäher haben sich auf eine Nahrung aus Koniferensamen spezialisiert; sie lösen diese aus den Zapfen heraus (Kreuzschnäbel setzen dazu ihre gekreuzten Schnabelspitzen ein). Grasmücken und andere Insektenfresser machen sich das reiche Insektenleben im Frühling und Sommer zunutze. Viele der borealen Waldbewohner sind Zugvögel, die hier brüten und dann zum Überwintern in wärmere südliche Regionen abwandern. Dies muss man beim Schutz von borealen Zugvogelarten beachten, denn bei mehreren Arten hat sich die Verschlechterung der Bedingungen im Winterquartier auf das Überleben ausgewirkt und zur Bedrohung des gesamten Bestandes geführt.

TEMPERATE (GEMÄSSIGTE) WÄLDER

Die temperaten (gemäßigten) Wälder lassen sich in drei zwar nicht ganz sauber abgrenzbare, jedoch recht nützliche Kategorien unterteilen, und zwar in kühl-temperate, warm-temperate und ozeanisch-temperate Wälder.

KÜHL-TEMPERATE WÄLDER

Kühl-temperate Wälder (genauer als kühl-temperate sommergrüne Laubwälder bezeichnet) bedeckten einst große Teile der temperaten (gemäßigten) Klimazone in Europa, dem östlichen Nordamerika und Ostasien, doch heute sind nur mehr Restbestände erhalten. Bestandsbildend sind vor allem sommergrüne Laubbäume, die auf die Jahreszeiten abgestimmt sind, indem sie im Frühjahr und Sommer kräftig wachsen, im Herbst ihre Blätter verlieren und im Winter eine Winterruhe (Dormanz) durchlaufen. Die Sommer sind relativ kühl und die Winter bringen regelmäßig Frost und Schnee, sind jedoch nicht extrem. Die mittleren Jahresniederschläge liegen bei 500 bis 1500 Millimeter und sind gleichmäßig über das Jahr verteilt, oft mit einer gewissen Niederschlagsspitze im Sommer.

Durch den Laubfall entsteht eine dicke Streu- und Humusschicht auf dem Waldboden, die zahlreiche Wirbellose wie Würmer, Ameisen, Käfer und Spinnen beherbergt, von denen sich insektenfressende Vögel und Säuger ernähren. Spechte holen Insekten und ihre Larven aus der Baumrinde, während Meisen sowie Grasmücken und Verwandte vorwiegend Raupen verzehren.

In Europa sind sommergrüne Laubwälder in weiten Teilen von Tiefland und Mittelgebirgen die natürliche Vegetationsform.

VERTEILUNG VON TEMPERATEN/BOREALEN WÄLDERN UND WICHTIGEN VOGELGEBIETEN (IBAS)

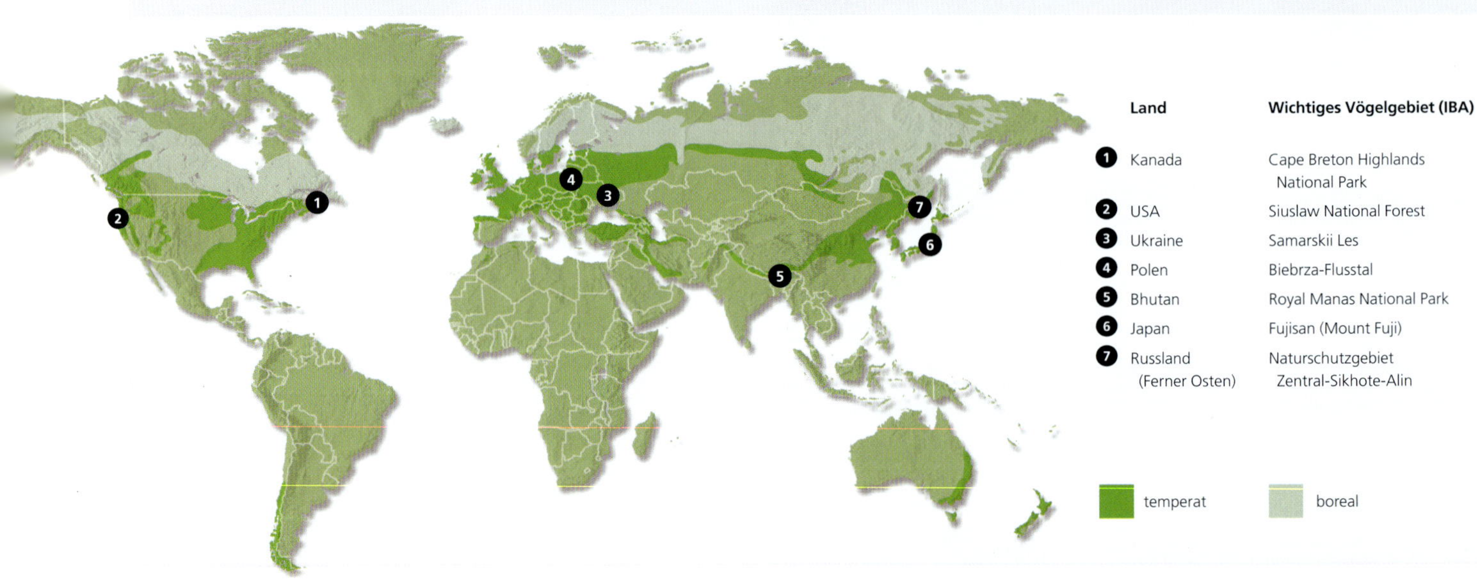

Dominierende Baumarten dieser Habitate sind verschiedene Arten von Eiche *(Quercus)*, Ulme *(Ulmus)*, Linde *(Tilia)*, Ahorn *(Acer)* und Buche *(Fagus)*, dazu kommen Hainbuche *(Carpinus)*, Esche *(Fraxinus)*, Birke *(Betulus)* und Erle *(Alnus)*. Je nach Boden und Mikroklima dominieren verschiedene Baumgesellschaften die Wälder. Auf trockenen Böden gedeihen häufig Kiefern, entweder in relativ einheitlichen Beständen oder als Mischwald mit Laubbäumen. Buchenwälder sind vor allem in Mitteleuropa gut entwickelt.

Die kühl-temperaten Wälder in Nordamerika und Asien sind artenreicher als diejenigen in Europa, was mit der Topographie und den Eiszeiten zusammenhängt. In Europa wirken Pyrenäen, Alpen, Karpaten und Mittelmeer als natürliche Barrieren für Arten, die vor der Vergletscherung zurückwichen – in Nordamerika und Asien konnten die Arten sich hingegen nach Süden zurückziehen und mit dem abschmelzenden Eis wieder nordwärts vordringen. Besonders in den nördlichen USA und Kanada sind diese Laubwälder für ihre herbstliche Farbenpracht berühmt, vor allem der Zucker-Ahorn *(Acer saccharum)* trägt zu diesem spektakulären Schauspiel bei. In Korea und längs der russisch-chinesischen Grenze im Nordosten sind die Winter deutlich kälter; dort sind die sommergrünen Laubwälder eher mit Nadelbäumen wie der Korea-Kiefer *(Pinus koraiensis)* durchmischt.

EINFLUSS DER JAHRESZEITEN

Das Leben in kühl-gemäßigten Laubwäldern ist sehr stark jahreszeitenabhängig: Durch den Blattfall reduzieren die sommergrünen Bäume in den kalten Wintermonaten Wasserverluste durch Verdunstung ebenso wie ihre Stoffwechselaktivität. Das Frühjahr bringt mit dem Wachstumsschub bei Pflanzen und dem reichen Insektenleben neue Aktivität – zahlreiche Waldvögel haben ihr Brutgeschäft so angepasst, dass sie von diesen Nahrungsquellen profitieren können. Viele Vogelarten der kühl-temperaten Wälder ziehen zum Überwintern in wärmere Gebiete und vermeiden so gefährliche Nahrungsknappheiten, andere – wie Eulen und Spechte – bleiben mehr oder weniger ganzjährig im Habitat.

Auch sommergrüne Laubwälder sind normalerweise in Stockwerken aufgebaut. Die höchsten Bäume erreichen zwanzig bis (in Ausnahmefällen) fünfzig Meter, darunter folgt die Strauchschicht mit bis zu vier Meter Höhe, schließlich eine Krautschicht aus niedrigen Pflanzen. Letztere sind häufig Frühjahrsblüher, da das Kronendach dann noch unbelaubt ist und Licht bis zum Boden dringt.

URWÄLDER

In Teilen von Mittel- und Osteuropa gibt es noch Gebiete mit fast ursprünglich erhaltenen Laubmischwäldern; Beispiele sind der Bayerische Wald an der deutsch-tschechischen Grenze und der Białowieża-Waldkomplex in Ostpolen und Weißrussland. Diese gelegentlich als Urwälder bezeichneten Forste sind viel artenreicher als Wirtschaftswälder. Dort kann man einen Eindruck davon gewinnen, wie komplex und artenreich die ursprünglichen und weitläufigen Wälder waren. Anstelle von selektiver Abholzung dürfen die Bäume in diesen «natürlichen» Lebensräumen absterben, umfallen und verrotten und bilden so die Grundlage für zahlreiche Mikrohabitate und eine artenreiche Fauna und Flora.

▽ *Baxter State Park liegt im nördlichen Zentral-Maine (USA) in der nördlichen Laubwaldregion von Nordamerika und ist durch das kühl-feuchte Klima dieser Gegend geprägt. Zu den häufigen Vögeln im Park gehören Waldsänger, Drosseln und Tyrannen, ferner Eulen, Bussarde und Habichte, Enten und andere Wasservögel.*

△ *Seit den 1960er-Jahren haben die Bruthabitate des Michigan-Waldsängers in Michigan (USA) um 33 Prozent abgenommen; trotzdem hat sich die Anzahl der singenden Männchen seit den 1980ern von 200 auf 1500 Individuen erhöht. Die Art steht auf der Vorwarnliste.*

VOGELWELT IN KÜHL-TEMPERATEN WÄLDERN

Grasmücken, Laubsänger, Waldsänger, Fliegenschnäpper, Tyrannen und Spechte sind einige der typischen Vogelgruppen in kühl-temperaten Wäldern. Sie profitieren vom reichen Evertebratenleben und verzehren vor allem Raupen und andere Insektenlarven. Interessanterweise gehören die Grasmückenartigen (Sylviidae) der Alten Welt und die Waldsänger (Parulidae) der Neuen Welt unterschiedlichen Familien an, doch viele Arten der beiden Familien sind sich in Verhalten und Aussehen sehr ähnlich: Dank dieser Anpassungen können sie die ähnlichen Lebensbedingungen optimal nutzen. Beide Familien sind in diesem Habitat stark vertreten; es handelt sich normalerweise um Zugvögel, die in wärmeren Gegenden überwintern. Viele Arten zeichnen sich durch melodische Gesänge aus, die in den Wäldern weithin hörbar sind. Der Michigan-Waldsänger (Vorwarnliste) ist eine seltene nordamerikanische Art, die nur in ganz bestimmten Habitaten mit Banks-Kiefern *(Pinus banksiana)* brütet, welche sich vorwiegend in Nord- und Zentral-Michigan (USA) finden. Erfreulicherweise nimmt die Population dieses Waldvogels wieder zu.

WARM-TEMPERATE WÄLDER

Sommergrüne Laubwälder, in denen Eichen, Ahorn, Linde und Kastanien bestandsbildend sind, bedeckten früher große Flächen im Tiefland und Mittelgebirge von Zentralchina, doch die meisten Wälder, vor allem im Tiefland, sind seit Langem verschwunden. Weiter südlich bilden immergrüne Eichen, Edelkastanien und andere Laubbaumarten einige der artenreichsten temperaten Wälder überhaupt. In manchen dieser Reliktwälder sind Brauner Ohrfasan und Rostdrossel (beide selten und gefährdet) heimisch.

Auch im südöstlichen Nordamerika sind die verbliebenen ursprünglichen Wälder sehr artenreich. Insbesondere in den südlichen Appalachen finden sich noch temperate Mischwäldern, in denen neben Linden, Buchen und Edelkastanien auch der Tulpenbaum *(Liriodendron tulipifera)* heimisch ist. Ferner kommen Eichen- und Hickorynussarten sowie prächtige Blütensträucher wie Magnolien, Hartriegel und Rhododendren vor. Weiter westwärts wird das Klima trockener, und die Wälder gehen nach und nach in die Graslandhabitate der Prärie über.

KORKEICHENWÄLDER

Weite Teile des Mittelmeerraums waren einst mit immergrünen Eichenwäldern bedeckt, doch diese wurden so stark degradiert, dass es heute nur mehr wenige intakte Flächen gibt. Die Eichenwälder wurden überwiegend durch Gebüschvegetation wie Macchie ersetzt; diese wird vor allem durch Beweidung und Feuer erhalten. In Portugal und Spanien existieren besondere Formen von warm-temperaten lichten Wäldern, die seit Jahrhunderten vom Menschen erhalten und nachhaltig bewirtschaftet werden. Diese werden in Portugal als *Montado* und in Spanien als *Dehesa* bezeichnet; die wichtigsten Baumarten sind immergrüne Kork- und Steineichen. Diese Wälder werden vor allem von Ziegen, Schafen und Schweinen beweidet, gelegentlich auch als Ackerfläche genutzt; die Korkeichen werden in regelmäßigen Abständen entrindet. Die Dehesas beherbergen eine artenreiche Fauna und Flora, interessante Beispiele aus der Vogelwelt sind Blauelster, Blauracke und Greifvögel wie der Gleitaar. In einigen Gebieten lassen sich sogar seltene Arten wie Spanischer Kaiseradler und Habichtsadler bei der Jagd über den Wäldern beobachten.

LORBEERWÄLDER UND EUKALYPTUSWÄLDER

Eine außergewöhnliche Form des warm-temperaten Waldes ist der Lorbeerwald; es handelt sich um ein Tertiärrelikt, das an verschiedenen Stellen der Welt vorkommt, doch am bekanntesten sind die Lorbeerwälder der Kanarischen Inseln. Insbesondere auf La Palma und Teneriffa finden sich einige schöne Restbestände dieses Lebensraums, dessen Charakterart der Kanarische Lorbeer *(Laurus azorica)* ist. Typische Vogelarten sind Bolles Lorbeertaube und die stark gefährdete Lorbeertaube; auch der Kanarengirlitz, die Stammform des Kanarienvogels, ist auf diesen Inseln heimisch.

In den Küstengebieten von Südostaustralien finden sich verstreute Vorkommen von warm-temperaten Wäldern, die von Eukalyptusarten dominiert sind. In den Blue Mountains bei Sydney sind diese Wälder sehr artenreich. Hier ist auch die Wollemie *(Wollemia nobilis)* heimisch; diese Konifere ist eine Reliktart, die erst 1994 entdeckt wurde und in einer tiefen Sandsteinschlucht wächst. Sie war bis dato nur aus Fossilfunden bekannt und ist mit den Araukarien verwandt.

▷ *Flusstal in China; die Hänge sind mit temperaten Wäldern bestanden.*

▽ *Der in Nordchina heimische Braune Ohrfasan besitzt zwar in Schutzgebieten stabile Populationen, ist jedoch außerhalb dieser Areale bedroht: Die Art ist als gefährdet eingestuft.*

△ *Der Parque Pumalín in Südchile (südlich von Puerto Montt) ist der weltweit größte Nationalpark in Privatbesitz und nimmt über 3200 Quadratkilometer ein. Er besteht weitgehend aus immergrünem Laubwald, sogenanntem temperatem Regenwald. Diese sehr nassen «Urwälder» reichen bis ans Meer, was für derartige Wälder selten ist. Der Park beherbergt einige der letzten Vorkommen der Patagonischen Zypresse* (Fitzroya cupressoides).

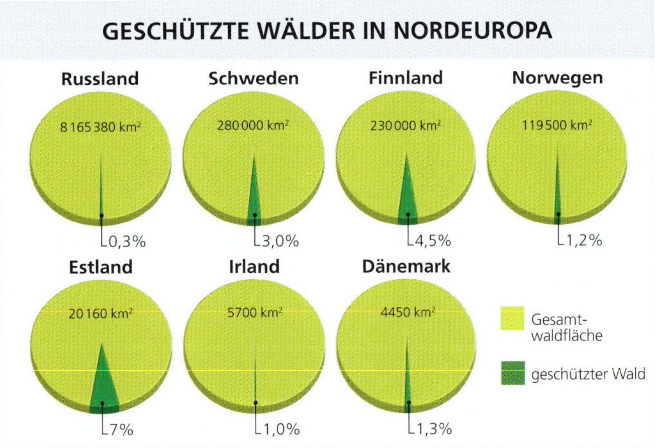

OZEANISCH-TEMPERATE WÄLDER

In bestimmten Gebieten mit gemäßigtem Klima, die sich durch viele Niederschläge und hohe Luftfeuchtigkeit auszeichnen hat sich ein temperater Regenwald entwickelt. Diese Vegetationsform ist vor allem im nordwestlichen Nordamerika, in Westchile und auf der Südinsel von Neuseeland verbreitet. Die Regenfälle sind in diesen Regionen meistens relativ gleichmäßig über das Jahr verteilt und können bis zu 4000 Millimeter Jahresniederschlag erreichen.

An der Pazifikküste von Nordamerika reichen diese Habitate von Nordkalifornien bis zum Golf von Alaska. In Süd-Oregon und Nordkalifornien (USA) wachsen Wälder, die von Küstenmammutbäumen *(Sequoia sempervirens)* dominiert sind. Die Niederschläge erreichen bis zu 3000 Millimeter im Jahr, zudem treten regelmäßig Küstennebel auf. In den Coast Ranges, den Olympic Mountains und der nördlichen Cascade Range dominieren bis zu tausend Meter Meereshöhe meistens Douglasien *(Pseudotsuga menziesii)*, die ebenso wie die Küstenmammutbäume bis zu hundert Meter Wuchshöhe erreichen können.

In den südlichen Anden von Chile und Argentinien haben sich besondere Wälder entwickelt. Die temperaten Regenwälder sind hier von immergrünen und laubabwerfenden Bäumen dominiert, zum Beispiel Scheinbuchenarten (*Nothofagus*); an einigen Stellen kommen auch die bizarren Chilenischen Araukarien (*Araucaria araucana*) vor.

ENDEMIC BIRD AREA DES WESTLICHEN HIMALAJA

DER WESTLICHE HIMALAJA IST ALS ENDEMIC BIRD AREA UND ENDEMISMUSZENTRUM DEKLARIERT WORDEN. DIESES EBA ERSTRECKT SICH AM SÜDWESTABHANG DES HIMALAJAS VON WESTNEPAL ÜBER NORDWESTINDIEN BIS NORD- UND WESTPAKISTAN.

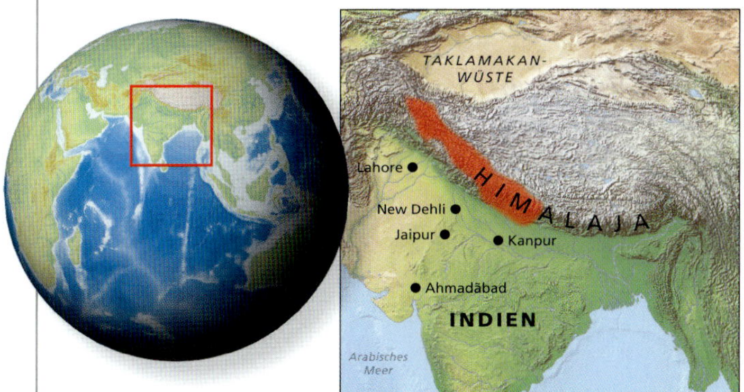

△ *Der Satyr-Tragopan ist im Himalaja von Indien bis Nepal, Bhutan und China verbreitet. Die Art ist vor allem durch Bejagung und Habitat-degradation bedroht und steht daher auf der Vorwarnliste.*

Die im Himalaja noch erhaltenen Restvorkommen der temperaten Wälder sind Mischwälder aus Laubbäumen und Koniferen. Ein Großteil der Wälder wurde durch Abholzung (Bauholz und Feuerholz) vernichtet; auch Überweidung ist in manchen Gegenden ein erhebliches Problem. Trotzdem existieren, vor allem in Nordwesten von Indien und Nepal, immer noch Gebiete mit guter Waldbedeckung; in diesen Habitaten sind denn auch elf endemische Vogelarten heimisch, von denen einige bedroht sind.

In Pakistan sind die Wälder größtenteils verschwunden, nur im Palas-Tal findet sich immer noch relativ ungestörter Wald – es ist das größte zusammenhängende temperate Waldgebiet in ganz Pakistan. Das malerische Palas-Tal ist der Verbreitungsschwerpunkt des Schwarzkopf-Tragopans (gefährdet), der hier seinen größten bekannten Bestand aufweist. Mit ihrem grauschwarzen, weißgefleckten Gefieder, der leuchtend roten Oberbrust und dem roten Halsband sind die Tragopanhähne wirklich eine Augenweide. Diese Art wurde zur Flaggschiffart des «Himalayan Jungle Project» erklärt; Ziel dieser Initiative ist der Schutz des Schwarzkopf-Tragopans und die Entwicklung einer nachhaltigen Waldnutzung durch die lokale Bevölkerung. Die Gesamtpopulation dieses seltenen Fasanenvogels wird auf 5000 Individuen geschätzt; möglicherweise brüten im Palas-Tal sogar 325 Paare. Auch der Wallichfasan (ebenfalls gefährdet) ist in dieser Gegend heimisch. Der zierliche Kaschmir-Zwergschnäpper hat nur ein sehr kleines Verbreitungsgebiet, das sich auf Kaschmir konzentriert; auch er ist als gefährdet eingestuft. Dieser winzige Vogel mit roter Kehle und Brust brütet zwischen 1800 und 2700 Meter Meereshöhe in sommergrünen Laubmischwäldern mit dichter Strauchschicht und überwintert in Südindien und Sri Lanka. Der Dünnschnabel-Laubsänger (Vorwarnliste) lebt in Nadelwäldern und ist daher durch Abholzungen bedroht. Er überwintert in den Westghats und ist dort gleichermaßen durch Eingriffe in die Wälder gefährdet. Weitere interessante Vögel dieses Gebiets sind Kaschmirkleiber, Burton-Gimpel und Goldrückengimpel.

BEDROHTE UND ENDEMISCHE VÖGEL IM WESTLICHEN HIMALAJA

WISSENSCHAFTLICHER NAME	TRIVIALNAME	STATUS	WELTPOPULATION
Ophrysia superciliosa	Himalajawachtel	CR	< 50 (zuletzt ca. 1889 nachgewiesen)
Tragopan melanocephalus	Schwarzkopf-Tragopan	VU	5000
Catreus wallichi	Wallichfasan	VU	4000–6000
Ficedula subrubra	Kaschmir-Zwergschnäpper	VU	2500–10 000
Phylloscopus tytleri	Dünnschnabel-Laubsänger	NT	unbekannt
Aegithalos leucogenys	Weißwangen-Schwanzmeise	LC	unbekannt
Aegithalos niveogularis	Weißkehl-Schwanzmeise	LC	unbekannt

ROTE LISTE CR = vom Aussterben bedroht · EN = stark gefährdet · VU = gefährdet · NT = Vorwarnliste · LC = nicht gefährdet

Fokus

Fleckenkauz

Strix occidentalis

Der Fleckenkauz hat hohen Symbolwert und steht im Zentrum aller Bemühungen um den Erhalt der alten Klimaxnadelwälder im Pazifischen Nordwesten der USA und Kanadas.

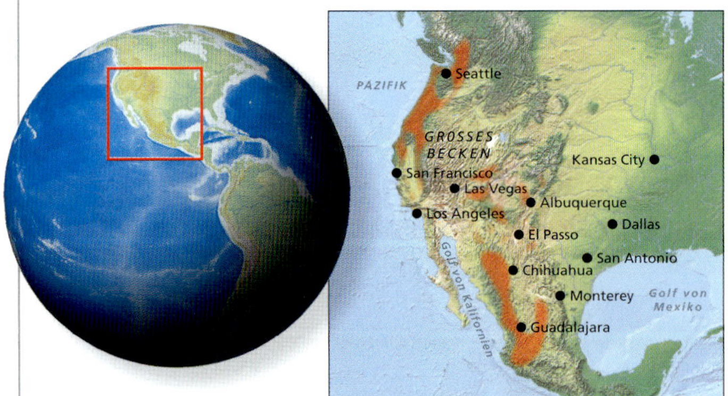

Der Fleckenkauz ist sehr stark auf ungestörte Urwaldbestände angewiesen; er ernährt sich von Mäusen, Wühlmäusen, Gleithörnchen und anderen Kleinsäugern sowie Vögeln und Insekten. Waldgebiete, in denen Fleckenkäuze leben, werden vor allem von hohen Nadelbäumen dominiert, beispielsweise von Douglasien *(Pseudotsuga menziesii)* und Westlichen Hemlocktannen *(Tsuga heterophylla)*, die häufig 350 bis 750 Jahre alt sind.

Jedes Fleckenkauzpaar ist auf ein mehr als tausend Hektar großes Revier mit ungestörtem Klimaxwald angewiesen, um erfolgreich brüten zu können. Da dieses Habitat durch Abholzung rasant vernichtet wurde, ist auch der Fleckenkauzbestand rasch zurückgegangen und liegt jetzt bei etwa 15 000 Individuen; die Art steht daher auf der Vorwarnliste. In den oben beschriebenen Wäldern ist die nördliche Unterart (*Strix occidentalis caurina*, «Nördlicher Fleckenkauz») heimisch, deren Population nur mehr etwa 3750 Paare umfasst und weiterhin abnimmt (die Bestandszahlen sind innerhalb eines Jahrzehnts um mehr als fünfzig Prozent zurückgegangen).

Die früher sehr weitläufigen Wälder im Pazifischen Nordwesten haben durch die Holznutzung stark gelitten. Im Bundesstaat Washington wurden zum Beispiel neunzig Prozent dieser Waldfläche abgeholzt oder zur Erschließung gerodet. Kahlschläge zerstören den Lebensraum des Fleckenkauzes offensichtlich vollständig, doch selbst selektive Holzentnahme führt zu Störungen der Art und macht die Wälder anfälliger für Sturmschäden und Waldbrände. In den letzten Jahren hat der Fleckenkauz zudem Konkurrenz durch den häufigeren Streifenkauz *(Strix varia)* bekommen. Diese Art breitet sich von Osten her nach Westkanada und in den Nordwesten der USA aus.

Die Konflikte zwischen den Holzunternehmen, die wertvolle Holzressourcen nutzen wollen, und Naturschützern, die den Fleckenkauz und seinen schwindenden Lebensraum schützen möchten, haben zeitweilig fast bürgerkriegsähnliche Züge entwickelt. Im Lauf der Kontroverse gab es sogar Aufkleber mit dem Slogan «Töte einen Fleckenkauz – rette einen Holzfäller» und ähnlichen Parolen. Die Lage hat sich zwar entspannt, doch die Zahl der «Nördlichen Fleckenkäuze» nimmt immer weiter ab.

▷ *Die nördliche Unterart des Fleckenkauzes ist durch den mit Abholzungen einhergehenden Habitatverlust und die Konkurrenz mit dem Streifenkauz bedroht.*

△ *Der stark gefährdete Schwalbensittich ist in Südostaustralien heimisch. Sein Lebensraum sind die tasmanischen Eukalyptuswälder, doch diese werden zugunsten von Agrarflächen, Wohnbauentwicklung und Produktion von Holz gerodet. Im Jahr 2001 lag die Population bei 2500 Altvögeln, was gegenüber 1988 einen Rückgang um fünfzig Prozent bedeutet.*

In Neuseeland sind ausgedehnte Flächen mit ozeanisch-temperaten Wäldern bedeckt, insbesondere in der Fiordland-Region der Südinsel. Große Teile dieses interessanten Habitats sind als Reservate und Nationalparks unter Schutz gestellt. Für diese Wälder sind eine üppige Moos- und Farnflora und verschiedene *Nothofagus*-Arten typisch, etwa die Silberne Scheinbuche, ferner zwei Koniferen, die Neuseeländische Warzeneibe *(Dacrycarpus dacrydioides)* und die Totara *(Podocarpus totara)*. In der Fiordland-Region sind zwei äußerst seltene Vogelarten heimisch: die stark gefährdete Südinsel-Takahe (die größte Rallenart) und der vom Aussterben bedrohte Kakapo (ein flugunfähiger, nachaktiver Papagei, die schwerste Papageienart).

Auch in Südostaustralien, und zwar in einem Gebiet von Südost-Queensland bis zur Mitte von New South Wales, existieren große Flächen mit temperatem Regenwald, insbesondere an Berghängen in Küstennähe. Auffällig sind Riesenbäume (Emergenten) wie «Booyong» *(Argyrodendron)* und Australischer Surenbaum *(Toona ciliata)*. Diese Habitate sind wichtige Rückzugsflächen für seltene Vögel wie den Fuchshabicht (gefährdet), Warzen-Honigfresser und Braunkopf-Lackvogel (beide stark gefährdet) sowie den Braunrücken-Leierschwanz (Vorwarnliste). Die Eukalyptuswälder von Tasmanien sind der Lebensraum des Schwalbensittichs und Tasman-Panthervogels (beide stark gefährdet) und des vom Aussterben bedrohten Goldbauchsittichs.

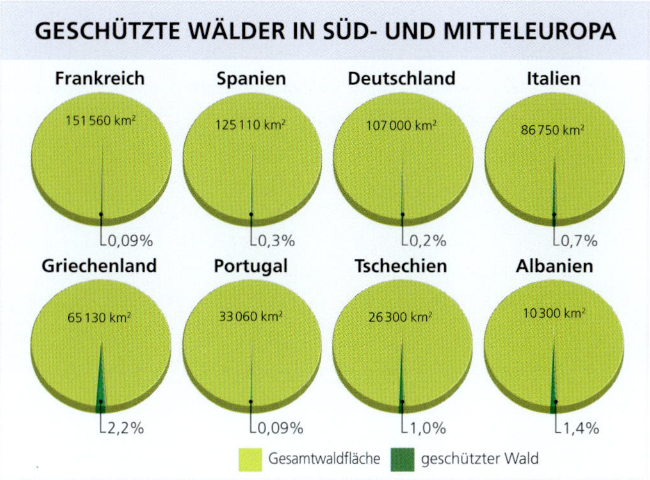

Wüsten

Wüsten gehören zu den unwirtlichsten und lebensfeindlichsten terrestrischen Habitaten, und nur relativ wenigen Tier- und Pflanzenarten ist es im Lauf ihrer Evolution gelungen, dort heimisch zu werden. Wegen der extremen Temperaturen und des allgemeinen Wassermangels können die meisten Pflanzen dort nicht gedeihen. Organismen, die es schaffen, in der Wüste zu überleben, müssen hoch spezialisiert sein.

Alles in allem ist rund ein Drittel der Landfläche auf der Erde von Wüsten bedeckt. Die meisten Wüsten liegen zwischen dem 15. und dem 40. Breitengrad nördlich beziehungsweise südlich des Äquators; ihr Klima wird von Hochdrucksystemen dominiert, die das Vordringen von feuchten Tiefdruckgebieten in diese Region verhindern. Tagsüber herrschen in den meisten Wüstengebieten hohe Temperaturen, die nachts jedoch sehr stark zurückgehen können, weil der klare Nachthimmel einen raschen Wärmeverlust mit sich bringt. Die Temperatur kann innerhalb von 24 Stunden um bis zu dreißig Grad Celsius schwanken. In einigen Wüsten, beispielsweise in Mittelasien, können die Winter zudem sehr kalt sein. Manche Wüsten sind unglaublich trocken (arid). In Teilen der Sahara in Nordafrika und der Atacama an der chilenischen Küste regnet es beispielsweise so gut wie nie, und in den meisten Wüsten fallen pro Jahr höchstens 250 Millimeter Niederschlag.

Wüstenpflanzen weisen verschiedene Anpassungen auf, um ihren Wasserverlust zu reduzieren. Einige verfügen über sukkulente Gewebe, die Feuchtigkeit speichern, während andere Blätter besitzen, die mit einer Wachsschicht überzogen sind, oder Dornen, die nicht nur die Verdunstungsrate herabsetzen, sondern auch weidende Tiere abhalten. Einjährige Wüstenpflanzen überleben die trockensten Zeiten in Form von Samen; sobald es endlich regnet, keimen sie und wachsen rasch bis zur Blüte und Fruchtreife heran. In echten Wüsten gedeihen mehrjährige Pflanzen in der Regel nur an Wasserläufen; die Landschaft ist außerordentlich öde und wird von Sand, Felsen oder Geröll dominiert. Am Rand gehen Wüsten häufig allmählich in Savannen oder Buschland über; diese Übergangszone wird gewöhnlich als Halbwüste bezeichnet. Dort können mehrjährige Pflanzenspezialisten überall überleben und sind nicht nur auf Wasserläufe beschränkt. Auch bestimmte Vogelarten sind an die Lebensbedingungen in Wüsten oder Halbwüsten angepasst; dazu zählen Greifvögel wie einige Geier, ferner Steinschmätzer, Flughühner, Tauben, Lerchen und Finken. Kolibris und Nektarvögel nutzen nektarreiche Blüten, vor allem in Halbwüsten mit Strauchvegetation.

◁ *Die Sahara ist ein rauer Lebensraum, doch sie beherbergt mehr als 300 Vogelarten, darunter Greifvögel wie Adler und Geier, ebenso Trappen, Flughühner und spezialisierte Singvögel, wie Lerchen und Steinschmätzer. Auch viele Zugvögel überqueren die Wüste auf ihren Wanderungen und rasten an Oasen, um ihre Reserven aufzufüllen.*

DIE WICHTIGSTEN WÜSTEN DER WELT

Wüsten sind in der Regel weniger bedroht als andere Habitate, und viele dehnen sich sogar aus, weil das benachbarte Gras- und Buschland durch Überweidung degradiert wird. Durch die Entnahme von Grundwasser können auch im Wüstenboden mit künstlicher Bewässerung Nutzpflanzen gedeihen; dadurch verringert sich der entsprechende Lebensraum für die einheimische Flora und Fauna. Viele Wüsten sind reich an Bodenschätzen, und in manchen Gebieten werden Wüstenhabitate durch den Abbau dieser Minerale negativ beeinflusst. In der Great Basin Desert (USA) wurden große Mengen an Borax gewonnen, und in der Atacama (Chile) findet sich Natriumnitrat, das als Dünger und zur Herstellung von Sprengstoff Verwendung findet.

Abgesehen von den Kältewüsten der Arktis und der Antarktis liegen Wüsten und Halbwüsten vorwiegend im Inneren von Kontinenten, wo trockenes Klima vorherrscht. Große Wüstengebiete finden sich in Nord-, Zentral- und Südamerika sowie in Afrika, Asien und Australien.

NORD- UND ZENTRALAMERIKA

Im Süden der USA liegen die größten Wüsten in Südkalifornien, Arizona und New Mexico, in Mexiko vorwiegend in den Staaten Sonora und Chihuahua. Die Sonorawüste (Südkalifornien, Südwestarizona und Nordwestmexiko) ist die heißeste dieser nordamerikanischen Wüsten; dort wachsen viele Kakteenarten, darunter der kandelaberförmig verzweigte Riesenkaktus (*Carnegiea gigantea*), sowie trockenheitstolerante Sträucher wie Honig-Mesquite (*Prosopis glandulosa*) und Wüsteneisenholz (*Olneya tesota*). Heftige Niederschläge, wie sie gelegentlich im Winter vorkommen, bringen die Samen von einjährigen Pflanzen rasch zur Keimung und Blüte. Zu den Vogelarten, die in dieser Wüste leben, gehören die merkwürdigen Rennkuckucke, Veilchenkopfelfe, Kaktus-Zaunkönig, Gilaspecht sowie die endemische Rostflügelammer und die Fünfstreifenammer. Wie in vielen Wüsten sind Fauna und Flora vielfältig bedroht. Zertrampeln und Überweidung durch Nutzvieh sind ein Problem, ebenso die Grundwasserentnahme und die Aussaat von Futtergräsern, die an vielen Standorten die ursprüngliche Wüstenvegetation verdrängt haben. Die Great Basin Desert (überwiegend in Nevada und Utah) ist eine kalte Wüste mit kalten, schneereichen Wintern. Eine der häufigsten Vogelarten dieser Wüste ist der Wiesenstärling, eine andere der Nashornpelikan – rund 15 Prozent der Population brüten dort am Großen Salzsee. Steinadler und Präriebussard jagen in dieser Gegend, und auch Schweifhuhn und Wegekuckuck sind häufig. Die Pelikanpopulationen wurden durch Trockenlegungsprojekte und Pestizideinsatz negativ beeinflusst, doch dank strengerer Umweltauflagen hat sich die Zahl der Vögel inzwischen wieder erholt.

△ *Die Atacama gehört zu den trockensten Gegenden der Welt. Zu ihrer Avifauna zählen Aricaelfe, Nördlicher Grauerdhacker und Dickschnabel-Erdhacker, Weißkehl-Erdhacker, Feinschnabelämmerling und Dickschnabelpfäffchen.*

SÜDAMERIKA

Die Atacama-Wüste, die sich als schmaler Streifen längs der ariden Küste von Südperu und Nordchile erstreckt, ist die trockenste Wüste der Welt und überhaupt der trockenste Ort auf der Erde. Die jährliche Niederschlagsmenge liegt unter 15 Millimeter, und an einigen Stellen hat es, soweit bekannt, noch nie geregnet. Doch selbst hier können durch gelegentliche heftige Niederschläge Salzseen entstehen.

VERTEILUNG VON WÜSTEN, TROCKENEM BUSCHLAND UND WICHTIGEN VOGELGEBIETEN (IBAS)

	Land	Wichtiges Vogelgebiet (IBA)
1	Tschad	Ouadi Rimé-Ouadi Achim
2	Spanien (Kanaren)	Lajares-Cotillo-Esquinzo (Fuerteventura)
3	Namibia	Etoscha-Nationalpark
4	Indien	Desert-Nationalpark
5	Oman	Jiddat al Harasis
6	Australien	Simpsonwüste
7	Afghanistan	Registanwüste
8	Mongolei	Wüste Gobi

△ *Die Sossusvlei-Region in der Namib-Wüste weist die höchsten Sanddünen der Welt auf. Dort finden sich auch Salz-Ton-Pfannen («Vlei»), in denen sich in Regenjahren Wasser in Tümpeln sammelt. In der Namib kommen rund 180 Vogelarten vor, darunter Strauß, Rotdünenlerche und Namiblerche sowie Küstenscharbe und Rüppelltrappe. Zu den Greifvögeln zählen der Ohrengeier, der als gefährdet klassifiziert ist, sowie der Schwarzbrust-Schlangenadler.*

In größeren Höhenlagen nutzen drei Flamingoarten solche saisonalen Habitate: der Andenflamingo (gefährdet), der Chileflamingo und der Jamesflamingo (beide auf der Vorwarnliste). Zu den hier endemischen Vogelarten zählen die Inka-Ammer und der Schwarzhauben-Tachurityrann. Die stark gefährdete Aricaelfe ist ein hübscher Kolibri mit einer sehr kleinen Population in einigen Flusstälern in der nordchilenischen Wüste. Bedrohungen für die Atacama-Wüste sind Urbanisierung, Bergbau und Weidewirtschaft. In den vergangenen Jahren wurden viele neue Straßen gebaut, um die Bergbauzentren zu erschließen, was lokal zu Verschmutzung und Störungen geführt hat. Die Patagonische Wüste in Südargentinien, die sich im Regenschatten der Anden entwickelt hat, ist eine kalte Halbwüste.

AFRIKA

Die Sahara in Nordafrika ist die größte aller Trockenwüsten und nimmt eine Fläche von mehr als neun Millionen Quadratkilometer ein. Im Osten schließen sich die Arabische und die Iranische Wüste sowie die Wüste Thar in Indien und Pakistan an. Die Arabische Wüste bedeckt einen großen Teil der Arabischen Halbinsel – eine Fläche von mehr als 2,3 Millionen Quadratkilometer. Im südlichen Afrika sind die wichtigsten Wüsten die Kalahari und die Namib.

Die Namib erstreckt sich rund 2000 Kilometer längs der Küste von Südwestafrika und besteht größtenteils aus Geröllebenen, aus denen sich bis zu 300 Meter hohe, riesige Sanddünen erheben. Die Niederschlagsmenge liegt zwischen 15 und 100 Millimeter pro Jahr, doch ein Großteil der Feuchtigkeit stammt aus dem vom Meer herüberziehenden Nebel und von Tau. Typische Vögel sind Lerchen wie Karoo-Langschnabellerche, Rotdünenlerche und Namiblerche. In manchen Teilen der Namib stellen Bergbauaktivitäten eine ernste Bedrohung dar. Zusätzlich zu den Folgen des Tagebaus verdichtet der regelmäßige Verkehr mit schweren Fahrzeugen den Boden, was sich negativ auf die Pflanzen- und Tierwelt auswirkt. Die Entnahme von Grundwasser für den Hausgebrauch und für die Bergbauindustrie hat zudem in einigen Gebieten zu einer Absenkung des Grundwasserspiegels geführt; dies ist häufig mit dem Bau von Wasserleitungen und Hochspannungsmasten einhergegangen.

ASIEN

In Zentralasien, nördlich des Himalajagebirges, liegen die kalten Wüsten Taklamakan und Gobi. Die vorwiegend sandige Taklamakan erstreckt sich über eine riesige Entfernung, von der Tibetischen Hochebene bis zum Tien-Shan-Gebirge (Himmelsgebirge) in der chinesischen Provinz Xinjiang (Sinkiang). Die Taklamakan ist Chinas größte und trockenste Wüste; sie bedeckt eine Fläche von mehr als 740 000 Quadratkilometer und weist nur sehr schütteren Pflanzenwuchs auf. Ein seltener Vogel dieses Lebensraums ist der auf der Vorwarnliste stehende Weißschwanzhäher. In einigen Regionen haben seine Bestände durch die intensive Beweidung durch Kamele und Ziegen sowie die Bewässerung des Landes abgenommen, auch wenn die Art im Inneren der Wüste immer noch häufig ist. Auch die gefährdete Kragentrappe ist hier heimisch, ebenso häufigere Arten wie Sandflughuhn, Wüstenschmätzer und Isabellschmätzer.

Die Karakum-Wüste im Osten des Kaspischen Meeres ist von trockenen Lehmböden und Dünen dominiert. Die Vegetation ist spärlich, dennoch leben hier viele Vogelarten. Neben der Kragentrappe findet man Steinlerche, Wüstenschmätzer, Wüstengrasmücke, Zarudny-Wüstensperling und Saxaulhäher. Greifvögel – Steinadler, Savannenadler und Schlangenadler – jagen über der Wüste, ebenso der seltene Würgfalke. Hier kann man zudem das Sandflughuhn, Spießflughuhn wie auch den Rennvogel beobachten. Flughühner zeigen bemerkenswerte Anpassungen an die ariden Bedingungen der Wüste; sie unternehmen weite Flüge zu Wasserquellen, um zu trinken und Wasser in ihrem saugfähigen Bauchgefieder zurück zu ihren Küken zu transportieren. Die Karakum-Wüste leidet unter Überweidung durch Nutzvieh und zudem unter dem auf künstlicher Bewässerung basierendem Nutzpflanzenanbau, vor allem Baumwolle.

Die Wüste Thar bedeckt eine Fläche von 450 000 Quadratkilometer; sie liegt zum größten Teil im indischen Bundesstaat Rajasthan und erstreckt sich bis in den Südosten von Pakistan. Diese Wüste ist klassisches Flughuhngebiet, und dort lebt auch die stark gefährdete Hindutrappe, von der es inzwischen nur noch weniger als tausend Exemplare gibt. Dieser bodenbewohnende Vogel lebt im ariden Gras- und Buschland; er ist zwar offiziell geschützt, leidet jedoch unter starker Bejagung, sei es zu Sportzwecken oder als Nahrung. Dazu kommen ständige Störungen und der Verlust geeigneter Lebensräume. Durch Bewässerung wurde ein Großteil der Halbwüste in landwirtschaftlich nutzbare Flächen umgewandelt. In dieser Wüste liegt auch Indiens größter Salzsee, der Sambhar Lake, der im Winter von Tausenden von Wasservögeln aufgesucht wird, darunter Krauskopfpelikan (gefährdet) und großen Trupps von Flamingos sowie von Kranichen und Jungfernkranichen. Der See ist durch regelmäßige Salzgewinnung bedroht, wird aber aktiv als Ziel für Ökotouristen beworben.

AUSTRALIEN

Ein großer Teil von Inneraustralien besteht aus Wüsten oder Halbwüsten; riesig ist die Große Sandwüste in Westaustralien – sie bedeckt eine Fläche von rund 820 000 Quadratkilometer. Widerstandsfähige Gräser und trockenheitsresistente Sträucher sowie vereinzelte Bäume dominieren. Typisch sind rote Sandböden und gelegentliche Dünen. Diese Wüste ist vor allem wegen des berühmten Uluru oder Ayers Rock bekannt, einem rot leuchtenden Inselberg aus Sandstein, der den dort lebenden Aborigines heilig ist. Zu den seltenen Vogelarten der inneraustralischen Wüste zählt auch der Alexandersittich, eine hübsche Art, die als gering gefährdet klassifiziert ist. Seine kleine und abnehmende Population ist vornehmlich im mittleren und westlichen Teil der Wüste heimisch; er ernährt sich von Samen und Früchten. Ein Grund für den Rückgang könnte die Einführung von Hauskatzen und Rotfüchsen (*Vulpes vulpes*) sein.

ZUGVÖGEL DER SAHELZONE

Veränderte Umweltfaktoren in Wüsten- und Halbwüstengebieten wirken sich stark auf die lokalen Vogelpopulationen aus, so auch auf die dort

▽ *Viele Jungfernkraniche überwintern in Gujarat (Indien); auf dem anstrengenden Flug ins Winterquartier überqueren sie den Himalaja (in bis zu 8000 Meter Höhe) und legen häufig eine Rast in der Wüste Thar ein.*

△ *Wüsten und Halbwüsten sind unwirtliche Lebensräume, die für die ansässige Vogelwelt und die überwinternden Zugvögel gleichermaßen eine Herausforderung darstellen. Im Bild eine Gegend in Nordlibyen am Nordrand der Sahara; diese riesige Wüste müssen europäische Zugvögel auf dem Weg nach Süden überfliegen.*

überwinternden Zugvogelarten. Der Südrand der Sahara, als Sahelzone bekannt, ist ein Gürtel aus Halbwüsten und Savannengebieten, der sich vom Atlantik bis zum Roten Meer quer durch Afrika erstreckt. Die Breite der Sahelzone variiert von 200 Kilometer bis zu mehr als tausend Kilometer. Ein Großteil ist Grasland oder Savanne; zudem gibt es zahlreiche saisonale Feuchtgebiete, die von den überwinternden Vögeln gerne aufgesucht werden. Im Süden besteht die Vegetation in der Regel aus Trockensavanne: Grasland, das mit Akazien durchsetzt ist. Im trockeneren Norden des Sahel dominiert eine aride Grassavanne mit Strauchbeständen.

Früher grasten Gazellenherden in der Sahelzone, denen Afrikanische Wildhunde (Hyänenhunde), Geparden und Löwen nachstellten. Auf solche Herden stößt man aber inzwischen nur noch selten; sie sind durch Bejagung und Degradierung des Habitats (Überweidung und möglicherweise auch Klimawandel) stark zurückgegangen. All das hat zur weiteren Ausdehnung der Sahara nach Süden geführt. Die Niederschläge lassen sich nicht exakt vorhersagen, und Dürren sind häufig – mit schlimmen Folgen für Mensch und Wildtiere. Überweidung und die zunehmende Dürrehäufigkeit haben auch einen negativen Einfluss auf viele Zugvögel; darüber hinaus führen sie zu großen Ernteausfällen und Hungersnöten bei der einheimischen Bevölkerung. In manchen Gebieten dehnt sich die Sahara pro Jahr um mehr als vierzig Kilometer nach Süden aus.

Viele Zugvögel aus Europa und Asien überwintern genau in diesen Regionen, wo Wüste und Halbwüste ineinander übergehen, und nutzen das üppige Nahrungsangebot an wirbellosen Tieren. Die gefährliche Reise erfordert Langstreckenflüge über die Wüste, wo Futter und Wasser rar sind. Weil die Halbwüste immer arider wird, verlagert sich die Sahelzone nach Süden; daher wird die Distanz zwischen Sommer- und Winterquartier im größer, was eine erhöhte Mortalität der Zugvögel zur Folge hat. Auch die Zahlen von standorttreuen Vogelarten gehen deutlich zurück; das gilt vor allem für Geier wie den stark gefährdeten Schmutzgeier (der allerdings auch ein Zugvogel ist), den Weißrückengeier (Vorwarnliste) sowie den Wollkopfgeier und den Ohrengeier (beide gefährdet).

ZUNAHME DER LANDWIRTSCHAFTLICHEN ANBAUFLÄCHE IN DER SAHELZONE

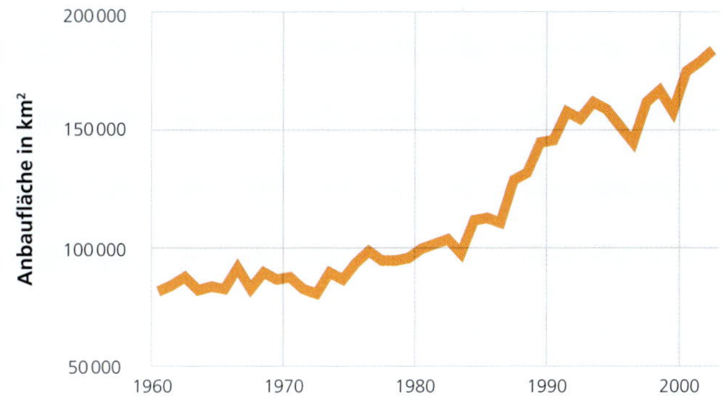

KRAGENTRAPPE

CHLAMYDOTIS UNDULATA

DIESER GROSSE, ELEGANTE VOGEL KOMMT NUR IN WÜSTEN- UND HALBWÜSTENHABITATEN VOR; SEIN GROSSES VERBREITUNGSGEBIET REICHT VON DEN ÖSTLICHEN KANAREN ÜBER NORDAFRIKA BIS IN DEN MITTLEREN OSTEN UND NACH WESTASIEN.

Die Bestände der Kragentrappe, die inzwischen als gefährdet gilt, sind in den letzten zwanzig Jahren alarmierend zurückgegangen; dies ist überwiegend eine Folge einer zu starken Bejagung und Habitatdegradierung. Der Gesamtbestand wird gegenwärtig auf 50 000 Individuen geschätzt. Das mag nach einer hohen Zahl klingen, aber die Vögel leben weit verstreut und sind überall in ihrem Verbreitungsgebiet bedroht. Auf den Kanaren gibt es vielleicht nur noch tausend Kragentrappen, vorwiegend auf Lanzarote, aber auch auf Fuerteventura. Rund die Hälfte der Vögel ist in Nordafrika und Westasien heimisch, während die übrigen verstreut in Wüsten und Halbwüsten von Kasachstan bis China leben.

Die Art ist sehr gut an ihre unwirtlichen, baumlosen und trockenen Lebensräume angepasst und ernährt sich von einer Mischkost aus Pflanzen, Insekten und kleinen Reptilien – sogar ihr Wasserbedarf wird aus der Nahrung gedeckt. Kragentrappen sind gewöhnlich Einzelgänger und finden sich nur zur Balz und zur Paarung zusammen.

Trappen sind schwergewichtige Vögel und fliegen nur ungern; sie gehen lieber zu Fuß und wandern auf der Suche nach Nahrung kilometerweit umher. Während der Balz legt der Hahn seinen Kopf in den Nacken und stellt gesträubte weiße Halsfedern zur Schau, wobei er tiefe Rufe ausstößt. Nach der Paarung leben beide wieder als Einzelgänger. Die Henne legt zwei bis drei Eier in eine gescharrte Bodenmulde, führt ihre Küken nach dem Schlüpfen fort und schützt sie vor Fressfeinden. Das Brutverhalten wird offenbar durch lokale Niederschläge ausgelöst, die entsprechendes Pflanzenwachstum mit sich bringen.

Eine der größten Bedrohungen für diesen eindrucksvollen Vogel stellt die traditionelle Falkenjagd auf Trappen dar, die sich vor allem im arabischen Raum großer Beliebtheit erfreut. Die Kragentrappe gilt als wichtigste Bewährungsprobe für den Jagdfalken. Gleichzeitig wird der Markt für Beizfalken zur Bedrohung für manche Falkenarten, vor allem für den seltenen Würgfalken und den Wanderfalken. Es mag paradox erscheinen, dass es Programme gibt – unter anderem Nachzucht in Gefangenschaft und Auswilderung –, um die Kragentrappe zu schützen, damit sie weiter als Beutevogel bei der Falkenjagd dienen kann.

RÜCKGANG DER KRAGENTRAPPENPOPULATION

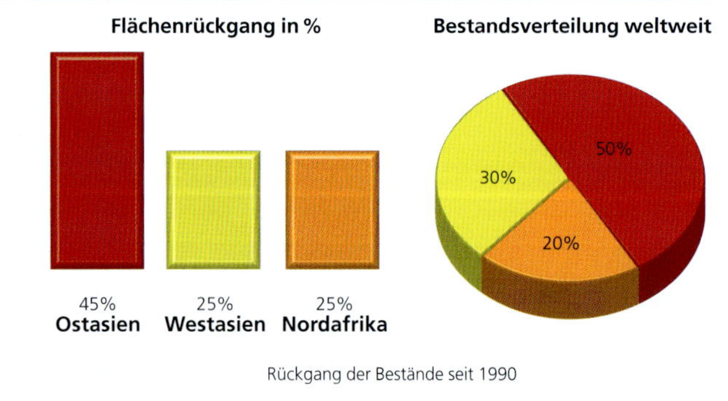

△ Um die Hennen zu beeindrucken, führt der Kragentrappenhahn ein komplexes Balzritual auf; dabei sträubt er die Schmuckfedern an Hals, Scheitel und Brust, stellt sie zur Schau und trippelt währenddessen mit tänzelnden Schritten herum oder rennt auf geradlinigen oder kreisförmigen Bahnen umher.

▷ Die überwiegend grau und gelbbraun gescheckte Kragentrappe ist in ihrem sandigen und felsigen Lebensraum gut getarnt. Sie ist auf der Oberseite braun und unterseits weiß, mit schwarzem seitlichem Halsstreif. Im Flug wird eine auffällige schwarz-braune Gefiederzeichnung auf den langen Flügeln und dem langen Schwanz sichtbar. Beide Geschlechter sehen sich sehr ähnlich, doch die Henne ist kleiner und auf der Oberseite stärker grau gefärbt.

GEBIRGE

In einer Welt, in der natürliche Lebensräume durch etliche Probleme, von direkter Schädigung über Verschmutzung bis zum Klimawandel, zunehmend bedroht sind, werden Rückzugsgebiete für Fauna und Flora immer seltener. Gebirge lassen sich nicht in demselben Maße ausbeuten wie Tieflandgebiete und bieten ein Refugium für Fauna und Flora.

Nach wie vor stehen im Tiefland Landwirtschaft, Wohnungsbau und Industrie an erster Stelle, und die Natur hat das Nachsehen. Gebirge bieten vor allem Vögeln wichtige Refugien. Viele der wichtigsten Vogelschutzgebiete liegen im Mittel- und Hochgebirge, und viele seltene Vogelarten finden in montanen Lebensräumen Schutz.

Die für Gebirge typischen Habitate sind zahlreich und vielfältig. Typischerweise weisen die natürlichen Lebensräume im Gebirge eine Höhenstufenzonierung auf und verändern sich allmählich von den tieferen zu den höheren Lagen. Der Hauptgrund ist die Temperaturabnahme, die je hundert Meter Höhenzunahme bei 0,5–1 Grad Celsius liegt. Andere klimatische und geologische Bedingungen, wie Niederschlagsmenge und Exposition (zum Beispiel nach Süden oder nach Norden ausgerichtet), chemische Reaktion und Struktur von Gestein und Boden sowie die Topographie haben allesamt Einfluss auf die sich entwickelnden Lebensräume. In einem tropischen Gebirge findet man in den unteren Vorbergen vielleicht tropische Laubwälder, darüber Bergwälder, die den Laubwäldern in subtropischen und temperaten Breiten entsprechen, noch weiter oben Koniferenwälder (Nadelwälder), gefolgt vom Strauchformationen und schließlich in großen Höhenlagen Grasfluren (häufig mit Horstgräsern, «Tussock-Grasland») sowie alpine Felsfluren.

◁ *Nur relativ wenige Vogelarten sind an große Höhenlagen angepasst. Die geselligen Alpendohlen und Alpenkrähen sind gewandte Flugkünstler, die im Hochgebirge heimisch sind. Hier sind sie vor dem Hintergrund des Mount Everest im Himalaja zu sehen.*

GEBIRGE DER WELT

Bergland und Hochgebirge sind lebenswichtige Refugien für Vögel in tropischen Regionen. Wichtige Lebensräume, beispielsweise Wälder, können hier aufgrund des wärmeren Klimas in größere Höhenlagen vordringen als außerhalb der Tropen und befinden sich damit in steileren und für Menschen schwerer zugänglichen Gebieten. Und während der Mensch dafür verantwortlich ist, dass ein großer Teil der natürlichen Vegetation im Tiefland und Mittelgebirge verschwunden ist oder verändert wurde, konnten in vielen Gebirgen natürliche oder naturnahe Gebiete von beträchtlicher Größe erhalten bleiben, seien es Nadel- und Laubwälder oder Bambusdickichte und felsige Grasfluren.

ARTENVIELFALT IM GEBIRGE

Bei den Anden in Südamerika und dem Himalaja in Asien handelt es sich um riesige Gebiete mit weitgehend zusammenhängenden Höhenlagen; zwischen Gipfeln und Bergketten liegen vergleichsweise wenige große Tieflandbecken und -täler mit Barrierefunktion. In anderen Regionen, beispielsweise in Teilen von Afrika und zu einem gewissen Grad auch in China, sind die Gebirgszüge viel stärker voneinander getrennt und erscheinen als isolierte Massive, wie Inseln in einem «Tieflandmeer», das weitgehend landwirtschaftlich genutzt wird. Flora und Fauna dieser Bergwelt haben sich ähnlich wie auf ozeanischen Inseln weitgehend isoliert entwickelt. Das hat dazu geführt, dass viele Gebirgsmassive oder -ketten zahlreiche endemische Arten aufweisen und häufig als «Endemismuszentren» gelten. Daher kann es kaum überraschen, dass viele von BirdLife International anerkannten «Vogelgebieten mit besonderem Endemitenreichtum» (Endemic Bird Areas, EBAs) in tropischen Gebirgen liegen. Auf einigen tropischen Gebirgen, vor allem in Afrika, sind die höchsten Wälder als sogenannte Krummholzformationen aus niedrigen, oft krummen und verkrüppelten Bäumen mit üppigem Moos- und Flechtenbewuchs ausgebildet. Ein anderer ungewöhnlicher montaner Lebensraum wird von rosettenbildenden Pflanzenarten dominiert, die besonders zur Blüte sehr groß werden können («Schopfrosettenbäumchen»). In Afrika gehören diese Arten oft zur Gattung der Greiskräuter (Familie Korbblütler) oder der Lobelien (Familie Glockenblumengewächse), in Südamerika, wo ähnliche Habitate in den Hochanden existieren, vor allem zu den Gattungen *Puya* (Familie Bromeliengewächse), *Lupinus* (Familie Schmetterlingsblütler) und *Espeletia* (Korbblütler). In ihrer Wuchsform unterscheiden sie sich alle deutlich von ihren Verwandten im Tiefland; der rosettenförmige Blattschopf schützt die Pflanzen vor den strengen Nachtfrösten, die wegen der Höhenlage auftreten, obwohl es tagsüber recht warm sein kann.

ANPASSUNG AN DIE HABITATDIVERSITÄT

Als höchst mobile Tiere können Vögel problemlos die vielfältigen Lebensräume der Gebirgsgegenden nutzen; manchmal wandern sie zwischen verschiedenen Habitattypen, um saisonalen Veränderungen, wie Blüte und Fruchtbildung, zu folgen; diese vertikalen Wanderungen dienen auch oft dazu, kalten oder trockenen Jahreszeiten auszuweichen. Greifvögel wie Kondore, Altweltgeier und viele Adler jagen im Gebirge, wo weite Ausblicke und die in Höhenlagen spärliche Vegetation das Auffinden der Beute erleichtern. Manche Adler- und viele Bussardarten sind wendige Jäger, die dank relativ kurzer Flügel und langem Schwanz in Waldhabitaten besonders manövrierfähig sind.

Kolibris und Nektarvögel leben häufig in Gebirgsgegenden und besetzen in Süd- und Nordamerika beziehungsweise in der Alten Welt ähnliche ökologische Nischen. Manche Kolibris verfallen in kalten Nächten in eine sogenannte Kältestarre (Torpor), werden, wenn es tagsüber relativ warm ist, wieder aktiv und suchen in den nektarreichen Gebirgsblumen nach Nahrung.

ISOLIERTE GEBIRGSMASSIVE

Vor allem in Afrika liegen viele Gebirgszüge sehr isoliert, zum Beispiel diejenigen in der Nähe des Zentralafrikanischen Grabens im Osten der DR Kongo, Ruanda, Burundi, Südwestuganda und Westtansania. Die Meereshöhe beträgt 2000 bis 5000 Meter, und die Habitate sind sehr vielfältig; sie reichen vom Tiefland- und Bergwäldern bis zu Krummholz- und Bambuswäldern (letztere über 2400 Meter hoch); oberhalb von 3500 Meter folgen Heidegebiete und Grasland. Zu den dort vorkommenden seltenen Vogelarten gehören Kongomaskeneule, Prigogine-Nachtschwal-

VERTEILUNG VON GEBIRGEN UND WICHTIGEN VOGELGEBIETEN (IBAS)

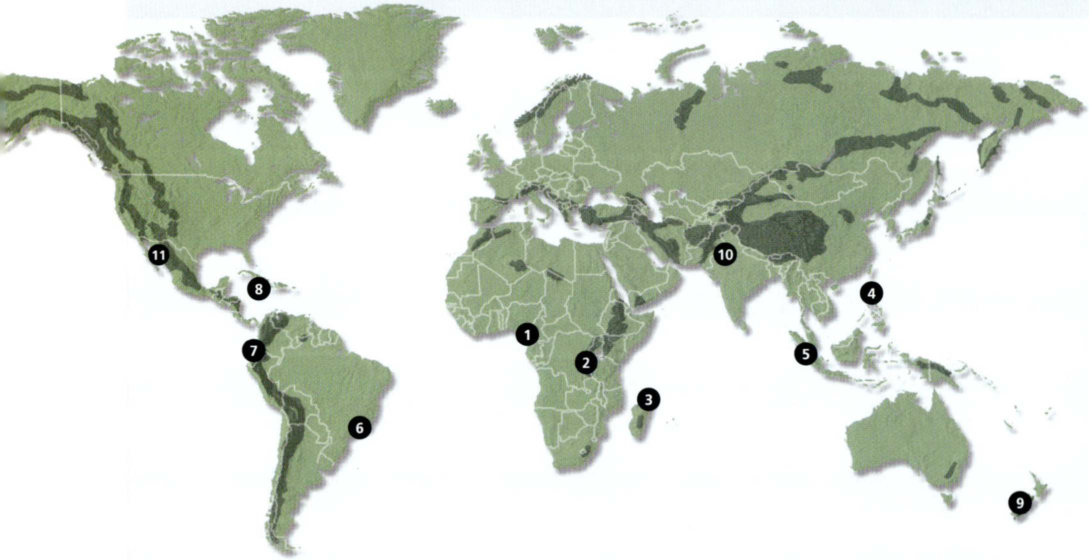

	Land	Wichtiges Vogelgebiet (IBA)
1	Kamerun	Kamerunberg und Mokoko-Onge
2	Kongo (DRK)	Itombwe-Massiv
3	Madagaskar	Marojejy-Nationalpark
4	Philippinen	Northern-Sierra-Madre Nationalpark
5	Indonesien (Sumatra)	Kerinci Seblat
6	Brasilien	Itatiaia-Nationalpark
7	Ecuador	Mindo und Pichincha (Vulkan)
8	Jamaika	Blue-Mountains-Nationalpark
9	Neuseeland	Murchison Mountains (Südinsel)
10	Pakistan	Palas-Tal
11	USA	Huachuca Mountains

be und Prigogine-Bülbül (alle stark gefährdet) sowie Albertseekauz, Blaukehl-Breitrachen, Gelbschopf-Brillenwürger, Blutbrust-Nektarvogel und Lenduschnäpper (alle gefährdet). Drei der berühmtesten Schutzgebiete in dieser Region sind der Virunga-Nationalpark in der Demokratischen Republik Kongo, der Bwindi Impenetrable National Park und der Mgahinga-Gorilla-Nationalpark, beide in Uganda. Diese beiden Nationalparks beherbergen einen Großteil der gesamten Berggorillapopulation, dazu eine Vielzahl faszinierender, zum Teil seltener Vogelarten. Die Udzungwawachtel, beispielsweise, ist eine stark gefährdete Art, die nur an drei Standorten zwischen 1300 und 2400 Meter im Hochland von Udzungwa und den Rubeho-Bergen in Zentral-Tansania vorkommt. Sie sucht in den dortigen immergrünen Bergwäldern nach Nahrung, die hauptsächlich aus Wirbellosen besteht. Die Population zählt nur rund 3500 Exemplare und ist hauptsächlich durch Bejagung und Störungen bedroht.

△ *Der farbenprächtige Königsglanzfasan, ein Bewohner des Himalajas, lebt während der Sommermonate sogar oberhalb der Baumgrenze auf Grasfluren. Im Winter zieht sich diese Hochgebirgsart in die tiefer gelegene Nadel- und Mischwaldzone zurück.*

VULKANGIPFEL

Einige der interessantesten seltenen Vögel kann man in den Vulkangebirgen im Nordwesten von Kamerun beobachten. Hier geht der Tieflandregenwald in den Bergwald über; oberhalb von etwa 2500 Meter wachsen auch Bambushaine. Der gefährdete Kamerunbrillenvogel und der stark gefährdete Kamerun-Frankolin sind beide auf dem Kamerunberg endemisch, dem höchsten Berg Westafrikas. Der Bannerman-Turako und der Bamenda-Lappenschnäpper sind nur in bestimmten Bergwäldern in dieser Region zu finden; beide Arten gelten als stark gefährdet – sie sind von der Zerstückelung ihres Lebensraumes bedroht.

DIE EAST USAMBARA MOUNTAINS IN TANSANIA

DIE EAST USAMBARA MOUNTAINS (ÖSTLICHEN USAMBARA-BERGE) IM NORDOSTEN VON TANSANIA SIND EINE AUSSERORDENTLICH WICHTIGE ÖKOREGION: DURCH IHRE RELATIVE ABGESCHIEDENHEIT KONNTE SICH IM LAUF DER EVOLUTION EINE REIHE VON FASZINIERENDEN ENDEMISCHEN ARTEN ENTWICKELN, UND DAS GEBIET GILT ALS EINER DER GLOBALEN SCHWERPUNKTE DER ARTENVIELFALT.

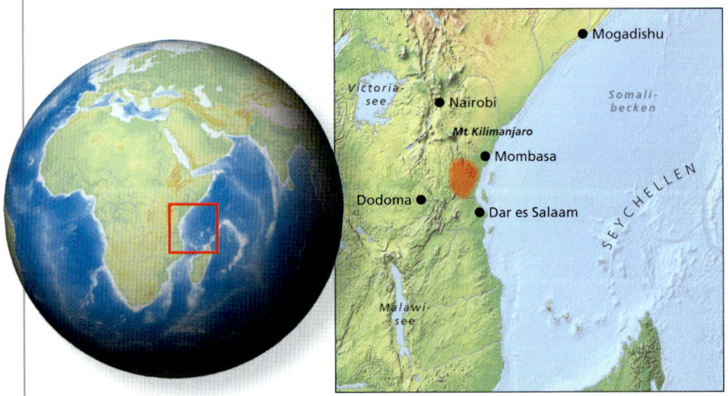

Diese Berge, Teil eines EBA, gehören für weltweit bedrohte Vogelarten zu den «ersten Adressen» in Afrika. Diese Bergkette ist zwar relativ klein, doch sie liegt relativ isoliert von anderen tansanischen Gebirgszügen, und gerade dies hat dazu beigetragen, dass sich hier derart viele endemische Tier- und Pflanzenarten entwickelt haben. Das kleine Gebirge erreicht nur wenig über 1500 Meter Höhe und liegt rund 35 Kilometer von der Küste des Indischen Ozeans entfernt. Aufgrund dieser Meeresnähe ist die Niederschlagsmenge in den Usambara-Bergen hoch. Die Hauptregenzeit dauert von März bis Mai mit einem zweiten Maximum zwischen Oktober und Dezember, doch selbst in den trockneren Jahreszeiten regnet es gelegentlich. Auf dem Hauptrücken kann die jährliche Niederschlagsmenge bis zu 2000 Millimeter betragen.

Auch wenn Kaffee-, Tee- und Teakplantagen einen beträchtlichen Teil des ursprünglichen Waldes ersetzt haben, sind in den East Usambara Mountains große Gebiete an Tieflandwald und submontanem Wald erhalten geblieben. Der Tieflandwald ist halbimmergrün mit einzelnen Riesenbäumen, die eine Höhe von 35 Meter erreichen können. Die submontanen Wälder sind immergrün, an manchen Stellen sind die höchsten Bäume (Emergenten) bis zu 65 Meter hoch; das eigentliche (geschlossene) Kronendach befindet sich bei rund dreißig Meter. Gerade die submontanen Wälder sind außerordentlich üppig und artenreich. Sie enthalten viele endemische Arten und zudem Pflanzen von medizinischem und gärtnerischem Wert. Beispielweise haben viele Pflanzenarten essbare Früchte, und in diesen Wäldern kommen sogar acht Arten des Usambaraveilchens (*Saintpaulia*) vor. Auch viele endemische Vogelarten sind hier heimisch, darunter zwei bedrohte seltene Eulenarten – der große Usambara-Uhu (gefährdet) und die kleine Sokokeeule (stark gefährdet).

Weitere stark gefährdete Arten, die in dieser Region heimisch sind, sind der Usambararötel, der Nicoll-Weber und der hübsche Amani-Nektarvogel. Bülbültimalie und Swynnerton-Rötel – beide als gefährdet eingestuft – sowie der bunte, gering gefährdete Fischerturako (gegenüberliegende Seite) leben ebenfalls in diesen üppigen Wäldern.

KERNDATEN DER EAST USAMBARA MOUNTAINS

Lage:	Tansania, Tanga-Region
Fläche:	42 413 Hektar
Höhe:	150–1525 m
Habitat:	Tropenwald
Bedrohungen:	Holzeinschlag (inzwischen eingestellt), Anbau von Kardamom, Tee und anderen Nutzpflanzen, Rückgang der Niederschläge, Invasion einer Neophyten-Baumart *(Maesopsis eminii)*

AMANI FOREST RESERVE

Das Amani Forest Reserve ist ein Schutzgebiet in den Usambara-Bergen. Hier liegt der Botanische Garten von Amani, der ab 1902 von deutschen Wissenschaftlern angelegt wurde. Bis 1914 wurden viele exotische Arten eingeführt; so entstand ein Arboretum mit einer der größten Sammlungen im tropischen Afrika. Leider haben sich einige der eingeführten exotischen Arten im ursprünglichen Wald ausgebreitet und beeinträchtigen dort die Artenvielfalt. Dennoch bietet das Schutzgebiet eine wunderbare Gelegenheit, einen der schönsten Wälder in Afrika zu bewundern und seltene Vögel, Schmetterlinge und Pflanzen zu sehen.

◁ Frühes Morgenlicht über den Nebelwäldern der East Usambara Mountains im Nordosten von Tansania. Diese «Wolkenwälder» sind die Heimat zahlreicher endemischer Arten, darunter mehrere endemische Vogelarten.

△ Die Population des Fischerturakos in den Usambara-Bergen zählt rund 1500 Vögel. In den 1980er- und 1990er-Jahren wurden Hunderte dieser Vögel für den Käfigvogelhandel gefangen; dieser Handel ist zwar zurückgegangen, ist jedoch immer noch eine echte Bedrohung.

BEDROHTE VOGELARTEN IN DEN USAMBARA-BERGEN

	WISSENSCHAFTLICHER NAME	TRIVIALNAME	STATUS	WELTPOPULATION
■	*Artisornis moreaui*	Langschnabelsänger	CR	50–250
■	*Otus ireneae*	Sokokeeule	EN	2500
■	*Ploceus nicolli*	Nicoll-Weber	EN	1000–2500
■	*Sheppardia montana*	Usambararötel	EN	28000
■	*Anthreptes pallidigaster*	Amani-Nektarvogel	EN	2500–10000
■	*Bubo vosseleri*	Usambara-Uhu	VU	2500–10000
■	*Modulatrix orostruthus*	Bülbültimalie	VU	10000–20000
■	*Swynnertonia swynnertoni*	Swynnerton-Rötel	VU	2500–10000
■	*Anthreptes rubritorques*	Rotband-Nektarvogel	VU	2500–10000
■	*Tauraco fischeri*	Fischerturako	NT	2500–10000
■	*Sheppardia gunningi*	Blauflügelrötel	NT	10000–20000

ROTE LISTE ■ CR = vom Aussterben bedroht ■ EN = stark gefährdet ■ VU = gefährdet ■ NT = Vorwarnliste ■ LC = nicht gefährdet

HEILIGE BERGE

In den Bergen Chinas leben einige bemerkenswerte endemische und seltene Vogelarten. Im Westen der Provinz Sichuan verläuft eine Reihe wichtige Gebirgszüge, darunter das Min- und das Qionglai-Gebirge, berühmt als Heimat des Großen Pandas. Das Schutzgebiet, das zum Erhalt dieses weltbekannten Säugers eingerichtet wurde, beherbergt auch eine Reihe seltener Vögel, wie den gefährdeten Grünschwanz-Glanzfasan und den Sichuan-Häher sowie den gering gefährdeten Weißen Ohrfasan. Auch der heilige Berg Emeishan liegt in der Provinz Sichuan. Dieses Weltnaturerbe, das dem Buddhismus heilig ist, erhebt sich 3100 Meter über den Meeresspiegel und weist eindrucksvolle Restbestände subtropischer Wälder mit außerordentlich interessanten lokalen Vogelarten auf, allen voran der hübsche Omei-Häherling, eine gefährdete Art, deren Verbreitung auf dieses Gebiet und benachbarte Gebiete beschränkt ist. Die weiter im Süden gelegene Provinz Yunnan war früher dicht bewaldet, doch die Bergwälder sind durch jahrzehntelange Gewinnung von Bau- und Brennholz inzwischen weitgehend verschwunden. In einigen der verbliebenen Kiefernwälder sind der Riesenkleiber und der Yunnankleiber heimisch, während der gefährdete Perlenhäherling von Bambus dominierte Wälder oberhalb von 3000 Meter bewohnt. Das Lüliang-Gebirge im Herzen der Provinz Shaanxi beherbergt Populationen des gefährdeten Braunen Ohrfasans, einer lokalen endemischen Art. Noch weiter südlich finden sich Bergwälder und Felsschluchten

△ *Das Kaukasuskönigshuhn ist im Kaukasus, vor allem im Westen des Gebirges, endemisch; es brütet auf nacktem Felsboden in Höhen von 2000 bis 4000 Meter.*

in der Region Damingshan (Provinz Guangxi). Hier leben der scheue, stark gefährdete Hainanreiher und der gefährdete Seidenpirol gemeinsam mit häufigeren Arten wie Rotschwanzhäherling, Großem Grünschnabelkuckuck, Feenniltava und dem hübschen Gould-Nektarvogel.

DAS RÜCKGRAT VON SÜDAMERIKA

Die Anden erstrecken sich wie eine Kette von aufgereihten Wirbeln längs der gesamten Westküste von Südamerika, und reichen von Kolumbien im Norden bis zur Südspitze des Kontinents bei Kap Hoorn. Zwar überwiegt im größeren (nördlichen) Teil von Südamerika ein tropisches Klima, doch selbst in den Mittelgebirgen und Hochgebirgen herrschen lokal gemäßigte (temperate) und sogar kalte hochalpine Bedingungen; am Ostrand der Anden zieht sich zudem ein Band recht kühler Hochlandsteppen entlang. Viele Vogelarten haben sich an diese Verhältnisse angepasst und nutzen die vielfältigen Habitate dieser Gebirgskette.

In den nördlichen Zentralanden von Kolumbien und Ecuador gibt es immergrüne Bergwälder und oberhalb von rund 2500 Meter auch Krummholz-Nebelwälder; diese beherbergen eine ganze Reihe endemischer und bedrohter Vogelarten. Ameisenpittas sind mit mehreren Arten vertreten, darunter Brustband-Ameisenpitta (stark gefährdet) sowie Riesenameisenpitta und Zweifarben-Ameisenpitta (beide gefährdet). Bemerkenswert ist auch eine Reihe seltener Papageien. Die Zwergamazone (gefährdet) mit eingeschränkter Verbreitung in den Nebelwäldern und Gebüschen ernährt sich von Sämereien, Blüten und Früchten. In den Nebelwäldern sind drei weitere bedrohte Papageienarten heimisch: Chapmans Zwergamazone und Gelbohrsittich (beide vom Aussterben bedroht) sowie Pinselsittich (gefährdet). Die beiden erstgenannten Arten haben sehr kleine Verbreitungsgebiete in Kolumbien. Chapmans Zwergamazone leidet vor allem unter dem selektiven Fällen alter Bäume mit natürlichen Höhlen, auf die der Vogel zum Brüten angewiesen ist. Gelbohrsittiche sind von Quindio-Wachspalmen (*Ceroxylon quindiuense*) abhängig, die sie als Nahrungsquelle und Brutgelegenheit nutzen. Nutzvieh weidet die jungen Palmenpflanzen ab, und die Palmwedel spielen bei den Palmsonntagszeremonien der einheimischen Bevölkerung eine Rolle. Diese Probleme verhindern die Regeneration der Palmen.

Die Hochanden erstrecken sich von Peru über Bolivien bis nach Nordargentinien und erreichen Höhenlagen von tausend Meter in den Tälern bis zu 4600 Meter auf dem Altiplano. Das Klima ist recht trocken; an den Hängen gedeihen temperate Wälder, in den Tälern finden sich kakteenreiche Strauchformationen, darüber Puna, Grasfluren und Geröllfelder.

▽ *Der Nationalpark Torres del Paine im südchilenischen Patagonien beherbergt rund hundert Vogelarten, von Greifvögeln wie Agula und Andenkondor, die an den unteren Berghängen jagen, bis zu Schwarzhalsschwan, Chileflamingo und Kupferspiegelente, die auf tiefer gelegenen Seen leben.*

KALIFORNISCHER KONDOR

GYMNOGYPS CALIFORNIANUS

DIESER EINDRUCKSVOLLE GREIFVOGEL IST ZU EINEM SYMBOL DER ARTENSCHUTZBEMÜHUNGEN IN NORDAMERIKA GEWORDEN. GLEICHZEITIG WERDEN AN DIESEM BEISPIEL KOSTEN UND PROBLEME SICHTBAR, WELCHE DIE WIEDERANSIEDLUNG EINER SCHON FAST AUSGESTORBENEN ART IN IHREM NATÜRLICHEN LEBENSRAUM MIT SICH BRINGT.

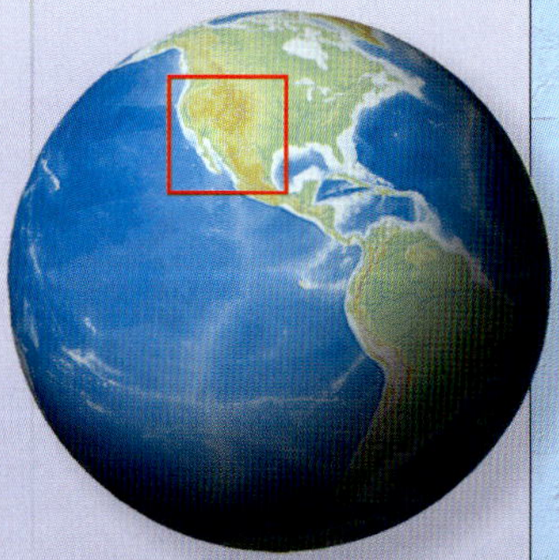

Wie sein «Vetter», der Andenkondor, ist der Kalifornische Kondor groß und eindrucksvoll. Er ist heute vom Aussterben bedroht, doch dieser majestätische Vogel hielt einst regelmäßig über den Schluchten und Tälern im Westen Nordamerikas nach Beute Ausschau – von Baja California (Mexiko) im Süden bis nach British Columbia im Norden. Der Bestand ging ständig zurück und erreichte 1981 mit nur 22 Individuen einen Tiefpunkt. Schließlich hatte man 1987 die letzten freilebenden Vögel eingefangen, um ein Nachzuchtprogramm in Gefangenschaft aufzubauen – in der Hoffnung, diesen großartigen Vogel in letzter Minute vor dem Aussterben zu retten.

Bis 2003 hatte man bereits 85 Kondore in Kalifornien und Arizona auswildern können, und bis 2006 war ihre Zahl auf 130 Tiere gestiegen. In Gefangenschaft können Kondore fünfzig Jahre und älter werden; da sie frühestens im Alter von sechs Jahren brüten, ist der Aufbau einer Population langwierig. Es wird immer nur ein einziges Ei gelegt, und die Elternvögel kümmern sich nach dem Schlüpfen über ein Jahr lang um den Jungvogel. Deshalb brüten sie erst wieder im übernächsten Jahr.

Während der Aufzucht in Gefangenschaft dürfen die heranwachsenden Vögel ihre menschlichen Pflegeeltern nicht zu Gesicht bekommen. Daher benutzen die Pfleger eine Handschuhattrappe, die dem Kopf eines erwachsenen Kondors ähnelt. Noch besser ist die Aufzucht durch gefangene Kondor-Altvögel, damit die Jungvögel nicht auf Menschen geprägt werden. Auch die Auswilderung muss sehr sorgfältig vorbereitet werden; man verwendet spezielle Auswilderungskäfige, in denen die Vögel monatelang gehalten und mit Futter versorgt werden können. Die bereits früher freigelassenen Kondore können diese Orte ebenso aufsuchen, bevor die «neuen» Jungvögel schließlich freigelassen werden. Eine Hauptnahrungsquelle des Kalifornischen Kondors sind angespülte tote Wale und Seelöwen, doch wie andere Geier werden Kondore von allem Aas angelockt, beispielsweise von totem Vieh oder Rotwild. Häufig folgen sie anderen Aasfressern wie Truthahngeiern, um ihre Beute aufzuspüren.

BESTANDSENTWICKLUNG DES KALIFORNISCHEN KONDORS

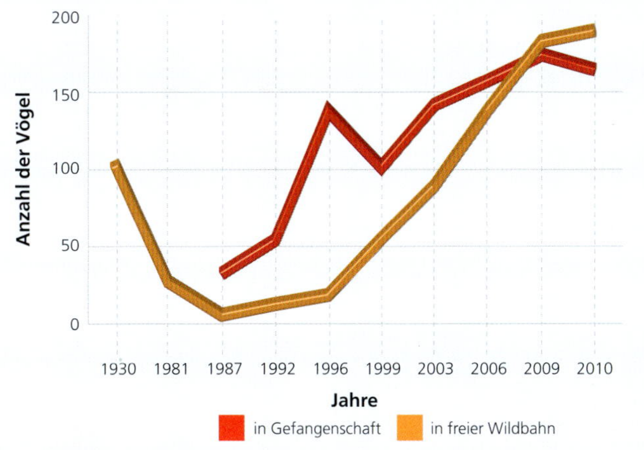

ÜBERWACHUNG PER GPS

Die freigelassenen Kondore tragen GPS-Sender (GPS, Global Positioning System), die zwölf Mal pro Tag Daten an Computer des Kondorprojekts übermitteln. Dies hat eine Fülle wichtiger Informationen über das Bewegungsprofil der Vögel erbracht und ermöglicht zudem eine rasche Bergung toter oder kranker Kondore. Vergiftung durch Bleimunition, die die Vögel mit dem Fleisch von Kadavern geschossener Hirsche und anderer Großsäuger aufnehmen, ist offenbar ein ernsthaftes Problem für die Kondore. Im Oktober 2007 verabschiedete der Bundesstaat Kalifornien ein Gesetz, das den Gebrauch von Bleikugeln untersagt; daher ist zu hoffen, dass die Vergiftungsgefahr allmählich abnehmen wird.

Im Jahr 2010 lebten etwa 187 Kalifornische Kondore in freier Wildbahn; dazu kommen 161 in Gefangenschaft. Sie wurden in der Küstenregion von Big Sur in Zentralkalifornien ausgewildert, ebenso in den Küstengebirgen von Südkalifornien, im Gebiet des Grand Canyon in Arizona und im nördlichen Baja California (Mexiko).

▽ *Jung- und Altvögel des Kalifornischen Kondors im Zion National Park, Utah (USA); die Vögel wurden in Gefangenschaft erbrütet und vor der Auswilderung mit Radiotransmittern ausgestattet, sodass sich ihre Bewegungen verfolgen lassen und die Vögel geschützt werden können.*

▽ *Dieses Kalifornische Kondorküken im San Diego Wild Animal Park, USA, wird mit einer Kondor-Handschuhattrappe gefüttert, die dem Kopf eines Altvogels ähnelt.*

VÖGEL DER HOCHANDEN

In einigen Tälern und an Bächen der Hochanden gibt es kleine Wälder, die von *Polylepis*-Bäumen dominiert sind; die Gattung *Polylepis* gehört zur Familie der Rosengewächse (Rosaceae) und ihre Vertreter wachsen in größeren Höhenlagen als sämtliche anderen Baumarten der Erde. Diese speziellen montanen Lebensräume beherbergen eine Reihe lokaler Vogelarten, darunter Rotohrara (stark gefährdet), Rotflanken-Andenkolibri (Vorwarnliste), Andenstärling und Grauhauben-Zwergkardinal. Wie viele andere Papageien hat der Rotohrara unter dem Käfigvogelhandel, dem Verlust seines Lebensraums und Verfolgung als Landwirtschaftsschädling in Mais- und Erdnussfeldern zu leiden. Der stark gefährdete Garlepp-Ammerfink lebt in Mischwäldern nahe der bolivianischen Stadt Cochabamba. Einer der seltensten Andenvögel ist der vom Aussterben bedrohte Weißkehl-Uferwipper, der nur in feuchten Waldgebieten (in der Regel *Polylepis*) und Gebüschen in Höhenlagen zwischen 3500 und 4800 Meter vorkommt, wo er in der moosigen Streuschicht nach Nahrung sucht. Brandrodung und Beweidung haben die Zusammensetzung der Bodenflora verändert und verhindern eine Regeneration der Bäume. Natur- und Artenschutzmaßnahmen konzentrieren sich darauf, die Anpflanzung anderer heimischer Baumarten als Feuerholzquelle zu fördern und den Brennholzbedarf zu senken, indem energiesparende Öfen eingeführt werden.

Oberhalb von 2000 Meter dominieren in den peruanischen Anden auf felsigem Gelände mit geringen Niederschlägen Gebüsche und Kakteen, während sich an feuchteren Stellen kleine Waldgebiete entwickelt haben. Viele der heimischen Vogelarten sind bedroht, darunter Taczanowski-Steißhuhn, Langschwanz-Dickichtschlüpfer und Weißohrkotinga (alle gefährdet), Graubauch-Meisenschlüpfer, Graubauchsylphe und Graubrust-Tachurityrann (alle stark gefährdet). Drei weitere gefährdete Arten sind der Pinselsittich, der Rostbürzelcanastero und der Weißschwanz-Hakentyrann.

DER ANDENKONDOR

Einer der eindrucksvollsten Vögel der Anden ist zweifellos der riesige Andenkondor. Obgleich die Art ein großes Verbreitungsgebiet hat, wird sie auf der Vorwarnliste geführt, und ihr Bestand nimmt in den meisten Regionen aufgrund direkter Verfolgung ab – der Andenkondor wird beschuldigt, Nutzvieh anzugreifen. Er ernährt sich vorwiegend von Aas, aber auch dies hat schon zu Todesfällen geführt, denn die Vögel fressen manchmal von vergifteten Kadavern, die ausgelegt wurden, um räuberische Säuger zu töten. Wie bei seinem sehr viel selteneren Vetter, dem Kalifornischen Kondor, ist auch beim Andenkondor mit einigem Erfolg versucht worden, in Gefangenschaft nachgezüchtete Vögel auszuwildern. Solche Projekte sind in Kolumbien, Venezuela und Argentinien durchgeführt worden. Hier ist der Ökotourismus hilfreich, denn er gibt der Bevölkerung Anreize, den Vogel als Wahrzeichen der Anden zu schützen.

△ *Der majestätische Andenkondor ist der größte heute lebende flugfähige Vogel der Welt; er hat eine Flügelspannweite von 2,8–3,2 Meter. Einmal in der Luft, schlägt er nur selten mit den Flügeln, sondern verlässt sich stattdessen auf die Thermik, die ihn trägt.*

KLIMAWANDEL UND MONTANE LEBENSRÄUME

Wenn die Durchschnittstemperaturen weltweit steigen, sieht man die Folgen in zahlreichen Lebensräumen. Am deutlichsten werden die Auswirkungen wohl am Rückzug der Gletscher sichtbar. Solche Veränderungen beeinflussen nicht nur die Fauna und Flora, sondern haben auch Konsequenzen für Flüsse und die Landnutzung im Tiefland. Die Gletscher speichern riesige Wassermengen in Form von Eis und setzen einen Teil davon in den wärmeren, trockeneren Jahreszeiten frei; damit speisen sie Flusssysteme, die Täler und Ebenen bewässern. Der Klimawandel könnte diese Systeme destabilisieren und zu Überschwemmungen sowie Wasserstandschwankungen in den Flüssen führen. In einigen Gebieten, zum Beispiel im Himalaja und in den Anden, sind solche Auswirkungen bereits zu spüren.

Seit Jahrzehnten ziehen sich die Gletscher auf der ganzen Welt zurück, nicht nur in gemäßigten Klimaregionen wie den Alpen und den Rocky Mountains, sondern auch in tropischen Gebirgen wie am Chacaltaya-Gletscher in Bolivien und am Kilimandscharo in Nordtansania. Die meisten Gletscher schrumpfen seit etwa 1850, ungefähr seit 1980 hat sich ihr Rückzug stark beschleunigt, was größtenteils eine Folge der von Menschen verursachten globalen Erwärmung ist.

Einige Wälder in Höhenlagen reagieren besonders empfindlich auf den Klimawandel. Mit steigenden Temperaturen können sich Arten, die an diese Lebensräume angepasst sind, nirgendwohin mehr zurückziehen und sterben aus. Gleichzeitig verlagern sich Habitate aus tieferen Höhenlagen bergaufwärts, sodass die von den Habitaten der höheren Lagen (zum Beispiel Bergwald, Zwergstrauchgürtel und alpinen Matten) eingenommenen Flächen zwangsläufig kleiner werden.

▷ *Der Pedersen-Gletscher in Alaska ist dramatisch geschrumpft. Die obere Aufnahme stammt aus dem Jahr 1920, die untere aus dem Jahr 2005: Man beachte, dass inzwischen Gräser und selbst erste Bäume auf der Fläche wachsen, die einst von Eis bedeckt war. Gletscher reagieren empfindlich auf den Klimawandel, und die meisten sind in den letzten Jahrzehnten kleiner geworden.*

GRASLAND

GRASLÄNDER SIND GEBIETE, DEREN VEGETATION WEITGEHEND VON GRÄSERN UND KRAUTIGEN (NICHT-VERHOLZTEN) PFLANZEN DOMINIERT IST. BIS AUF DIE ANTARKTIS BEDECKEN DIESE HABITATE AUF ALLEN KONTINENTEN GROSSE FLÄCHEN. IN TEMPERATEN KLIMAREGIONEN SIND DIE GRÄSER MEISTENS MEHRJÄHRIGE, IN WÄRMEREN REGIONEN ÜBERWIEGEN EINJÄHRIGE ARTEN. ALLE GRASLANDSYSTEME BEHERBERGEN EINE GROSSE VIELFALT AN SÄUGERN, VÖGELN UND INSEKTEN.

Die Frage, ob Grasländer «natürliche» Habitate sind, ist noch schwieriger zu beantworten als bei den Wäldern. Selbst im Fall von sehr weitläufigen Graslandschaften, wie den nordamerikanischen Prärien oder den zentralasiatischen Steppen, ist es umstritten, wie weit natürliche Habitate durch den Menschen verändert wurden. Immer mehr spricht beispielsweise dafür, dass frühe Nomadenvölker absichtlich in die Systeme derartiger Naturräume eingegriffen haben – insbesondere durch regelmäßige Feuer, um die verholzten Pflanzen zu beseitigen und das Gräserwachstum zu fördern; dies trug höchstwahrscheinlich zum Vordringen von Grasland in den Central Plains von Nordamerika und anderenorts bei. Abgesehen von den Einflüssen, für die Menschen und Nutzvieh verantwortlich sind, gibt es bestimmte Regionen, wo sich von Gräsern dominierte Pflanzengesellschaften aufgrund von Klima und Böden gegenüber Waldformationen oder Wüsten durchsetzen. Zu diesen Regionen zählt in den gemäßigten Breiten das Innere der großen Kontinente; dort sind die Klimabedingungen für geschlossene Waldflächen zu extrem. Ein großes (jedoch nicht durchgehendes) Steppengebiet erstreckt sich von Osteuropa über Russland bis in die Mongolei; damit vergleichbar sind die Prärien in Zentralnordamerika. Die kontinental geprägten Teile von Argentinien, Uruguay und Südbrasilien beherbergen eine weitere Form von temperatem Grasland, die Pampa. Auch in Neuseeland gibt es Gebiete mit (vermutlich) natürlichem Grasland, insbesondere im Südosten der Südinsel. In tropischen und subtropischen Regionen gibt es ebenfalls etliche Habitate, die von Gräsern dominiert sind, vor allem in den offenen Savannenlandschaften Ostafrikas.

Aus praktischen Gründen bietet es sich an, Graslandhabitate je nach Klimaregion in temperate oder tropische und subtropische Grasländer zu unterteilen.

◁ *Der Grasslands National Park in Süd-Saskatchewan ist ein Schutzgebiet für eine der letzten ungestörten Kurzgrasprärien in Kanada. Der Amerikanische Bison wurde hier wieder ausgewildert; zur Vogelwelt zählen Beifußhuhn, Schweifhuhn und Kaninchenkauz.*

WELTWEITE VORKOMMEN VON GRASLAND

TEMPERATE GRASLÄNDER

In temperaten Graslandgebieten sind die Sommer meistens recht warm (mit Durchschnittstemperaturen von 20 bis 24 Grad Celsius), doch die Winter können extrem kalt sein. In manchen Gegenden liegt das Monatsmittel der Temperatur zwei oder drei Monate lang unter der Frostgrenze. Die Niederschlagsmenge bewegt sich gewöhnlich zwischen 200 und 750 Millimeter pro Jahr (meistens im Frühjahr und Sommer, im Winter regelmäßig Schnee). Unter diesen Bedingungen können Bäume nicht gut gedeihen, sodass überwiegend mehrjährige Gräser dominieren; dazu kommen Stauden (mehrjährige krautige Pflanzen), die vor allem im Frühling oder Herbst blühen. Oft haben diese Stauden auffällige Blüten, die bestäubende Insekten anlocken.

Diese Graslandgebiete verfügen meistens über tiefgründige und fruchtbare Böden, was auch von Landwirten rasch entdeckt wurde. Solche Böden sind ideal für den Getreideanbau (Getreide sind nichts anderes als domestizierte Gräserarten), zum Beispiel für Weizen, Mais und Gerste. So ist es kein Wunder, dass ein Großteil des «wilden» Graslands inzwischen landwirtschaftlich intensiv genutzt wird und auf weiten Flächen Getreidemonokulturen vorherrschen. Bei dieser hoch mechanisierten und einseitigen Bewirtschaftung müssen entsprechend viel Kunstdünger und Pestizide eingesetzt werden, weshalb Schäden für die heimische Fauna und Flora fast unvermeidlich sind, und natürlich sind auch Vögel davon betroffen (Agrochemikalien können sich sowohl direkt als auch indirekt auf Vögel auswirken, beispielsweise durch Reduzierung der Beutehäufigkeit und -diversität).

Die Prärie bedeckte in Nordamerika einst riesige Flächen von Saskatchewan und Manitoba (Südkanada) über den Mittleren Westen der USA bis nach Oklahoma und umfasste etwa 3,5 Millionen Quadratkilometer. Auf diesen unendlichen Grasflächen weideten Bisons, Gabelböcke und Hirsche, wobei Bison und Gabelbock fast bis zur Ausrottung bejagt wurden. Viele Präriegräser haben ein tiefes Wurzelsystem entwickelt und können sich deshalb nach gelegentlichen Präriefeuern gut regenerieren. Die verschiedenen Prärietypen sind vor allem von der Niederschlagsmenge geprägt; sie reichen von der Kurzgrasprärie – sie ist vor allem im Westen verbreitet und erhält etwa 250 Millimeter Jahresniederschläge – bis zur Langgrasprärie, die überwiegend im Osten vorkommt und durch 500 bis 1000 Millimeter Niederschlag im Jahr gekennzeichnet ist. Ein Großteil der Prärie wird heute von Rindern beweidet oder ist in Ackerflächen umgewandelt. Zu den typischen Prärievögeln gehören Lerchenstärlinge, Hühnervögel wie Beifußhuhn und Präriehuhn sowie Greifvögel wie Truthahngeier, ferner der Kaninchenkauz, der in Höhlen brütet, die ursprünglich von Präriehunden (einer Erdhörnchengattung) angelegt wurden.

△ *In einigen Graslandtypen herrschen Büschelgräser vor, so wie hier in Südchile; ähnliche Habitate gibt es auch in Patagonien. Besondere Vogelarten sind Magellan-Gilbammer, Rostflanken-Spottdrossel und Weißkehlkarakara.*

Die eurasischen Steppen liegen zwischen den borealen Nadelwäldern im Norden und den Wüstengebieten im Süden; sie reichen als Gürtel in variabler Breite von Osteuropa bis in die Mongolei. Früher wurden Steppen von Wildpferden und -eseln sowie Saiga-Antilopen und Trampeltieren (in der Mongolei) beweidet, doch diese Großsäuger sind heute alle selten geworden oder kommen nur mehr in bestimmten Schutzgebieten vor.

VERTEILUNG VON GRASLAND UND WICHTIGEN VOGELGEBIETEN (IBAS)

	Land	Wichtiges Vogelgebiet (IBA)
1	Portugal	Ebenen um Castro Verde
2	Südafrika	Blue Swallow Natural Heritage Site
3	Äthiopien	Liben-Hochebene
4	Kambodscha	Chi Kreng
5	Kasachstan	Aktubek
6	Nepal	Chitwan-Nationalpark
7	Indien	Velavadar-Nationalpark
8	Australien	Diamantina & Astrebla Grasslands
9	Kanada	Battle Creek Grasslands
10	Argentinien	Nationalpark Mburucuyá

Zu den typischen Steppenvögeln zählen Lerchen, Flughühner, Adler und Trappen – beispielsweise die Großtrappe, eine scheue Art, die aufgrund von Habitatverlust inzwischen als gefährdet eingestuft ist.

Die südamerikanische Pampa findet sich vor allem in Nordzentralargentinien, Uruguay und Südbrasilien. Auch die Pampa existiert in unterschiedlichen Ausprägungen, die hauptsächlich durch Feuchtigkeit und Niederschlagsmenge bestimmt werden; wie bei Steppe und Prärie sind große Flächen in Rinderweiden und Ackerland umgewandelt worden. Die Pamparegion ist insgesamt wärmer und feuchter als ihr Gegenstück auf der Nordhalbkugel – in manchen Gebieten liegen die Niederschläge bei tausend Millimeter pro Jahr. Typisch für die Pampa sind die großen flugunfähigen Nandus – Nandu und Darwinnandu stehen inzwischen auf der Vorwarnliste – wie auch die rallenähnlichen Tinamus. Das Gebiet zwischen Parana- und Uruguay-Fluss in Nordostargentinien wird als *Mesopotamia argentina* bezeichnet und beherbergt mit den Argentine Mesopotamian Grasslands ein wichtiges EBA, das bis nach Uruguay und Südbrasilien reicht. In diesem regelmäßig überschwemmten Habitat sind drei bedrohte endemische Vogelarten heimisch: Zimtpfäffchen (gefährdet), Kapuzenpfäffchen (vom Aussterben bedroht, möglicherweise bereits ausgestorben) und Sumpfpfäffchen (stark gefährdet). Diese kleinen farbenfrohen Singvögel sind durch Habitatverlust, Umweltverschmutzung und Fallenstellerei für den Käfigvogelhandel gefährdet. Ebenfalls bedroht sind Zaunadler (stark gefährdet), Rotkehl-Schleppentyrann (gefährdet) sowie Grünkardinal (stark gefährdet) und Rotbruststärling (gefährdet). In Patagonien hat sich unter den dortigen kühlen und weitgehend trockenen Klimaverhältnissen ein anderer Graslandtyp entwickelt, der durch Horstgräser und Zwergsträucher dominiert ist. Eine ähnliche, jedoch feuchtere Steppenvegetation findet sich in Teilen von Feuerland und auf den vorgelagerten Inseln, so auf den Falklandinseln (Malwinen), wo der endemische Falkland-Zaunkönig (gefährdet) heimisch ist.

▽ *Zwei balzende Großtrappenhähne. Trappen besiedeln offene Landschaften; trotz ihrer Körpergröße sind sie in hochwüchsigen Gräsern manchmal kaum zu entdecken. Die Großtrappe ist einer der schwersten flugfähigen Vögel der Welt.*

◁ *Die für Äthiopien endemische Weißschwanzschwalbe (gefährdet) kommt nur in einem kleinen Gebiet im Süden des Landes vor. Der kleine Vogel jagt über semiaridem Grasland und Akaziengebüschen.*

SUBTROPISCHE UND TROPISCHE GRASLÄNDER

Ungefähr zwischen 10. und 25. Breitengrad erstreckt sich beiderseits des Äquators eine durch jahreszeitliche Monsunregen geprägte Zone, die auch als Passatzone bezeichnet wird. Viele der dortigen Habitate sind in unterschiedlichem Ausmaß von Grasland dominiert – diese Vegetationsform kann sich dank einer Kombination aus Klima, Weidedruck und Feuer behaupten. Es regnet hauptsächlich im Sommer, doch die Niederschläge lassen sich oft nicht voraussagen; die Jahresmenge variiert zwischen 500 und 1800 Millimeter. Die Habitattypen reichen von offener Grassavanne über Strauch- und Baumsavanne bis zum Savannenwald mit parkartigem Aussehen.

In Südamerika existieren zahlreiche subtropische und tropische Graslandformationen mit ihren jeweiligen Übergangsformen. Einige der regelmäßig überschwemmten Graslandhabitate wie das Pantanal in Brasilien gehören eher zu den Feuchtgebieten, während andere in lichte Waldgebiete verschiedener Art übergehen. Bestimmte Graslandhabitate in Kolumbien und Venezuela werden als *Llanos* bezeichnet; sie sind typisch für das Tiefland des Orinoko und seiner Nebenflüsse und werden periodisch überschwemmt. Die Grasländer von Brasilien und Paraguay reichen von reinem Grasland *(Campo limpo)* über Zwischenformen bis zu offenen Baumsavannen *(Campo cerrado)*.

Die von Gräsern dominierten Savannen sind für die afrikanische Passatzone (Monsungürtel) charakteristisch; am bekanntesten sind wohl die ostafrikanischen Savannen, vor allem diejenigen in Tansania und Kenia. Hier befinden sich etliche Schutzgebiete: in Kenia zum Beispiel die Amboseli-, Tsavo- und Masai-Mara-Nationalparks sowie in Tansania der Serengeti-Nationalpark und das Selous-Wildreservat. Zebra-, Gnu- und Gazellenherden weiden auf diesen Flächen; auch die Vogelwelt ist sehr artenreich. Zahlreiche Geier lassen sich an den Kadavern verendeter Säugetiere nieder und fressen das Aas, und auch der Kampfadler, einer der imposantesten Adler der Welt, ist hier heimisch. Da seine Bestände durch direkte Bejagung und Vergiftung stark abgenommen haben, steht er inzwischen auf der Vorwarnliste. Einer der kleinsten Vögel ist die gefährdete Weißschwanzschwalbe, die nur in einem sehr kleinen Gebiet in Äthiopien vorkommt.

Viele Savannen haben sich dank gelegentlicher Feuer (durch Blitzschlag) oder absichtlich gelegter Brände entwickelt. Die Bodenfruchtbarkeit wird durch die Asche erhöht, und die rasch nachwachsenden Gräser liefern Futter für weidende Tiere. Gleichzeitig verhindern Feuer und Weidedruck, dass sich Bäume und Sträucher ausbreiten können.

Im südlichen Afrika ist Grasland vor allem auf dem Highveld (der zentralen Hochebene von Südafrika) verbreitet; die meisten Flächen sind von Nutzvieh überweidet oder werden als Ackerflächen genutzt. Es existieren allerdings Restgebiete, in denen bedrohte Vogelarten wie Finkenlerche (stark gefährdet), Transvaal-Spornlerche und Gelbbrustpieper (beide gefährdet) sowie der Kahlkopfrapp (ebenfalls gefährdet) heimisch sind. Weiter nördlich gibt es von Angola bis Mosambik Gegenden, die durch das sogenannte Bushveld dominiert sind. Dies bildet ein Übergangshabitat zwischen den Halbwüsten und Wüsten im Süden und dem von *Brachystegia*-Arten geprägten Miombo-Trockenwald im Norden. Letzterer ist der bevorzugte Lebensraum von Hornvögeln, Würgern und Webervögeln.

Offene savannenähnliche Waldformen sind in vielen Teilen von Asien (vom indischen Subkontinent bis Thailand) verbreitet, doch baumlose, von Gräsern dominierte Habitate sind weniger häufig. In Indien existiert tropisches Grasland zum Beispiel stellenweise auf dem Hochland von Dekkan sowie nordwärts bis zu den Rändern der Wüste Thar. Auch in der Ebene von Assam (Nordostindien und Teile von Bangladesch) gibt es Gebiete mit Grasland, die häufig sumpfig und durch bis zu sechs Meter hohe Elefantengrasbestände *(Pennisetum purpureum)* charakterisiert sind. Zu den bedrohten Vogelarten dieser Gegend gehören Schwarzkehl-Papageimeise, Manipurwachtel und Sumpf-Erdtimalie (alle gefährdet) sowie Barttrappe (vom Aussterben bedroht).

In Australien sind tropische Grasländer vom Savannentyp vor allem in Queensland und im Northern Territory verbreitet; das Verhältnis zwischen Bäumen und Grasland ist abhängig von den örtlichen Gegebenheiten, Weidedruck, Häufigkeit von Buschfeuern und der Niederschlagsmenge. Besonders zu Waldbränden kommt es in Australien oft, und die Samen vieler Gräserarten werden durch hohe Bodentemperaturen, also durch Feuer, zur Keimung angeregt. Die größten Flächen werden vom Mitchell-Grasland eingenommen, das sich von Südost-Queensland bis zur Mitte des Northern Territory erstreckt. Typisch sind relativ kurzwüchsige Gräser wie das namengebende Mitchell-Gras *(Astrebla)*. In manchen Gebieten kommt auch der Schwarzachselaar (Vorwarnliste) noch vor; weitere bekannte Bewohner der australischen Grasländer sind Steppenläufer, Ockerbrust-Laufhühnchen und die wunderschöne Gould-Amadine.

UMGEWANDELTES UND URSPRÜNGLICHES GRASLAND WELTWEIT

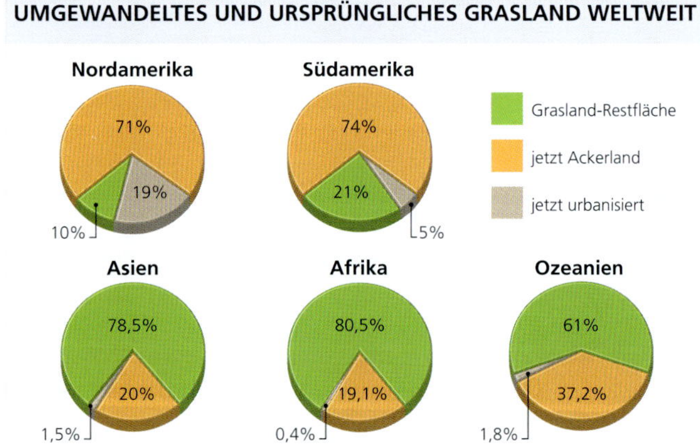

▷ *An den Hängen des «Amphitheaters» in den Drakensbergen (Royal Natal National Park in KwaZulu-Natal, Südafrika) dominiert ausgedehntes Grasland. Bartgeier und Kaffernadler segeln über den Steilwänden und jagen im Umland.*

Serengeti-Ebene/Masai-Mara-Region

Westlich des Grossen Afrikanischen Grabenbruchs liegen unmittelbar nebeneinander an der kenianisch-tansanischen Grenze der Serengeti-Nationalpark in Tansania und das Masai-Mara-Wildschutzgebiet in Kenia.

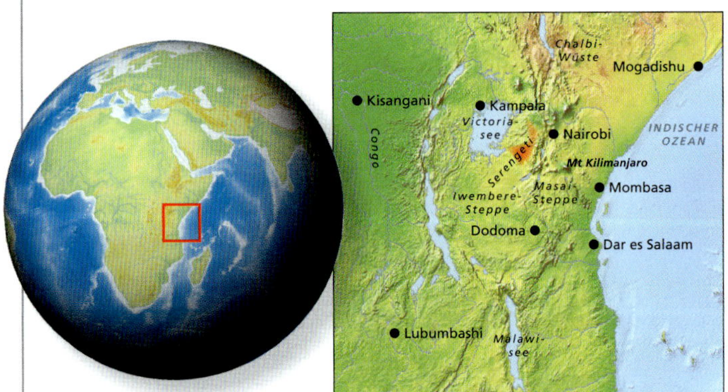

Diese beiden spektakulären Naturschutzgebiete gehören weltweit zu den bestuntersuchten Reservaten. Von der beeindruckenden Tierwelt sind vor allem die Großsäuger bekannt: Herbivoren wie Gnus, Gazellen, Zebras, Afrikanische Büffel, Afrikanische Elefanten und Giraffen; dazu Fleischfresser wie Löwen, Leoparden, Geparden, Hyänen und Schakale. Doch auch die Vogelwelt ist sehr artenreich und umfasst mehrere lokale und bedrohte Arten. Die Serengeti-Masai-Mara-Region beherbergt die größten Zahlen an äsenden Huftieren und an Raubsäugern in ganz Afrika; entsprechend hoch sind die Besucherzahlen von Naturfreunden und Ökotouristen. Sehr beliebt ist auch das Ngorongoro-Schutzgebiet (UNESCO-Welterbestätte) mit seinem riesigen Einbruchskrater am Ostrand der Serengeti. In der Mitte des Kraters liegen wie in einem natürlichen Amphitheater große Savannenflächen, die mit ihren Huftierherden ein beeindruckendes Naturschauspiel bieten.

Die vielfältigen Habitate der Serengeti-Masai-Mara-Region sind in den meisten Gebieten von Grassavannen und Baumsavannen dominiert; das Verhältnis zwischen beiden ist von Bodentyp, Niederschlagsmuster und Weidedruck abhängig. Die Böden sind, vor allem in der Südost-Serengeti, vulkanisch (zum Teil aus den Ausbrüchen von Vulkanen der Ngorongoro-Region, einige davon sind immer noch aktiv) und daher sehr fruchtbar. So ist das Gras besonders wüchsig und nährstoffreich, ein Grund für die jährlichen Wanderungen der Gnus und Zebras; diese Wanderungen werden vor allem vom Muster der Regen- und Trockenzeit bestimmt. Die Herden ziehen jedes Jahr auf einer weitgehend bekannten, etwa kreisförmigen Route durch die Ebenen und folgen dabei den besten Weidemöglichkeiten. Über eine Million Gnus sind unterwegs sowie Hunderttausende von Thomson-Gazellen und Zebras. Das Kalben findet gewöhnlich dann statt, wenn die Herden sich auf den üppigen Grasflächen der vulkanischen Südost-Serengeti aufhalten. Feuer ist wie bei vielen Graslandhabitaten ein wichtiger Faktor beim Erhalt des offenen Biotops.

Die Vogelarten umfassen mehr als 36 Greifvogelarten, darunter alleine sechs Geierarten. Aufgrund der Anzahl der dort heimischen endemischen Vogelarten wurde die Serengeti-Ebene von BirdLife als EBA klassifiziert, während der Serengeti-Nationalpark als eines der wichtigen Vogelgebiete (IBA) von Tansania eingestuft ist. Die Gesamtzahl der Vogelarten im Serengeti-Nationalpark wurde auf 500 geschätzt.

Zu den besonderen Vogelarten der Serengeti gehören der Rotschwanz-Weber, der Graubrustfrankolin und das hübsche Pfirsichköpfchen. Dieses steht auf der Vorwarnliste, da es für den Käfigvogelhandel gefangen wird. Das Verbreitungsgebiet des Karamoja-Feinsängers (gefährdet) liegt in der

EINIGE BESONDERE VOGELARTEN DER SERENGETI-EBENE

	WISSENSCHAFTLICHER NAME	TRIVIALNAME	STATUS	WELTPOPULATION
■	*Apalis karamojae*	Karamoja-Feinsänger	VU	10 000–20 000
■	*Gyps rueppellii*	Sperbergeier	NT	30 000
■	*Glareola nordmanni*	Schwarzflügel-Brachschwalbe	NT	100 000–500 000
■	*Phoeniconaias (Phoenicopterus) minor*	Zwergflamingo	NT	2 200 000–3 240 000
■	*Agapornis fischeri*	Pfirsichköpfchen	NT	290 000-1 002 000
■	*Prionops poliolophus*	Grauschopf-Brillenwürger	NT	unbekannt
■	*Euplectes jacksoni*	Leierschwanz-Wida	NT	unbekannt
■	*Francolinus rufopictus*	Graubrustfrankolin	LC	unbekannt
■	*Trachyphonus usambiro*	Usambiro-Bartvogel	LC	unbekannt
■	*Histurgops ruficaudus*	Rotschwanz-Weber	LC	unbekannt
■	*Crex crex*	Wachtelkönig	LC	5–10 Millionen
■	*Parus fringillinus*	Rostkehlmeise	LC	unbekannt

ROTE LISTE ■ CR = vom Aussterben bedroht ■ EN = stark gefährdet ■ VU = gefährdet ■ NT = Vorwarnliste ■ LC = nicht gefährdet

KERNDATEN SERENGETI-EBENE/MASAI-MARA-REGION	
Lage:	Kenia, Tansania
Fläche:	160 000 km²
Höhe:	1000–2200 m
Habitat:	Grasland, Galeriewald, Akaziengehölze, Sümpfe und Seen, Dickichte und Gebüsche, mit Felsblöcken übersäte Geländeabbrüche
Bedrohungen:	Ausweitung der Landwirtschaft, zu hoher Weideviehbesatz, Sammlung von Feuerholz, unkontrollierter Tourismus und Wilderei

Südserengeti und ist recht klein; der Großteil der Population ist im Nationalpark heimisch.

Andere seltene Vogelarten dieses Gebiets sind zum Beispiel der Grauschopf-Brillenwürger und die Schwarzflügel-Brachschwalbe. Der aasfressende Sperbergeier ist häufig an Tierkadavern zu beobachten; seine Bestände nehmen allerdings ab, was zum Teil auf Vergiftung durch den Einsatz von Diclofenac zurückgeht. Dieser Wirkstoff wird Rindern bei Fieber und Entzündungen verabreicht, ist jedoch für Geier tödlich. Das Mittel war auch für den Zusammenbruch der Geierpopulationen in Indien und Pakistan verantwortlich; zurzeit versucht man den Einsatz von Meloxicam als Alternative zu fördern – dies soll therapeutisch ähnlich wirksam sein, ist aber angeblich für Geier weniger giftig.

△ *Das Pfirsichköpfchen ist eine kleine Papageienart, die in Savannen und Grassavannen in Nordzentral-Tansania vorkommt, und vor allem im Serengeti-Nationalpark verbreitet ist. Die farbenfrohen Pfirsichköpfchen sind beliebte Käfigvögel und werden deshalb für den Handel gefangen.*

▽ *Grasland wird von Zeit zu Zeit abgeflämmt, sei es natürlich (etwa durch Blitzschlag) oder vorsätzlich, um das Gräserwachstum zu fördern. Viele Vögel nutzen diese Gelegenheit, um Tiere zu erbeuten, die vor dem Feuer flüchten; im Bild Weißstörche in Kenia.*

«Mediterrane» Hartlaubgebiete, Heideflächen und Tundren

HEIDE- UND GEBÜSCHHABITATE KOMMEN IN VIELEN VERSCHIEDENEN TEMPERATUR- UND HÖHENZONEN VOR; SIE SIND ZWAR HÄUFIG TEMPORÄR UND MENSCHENGEMACHT, DOCH SIE BIETEN EINEM GROSSEN SPEKTRUM AN VOGELARTEN EINE SICHERE HEIMAT, NICHT ZULETZT WEGEN DES GUTEN NAHRUNGSANGEBOTS.

Heide- und Gebüschhabitate kommen in vielen Teilen der Welt vor; in temperaten Klimaregionen sind sie fast immer durch menschliche Eingriffe in die Natur entstanden. Die Beweidung durch Schafe, Rinder oder Ziegen wie auch vorsätzlich gelegte Feuer verhindern häufig, dass sich in Gebieten, deren Baumbestand zerstört wurde, über die Zwischenstufe der Gebüsche langfristig Wälder regenerieren können. Als Teil einer natürlichen Sukzession können Heidegebiete und Gebüsche auch von Natur aus temporär sein. Strauchformationen können – sowohl, was Breiten- als auch, was Höhenstufe angeht – an den Grenzen des Baumwachstums auftreten, beispielsweise am Nordrand der Taiga, wo die Bedingungen für Wälder zu kalt und zu trocken sind. Hier findet sich am Übergang zur Tundra ein Mosaik aus trockeneren und feuchteren Bereichen mit Gebüschen beziehungsweise Tümpeln und Sümpfen. Im Gebirge entwickelt sich oberhalb der Baumgrenze und unterhalb der alpinen Zone oft ein relativ schmaler Strauchgürtel. Was die Artenvielfalt angeht, sind vermutlich die Strauch- und Heidehabitate der Regionen mit Mittelmeerklima (heiße trockene Sommer, feucht-kühle Winter) am wichtigsten; hier sind viele seltene und lokale Vogelarten heimisch. Für zahlreiche Vögel sind Buschland und Heidegebiete (ganz gleich, ob naturnah oder temporär) wichtige Rückzugsorte, denn sie bieten sichere Brutgelegenheiten mit zahlreichen Mikrohabitaten; diese beherbergen meist zahlreiche Beutetiere, insbesondere Insekten und andere Wirbellose.

◁ *Felslandschaft im Valle della Luna auf Sardinien (Italien). Diese Landschaft war früher weitgehend von immergrünen Hartlaubwäldern bedeckt, doch durch generationenlange Beweidung und Bewirtschaftung ist die ursprüngliche Vegetation weitgehend verschwunden – übrig bleiben einzelne Flächen mit Macchie und anderen Gebüschen.*

Tundren, Heidegebiete und Hartlaubgebiete mit Mittelmeerklima

Tundren

Auf der Nordhalbkugel sind riesige Gebiete im nördlichen Nordamerika, in Nordeuropa und Gesamt-Nordasien mit Tundra bedeckt. Diese befindet sich überwiegend im Norden des Nördlichen Polarkreises und reicht im kontinentalen Bereich von Zentralkanada rund um die Hudson Bay sogar weiter südwärts. Auch auf der Südhemisphäre gibt es (kleinere) Tundrengebiete, beispielsweise auf den Falkland-Inseln, South Georgia, den Kerguelen und in Teilen von Feuerland und seinen Nachbarinseln. Die Antarktis ist praktisch vollständig von Eis bedeckt.

Die arktische Tundra ist (häufig) durch Permafrostboden gekennzeichnet; dabei sind die tieferen Bodenschichten dauerhaft gefroren und nur die oberen Schichten tauen im Sommer auf, sodass sich zwischen trockeneren Bodenerhebungen viele Tümpel und Morastflächen ausbilden. Übers Jahr gesehen, regnet es in der Tundra zwar nicht sehr viel, doch aufgrund der niedrigen Temperaturen ist die Verdunstung gering und der Boden so feucht, dass Pflanzenwachstum möglich ist. An vielen Standorten sind Zwergsträucher, wie Weiden- und Birkenarten, mit Seggen, Moosen und Flechten vergesellschaftet. In der Tundra liegen wichtige Brutgebiete für zahlreiche Vogelarten, vor allem für Limikolen (Watvögel), Gänse, Enten und Raufußhühner. Viele sind Langstreckenzieher, die den kurzen, aber hoch produktiven arktischen Sommer mit der langen Sonnenscheindauer (Dauertag) nutzen. Der Borstenbrachvogel (gefährdet) ist einer der seltensten Watvögel der Welt; er brütet in der Tundra Westalaskas und überwintert weit im Süden auf den Pazifikinseln. Auch die hübsch gezeichnete Rothalsgans (stark gefährdet) wandert zum Brüten in die russische Hocharktis. Einige wenige Vogelarten sind Standvögel (oder Teilzieher) der Tundra, Beispiele sind Alpenschneehuhn, Schneeeule und Gerfalke. Die Schneeeule ist zwar sehr weit verbreitet, doch anscheinend nimmt der Bestand im Gesamtgebiet deutlich ab.

Heidegebiete

An etlichen Standorten in Nordwesteuropa finden sich anstelle der temperaten Laubwälder Heidelandschaften; diese sind vor allem in Irland,

△ *Das Schottische Moorschneehuhn (Lagopus lagopus scoticus) ist eine endemische Unterart der nördlichen Britischen Inseln; es bevorzugt Hochflächen mit Heidevegetation. Um die Populationen dieses beliebten Federwilds zu fördern, werden die Heideflächen gezielt bewirtschaftet.*

Schottland, England, Dänemark, Schweden und Norddeutschland verbreitet. Heidegebiete sind ohne den Einfluss des Menschen nicht denkbar; nur sein Eingreifen verhindert, dass sie sich im Rahmen der natürlichen Sukzession allmählich wieder zu naturnahen temperaten Laubwäldern entwickeln. Die wichtigsten anthropogenen Faktoren sind Beweidung (vor allem durch Schafe) und gezieltes Abflämmen der Flächen. Weite Heideflächen («Moore») in den schottischen Highlands werden vor allem für die Jagd auf Schottische Moorhühner *(Lagopus lagopus scoticus)* bewirt-

Verteilung von Tundren, «Mediterranen» Hartlaubgebieten und wichtigen Vogelgebieten (IBAs)

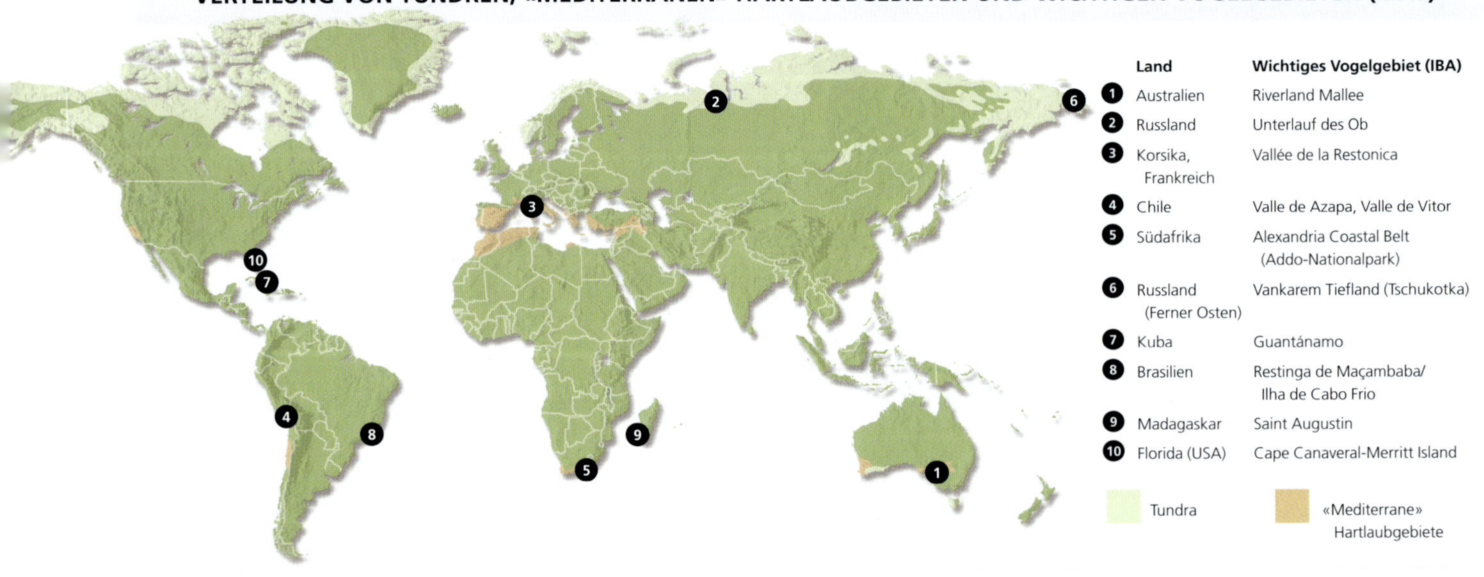

△ *In Hartlaubgebüschen sind Brände vor allem in den trockenen heißen Sommermonaten häufig; im Bild ein kontrolliert gelegtes Feuer in Südfrankreich, das eine Brandschneise zur Feuerbekämpfung schaffen soll. Meistens regeneriert sich die Strauchvegetation auf derartigen Brandflächen erstaunlich schnell.*

schaftet. Die Strauchschicht von Heidegebieten ist von Heidekrautgewächsen (beispielsweise den Gattungen *Erica* und *Calluna*) und Schmetterlingsblütlern (wie den Gattungen *Ulex* und *Cytisus*) dominiert.

In den am stärksten ozeanisch und durch Niederschläge geprägten Gegenden (zum Beispiel an der Westseite von Großbritannien und in Irland) gehen die Heidemoore allmählich in Torfmoore (Hoch- und Niedermoore, je nach pH-Wert) über – diese sollte man jedoch als Feuchtgebiete betrachten; sie werden dort besprochen. Weltweit gesehen, haben derartige Heidegebiete nur einen geringen Flächenanteil und beherbergen nur wenige seltene Vogelarten. Das Schottische Moorschneehuhn ist jedoch eine Unterart, die für die Britischen Inseln endemisch ist.

Hartlaubgebiete mit Mittelmeerklima

Die Lebensräume rund ums Mittelmeer sind meistens von immergrünen Gebüschformationen (auch Heiden) dominiert, die als mediterrane Hartlaubgebüsche bezeichnet werden. Diese ersetzen hier – ähnlich wie in Nordwesteuropa die Heidegebiete – die ursprünglichen Wälder, die in dieser Region jedoch meistens Mischwälder mit immergrünen Eichen waren. Die Jahresniederschläge liegen im Mittel zwischen 300 und 800 Millimeter – je nach Region – und fallen hauptsächlich im Winterhalbjahr. Es friert nur selten, und viele Pflanzen blühen bereits im Winter, zeitigen Frühjahr oder Herbst. Die Sommer sind normalerweise heiß und trocken; wegen der verdorrten Vegetation ist die Waldbrandgefahr sehr hoch.

Weitere Gebiete mit Mittelmeerklima und den entsprechenden «mediterranen» Habitaten finden sich in Südkalifornien (USA), in Zentralchile, in der südlichen Kapregion (Südafrika) und in Teilen von Südaustralien.

Die wichtigsten Faktoren, die zur Ausbildung dieser Lebensräume beitragen, sind Entwaldung, regelmäßige Beweidung und natürliche wie auch vorsätzlich gelegte Waldbrände. Diese Habitate tragen unterschiedliche ländertypische Namen: Die italienische *Macchie* (in Frankreich *Maquis*) bezeichnet die dichteren Gebüsche und Strauchheiden. Offenere und stärker degradierte Formationen heißen in Frankreich *Garrigue*, in Italien *Gariga*, in Griechenland *Phrygana* und in Spanien *Tomillares*. Ähnliche Vegetationstypen in anderen Erdteilen tragen eigene lokale Namen, wie *Chaparral* (Kalifornien), *Matorral* (Chile), *Fynbos* (Südafrika) sowie *Kwongan* und *Mallee* (Australien). Diese Habitate sind allerdings nicht absolut vergleichbar, sondern besitzen eigene typische Merkmale. All diese Lebensräume sind zwar überwiegend vom Menschen bewirtschaftet oder geschaffen, doch was die interessante und bedrohte Fauna und Flora angeht, gehören sie zu den wertvollsten Habitaten überhaupt und sind ihrerseits durch Tourismus, Siedlungsdruck, Landwirtschaft und die gestiegene Waldbrandhäufigkeit gefährdet.

In Südeuropa haben sich die Hartlaubgebüsche im Wesentlichen aus degradierten Waldgebieten entwickelt und werden von immergrünen baum- oder strauchförmigen Arten wie Steineiche *(Quercus ilex)*, Korkeiche *(Q. suber)*, Wacholder, Lavendel, Thymian und Rosmarin dominiert; viele dieser Pflanzen enthalten ätherische Öle.

In diesen Macchie-Gebieten brüten verschiedene seltene Vogelarten wie der Spanische Kaiseradler (gefährdet), der lokal seltene Habichtsadler, der Gleitaar und die Blauracke (Vorwarnliste).

Der Chaparral in Kalifornien hat sich teilweise aus den ursprünglichen Eichenwäldern (mit Arten wie *Quercus agrifolia* und *Q. engelmannii*) entwickelt; typische Sträucher sind die blaublühende Säckelblume (*Ceanothus*, in milden Gegenden auch als Gartenpflanze beliebt) und Salbeiarten (*Salvia*). Dieser Vegetationstyp ist im Küstenbereich von Südkalifornien bis Nordwestmexiko verbreitet und gehört zu den am stärksten gefährdeten Habitaten Nordamerikas. Zu den interessanten Vogelarten des Chaparral zählen der Kalifornien-Mückenfänger, der Kaktus-Zaunkönig und der Nuttall-Specht. Der stark gefährdete Dreifarbenstärling, ein Koloniebrüter, ist in Sumpfhabitaten heimisch. Über dem Küsten-Chaparral kann man gelegentlich sogar den wieder angesiedelten (vom Aussterben bedrohten) Kalifornischen Kondor bei der Jagd beobachten. Doch der wertvolle Lebensraum des Chaparral mit seinen seltenen Pflanzen und Tieren ist durch Wohnbauprojekte, Neophyten und Neozoen, Überweidung, Umweltverschmutzung und gestiegene Waldbrandhäufigkeit extrem gefährdet.

Der chilenische Matorral findet sich in Zentralchile im Bereich zwischen Anden-Vorbergen und Pazifik; im Norden liegt die Atacamawüste, im Süden die temperaten Wälder. Wie die vergleichbaren Habitate in anderen Regionen ist auch der Matorral sehr arten- und endemitenreich. Keine dieser Arten ist bedroht; typische Vögel für diesen Lebensraum sind Chile-Spottdrossel, Chilesteißhuhn, Rostflankentapaculo und Weißkehltapaculo.

Die Fynbos-Region in Südafrika hat sich in relativer Isolierung entwickelt und besitzt die artenreichste Flora aller «mediterranen» Hartlaubgebiete; sie stellt sogar ein eigenes Florenreich (Capensis) dar, und fast siebzig Prozent ihrer Pflanzenarten sind endemisch. Es gibt nur wenige Baumarten, die Vegetation wird von niedrigwüchsigen Sträuchern mit harten ledrigen Blättern («Hartlaub») dominiert. Besonders artenreich sind hier die Heidekrautgewächse (Ericaceae), die Silberbaumgewächse (Proteaceae) und die merkwürdigen gräserähnlichen Restionaceae. *Fynbos* (auf Afrikaans «feines Gebüsch») bezieht sich auf die nadelähnlichen Blätter vieler hier vorherrschender Straucharten. Im Südwesten sind die Winter feucht-kühl – etwa die Hälfte der jährlichen Niederschlagsmenge fällt von Mai bis Juli – und die Sommer heiß und trocken. In dieser Region sind viele *Pelargonium*-Arten heimisch, darunter die Stammformen unserer Garten-«Geranien»; weiterhin über 200 Orchideenarten sowie 660 Arten aus der Familie der Schwertliliengewächse (Iridaceae), von denen 485 endemisch sind. Die großen auffälligen Blütenstände der *Protea*-Arten entwickeln sich vor allem im Winter und sind eine wichtige Nektarquelle für Nektarvögel und den endemischen Kap-Honigfresser. Weitere interessante Vogelendemiten der Kapregion sind der Kap-Felsenspringer, der Hottentottengirlitz, der Goldbrust-Nektarvogel, der Proteagirlitz und der heimliche Dickicht-Buschsänger.

In Australien gibt es zwei Regionen, in denen Buschland eine wesentlichen Anteil der Vegetation ausmacht: Teile des Murray-Darling-Beckens in Südostaustralien (South Australia, New South Wales und Victoria) sowie die Gebiete mit Mittelmeerklima in Südwestaustralien (Western Australia). In beiden Regionen existiert ein Mosaik aus Trockenwäldern und Mallee-Gebüschen; hier kommen zahlreiche interessante lokale Vogelarten vor, beispielsweise im Südosten der Malleeborstenschwanz (stark gefährdet) sowie im Südwesten der Langschnabel-Rußkakadu (stark gefährdet), der Braunbauch-Dickichtvogel (gefährdet) und der Langschnabel-Lackvogel (gefährdet). Das bemerkenswerte Thermometerhuhn ist in beiden Regionen heimisch; seine Bestände sind vor allem durch Habitatverluste erheblich zurückgegangen, und es ist inzwischen als gefährdet eingestuft.

CHAPARRAL-FLÄCHEN IN KALIFORNIEN (NACH COUNTIES)

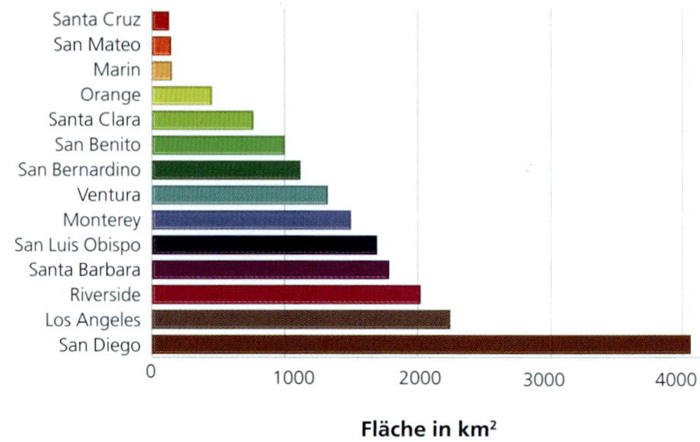

▷ *Der für Südafrika endemische Kap-Honigfresser bildet mit einer weiteren Art eine eigene Familie (Proteavögel, Promeropidae); hier sitzt ein Vogel – passend zum Namen – auf einer Proteablüte, um mithilfe des langen, gebogenen Schnabels Nektar aufzunehmen.*

▽ *Der Fynbos in der Kapregion Südafrikas bildet eine artenreiche eigene Florenregion (Capensis) mit hohem Endemitenreichtum. Im Bild ein Agapanthus.*

AUSTRALISCHER MALLEE-BUSCH

DIE GEBÜSCHFORMATIONEN IN AUSTRALIEN SIND ZWAR MIT DENJENIGEN ANDERER REGIONEN MIT MITTELMEERKLIMA VERGLEICHBAR, BESITZEN JEDOCH BESONDERE MERKMALE.

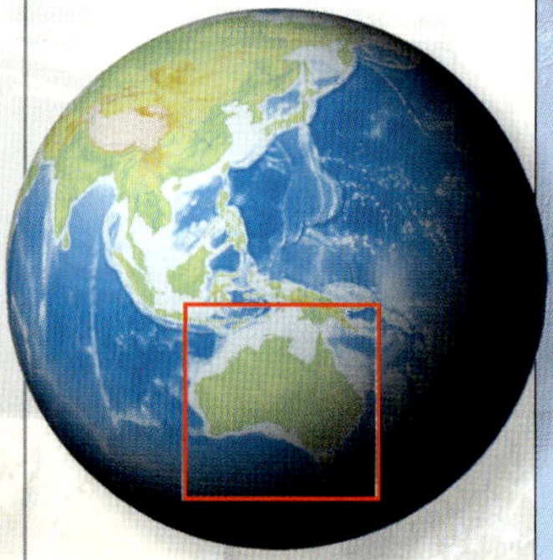

Typisch für Mallee-Gebüsche ist die Vielzahl von Eukalyptusarten. «Mallee» bezeichnet eine Wuchsform bestimmter Eukalyptusarten, diese sind vielstämmig und besitzen mächtige verholzte Wurzelstöcke – einen sogenannten Lignotuber. Der Lignotuber trägt «schlafende» Knospen und dient als Kohlenhydratspeicherorgan, damit sich die Pflanze nach Buschfeuern regenerieren kann. Neben den Eukalyptusarten sind *Acacia* und *Casuarina* für derartige Habitate typisch. Der Vegetationstyp wird zwar meistens als Mallee bezeichnet, doch insbesondere in Nordwestaustralien verwendet man auch den Terminus *Kwongan* für alle möglichen Strauchformationen vom mediterranen Typ – Mallee bezeichnet hier nur eine bestimmte Ausprägung. Der Kwongan ist ein artenreicher Buschwald, der ähnlich wie der südafrikanische Fynbos zahlreiche Endemiten beherbergt. Inzwischen wurden große Gebiete für die Landwirtschaft gerodet und sind ferner durch Wohnbauprojekte bedroht. Viele der für Mallee/Kwongan typischen Pflanzenarten sind zwar an Buschfeuer angepasst, doch durch die steigende Häufigkeit der Brände nehmen sie inzwischen Schaden, und auch die Vogelwelt und die restliche Tierwelt sind gefährdet.

Der bekannteste Vogel dieses Lebensraums ist wohl das Thermometerhuhn. Die Art ist als gefährdet eingestuft und kommt in den beiden Hauptregionen der Hartlaubgebüsche in Südaustralien vor. Der Hahn scharrt eine etwa fünf Meter breite und einen Meter tiefe Grube aus, die er mit Blättern und Zweigen auffüllt, dann mit Sand und Erde bedeckt, bis schließlich ein über einen Meter hoher Haufen entsteht. Einen Großteil des Jahres verbringt der Hahn mit der Pflege dieses riesigen «Komposthaufens». Die Eier werden in den Bruthügel gelegt und durch die beim Verrotten des Pflanzenmaterials entstehende Wärme ausgebrütet. Der Hahn überwacht die Temperatur im Bruthügel sehr sorgfältig, damit sie sich im optimalen Bereich von 32 bis 34 Grad Celsius bewegt; erstaunlicherweise kann er die Temperatur mithilfe des Schnabels bestimmen, indem er den Hügel regelmäßig «sondiert». Durch Auf- oder Wegscharren der Erdschicht wird die Temperatur genau reguliert.

Nach dem Schlüpfen graben sich die Küken aus dem Hügel heraus und sind sofort gänzlich selbstständig, suchen eigenständig nach Nahrung und verlassen das Brutgebiet. Die ohnehin sehr hohe Jugendmortalität wird durch eingebürgerte Fressfeinde wie Rotfuchs *(Vulpes vulpes)* und verwil-

▽ Die Gebüschhabitate in Australien sind überwiegend von Eukalyptusarten dominiert, hier ein Bild aus dem Hattah-Kulkyne National Park in Victoria. Im Nationalpark existieren noch große Mallee-Gebiete; auch Thermometerhühner brüten nach wie vor im Schutzgebiet, das außerdem etliche Arten wie Kakadus und andere Papageien beherbergt.

derte Hunde noch erhöht. Leider haben die Bestandszahlen des Thermometerhuhns in den letzten Jahrzehnten rasant abgenommen – Ursachen sind Habitatverlust und eingeführte Prädatoren.

Die wichtigen Schutzgebiete dieses Lebensraums in Western Australia sind der Fitzgerald River National Park, Stirling Range National Park und das Two Peoples Bay Nature Reserve. Durch die Buschfeuer wird unter anderem der seltene Langschnabel-Lackvogel (gefährdet) beeinträchtigt. Diese Art besitzt nur eine kleine und abnehmende Population, die überwiegend im Fitzgerald River National Park lebt, dem größten Schutzgebiet an der Südküste von Western Australia. Gelegentliche Buschfeuer scheinen dem Langschnabel-Lackvogel nicht zu schaden, doch häufige Brände haben zum lokalen Aussterben geführt.

Im Osten von Südaustralien sind Mallee-Formationen vor allem in Murray-Sunset National Park, im Wyperfield National Park, Hattah-Kulkyne National Park, Billiat Conservation Park und im Ngarkat Conservation Park gut vertreten. Hier kommen zwei besondere und als stark gefährdet eingestufte Arten vor: der Malleeschwatzvogel und der Malleeborstenschwanz. Der hübsche Malleeschwatzvogel gehört zur Familie der Honigfresser und ist für dieses Gebiet von South Australia, Victoria und New South Wales endemisch; die Population liegt schätzungsweise bei nur tausend Vögeln und nimmt weiter ab. Der kecke Malleeborstenschwanz hat einen roten Scheitel, lange fadenförmige Schwanzfedern und einen sehr kleinen, unterseits orangebraunen rundlichen Körper; das Männchen hat einen hellblauen Latz. Die Art kommt meistens in Tussock-Grasland in der Nähe von Mallee-Gebüschen vor; häufige und ausgedehnte Buschfeuer, die Beweidung durch Nutzvieh und der Ackerbau stellen die Hauptgefährdung dar.

△ *Die kleine Population des Malleeborstenschwanzes nimmt stetig ab; diese endemische Art mit einem eingeschränkten Verbreitungsgebiet im Süden und Osten des Murray-Flusses (South Australia) ist als stark gefährdet eingestuft.*

BEDROHTE UND ENDEMISCHE VÖGEL IM AUSTRALISCHEN MALLEE-BUSCH

WISSENSCHAFTLICHER NAME	TRIVIALNAME	STATUS	GESCHÄTZTE POPULATION
Botaurus poiciloptilus	Australische Rohrdommel	EN	1000–2500
Stipiturus mallee	Malleeborstenschwanz	EN	1500–2800
Manorina melanotis	Malleeschwatzvogel	EN	250–1000
Calyptorhynchus latirostris	Weißschwanz-Rußkakadu	EN	40 000
Leipoa ocellata	Thermometerhuhn	VU	100 000
Atrichornis clamosus	Braunbauch-Dickichtvogel	VU	1000–1500
Dasyornis longirostris	Langschnabel-Lackvogel	VU	1000
Pachycephala rufogularis	Rotzügel-Dickkopf	NT	10 000
Psophodes nigrogularis	Grauschopf-Wippflöter	NT	20 000
Polytelis anthopeplus	Bergsittich	LC	21 500
Lichenostomus cratitius	Purpurzügel-Honigfresser	LC	unbekannt
Purpureicephalus spurius	Kappensittich	LC	unbekannt
Platycercus icterotis	Gelbwangenrosella	LC	unbekannt
Stagonopleura oculata	Rotohramadine	LC	unbekannt

ROTE LISTE CR = vom Aussterben bedroht · EN = stark gefährdet · VU = gefährdet · NT = Vorwarnliste · LC = nicht gefährdet

Feuchtgebiete und Küsten

FEUCHTGEBIETE SIND FÜR VÖGEL BESONDERS WICHTIGE ORTE; DIESE HABITATE VERSORGEN SIE MIT LEBENSNOTWENDIGEN, MEIST REICHLICH VORHANDENEN NAHRUNGSRESSOURCEN. DANK BESONDERER ANPASSUNGEN KÖNNEN VIELE VÖGEL DIESE NAHRUNGSQUELLEN OPTIMAL NUTZEN. DER BEGRIFF «FEUCHTGEBIET» IST WEIT GEFASST UND UNSCHARF; AN DIESER STELLE UMFASST ER EIN BREITES SPEKTRUM VON SÜSS- UND SALZWASSERHABITATEN, WIE FLÜSSE, SEEN, FLUSSMÜNDUNGEN, SALZWIESEN UND KÜSTENGEWÄSSER.

Die meisten Vögel, die auf dem offenen Meer nach Nahrung suchen, brüten auf küstennahen oder ozeanischen Inseln; diese Arten finden sich hauptsächlich im Inselkapitel (siehe S. 102–115). Vor allem Watvögel und Wasservögel sind zum Überleben auf Feuchtgebiete angewiesen; das gilt besonders für die Zugvogelarten, die aus polaren und subpolaren Regionen kommen, um in Feuchtgebieten in wärmeren Breiten zu überwintern.

Feuchtgebiete sind höchst empfindliche Lebensräume, die durch menschliche Aktivitäten wie Entwässerung für Erschließungsmaßnahmen sowie Verschmutzung durch Industriemüll und Abwässer sehr rasch geschädigt werden können. Schadstoffe werden einerseits mit dem Wasser transportiert, können sich andererseits aber auch in den Feuchtgebieten ablagern – mit manchmal katastrophalen Konsequenzen.

In landwirtschaftlich genutzten und stark bevölkerten Regionen sind Tümpel und Seen häufig stark eutrophiert, meist Folge eines erhöhten Phosphatgehalts im Wasser, der hauptsächlich auf Düngerrückstände, Abwässer und Detergenzien zurückgeht. Dies führt häufig zu einer Algenblüte, die für tierisches Leben giftig sein kann. Der Algenteppich beschattet zudem die Unterwasserpflanzen und beeinträchtigt das gesamte Ökosystem des Gewässers.

Viele Küstenregionen haben unter den Auswirkungen von Ölteppichen zu leiden, sei es durch havarierte Öltanker, undichte Erdölquellen oder im Meer verklappte Ölrückstände. Derartige Ölteppiche töten in Feuchtgebieten Tausende von Vögeln, die mit ölverklebtem Gefieder und Schnabel weder fliegen noch fressen können, und zerstören darüber hinaus deren Lebensraum. Mit der Zeit wird selbst schweres Rohöl durch die Brandung verteilt und schließlich von Bakterien abgebaut, doch die Sofortwirkungen sind häufig gravierend, und Ölrückstände können monate-, wenn nicht jahrelang überdauern.

◁ *Bewaldete Inseln in den Anavilhanas, dem riesigen Flussinselgebiet des Rio Negro in Brasilien (Bundesstaat Amazonas); der Wasserstand schwankt, auch durch den Rückstau des Amazonas, je nach Jahreszeit. Dieses einzigartige Feuchtgebiet beherbergt eine ungeheuer artenreiche Vogelwelt.*

WICHTIGE FEUCHTGEBIETE DER WELT

Zu den Feuchtgebiethabitaten im Binnenland zählen Flüsse, Bäche, Süßwasser- und Salzwasserseen wie auch ständig nasse, wassergesättigte Landflächen (Moore, mit Torfbildung) wie auch nur zeitweilig überflutete Landflächen (Sümpfe, ohne Torfbildung). Die Begriffe Moor und Sumpf werden allerdings umgangssprachlich nicht streng auseinandergehalten. Die Vegetation in Mooren ist typischerweise durch Moose und Sauergräser gekennzeichnet und entwickelt sich auf Torfböden, die sich unter Sauerstoffausschluss aus halbverrottetem Pflanzenmaterial bilden. Es werden zahlreiche Moortypen unterschieden, beispielsweise nach Untergrund, Lage (am Hang oder in Senken), Nährstoffreichtum oder nach pH-Wert (hier wird nach sauren, neutralen oder basischen Mooren differenziert). Häufig ist der Boden unter flachen, verlandenden Seen, Mooren oder Sümpfen zum Anbau von Nutzpflanzen gut geeignet; daher wurden und werden derartige Feuchtgebiete oft trockengelegt (drainiert), um Land für den Ackerbau zu gewinnen.

Auch die Küstenfeuchtgebiete sind sehr vielfältig und umfassen Flussmündungen, Küstenseen, Wattgebiete und Salzwiesen, Mangrovenwälder, Felsküsten und Meeresklippen. Etliche Feuchtgebiete sind dauerhaft nass, andere sind nur saisonal und mit stark schwankendem Wasserspiegel ausgebildet oder fallen zeitweilig sogar völlig trocken. Bei niedrigem Wasserspiegel und geeignetem Boden können auch Sumpfpflanzen (emerse Pflanzen) gedeihen, in manchen Fällen sogar Bäume; Beispiele sind die Sumpfwälder im Südosten der USA (mit Sumpfzypresse, *Taxodium distichum*) oder die saisonal überfluteten tropischen Wälder des Amazonasbeckens (als Varzea bezeichnet). Einige Feuchtgebiete sind menschengemacht; Beispiele sind die Reisfelder in Südchina und Südostasien oder geflutete Kiesgruben und Talsperren, die der Trinkwasserversorgung oder der Elektrizitätsgewinnung dienen. Diese Anlagen sind zwar künstlich, bieten Vögeln aber häufig gute Lebensräume.

WICHTIGE VOGELGEBIETE (IMPORTANT BIRD AREAS) IN FEUCHTGEBIETEN UND KÜSTENREGIONEN

	Land	Wichtiges Vogelgebiet (IBA)
1	Peru	Reserva Nacional de Paracas
2	Mauretanien	Nationalpark Banc d'Arguin
3	China	Poyang-Hu-Feuchtgebiete
4	Südkorea	Saemangeum (Mündung des Mangyeong)
5	Kanada	Brutplätze und Sommerquatier des Schreikranichs im Wood-Buffalo-Nationalpark, Nordwest-Territorien
6	Kambodscha	Prek Toal, Tonle Sap
7	Rumänien	Donaudelta
8	Tansania	Natronsee und Engaruka-Becken
9	Großbritannien	The Wash (Ostküste)
10	Spanien	Ebrodelta
11	Finnland	Oulu-Feuchtgebiete
12	Bolivien	Lagunas de Agua Dulce
13	Madagaskar	Mahavavy-Kinkony-Feuchtgebiet

Flussmündungsgebiete und Küstengewässer sind wichtige Nahrungsgründe für Watvögel und Wasservögel, von denen viele jedes Jahr viele Hundert oder Tausend Kilometer ziehen, um das reiche Nahrungsangebot zu nutzen, das Wattgebiete, Priele und Salzwiesen bieten. Wichtig sind auch saisonal überschwemmte Wiesen wie die Ouse Washes in Ostengland, die jedes Jahr im Winter von rund 9000 wilden Schwänen aufgesucht werden, welche in der Arktis brüten. Singschwäne, die vor allem in der feuchten Tundra in Island brüten, überwintern vorwiegend auf Seen und überschwemmten Wiesen in Großbritannien und Irland. Auch Pfeifschwäne und Zwergschwäne sind ausdauernde Zugvögel; sie brüten in der arktischen Feuchttundra von Alaska und Kanada (Pfeifschwan) beziehungsweise Sibirien (Zwergschwan) und überwintern in Feuchtgebieten an der Pazifik- und Atlantikküste der USA (Pfeifschwan). Der größte Teil der Pfeifschwäne überwintert in der Chesapeake Bay an der Atlantikküste, diese Meeresbucht lockt rund ein Drittel aller an der nordamerikanischen Atlantikküste überwinternden Wasservögel an.

△ *Der Okavango in Afrika überschwemmt regelmäßig das Umland und bildet ein komplexes Binnendelta mit vielfältigen Habitaten, darunter Schilfbestände und Papyrussümpfe, offene Wasserflächen und wasserführenden Kanälen sowie einigen Inseln, die sich höher erheben. Das Okavango-Delta ist ein Paradies für Vögel und andere Wildtiere.*

▽ *Ein Schreiseeadler zieht im Okavango-Delta in Botswana einen Fisch aus dem Wasser. Die lauten, melodischen Rufe dieses Adlers sind für Seen und Flüsse in Afrika typisch. Diese Art hat ein ausgedehntes Verbreitungsgebiet, das sich über einen Großteil des Kontinents südlich der Sahara erstreckt. Der Bestand wird auf mehr als 300 000 Tiere geschätzt, und die Art gilt als nicht gefährdet.*

BEDROHTE KRANICHE

DIE GROSSEN UND ELEGANTEN KRANICHE (FAMILIE GRUIDAE) GEHÖREN ZU DEN EINDRUCKS-VOLLSTEN VÖGELN DER FEUCHTGEBIETE. DIE MEISTEN ARTEN WANDERN REGELMÄSSIG, OFT IN GROSSEN TRUPPS, ZWISCHEN BRUT- UND WINTERQUARTIER. ALS FRÜHLINGSBOTEN, DURCH IHRE GRAZIÖSEN BALZTÄNZE UND IHRE LAUTEN, TROMPETENDEN RUFE HABEN KRANICHE EINEN FESTEN PLATZ IN MYTHOLOGIE, SAGEN UND BRAUCHTUM GEFUNDEN.

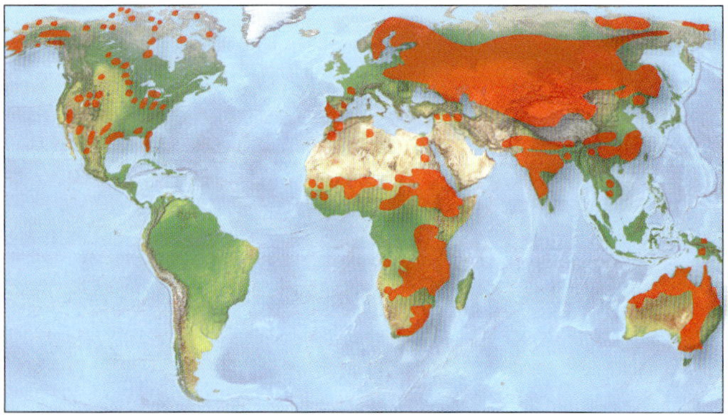

Von den 15 heute lebenden Kranicharten gelten nur vier gegenwärtig als nicht gefährdet; die übrigen elf Arten sind alle mehr oder weniger bedroht. Der Schreikranich in Nordamerika und der Mandschurenkranich im Fernen Osten sind stark gefährdet, der eindrucksvolle Schneekranich ist sogar vom Aussterben bedroht – vielleicht kein Zufall, denn diese Art ist auch am stärksten auf Feuchtgebietshabitate angewiesen ist; das gilt sowohl für sein Brutgebiet als auch für seine Überwinterungsgebiete. Die übrigen acht Arten sind als gefährdet eingestuft.

Der stark gefährdete nordamerikanische Schreikranich wäre in den 1930er-Jahren hauptsächlich aufgrund starker Bejagung fast ausgestorben. Obgleich seine Population mit 50 bis 250 Exemplaren auch heute noch sehr klein ist, erholt er sich langsam – dieser Erfolg ist dem Schutz seiner Brutgebiete im kanadischen Wood Buffalo National Park und ausgewilderten Vögeln in Florida, USA, zu verdanken. Die kanadischen Vögel brüten in feuchten Prärie- und Sumpfgebieten und überwintern in oder bei dem Aransas National Wildlife Refuge, einem Schutzgebiet in Texas.

In Afrika leben vier bedrohte Kranicharten: der Südafrikanische Kronenkranich, der (eigentliche) Kronenkranich, der Paradies- und der Klunkerkranich, die alle als gefährdet eingestuft sind. Obgleich die Population des Südafrikanischen Kronenkranichs derzeit bei rund 50 000 Exemplaren liegt und das Verbreitungsgebiet der Art von Uganda und Kenia südlich bis Mosambik reicht, geht die Zahl der Vögel zurück – teilweise durch den Verlust von Feuchtgebietshabitaten, aber auch aufgrund starker Bejagung. Der eng verwandte (eigentliche) Kronenkranich befindet sich ebenfalls auf dem Rückzug; Gründe sind Habitatverlust, Bejagung und Dürre. Er war ursprünglich als gering gefährdet klassifiziert, wurde aber inzwischen in die Kategorie «gefährdet» hochgestuft. Das Verbreitungsgebiet des kleinen Paradieskranichs beschränkt sich fast ganz auf Südafrika; lediglich eine kleine Population lebt in Namibia. Die Art hat eine abnehmende Population von rund 26 000 Individuen und wird häufig vergiftet. Der deutlich größere Klunkerkranich kommt verstreut in Süd-, Zentral- und Ostafrika vor; ein bevorzugter Standort ist das Okavango-Delta in Botswana.

▽ *Junge Schneekraniche im Flug. Diese vom Aussterben bedrohte Art steht unter starkem Druck, und zwar sowohl in ihren Brutgebieten im arktischen Russland und Westsibirien wie auch in ihren Überwinterungsgebieten, die vorwiegend im unteren Jangtse-Flusstal in China liegen.*

In Asien sind sechs Kranicharten heimisch. Der große Saruskranich (gefährdet) ist vorwiegend hellgrau, mit nackter roter Haut auf dem Kopf. Die Art hat eine ungewöhnliche Verbreitung: Es gibt drei isolierte, weit voneinander entfernte Populationen – eine in Indien und Nepal (8000 bis 10 000 Vögel), eine zweite in Kambodscha, Laos, Vietnam und Myanmar (rund 1800 Vögel) und eine dritte in Nordaustralien (rund 8000 Vögel). Diese Art leidet unter der Trockenlegung von Feuchtgebieten und unter Pestizidvergiftungen; vor allem in Indien kommen viele Saruskraniche durch Zusammenstöße mit Überlandleitungen um.

Weißnackenkranich und Mönchskranich sind zwei gefährdete Arten mit überwiegend grauem Gefieder. Beide brüten in den Feuchtgebieten, Mooren mit Baumbestand und Steppengebieten im Südosten von Russland und im Nordosten von China. Die Hauptbedrohungen dort sind Habitatverlust und gelegentliche Brände. Beide Arten überwintern teilweise an Seen im unteren Einzugsbereich des Jangtse in China, und diese Lebensräume könnten durch den Bau des Dreischluchtendamms Schaden nehmen. Der Mandschurenkranich, eine vorwiegend weiße Art mit schwarzem Hals, schwarzen Beinen, schwarzen Flügelspitzen und weißem Schwanz, hat ein ähnliches Verbreitungsgebiet, wobei auch eine kleine Population in Japan lebt; er überwintert vorwiegend im Delta des Gelben Flusses in China. Der etwas kleinere Schwarzhalskranich brütet vorwiegend in Feuchtgebieten auf den Hochebenen von Tibet und Qinghai in China und überwintert in tieferen Höhenlagen, vor allen an Seen in Yunnan. Man befürchtet, dass einige Seen aufgrund des Klimawandels austrocknen könnten und der Art dadurch weniger Feuchtgebiete zur Verfügung stehen. Am stärksten bedroht ist der prächtige Schneekranich, dessen Population kaum mehr als 3000 Individuen umfasst und weiter schrumpft. Vor allem auf dem Zug und an den wenigen ausgewählten Überwinterungsstandorten ist die Art großen Gefahren ausgesetzt. Das wichtigste Winterquartier liegt am Poyang Hu, einem See im Jangtse-Tal in China.

△ *Rufende Mandschurenkraniche beim Balztanz; dieser dient der Paarbindung. Diese stark gefährdete Art brütet in Südostrussland, Nordostchina und Japan; sie überwintert in Korea und an der Küste von Zentral- und Nordostchina.*

BEDROHTE KRANICHARTEN

	WISSENSCHAFTLICHER NAME	TRIVIALNAME	STATUS	WELTPOPULATION
■	*Balearica pavonina*	Kronenkranich	VU	43 000–70 000
■	*Balearica regulorum*	Südafrikanischer Kronenkranich	VU	47 000–59 000
■	*Grus leucogeranus*	Schneekranich	CR	3750
■	*Grus antigone*	Saruskranich	VU	19 000–21 800
■	*Grus rubicunda*	Brolga-Kranich	LC	26 000–100 000
■	*Grus vipio*	Weißnackenkranich	VU	6500
■	*Grus canadensis*	Kanadakranich	LC	520 000–530 000
■	*Grus virgo*	Jungfernkranich	LC	230 000–280 000
■	*Grus paradisea*	Paradieskranich	VU	26 000
■	*Grus carunculatus*	Klunkerkranich	VU	6000–8000
■	*Grus grus*	(Eurasischer) Kranich	LC	360 000–370 000
■	*Grus monacha*	Mönchskranich	VU	2500–10 000
■	*Grus americana*	Schreikranich	EN	50–250
■	*Grus nigricollis*	Schwarzhalskranich	VU	8800
■	*Grus japonensis*	Mandschurenkranich	EN	1700

ROTE LISTE ■ CR = vom Aussterben bedroht ■ EN = stark gefährdet ■ VU = gefährdet ■ NT = Vorwarnliste ■ LC = nicht gefährdet

△ *Ein Sterntaucher auf einem See im hohen Norden von Schweden. Diese Zugvogelart brütet in den arktischen Regionen der Nordhalbkugel und überwintert an der Pazifik- und Atlantikküste.*

Die Chesapeake Bay ist die größte Flussmündung in den USA und gehört zu den wichtigsten Küstenfeuchtgebieten Nordamerikas.

Auch die Rothalsgans brütet in der Tundra und außerdem an nahe gelegenen Flüssen in Nordsibirien; ihre kleine Population wird auf nur etwa 37 000 Exemplare geschätzt. Sie überwintert in Feuchtgebieten am westlichen Schwarzen Meer, vorwiegend in Bulgarien und Rumänien. Diese stark gefährdete Art ist besonders durch Bejagung in ihren Überwinterungsgebieten und während der Zwischenstopps auf dem Zug bedroht.

TROPISCHE SEEN

Zu den ungewöhnlichsten Feuchtgebieten gehören Flachseen in warmen Regionen, wo aufgrund der hohen Verdunstungsrate natürliche Salze so stark konzentriert sind, dass nur hoch spezialisierte Lebensformen dieses Habitat nutzen können. Solche Salz- oder Natronseen sind in einigen Wüsten, auf den Andenhochebenen und auch in Ostafrika längs des Rift Valley (Ostafrikanischen Grabenbruchs) zu finden. Krebstiere (zum Beispiel Salinenkrebse) und Cyanobakterien («Blaualgen») dominieren in solchen Gewässern und dienen den Flamingos als Nahrung, die sich oft in riesigen Schwärmen einfinden, um diese nahrhafte «Suppe» zu schlürfen.

▷ *Das Rospuda-Tal in Nordostpolen ist ein Feuchtgebiet mit offenen Wasserflächen und Mooren; hier kommen mehrere geschützte Vogelarten vor, darunter auch der (Eurasische) Kranich. Planungen für den Bau einer großen Straße konnten zum Glück zurückgestellt werden.*

ENTWICKLUNGSTRENDS BEI WASSERVOGELBESTÄNDEN

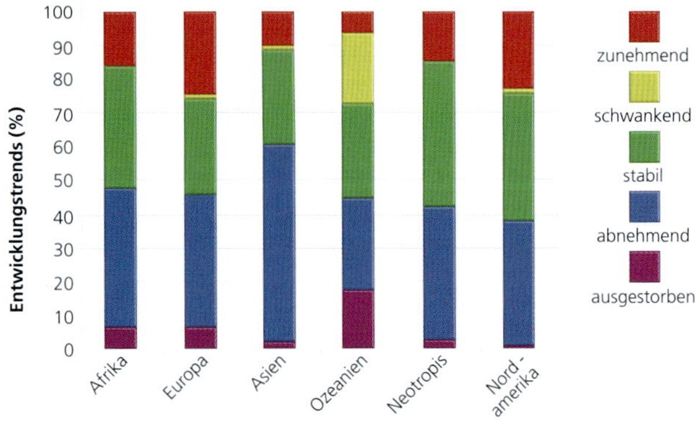

Die Cyanobakterien enthalten ein rotes Pigment, das für die Wasserfärbung und auch für die Rosafärbung des Flamingogefieders verantwortlich ist. Zwergflamingo und Rosaflamingo brüten am Natronsee in Tansania und am Magadisee in Kenia, können aber auch an anderen alkalischen (basischen) Seen wie dem Nakurusee und dem Bogoriasee (beide in Kenia) in großen Scharen auftreten. Wert und Verletzlichkeit von Feuchtgebieten werden durch ihre Bedeutung für Vögel und andere Wildtiere unterstrichen, auch wenn Süßwasserhabitate weniger als ein Prozent der Erdoberfläche bedecken. Vielleicht ist es daher auch nicht erstaunlich, dass viele auf Feuchtgebiete angewiesene Vogelarten als bedroht gelten. So sind beispielsweise nicht weniger als 33 Arten der Rallen (Rallidae) als gefährdet, stark gefährdet oder vom Aussterben bedroht klassifiziert, ebenso 28 Enten-, Gänse- und Schwanarten sowie zwanzig Watvogelarten (Regenpfeifer und Schnepfenvögel). Die entsprechenden Zahlen für die anderen wichtigen Vogelfamilien in Feuchtgebieten lauten: Möwen und Seeschwalben (elf bedrohte Arten), Eisvögel (zwölf bedrohte Arten), Kormorane (zehn bedrohte Arten), Kraniche (elf bedrohte Arten), Reiher (acht bedrohte Arten), Ibisse und Löffler (acht bedrohte Arten), Störche (fünf bedrohte Arten).

▽ *Krauskopfpelikane suchen im Kerkini-See in Griechenland nach Nahrung. Dieser Stausee gilt gemäß der Ramsar-Konvention als Feuchtgebiet von internationaler Bedeutung und ist für diese gefährdete Art ein wichtiger Standort.*

Wichtige Feuchtgebiete

Auf der ganzen Welt bieten Feuchtgebiete großen Scharen von Vögeln Rastplätze und Nahrung und sind zur Attraktion für Ornithologen und Ökotouristen geworden. Das «Übereinkommen über Feuchtgebiete» – gemeinhin als Ramsar-Konvention bezeichnet, weil sie 1971 in Ramsar im Iran beschlossen wurde – weist bedeutende Feuchtgebiete in aller Welt aus. Einige stehen auch auf der Weltnaturerbeliste der UNESCO – wie die drei folgenden.

Der **Everglades National Park** in Florida gehört zu den schönsten Naturschutzgebieten Nordamerikas und beherbergt mehr als 350 Vogelarten. Dieses Feuchtgebiet weist eine komplexe Mischung von Habitaten auf, darunter «Grasflüsse», Flussrinnen, Salzwiesen und eines der weltgrößten Mangrovensysteme. Zwischen diesen Feuchtgebietshabitaten liegen leicht erhöhte Gebiete mit Bäumen wie Zypressen, die mit Tillandsien und andere Aufsitzerpflanzen (Epihyten) bewachsen sind. Die Bäume bieten Brutgelegenheiten für Reiher und den Amerikanischen Schlangenhalsvogel, den Rosalöffler und den Waldstorch sowie den Kokardenspecht (gefährdet und abnehmend, in den USA endemisch), der in alten Kiefern brütet. Obgleich der Waldstorch international nicht bedroht ist, ist er eine lokale Seltenheit. Gleiches gilt für den bemerkenswerten Schneckenweih; dies ist sein einziger Standort in ganz Nordamerika, der Bestand zählt nur ein paar Hundert Individuen. Der Schneckenweih hat einen langen, nach unten gebogenen Oberschnabel, dank dieser Anpassung kann er Apfelschnecken – seine Hauptbeute – leichter aus ihrem Gehäuse ziehen.

DER KAKADU-NATIONALPARK

DER PARK GEHÖRT ZU DEN SCHÖNSTEN UND WICHTIGSTEN NATURSCHUTZGEBIETEN IN AUSTRALIEN UND IST BERÜHMT ALS REFUGIUM FÜR MEHR ALS 280 VOGELARTEN – RUND EIN DRITTEL ALLER AUSTRALISCHEN VOGELARTEN. DER PARK IST FAST 20 000 QUADRATKILOMETER GROSS UND ERSTRECKT SICH VON DER KÜSTE DES TROPISCHEN NORTHERN TERRITORY (ÖSTLICH VON DARWIN) LANDEINWÄRTS.

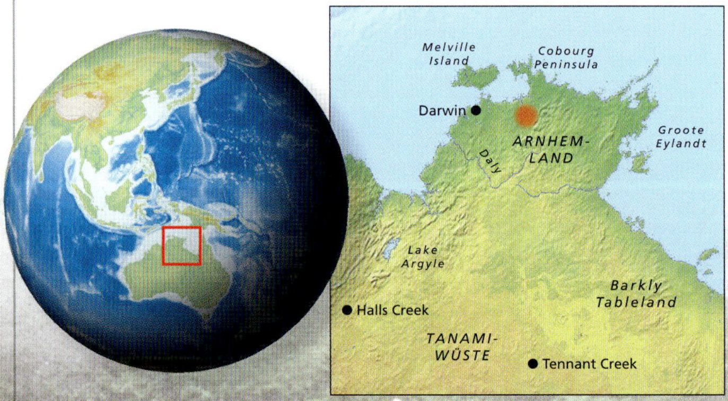

Der Kakadu-Nationalpark steht auf der Ramsar- und der Weltnaturerbe-Liste und ist seit über 40 000 Jahren die Heimat der Aborigines; daher hat er neben seiner Bedeutung für die Tier- und Pflanzenwelt einen hohen kulturellen Wert. Ein großer Teil des Parks ist im Besitz der dort ansässigen australischen Ureinwohner und wird von ihnen als Nationalpark vermietet.

▽ *Vor allem in der Trockenzeit sind die Auen und Feuchtgebiete des Kakadu-Nationalparks, im Bild die Magela Wetlands, für viele australische Wasservögel, beispielsweise Reiher und Gänse, Rückzugsgebiete mit guter Nahrungsversorgung.*

Zwar sind rund achtzig Prozent der Fläche bewaldet, doch auch einige der weltgrößten Feuchtgebiete gehören zum Park. Die Küstenfeuchtgebiete im Park nehmen eine Fläche von rund 500 Quadratkilometer ein; dazu zählen Flussmündungen, Wattregionen und ausgedehnten Mangrovenwäldern wie auch periodisch überschwemmte Flussauen und Billabongs (kleine abgeschnürte Flussmäander). Den Park durchziehen vier große Flüsse, der Widmar River sowie der West, East und South Alligator River; die drei letzteren verdanken ihren Namen frühen Entdeckern, die die dort heimischen Krokodile fälschlicherweise für Alligatoren hielten. Im Park findet man zwei australischen Krokodilarten, das Australien-Krokodil (*Crocodylus johnsoni*) und das Salzwasser- oder Leistenkrokodil (*C. porosus*), das eine Länge von sechs Meter erreichen kann.

Das Klima ist tropisch und steht unter Einfluss des Monsuns; es gibt klar unterscheidbare Regen- und Trockenzeiten. Die Trockenzeit dauert in der Regel von April bis September, wenn Süd- und Ostwinde vorherrschen. Die Regenzeit beginnt etwa im November, wobei die meisten Niederschläge zwischen Januar und März fallen. In dieser Zeit führen die sommerlichen Monsunstürme regelmäßig zur Überschwemmung der tiefer gelegenen Ebenen und verwandeln die Landschaft in eine gigantische Seenplatte, ein idealer Lebensraum für Hunderte von Wasservögeln und anderen Feuchtgebietsvögeln. Wenn es schließlich wieder trockener wird und sich das Wasser allmählich zurückzieht, bleiben Billabongs und andere Tümpel zurück, an denen sich die Wasservögel sammeln.

Der große Weißbauch-Seeadler ist in diesen Feuchtgebieten ein vertrauter Anblick, ebenso der Keilschwanzweih, während Reiher und Riesenstörche an den Uferrändern patrouillieren. Kammblatthühnchen verteilen ihr Gewicht mithilfe ihrer langen Zehen, während sie über die Schwimmblattvegetation schreiten, und Mangroverallen huschen durch die Ufervegetation.

Bemerkenswerte Wasservögel des Kakadu-Nationalparks sind die auffällige Spaltfußgans, die Radjahgans, der Brillenpelikan, die Australische Zwergente und die Gelbfuß-Pfeifgans. Obgleich keine dieser Arten als bedroht gelistet ist, leiden sie alle andernorts unter Habitatverlust, und der Kakadu-Nationalpark bietet ihnen ein willkommenes Refugium.

△ *Das Kammblatthühnchen schreitet mit gespreizten Zehen über die Schwimmblattvegetation. Diese Art kommt in Feuchtgebieten von Borneo bis nach Nord- und Ostaustralien vor.*

Zu den bedrohten, in Australien endemischen Arten des Parks gehören der Fuchshabicht, eine gefährdete Art, und die wunderbare, stark gefährdete Gould-Amadine. Letztere lebt verstreut in Nordaustralien, wo man sie manchmal beim Trinken an Wasserlöchern beobachten kann; die Population im Kakadu-Park wird auf lediglich 50 bis 150 Vögel geschätzt.

Eine der besten Plätze zur Vogelbeobachtung im Park sind die Mamukala Wetlands, vor allem gegen Ende der Trockenzeit, wenn sich Wasservögel, darunter Tausende von Spaltfußgänsen, am Wasser versammeln, um nach Nahrung zu suchen. Ein anderer guter Beobachtungsort ist Yellow Water, ein Billabong, der mit dem South-Alligator-River-System in Verbindung steht. Faszinierende Arten wie Azurfischer, Mangrovefischer, Brolga-Kranich, Königslöffler, Weißhalsreiher und Rotrückenreiher sind hier regelmäßig zu beobachten.

AUSGEWÄHLTE VOGELARTEN IM KAKADU-NATIONALPARK

	WISSENSCHAFTLICHER NAME	TRIVIALNAME	STATUS	WELTPOPULATION
■	*Erythrura gouldiae*	Gould-Amadine	EN	2000–10 000
■	*Erythrotriorchis radiatus*	Fuchshabicht	VU	660–1000
■	*Turnix castanotus*	Rotrücken-Laufhühnchen	NT	50 000
■	*Geophaps smithii*	Schuppenbrusttaube	NT	20 000
■	*Petrophassa rufipennis*	Rotspiegeltaube	LC	unbekannt
■	*Psitteuteles versicolor*	Buntlori	LC	unbekannt
■	*Platycercus venustus*	Brownsittich	LC	unbekannt
■	*Psephotus dissimilis*	Collettsittich	LC	20 000
■	*Pitta iris*	Regenbogenpitta	LC	unbekannt
■	*Meliphaga albilineata*	Weißbart-Honigfresser	LC	unbekannt
■	*Poephila acuticauda*	Spitzschwanz-Amadine	LC	unbekannt

ROTE LISTE ■ CR = vom Aussterben bedroht ■ EN = stark gefährdet ■ VU = gefährdet ■ NT = Vorwarnliste ■ LC = nicht gefährdet

△ *Der Große Brachvogel ist ein weit verbreiteter Watvogel, der fast in ganz Europa brütet. Die Art steht inzwischen auf der Vorwarnliste, weil die Weltpopulation in den letzten 15 Jahren beziehungsweise binnen drei Generationen um schätzungsweise zwanzig bis dreißig Prozent zurückgegangen ist.*

Das **Donaudelta** in Ostrumänien ist eines der größten Feuchtgebiete Europas und ein wichtiger Lebensraum für Millionen von Vögeln; das gilt für die dort brütenden Vogelarten wie auch für diejenigen, die auf dem Zug hier nur rasten, um ihre Reserven aufzufüllen. Die mächtige Donau fächert sich im Delta in eine Vielzahl von Kanälen und Seitenarmen auf, während die Strömungsgeschwindigkeit abnimmt und sich das Flusswasser mit Salzwasser aus dem Schwarzen Meer mischt. Dadurch entsteht ein Netz miteinander verbundener Habitate und das größte zusammenhängende Schilfgebiet der Erde. Das Mosaik aus Seen, Flüssen, Sümpfen, Röhrichten und Auwäldern ist ein Paradies für Vögel und andere Wildtiere. Dieses Schutzgebiet (Special Protection Area) beherbergt mehr als 320 Vogelarten, darunter den Rosapelikan, den gefährdeten Krauskopfpelikan, und die stark gefährdete Rothalsgans; dazu kommen weitere interessante Arten wie Rotflügel-Brachschwalbe, Rohrweihe, Wiesenweihe, Steppenweihe und Rotfußfalke. Viele andere Greifvögel werden ebenfalls vom Donaudelta und seinem reichen Nahrungsangebot angelockt, darunter vier gefährdete Arten – Kaiseradler, Schelladler, Rötelfalke und Sakerfalke.

Wie in vielen anderen Feuchtgebieten weltweit ist auch die Situation im Donaudelta nicht ohne Probleme. Erschließungsprojekte wirken sich negativ auf diese produktiven Feuchtgebiete aus: Ungesteuerter Tourismus, Windparks, Straßenbau, Fischfang und Jagd belasten das Vogelleben und die Habitate. Ein Gebiet, das besonders durch den Neubau von Straßen und andere Baumaßnahmen bedroht ist, ist das Grindul Chituc mit seinen bemerkenswerten Küstendünen. Hier droht die Umwandlung von fast zwölf Kilometer Küstenstreifen in einen Tourismuskomplex, was den Wert für die Natur stark verringern würde.

◁ *Der Bogoriasee in Kenia, ein stark alkalischer See im Ostafrikanischen Grabenbruch (Rift Valley), ist ein wichtiger Zufluchtsort für Tausende, gelegentlich sogar Millionen von Zwergflamingos; über 300 weitere Vogelarten konnten hier beobachtet werden. Der See wurde in die «Ramsar-Liste» der Feuchtgebiete von internationaler Bedeutung aufgenommen.*

Das **Okavango-Delta** in Botswana ist das wichtigste Feuchtgebiet im südlichen Afrika und einer der weltweit größten Standorte für Feuchtgebietsvögel und andere Wildtiere. Mehr als 450 Vogelarten wurden hier beobachtet. Der Okavango fließt von seinem Quellgebiet in Angola nach Nordwest-Botswana und überflutet nach der Regenzeit die ansonsten vorwiegend halbwüstenartige Landschaft in Botswana. Dabei fächert er sich auf und schafft am Nordrand der Kalahari eine weite Überschwemmungsebene. Diese enge Nachbarschaft von ariden und feuchten Lebensräumen ist sehr ungewöhnlich und zieht viele Wildtiere in dieser ansonsten rauen Umwelt an. Die Feuchtgebietshabitate hier verändern sich mit den jahreszeitlichen Schwankungen des Wasserspiegels. Dazu zählen Sümpfe mit Schilf (*Phragmites*) und Papyrus (*Cyperus papyrus*), offene Wasserflächen, Lagunen, Grasflächen und bewaldete Flächen. Im Delta findet man 18 Reiherarten, darunter den gefährdeten Braunkehlreiher. Klunkerkraniche (gefährdet) kommen hier ganzjährig vor. Der größte Teil des Okavango-Deltas ist geschützt; eines der wichtigsten Schutzgebiete ist in das Moremi-Wildreservat eingegliedert.

▽ *Der Maracaibo-See in Venezuela war einst ein unberührtes Refugium für Flamingos und andere Vögel. Die Entdeckung von Erdölvorkommen in den 1920er-Jahren hat zu industriellem Wachstum geführt; die damit einhergehende Wasserverschmutzung kann ausgedehnte Algenblüten hervorrufen.*

Seltene Vögel der Andenseen

In den Anden gibt es eine Reihe von hoch gelegenen Seen, in diesen besonderen Feuchtgebieten sind mehrere interessante und seltene Wasservogelarten heimisch.

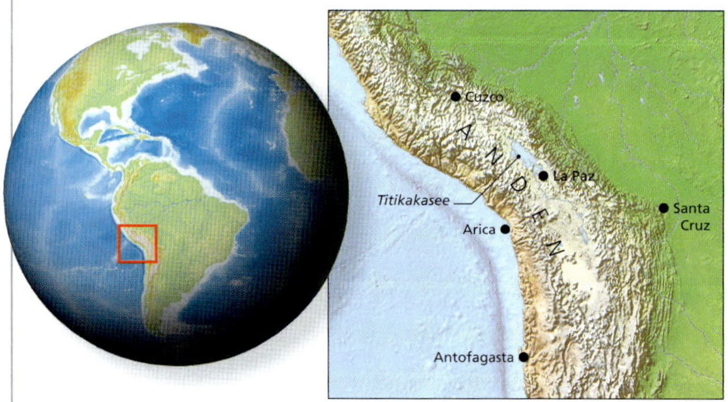

In Zentralperu, im Bezirk Junín im Nordosten von Lima, liegt der Junínsee in 4080 Meter Meereshöhe. Dieser See ist als EBA ausgewiesen, da dort Arten mit eingeschränktem Verbreitungsgebiet leben, vor allem der vom Aussterben bedrohte Punataucher (auch Junintaucher genannt), eine flugunfähige, ausschließlich in dieser Gegend heimische Art mit einer Population von nur 200 bis 300 Individuen. Der flache See ist von Sümpfen und überfluteten Schilfgürteln umgeben; dort leben zahlreiche kleine Fische und Wirbellose, von denen sich die Lappentaucher ernähren. Die Vögel brüten auch in den Schilfgürteln. Der Erzabbau in dieser Gegend hat das Wasser mit Eisenoxiden verschmutzt; ein anderes Problem stellt die extrem starke Schwankung des Wasserspiegels dar, die teilweise auf Wasserentnahme durch ein Wasserkraftwerk, teilweise aber auch auf das zunehmend instabile Klima zurückgeht. Der Punataucher ist zum Symbol für den Schutz von Feuchtgebieten in den Hochanden geworden; inzwischen fördert man den Ökotourismus am See, was dazu beiträgt, die Notlage des Punatauchers auf breiter Front bekannt zu machen.

▽ *In den Schilfbeständen rund um den Junínsee in den Anden brüten mehrere bedrohte Vogelarten. Der schwankende Wasserstand und die Wasserverschmutzung gefährden dieses Habitat.*

Auch die «Juninralle», deren Gesamtbestand auf nicht mehr als 2500 Vögel geschätzt wird und die als stark gefährdet gilt, ist nur auf diesen See beschränkt. Wie viele Rallen verhält sich die «Juninralle» unauffällig und ist zudem sehr klein, sodass sie sich leicht in den Schilf- und Binsenbeständen der Sümpfe rund um den See verstecken kann. Die Art ist ebenfalls durch Wasserverschmutzung, Wasserspiegelschwankungen und die zunehmend trockene Witterung im Sumpfgebiet bedroht.

In Südperu liegt an der Grenze zu Bolivien in 3800 Meter Höhe der Titikakasee; er ist von seinem Volumen her der größte aller südamerikanischen Seen und einer der höchstgelegenen schiffbaren Seen der Erde überhaupt. Dieser See beherbergt einen weiteren flugunfähigen Wasservogel, den stark gefährdeten Titikakataucher. Die Population dieser Art wird auf 1600 Individuen geschätzt, doch sie schrumpft, und der Titikakataucher könnte bald als «vom Aussterben bedroht» eingestuft werden. Sein Verbreitungsgebiet umfasst neben dem Titikakasee eine Handvoll kleinerer Seen in der Nachbarschaft und im benachbarten Bolivien.

Titikakataucher brüten in Schilfgürteln, die von der Totora-Binse (*Schoenoplectus tatora*) dominiert werden; sie suchen im offenen Wasser des Sees nach Nahrung und ernähren sich fast ausschließlich von Andenkärpflingen (Gattung *Orestias*), die ihrerseits durch die Einführung exotischer Fischarten im Bestand bedroht sind. Ein weiteres Problem ist das Fischen mit Kiemennetzen, denn die Lappentaucher verfangen sich oft in den Maschen und ertrinken. Eine Studie kam auf durchschnittlich vier tote Titikakataucher pro Fischer und Monat; für eine Art mit einer derart kleinen Population entsteht so rasch eine reale Bedrohung. Die Binsenbestände werden manchmal abgebrannt, um Weideland zu gewinnen; dadurch schrumpft das wichtigste Brutgebiet. Er hat auch zunehmend unter touristischen Aktivitäten zu leiden, vor allem unter dem steigenden Bootsverkehr. Im Reserva Nacional del Titicaca ist der Lebensraum dieses Lappentauchers teilweise geschützt, doch die Probleme bleiben bestehen.

Weiter südlich lebt eine weitere stark gefährdetet Art, der Goldscheiteltaucher, auf einigen Seen in den trockenen patagonischen Steppen im Südwesten von Argentinien und im benachbarten Chile. Die Zahl dieser Vögel schwankt, wird jedoch auf etwa 250 bis 2500 Individuen geschätzt, Tendenz fallend, eine Situation, die durch die langsame Fortpflanzungsrate der Art verschärft wird.

△ *Der flugunfähige Titikakataucher ist aufgrund seines aktuellen raschen Populationsrückgangs inzwischen als stark gefährdet klassifiziert; wenn sich dieser Trend fortsetzt, muss die Art wohl bald in die Kategorie «vom Aussterben bedroht» hochgestuft werden.*

AUSGEWÄHLTE VOGELARTEN DER ANDENSEEN

	WISSENSCHAFTLICHER NAME	TRIVIALNAME	STATUS	WELTPOPULATION
Junínsee				
■	*Podiceps taczanowskii*	Punataucher	CR	50–250
■	*Laterallus tuerosi*	«Juninralle»	EN	1000–2500
■	*Oreotrochilus melanogaster*	Schwarzbrust-Andenkolibri	LC	unbekannt
■	*Geositta saxicolina*	Zimthals-Erdhacker	LC	unbekannt
■	*Cinclodes palliatus*	Weißbauch-Uferwipper	CR	50–250
■	*Asthenes virgata*	Braunschwanzcanastero	LC	unbekannt
Titikakasee				
■	*Rollandia microptera*	Titikakataucher	EN	1600
■	*Phoenicopterus chilensis*	Chileflamingo	NT	200 000
■	*Plegadis ridgwayi*	Puna-Ibis	LC	10 000–15 000
■	*Fulica gigantea*	Riesenblässhuhn	LC	10 000–100 000
Seen in der patagonischen Steppe				
■	*Podiceps gallardoi*	Goldscheiteltaucher	EN	250–2500

ROTE LISTE ■ CR = vom Aussterben bedroht ■ EN = stark gefährdet ■ VU = gefährdet ■ NT = Vorwarnliste ■ LC = nicht gefährdet

INSELN

DIE WELTMEERE SIND MIT INSELN ÜBERSÄT. DIE MEHRZAHL DER OZEANISCHEN INSELN LIEGT IN TROPISCHEN UND SUBTROPISCHEN BREITEN, EINIGE AUCH IM SÜDPOLARMEER. DIE DEFINITION DES BEGRIFFS «INSEL» IST MEHR ODER WENIGER WILLKÜRLICH, DOCH IN DIESEM BUCH GEHT ES VORWIEGEND UM ISOLIERTE UND RELATIV KLEINE OZEANISCHE INSELN, DIE KEINE UNABHÄNGIGEN NATIONEN SIND. DIE KARIBISCHEN INSELN, BEISPIELSWEISE, WERDEN NICHT BEHANDELT, EBENSO WENIG MADAGASKAR, EINE INSEL, DEREN ARTENREICHTUM BERÜHMT IST.

Inseln sind für Vögel aus vielen Gründen attraktive Habitate. Sie bieten Seevögeln sichere Brutplätze, von denen aus die Vögel problemlos in den Küstengewässern und auf dem offenen Meer nach Nahrung suchen können. Viele ozeanische Inseln sind für Menschen schwer zugänglich und daher bislang relativ ungestört geblieben. Vogelarten, die sich auf Inseln entwickelt haben, konnten Lebensräume nutzen, in denen weniger Konkurrenz seitens anderer Tiere, beispielsweise Säuger, oder auch anderer Vogelarten herrschte.

Infolge ihrer Trennung vom kontinentalen Festland und in vielen Fällen auch von anderen Inseln fallen insellebende Vogelarten häufig aus dem Üblichen heraus, und Inseln sind bekannt als Mini-Zentren des Endemismus in der Vogelwelt. Darwins berühmte Studien auf den Galapagosinseln machten darauf aufmerksam, wie rasch – durch die Isolierung auf benachbarten Inseln – die Evolution von einem gemeinsamen Vorfahren hin zu eigenständigen Arten verläuft. Auf diesen und vielen anderen Meeresinseln haben sich Vögel zu den endemischen Arten entwickelt, die wir heute kennen. Da viele Inseln klein sind, weisen endemische Vogelarten oft naturgemäß ebenfalls nur kleine Populationen auf und bereiten den Artenschützern daher besondere Sorge. Insgesamt betrachtet, beherbergen ozeanische Inseln mehr als ihren «angemessenen» Anteil an seltenen und endemischen Arten.

◁ *Blick auf die kleinen Inseln vor der Nordküste von Viti Levu, der Hauptinsel der Fidschi-Gruppe. Die als Endemic Bird Area (EBA) gelisteten Fidschis beherbergen zahlreiche einzigartige Vogelarten, darunter das vom Aussterben bedrohte Rothöschen und den stark gefährdeten Langbein-Buschsänger.*

BEDROHUNG FÜR INSELVOGELARTEN

Inselbewohnende Vogelarten sind besonders durch menschliche Aktivitäten und versehentlich oder vorsätzlich eingeführte fremde Tiere (Neozoen) und Pflanzen (Neophyten) gefährdet. Vögel verbreiten sich dank ihres Flugvermögens leichter als Säuger und können Inseln effektiver als diese kolonisieren. Inselbewohnende Vögel haben oft keine Verteidigungsstrategien gegen räuberische Säuger entwickelt. Einige Inselvogelarten haben im Lauf ihrer Evolution sogar ihr Flugvermögen vollständig verloren, und viele brüten im offenen Gelände oder in Bodennähe ohne Schutz vor Fressfeinden (Prädatoren). Ein Hauptproblem für inselbewohnende Vögel stellt daher die Einführung von Haus- oder Nutztieren und fremden Wildtieren (hauptsächlich Säuger) dar. Für Katzen und Hunde sind die einheimischen Vögel eine leichte Beute, während Schafe, Schweine und vor allem Ziegen die Inselvegetation abfressen; damit zerstören oder verändern sie die Landschaft zum Nachteil der einheimischen Vogelfauna.

BEDROHTE ARTEN AUF KONTINENTEN UND INSELN

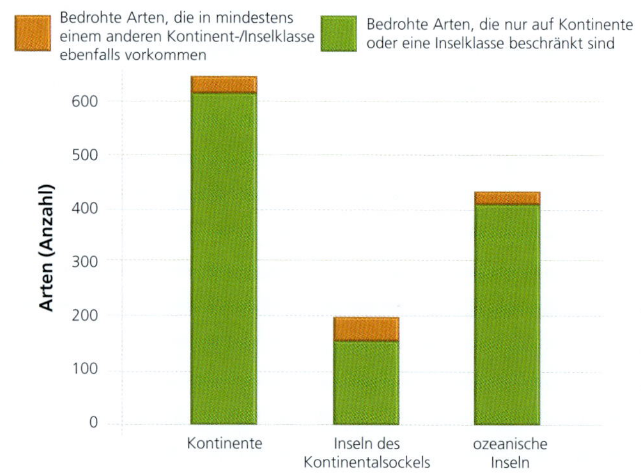

Inselvogelarten sind zahlreichen Gefahren ausgesetzt; hauptsächlich handelt es sich um Nachstellungen (Prädation) oder Konkurrenz durch eingeführte Arten sowie um Habitatverlust durch landwirtschaftliche Nutzung, Holzeinschlag oder Erschließungsmaßnahmen. Viele Inselvogelarten sind wenig scheu, da sie bisher keine Feinde zu fürchten hatten, und sind für eingeführte Fressfeinde leichte Beute. Eingeführte Säuger stellen die Hauptbedrohung dar, gefolgt von invasiven Pflanzen, eingeschleppten Krankheiten und fremden Vogelarten. Auf vielen Inseln sind die einheimischen Vogelarten gleich mehrfach bedroht. Auf Hawaii, beispielsweise, leiden nicht weniger als acht vom Aussterben bedrohte Vogelarten gleichzeitig unter invasiven Arten, Habitatdegradierung und den Folgen des Klimawandels, ein Muster, das sich nur allzu häufig anderenorts wiederholt. Auf der Pazifikinsel Neukaledonien stellt der Tagebau eine große Bedrohung dar.

Hauptverantwortlich für den Rückgang der Inselvögel sind unter den Säugern Wanderratte *(Rattus norvegicus)* und Hausratte *(R. rattus)*, Hauskatze und Haushund; hingegen verändern Nutztiere wie Ziegen, Schafe, Schweine und Rinder die natürliche Vegetation durch Beweidung, Zerwühlen und Zertrampeln. Zu den eingeführten Vogelarten, die mit einheimischen Vögeln konkurrieren oder ihnen nachstellen, gehören Hirtenmaina, Rotohrbülbül, Schleiereule und Krähen. Weitere häufig eingeführte Allesfresser beziehungsweise Fleischfresser sind Monameerkatze (*Cercopithecus mona*), Kleiner Mungo (*Herpestes javanicus*), Afrikanische Zibetkatze (*Civettictis civetta*), Wiesel und Hermeline (*Mustela*-Arten) sowie Mäuse. Inzwischen bemüht man sich auf vielen ozeanischen Inseln, fremde oder invasive Arten zu kontrollieren.

Nur 17 Prozent aller Vogelarten leben ausschließlich auf Inseln, doch diese Standorte beherbergen eine unverhältnismäßig hohe Anzahl an bedrohten Arten. Wie die linke Abbildung zeigt, leben auf Inseln fast ebenso viele bedrohte Vogelarten wie auf den Kontinenten.

Die große Bedeutung von Meeresinseln für seltene Vogelarten lässt sich klar erkennen, wenn man sich die Zahlen der vom Aussterben bedrohten Arten ansieht. Von den weltweit insgesamt 190 Arten, die gegenwärtig als

WICHTIGE VOGELGEBIETE (IBAS) AUF OZEANISCHEN INSELN

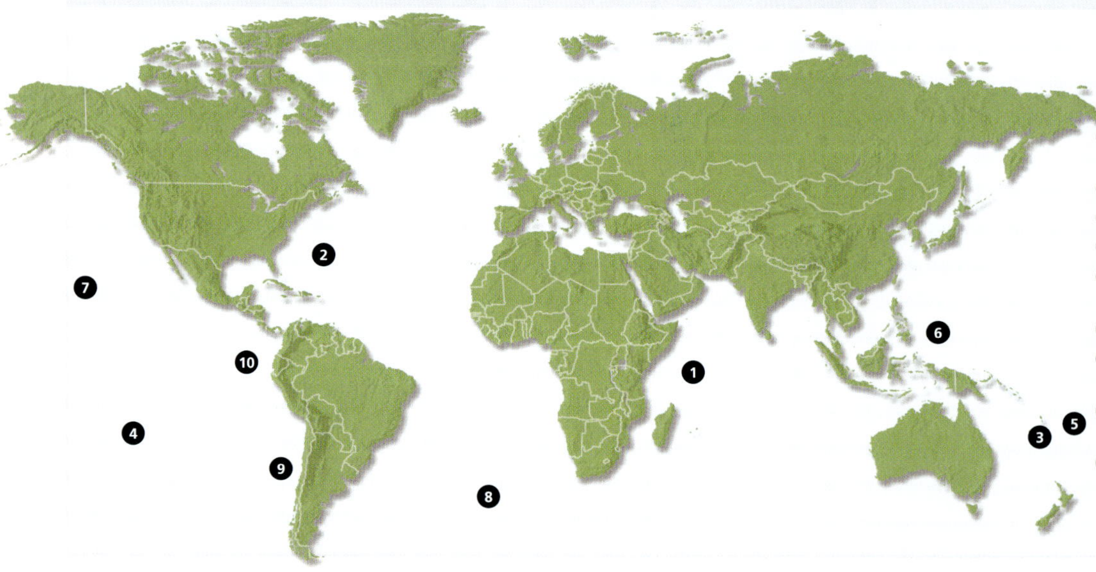

	Region	Wichtiges Vogelgebiet (IBA)
1	Seychellen	Cousine Island
2	Bermudainseln	Cooper Island und Castle Islands
3	Neukaledonien	Massifs du Grand Sud
4	Pitcairninseln	Henderson
5	Viti Levu (Fiji-Inseln)	Greater Tomaniivi
6	Palau	Ngeriungs, Kayangel-Atoll
7	Hawaii	Laysan
8	St. Helena	Gough-Inseln, Tristan da Cunha
9	Juan-Fernández-Inseln	Robinson Crusoe
10	Galapagosinseln	San Cristobal

«vom Aussterben bedroht» gelten, sind 92 Inselarten. Unter den zwanzig seltensten Arten sind die meisten auf Inselstandorte beschränkt.

Die Puerto-Rico-Amazone ist eine extrem seltene Papageienart und nur mehr mit 30 bis 35 Individuen vertreten. Der größte Teil ihres natürlichen Lebensraums, die Wälder des östlichen Puerto Rico, ist zerstört worden; die Art hat zudem unter dem Käfigvogelhandel, Nachstellung durch Hausratte und Kleinem Mungo sowie unter Wirbelstürmen zu leiden. Der fast reinweiße Balistar steht wegen des illegalen Fangs für den Käfigvogelhandel am Rand des Aussterbens. Der seltenste Vogel der Galapagosinseln ist die Floreana-Spottdrossel. Sie ist auf der Insel Floreana ausgestorben, kann sich aber bisher mit einer kleinen Population auf zwei anderen Inseln halten. Die Ausrottung auf Floreana geht vermutlich auf das Konto der Hausratte.

Rund 45 der weltweit vom Aussterben bedrohten Vogelarten sind derart gefährdet oder verfügen über eine so kleine (oder kaum bekannte) Population, dass einige von ihnen möglicherweise bereits ausgestorben sind. Mit Schiffsfracht gelangte 1987 die Wolfszahnnatter (*Lycodon aulicus*) auf die Weihnachtsinsel südlich von Java; sie könnte die dortige Avifauna bedrohen. Eine andere Schlange, die Braune Nachtbaumnatter (*Boiga irregularis*), wurde in den 1940er- oder 1950er-Jahren unabsichtlich auf Guam eingeschleppt. Diese auf Vögel spezialisierte Schlange hatte verheerende Auswirkungen auf die Populationen der dort heimischen Waldvögel wie Rosenkopf-Fruchttaube, Fuchsfächerschwanz und Guam-Monarch (inzwischen ausgestorben).

Zwar sind Inselvögel mit ihrem kleinen Verbreitungsgebiet vielfältigen Bedrohungen ausgesetzt, doch in manchen Fällen haben sich sorgfältige Forschungen mit gezielten Schutzmaßnahmen als erfolgreich erwiesen und viele Arten gerettet. Vier klassische Beispiele sind der Chatham-Schnäpper (Chatham-Inseln, Neuseeland), der Mauritiussittich, der Rarotongamonarch (Cook-Inseln) und der Seychellendajal. Alle vier Arten waren bis auf wenige Individuen dezimiert, konnten aber gerettet werden und seit Mitte der 1980er-Jahre steigen die Bestandszahlen.

▷ *Irgendwann im Laufe der 1960er-Jahre gab es auf den Seychellen nur mehr weniger als 15 Seychellendajale; ihre Population war durch eingeführte Prädatoren wie verwilderte Hauskatzen und Habitatverlust stark dezimiert worden. In den 1990er-Jahren wurde ein professionelles Rettungsprogramm gestartet, und im Jahr 2006 lag die Population schon wieder bei 178 Vögeln.*

ARTENSCHUTZMASSNAHMEN AUF INSELN

WISSENSCHAFTL. NAME	TRIVIALNAME	INSELN	HAUPTSCHUTZMASSNAHME
Papasula abbotti	Abbott-Tölpel	Weihnachtsinsel	Kontrolle invasiver Ameisen
Pterodroma baraui	Barau-Sturmvogel	Norfolkinsel	Jagdverbot
Ninox natalis	Weihnachtskauz	Weihnachtsinsel	Kontrolle invasiver Ameisen
Ducula whartoni	Weihnachts-Fruchttaube	Weihnachtsinsel	Kontrolle invasiver Ameisen
Zosterops natalis	Weißstirn-Brillenvogel	Weihnachtsinsel	Kontrolle invasiver Ameisen
Ducula galeata	Marquesas-Fruchttaube	Marquesas	Umsiedlung
Falco punctatus	Mauritiusfalke	Mauritius	Nachzucht in Gefangenschaft/Auswilderung, Aufstellen von Nistkästen, Kontrolle von Fressfeinden
Cyanoramphus cookii	Ziegensittich	Norfolkinsel	Brutplatzschutz, Kontrolle von Ratten u. Katzen
Nesoenas mayeri	Rosentaube	Mauritius	Habitatrestauration, Kontrolle von Fressfeinden, Fütterung, Hilfe bei der Aufzucht
Megapodius pritchardii	Pritchardhuhn	Tonga	Umsiedlung
Acrocephalus rodericanus	Rodriguez-Rohrsänger	Mauritius	Habitatschutz, Wiederaufforstung

ERFOLG AUF DEN SEYCHELLEN

DIE INSELGRUPPE DER SEYCHELLEN LIEGT INMITTEN DES INDISCHEN OZEANS UND IST EIN BELIEBTES FERIENZIEL FÜR SONNENHUNGRIGE TOURISTEN UND AUCH FÜR ÖKOTOURISTEN. DIE HAUPTINSELN BESTEHEN VORWIEGEND AUS URALTEM GRANITGESTEIN UND UNTERSCHEIDEN SICH DARIN VON DEN MEISTEN OZEANISCHEN INSELN, DIE IN DER REGEL GEOLOGISCH RELATIV JUNG SIND UND EINEN VULKANISCHEN ODER KORALLINEN URSPRUNG HABEN.

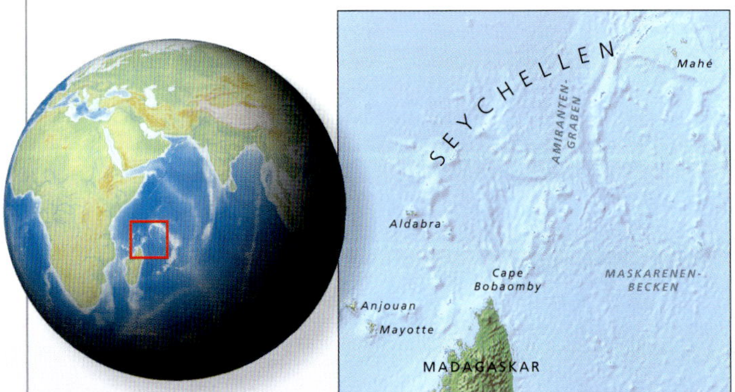

Diese traumhaften Tropeninseln beherbergen eine Reihe interessanter Vogelarten, darunter seltene Endemiten, von denen einige bedroht sind. Auf der Hauptinsel Mahé kann man noch immer die stark gefährdete Seychellen-Zwergohreule (kurz Seychelleneule genannt) sehen oder vielmehr hören, deren schnarrende Rufe an Froschquaken erinnern. Diese kleine Eule lebt in den nebligen Bergwäldern von Zentral- und Nord-Mahé; ihr Habitat liegt größtenteils im Morne Seychellois Nationalpark. Eingeschleppte Haus- und Wanderratten, Hauskatzen und Schleiereulen jagen die Altvögel und rauben vermutlich auch die Nester aus. Der Bestand der Seychelleneule ist inzwischen alarmierend gesunken und liegt nur noch bei 250 bis 300 Individuen.

Dank weitsichtiger Natur- und Artenschutzinitiativen ist es gelungen, einige der seltenen und bedrohten Vogelarten der Seychellen vor dem Aussterben zu bewahren; das gilt vor allem für den Seychellen-Rohrsänger (gefährdet), den Seychellendajal (stark gefährdet) und den Seychellen-Paradiesschnäpper (vom Aussterben bedroht). Die beiden letzten Arten sind besonders hübsch und ansprechend und zum lokalen Wahrzeichen für erfolgreichen Vogelschutz geworden; sie begeistern Ökotouristen und einheimische Naturfreunde gleichermaßen.

Die hübsche Insel La Digue im Nordosten von Mahé ist die Heimat des Seychellen-Paradiesschnäppers; das Männchen dieser Art ist pechschwarz mit stark verlängerten Schwanzfedern. Diese schönen Vögel brüten auf alten Bäumen in Feuchtwäldern; ihr Bestand umfasst nur rund 250 Individuen. Möglicherweise sind die Insektenbestände in den Sümpfen aufgrund des eingeschleppten Wassersalats (*Pistia stratiotes*) zurückgegangen, was sich wiederum auf den Paradiesschnäpper (Nahrung!) ausgewirkt hat. Nach Einrichtung eines eigenen Schutzgebiets für den Seychellen-Paradiesschnäpper geht es mit der Art offenbar allmählich wieder bergauf. Ende 2008 wurden 23 Vögel auf das isolierte Denis Island umgesiedelt; im Folgejahr wurden zwei Nester mit Eiern gemeldet. Auch Seychellen-Rohrsänger, Seychellendajal und Seychellen-Weber sind erfolgreich nach Denis umgesiedelt worden und bilden dort eine wertvolle «Sicherheitsreserve» für ihr früheres Verbreitungsgebiet.

Der Seychellen-Rohrsänger war früher zahlreicher und kam auf mehreren Inseln vor, doch 1968 gab es nur mehr dreißig Vögel, die allesamt auf der kleinen Insel Cousin im Norden von Mahé lebten. Seither sind die Vögel auf die Inseln Aride, Cousine und Denis umgesiedelt worden und auf eine stabile Population von 2500 Individuen herangewachsen. Die Seychellen bestehen zum Glück aus zahlreichen Inseln; darunter sind mehrere bisher frei von eingeschleppten Prädatoren beziehungsweise konnten die Neozoen eliminiert oder kontrolliert werden.

▽ *Das Cousin Island Special Reserve ist nur 27 Hektar groß; dennoch beherbergt es fünf auf den Seychellen endemische Landvogelarten sowie große Brutkolonien von Seevögeln.*

Der schwarz-weiß gefiederte Seychellen-Paradiesschnäpper hat eine kleine, aber wachsende Population von rund 200 Individuen. Wie beim Seychellen-Rohrsänger war sein Bestand auf eine Handvoll Vögel auf einer einzigen Insel zusammengeschrumpft, in diesem Fall auf Frégate. Dank verbesserter Schutzmaßnahmen auf Frégate und einer erfolgreichen Umsiedlung auf Aride, Cousin und Cousine steigt die Zahl der Seychellen-Paradiesschnäpper inzwischen wieder. Zu den anderen bedrohten Arten auf diesen Inseln gehören der stark gefährdete Mahebrillenvogel, die Seychellen-Salangane und der Seychellenfalke (beide gefährdet).

Aldabra, das größte Korallenatoll der Welt, gehört ebenfalls zu den Seychellen, liegt jedoch rund 1100 Kilometer südwestlich der Hauptgruppe, zwischen dem afrikanischen Festland und der Nordspitze von Madagaskar. Aldabra unterscheidet sich deutlich von den Granitinseln der Seychellenhauptgruppe. Dieses Korallenatoll schließt eine seichte Lagune mit einem Saum aus Mangroven ein. Es ist die Heimat der Aldabra-Riesenschildkröte *(Geochelone gigantea)*, die eine Länge von mehr als einem Meter erreichen kann. Die Insel Aldabra gehört zum Weltnaturerbe; hier ist auch die für Aldabra spezifische Unterart der Cuvierralle heimisch. Diese Unterart unterscheidet sich von der madegassischen Unterart durch ihre Flugunfähigkeit und ist damit der einzig heute noch lebende flugunfähige Vogel auf einer Insel im westlichen Indischen Ozean. Ohne natürliche Feinde hat diese Ralle allmählich ihre Flugfähigkeit verloren, weil keine Notwendigkeit zum Fliegen bestand. Der Aldabra-Buschsänger ist hingegen leider als ausgestorben gelistet; er wurde zuletzt 1983 beobachtet und ist wahrscheinlich Ratten und einer Habitatdegradierung durch Ziegen zum Opfer gefallen. Der gering gefährdete Aldabra-Drongo hat jedoch bis heute überlebt und brütet in Gebüschen und Mangrovenwäldern.

△ Die Population des gefährdeten Seychellenfalken zählt gegenwärtig rund 370 Paare auf Mahé und weitere 10 bis 15 auf benachbarten kleinen Inseln.

◁ Der geschützte Palmenwald im Vallée de Mai, Praslin, ist die Heimat der endemischen Seychellenpalme (auch Coco de Mer oder Meereskokosnuss genannt) wie auch der Seychellen-Unterart des Rabenpapageis.

KERNDATEN VON ALDABRA

Landfläche: 153 km²
Gesamtfläche einschließlich Lagunen: 346 km²

Bedrohte Vogelarten:

Komoren-Fruchttaube	*Alectroenas sganzini*	LC
Komoren-Weber	*Foudia eminentissima*	LC
Aldabra-Drongo	*Dicrurus aldabranus*	NT
Aldabra-Buschsänger	*Nesillas aldabrana*	EX

Zehn Unterarten sind endemisch.

Hauptbedrohung: eingeschleppte Fressfeinde und Pflanzen; Verlust des Mangrovenhabitats

OZEANISCHE INSELN

Es empfiehlt sich aus praktischen Gründen, die Inseln der Weltmeere nach Regionen separat zu behandeln. Unter den vielen Tausend ozeanischen Inseln, vor allem in den komplexen pazifischen Archipelen, stechen bestimmte Inseln oder Inselgruppen hervor, weil sie eine besondere Bedeutung für ihre bedrohte und endemische Avifauna haben. Unten finden Sie, nach Weltmeeren getrennt, eine Auswahl wichtiger Inseln, die eine aktuelle Bestandsaufnahme ihrer Bedeutung als Refugien für endemische und bedrohte Vogelarten darstellt. Da diese Inseln oder Inselgruppen so viele endemische Arten oder Arten mit eingeschränktem Verbreitungsgebiet beherbergen, ist es nicht verwunderlich, dass viele von ihnen ganz oder teilweise als Endemic Bird Areas (EBAs) klassifiziert worden sind.

INSELN IM ATLANTIK

Im Atlantik finden sich zwar relativ wenige Inseln, doch es gibt eine Reihe von Inseln oder Inselgruppen, die aufgrund der dort lebenden bedrohten Vögel von besonderem Interesse sind. Die Atlantikinseln sind überwiegend vulkanischen Ursprungs; Gelände und Berge sind häufig recht steil und bieten eine Reihe von Habitaten.

Die Azoren liegen am weitesten nördlich, genau westlich von Portugal, während Madeira und die Kanaren weiter südöstlich liegen, vor der Küste von Marokko. Auf den Azoren befinden sich Kolonien des Gelbschnabel-Sturmtauchers (die Hälfte der Weltpopulation), drei Viertel der europäischen Rosen-Seeschwalben, und möglicherweise brütet auch der Kapverden-Sturmvogel dort. Auf allen drei Inselgruppen lebt der Kanarengirlitz, dessen Verbreitungsgebiet auf diese Inselgruppen beschränkt ist, während der Kapverden-Sturmvogel und der stark gefährdete endemische Madeira-Sturmvogel auf Madeira heimisch sind; letzterer hat stark unter der Hausratte zu leiden. Die Lorbeerwälder auf Madeira und den Kanaren beherbergen drei lokale Arten: Silberhalstaube, Bolles Lorbeertaube und Lorbeertaube – die erstgenannte Art ist auf Madeira endemisch, die beiden anderen auf den Kanaren. Die Lorbeertaube ist stark gefährdet, die beiden anderen sind gering gefährdet. Es gibt noch Restbestände der einzigartigen feuchten Lorbeerwälder, sie bedeckten allerdings früher weitaus größere Flächen. Hausratten gehören zu den größten Bedrohungen für bodenbrütende Vögel; diese anpassungsfähigen Nager wurden per Schiff unabsichtlich auf vielen Inseln im Nordatlantik eingeschleppt.

Weiter im Süden liegen vor der Westküste von Afrika zwei weitere Inselgruppen: die Kapverden sowie São Tomé und Principe. São Tomé war früher stark bewaldet, und viele der dort heimischen Vogelarten, wie der vom Aussterben bedrohte Einfarbgirlitz, sind Waldvogelarten. Zwar wurde ein Großteil des ursprünglichen Waldes abgeholzt, doch viele alte Plantagen haben sich wieder in Sekundärwald umgewandelt. Die Wälder im Südwesten und Zentrum von São Tomé gehören zu den wichtigsten Refugien für bedrohte Vogelarten in ganz Tropisch-Afrika.

Sehr viel südlicher liegen Tristan da Cunha und die Gough-Insel. Die Vegetation besteht typischerweise aus Tussock-Grasland (Horstgräsern) und Gebüschen und geht in 1500 Meter Höhe in Tundren über. Auf diesen Inseln brüten seltene Seevögel, darunter der stark gefährdete Schlegel-Sturmvogel und der gefährdete Weißkinn-Sturmvogel sowie der ebenfalls gefährdete Wanderalbatros. Eine andere Art, der stark gefährdete Schwarzbrauenalbatros (Mollymauk), brütet auf den Falkland-Inseln und auf Südgeorgien vor der Südspitze von Südamerika. Eine der Hauptgefahren für Albatrosse ist der Beifang bei der Langleinenfischerei: Die Vögel verfangen sich auf der Nahrungssuche in den Fischerleinen und ertrinken. Auch die Küken sind gefährdet, wenn sie hakenbewehrte Köderfische verschlingen, die die Altvögel verfüttern. Besonders Schwarzbrauenalbatrosse fallen der Langleinenfischerei sehr häufig zum Opfer, vor allem im Südatlantik.

INSELN IM INDISCHEN OZEAN

Diese Inseln beherbergen viele endemische Vogelarten. Das gilt vor allem für Inselgruppen in den tropischen Meeresregionen rund um Madagaskar. Im Norden liegen die Seychellen mit ihrem reichen Bestand an endemischen Vögeln; viele von ihnen sind bedroht, doch die Arten sprechen gut auf Schutzmaßnahmen an (siehe S. 106–107).

Die Seychellen sind ein Mekka für Touristen, von denen einige inzwischen nicht nur wegen der Strände, sondern auch wegen der beeindruckenden Vogelwelt kommen. Auch hier sind die eingeführten karnivoren Säugetiere ein Problem, doch mehrere Inseln sind frei von solchen Neozoen geblieben, und die Umsiedlung einiger bedrohter Vogelarten auf solche Inseln hat sich als erfolgreich erwiesen.

Die östlich von Madagaskar gelegenen Inseln Mauritius, Réunion und Rodriguez bilden zusammen die Maskarenen; hier sind hochinteressante bedrohte Vogelarten heimisch, die vorwiegend in den Restbeständen der Tropenwälder leben.

▷ *Der Seychellen-Paradiesschnäpper ist vom Aussterben bedroht. Es gibt inzwischen nur mehr rund 250 Vögel, von denen die meisten auf der Insel La Digue leben.*

DIE WICHTIGSTEN OZEANISCHEN INSELN

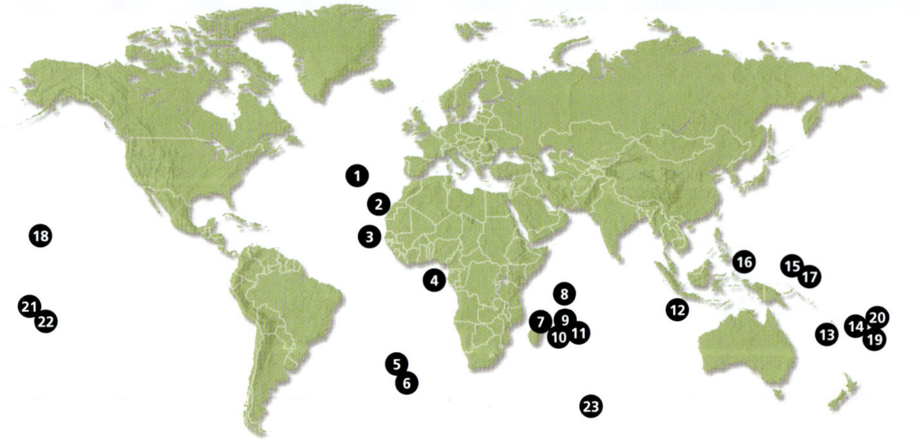

1. Azoren
2. Madeira und Kanaren
3. Kapverden
4. São Tomé und Principe
5. Tristan da Cunha
6. Gough-Inseln
7. Madagaskar
8. Seychellen
9. Mauritius
10. Réunion
11. Rodriguez
12. Weihnachtsinsel
13. Neukaledonien
14. Fidschi-Inseln
15. Marianen
16. Palau
17. Marshall-Inseln
18. Hawaii
19. Tonga
20. Cook-Inseln
21. Marquesas-Inseln
22. Gesellschaftinseln
23. Kerguelen

△ *Auch die Gesellschaftsinseln (Französisch-Polynesien) wurden von BirdLife International als EBA eingestuft. Sie zählen zu den am stärksten degradierten Inselgruppen im gesamten Pazifik.*

Mauritius ist die Heimat des Dodo, auch Dronte genannt; dieser große flugunfähige Vogel wurde im 17. Jahrhundert durch den Menschen ausgerottet, was sich immer noch in der englischen Redewendung «as dead as a dodo» (so tot wie ein Dodo) spiegelt. Mit etwas Glück und gezielten Schutzmaßnahmen werden die heute noch auf Mauritius lebenden bedrohten Arten kein solches Schicksal erleiden. Rosentaube, Mauritiussittich und Mauritius-Weber sind allesamt stark gefährdet, während der Mauritiusbrillenvogel sogar vom Aussterben bedroht ist. Die meisten Wälder auf Mauritius sind in Plantagen für Tee, Zuckerrohr und Koniferen umgewandelt worden. Gemeinsam mit Haus- und Wanderratten bereiten auch eingeführte Hirsche, Schweine und Affen den heimischen Vogelarten Probleme. Die Nester des Mauritiusbrillenvogels werden zudem von den eingeführten Rotohrbülbüls ausgeraubt. Der *Parc National* des *Gorges* de la *Rivière Noire* umfasst rund siebzig Quadratkilometer Waldhabitate; es handelt sich teilweise um Flächen, die als wichtigste Schutzgebiete für bedrohte Vögel in ganz Tropisch-Afrika gelten. Eine Folge der Entwaldung ist, dass die Inseln heute stärker durch Wirbelstürme verwüstet werden, die aufgrund des Klimawandels häufiger werden.

Die Weihnachtsinsel liegt im östlichen Indischen Ozean südlich von Java; hier brüten der stark gefährdete Abbott-Tölpel und der vom Aussterben bedrohte Weißbauch-Fregattvogel.

Entwaldung, vor allem durch Kahlschläge für den Phosphatabbau, hat zum Rückgang beider Arten geführt, doch die meisten Brutplätze liegen heute im Weihnachtsinsel-Nationalpark.

Die Amsterdam- und die St.-Paul-Insel liegen genau in der Mitte des südlichen Indischen Ozeans. Der endemische Amsterdam-Albatros brütet nur auf dem Hochplateau der Amsterdam-Insel. Pro Jahr brüten lediglich rund 25 Paare (bei einer Population von zirka achtzig Individuen); jedes Paar pflanzt sich nur alle zwei Jahre fort. Probleme bereiten Störungen durch eingeführte Rinder, Bejagung durch verwilderte Hauskatzen, Langleinenfischerei und möglicherweise Krankheiten wie die Vogelcholera.

INSELN IM PAZIFIK

Der Pazifik ist übersäht mit Tausenden von Inseln, viele davon sehr abgelegen. Die meisten bilden Archipele und sind die über die Meeresfläche herausragenden Gipfel unterseeischer Gebirgsketten. Drei Hauptgruppen werden unterschieden: **Melanesien** umfasst Neukaledonien, Vanuatu,

▷ *Die auf Mauritius endemische stark gefährdete Rosentaube wurde Anfang der 1990er-Jahre vor dem Aussterben gerettet, doch auch 2007 lag die Individuenzahl bei nur 380 Vögeln.*

◁ *Der gefährdete Iiwi gehört mit seinem roten Gefieder und sichelartigen Schnabel zu den außergewöhnlichsten hawaiischen Kleidervögeln. Obgleich der Vogel in einigen Gebieten noch relativ häufig ist, geht der Bestand zurück.*

△ *Der Bestand der Hawaiigans oder Nene war in den 1930er-Jahren auf dreißig Individuen geschrumpft; aber dank Schutzbemühungen und Nachzucht ist die Zahl der wild lebenden Vögel wieder auf rund tausend gestiegen.*

△ *Der vom Aussterben bedrohte Kakapo war einst in Neuseeland weit verbreitet. Seine stark geschützte Population von rund 125 Vögeln lebt auf Codfish Island, Chalky Island, Anchor Island und Maud Island.*

▷ *Die vulkanisch geprägte Landschaft von Isabela ist typisch für die Galapagosinseln. Der Vulkanismus und die Abgelegenheit der Inseln haben dazu geführt, dass sich dort eine einzigartige Flora und Fauna.*

die Fidschi-Inseln und die Salomonen. **Mikronesien** umfasst die Marianen, Palau und die Marshall-Inseln. **Polynesien** umfasst Hawaii, Samoa, Tonga, die Cook-Inseln und Französisch-Polynesien (die Marquesas- und die Gesellschaftsinseln).

Zu den wichtigsten Inseln für bedrohte Vögel gehören die Hawaii-Inseln, Neukaledonien (siehe S. 114–115) und die Galapagosinseln.

Die vulkanischen Hawaii-Inseln liegen mitten im Nordpazifik und haben eine ganz eigene Avifauna mit mehreren endemischen Arten. Einige dieser Vogelarten haben nur einheimische Trivialnamen. Zu den bekanntesten bedrohten Arten gehören Akepa, Akiapolaau, Hawaii-Stockente und Hawaii-Astläufer. Besorgniserregend ist, dass sämtliche folgenden Arten vom Aussterben bedroht sind: Akekee, Akikiki, Akohekohe, Papageischnabel-Gimpel, Nukupuu, Alauwahio, Lanai-Klarino, Ou, Palila, Mauigimpel (Po'ouli) und Palmer-Drossel.

Auf diesen Inseln sind mehr Vogelarten ausgestorben als auf irgendeiner vergleichbaren Fläche. Die Hauptbedrohungen sind Rodung zur Gewinnung landwirtschaftlicher Flächen, Weidewirtschaft, Bejagung, eingeführte Prädatoren, Konkurrenz seitens nicht-heimischer Vogelarten und von Stechmücken eingeschleppte Krankheiten. Der eingeschleppte «Samtbaum» *(Miconia calvescens)* dringt als invasiver Neophyt in die Wälder ein und überwuchert andere Pflanzen. Die eigentlich aus Mittel- und Südamerika stammende Art hat auf Hawaii, Tahiti und anderenorts die ursprünglichen Habitate stark verändert. Weitere vom Aussterben bedrohte Arten sind die Laysanente auf der Insel Laysan (Hawaii-Inseln) und der Hawaii-Rohrsänger auf Nihoa; Laysan ist auch ein wichtiges Überwinterungsgebiet für den gefährdeten Borstenbrachvogel.

Die Galapagosinseln sind wegen der Studien berühmt, die Charles Darwin dort durchführte und auf denen er seine Theorie der Evolution aufbaute. Darwin untersuchte die zu den Ammern gehörenden «Darwinfinken» und stellte fest, dass ähnliche, verwandte Formen auf verschiedenen Inseln höchst auffällige Unterschiede zeigten; daraus schloss er, dass sie sich nach Generationen der Trennung aus einem gemeinsamen Vorfahren zu eigenständigen Arten entwickelt hatten. Neben den 13 «Darwinfinken»-Arten leben auf Galapagos neun weitere endemische Vogelarten, darunter gefährdete Arten wie Galapagosbussard, Galapagosschwalbe und Lavamöwe, stark gefährdete Arten wie Galapagospinguin und Galapagosscharbe sowie vom Aussterben bedrohte Arten wie Floreana-Spottdrossel, Hawaii-Sturmvogel und Galapagosalbatros. Der ganze Archipel ist ein Nationalpark und Weltnaturerbe. Einige Bedrohungen bleiben bestehen, vor allem der Druck durch eingeschleppte Prädatoren und Überweidung.

INSELN IM SÜDPOLARMEER

Die Inseln im Südpolarmeer liegen südlich des 40. Breitengrades; die Inselgruppen konzentrieren sich südlich und östlich der Südinsel von Neuseeland. Die vorherrschenden Winde erzeugen den Antarktischen Zirkumpolarstrom und führen dazu, dass die oberflächlichen Wassermassen von Westen nach Osten um den Südpol transportiert werden. Sturmvögel, Sturmtaucher und Albatrosse suchen in diesen exponierten windgepeitschten Gewässern nach Nahrung und legen dabei weite Strecken zurück. Viele dieser Seevögel brüten auf entlegenen ozeanischen Inseln. In den langen Tagen des antarktischen Sommers sind die Gewässer sehr produktiv, und das Phytoplankton vermehrt sich rasch, während es Sonnenlicht, Kohlendioxid und die aus der Tiefe aufsteigenden Nährstoffe nutzt. Dieses aufsteigenden Wasserströmungen („Upwellings") sind reich an Nitraten und Phosphaten, die aus dem Abbau mariner Pflanzen und Tiere am Meeresboden stammen. Die Phytoplanktonblüte ernährt Zooplanktonorganismen, beispielsweise Krill, der seinerseits wiederum Fischen, Kopffüßern und Meeressäugern sowie Pinguinen und anderen Vögeln als Nahrung dient. Eine der größten Bedrohungen für Seevögel ist die Langleinenfischerei, die auf kommerziellem Niveau praktiziert wird. Der riesige Wanderalbatros (gefährdet) brütet vorwiegend auf den Prinz-Edward-, Crozet- und Kerguelen-Inseln, Südgeorgien und der Macquarie-Insel, und auch für diesen majestätischen Meeresvogel ist die Langleinenfischerei die Hauptbedrohung.

NEUKALEDONIEN

DAS FRANZÖSISCHE TERRITORIUM VON NEUKALEDONIEN IST IM VERGLEICH ZU ANDEREN PAZIFISCHEN INSELN SEHR GROSS; ES UMFASST EINE TROPISCHE INSELGRUPPE, DIE RUND 1500 KILOMETER ÖSTLICH VON AUSTRALIEN LIEGT. DIE GEBIRGIGE HAUPTINSEL GRANDE TERRE ERREICHT EINE HÖHE VON 1628 METER. NEUKALEDONIEN IST SEINEM URSPRUNG NACH KONTINENTAL; ES GEHÖRTE EINST ZU DER GROSSEN SÜDLICHEN LANDMASSE VON GONDWANA UND HAT SICH VOR RUND 65 MILLIONEN JAHREN VON AUSTRALIEN GETRENNT.

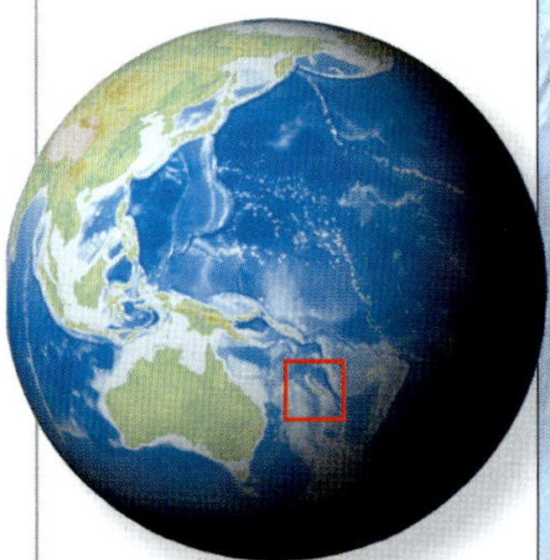

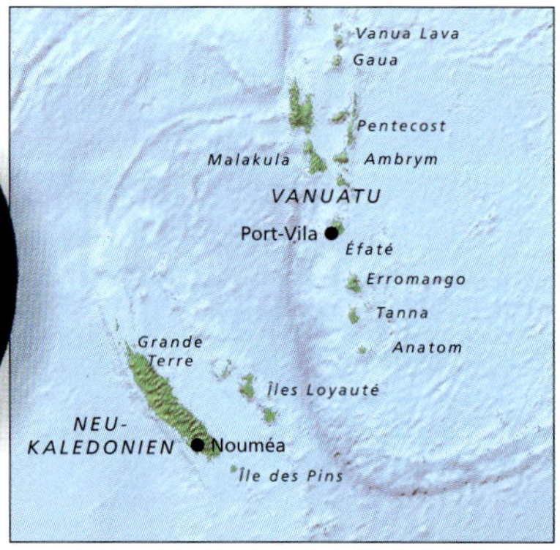

Eine derart lange Trennung vom Festland hat zur Evolution endemischer Arten geführt, darunter einer großen Zahl besonderer Vogelarten, von denen viele bedroht sind. Man hat Neukaledonien schon mit einer «Arche Noah» verglichen, weil es eine derart einzigartige Fauna beherbergt. Die Flora von Grande Terre ist ebenfalls einzigartig: Achtzig Prozent aller Pflanzenarten sind endemisch; dort finden sich nicht weniger als fünf endemische Pflanzenfamilien. Die Habitate reichen von riffgesäumten Küstenregionen bis zu Tieflandregenwäldern, Strauchvegetation und montanen Nebelwäldern; dazu kommen Restbestände von Trockenwäldern und Savannen.

Die meisten Vogelarten mit eingeschränktem Verbreitungsgebiet, die das neukaledonische EBA definieren, leben in Mittelgebirgswäldern und im Tiefland. Ein Großteil dieser Tieflandwälder wurde jedoch abgeholzt, und die Flächen dienen nun als Weideland oder Plantagen. Zudem weist Grande Terre vierzig Prozent der weltweit bekannten Nickelvorkommen auf – ein Glück für die lokale Wirtschaft, aber ein Pech für die heimische Fauna und Flora, denn der Holzeinschlag, der dem Tagebau häufig vorausgeht, hat große Teile der Bergwälder zerstört. Diese Rodungen haben auch zu starken Erosionen geführt, weil Regengüsse nun direkt auf den nackten Boden treffen. Eine weitere Gefahr sind Brände, die häufig bewusst gelegt werden, um die Bedingungen auf den Weiden zu verbessern, aber nicht selten auf benachbarte Wälder und Buschland übergreifen.

Zu den Stars der Vogelwelt auf Neukaledonien gehören der seltsame Kagu und die Riesenfruchttaube. Der stark gefährdete Kagu ist so ungewöhnlich, dass er in eine eigene Familie (Rhynochetidae) gestellt wird. Der Kagu ist ein mittelgroßer, flugunfähiger Vogel mit einer Haube und taubengrauem Gefieder, einem langen Schnabel und langen roten Beinen; er sieht wie eine Kreuzung zwischen einem kleinen Reiher und einer Taube aus. Dieser helle, auffällige Waldvogel schreitet auf der Suche nach seiner Nahrung – Wirbellosen und kleinen Eidechsen – durch den dunklen Unterwuchs. Leider brachten die Siedler Ratten, Katzen und Hunde mit auf die Insel, sodass viele Kagus diesen Neozoen zum Opfer fallen. Die Population des Kagu wird auf 250 bis 1000 Exemplare geschätzt

◁ *Ein Paar des stark gefährdeten Kagu. Das Männchen stellt bei der Balz seine Haube auf.*

und ist anscheinend stabil, wahrscheinlich deshalb, weil Hunde in den Hauptschutzgebieten kontrolliert werden.

Die Riesenfruchttaube steht auf der Vorwarnliste; sie wird zu Sport- und Nahrungszwecken gejagt, und ihr Bestand nimmt ab.

Auf Neukaledonien leben vier vom Aussterben bedrohte Vogelarten: Rotgesicht-Honigfresser, Diademlori, Schwarzrückenschwalm und Pelzralle. Alle vier Arten sind sehr stark dezimiert; ihre Population beträgt jeweils fünfzig Individuen oder weniger. Die flugunfähige Pelzralle hat stark unter eingeführten Prädatoren gelitten und ist möglicherweise schon ausgestorben. Zum Schwarzrückenschwalm liegen keine neueren Beobachtungen vor, ebenso wenig über den leuchtend grünen Diademlori; möglicherweise sind beide ebenfalls bereits endgültig verschwunden. Auch der Rotgesichts-Honigfresser ist in einer äußerst gefährlichen Lage und leidet offenbar unter den eingeschleppten Ratten, die seine Küken fressen.

KERNDATEN

Ursprüngliche Vegetationsfläche: 18 972 km^2
Verbliebene Vegetationsfläche: 5122 km^2
Endemische Pflanzenarten: 2432
Bedrohte endemische Vogelarten: 7
Bedrohte endemische Säugerarten: 3
Bedrohte endemische Amphibienarten: 0
Ausgestorbene Vogelarten: 1
Bevölkerungsdichte: 11 Einwohner/km^2
Geschützte Fläche insgesamt: 4192 km^2
Naturschutzgebiete: 497 km^2

△ *Die Riesenfruchttaube steht auf der Vorwarnliste; ihre Population wird auf 100 000 Exemplare geschätzt.*

▽ *Der Nickeltagebau hat die Landschaft von Grande Terre, Neukaledonien, verwüstet. Die Bergwälder, in denen eine Vielzahl von Vogelarten heimisch war, sind auf einem Großteil der Insel fast völlig verschwunden.*

BEDROHTE VOGELARTEN

In der Neuzeit sind Vogelarten mit beängstigender Geschwindigkeit ausgestorben – diese liegt erheblich über der «natürlichen Aussterberate».

In den 500 Jahren seit der Entdeckung Amerikas sind etwa 150 Vogelarten verschwunden; inzwischen ist jede achte Vogelart vom Aussterben bedroht. Arten mit einem kleinen Verbreitungsgebiet reagieren selbst auf geringe Veränderungen sehr empfindlich; auch bei früher häufigen und weit verbreiteten Arten ist es zu raschen und beängstigenden Bestandseinbrüchen gekommen. Zurzeit gelten offiziell 1240 Arten als bedroht – diese Zahl wird ständig überprüft und weist eine nach wie vor steigende Tendenz auf.

Derartige Zahlen sind zwar beunruhigend, sie zeigen das Problem aber zumindest auf und liefern Ansatzpunkte für Forscher und Naturschützer, um die Defizite anzugehen und den Trend umzukehren. Doch erst wenn man sich mit einer bestimmten Art beschäftigt, wird langsam klar, welchen Gefahren Vögel weltweit ausgesetzt sind.

Auf den folgenden Seiten werden einzelne Vogelarten vorgestellt, die auf vielfältige Weise ums Überleben kämpfen und sich gegen zahlreiche Bedrohungen behaupten müssen, die häufig menschengemacht sind. Doch neben den Hiobsbotschaften gibt es auch einige Erfolgsgeschichten; es ist ermutigend, dass Vögel weltweit mithilfe von gezielten Schutzmaßnahmen und entsprechender Öffentlichkeitsarbeit tatsächlich vom Aussterben gerettet und für kommende Generationen bewahrt werden können. Jeder von uns kann dazu beitragen, dass diese Bemühungen erfolgreich sind.

▽ *Der Weißkopf-Seeadler gilt inzwischen als nicht gefährdet, war früher jedoch durch intensive Bejagung, (versehentliche) Vergiftung und Habitatzerstörung bedroht.*

▷ *Der (eigentliche) Kronenkranich – in Westafrika südlich der Sahara und im Sudan heimisch – ist als gefährdet eingestuft, da die Bestände in neuerer Zeit abgenommen haben.*

DIE VOGELPORTRÄTS

In diesem Teil des Buches sind die Vögel nach Familien gruppiert; dabei werden die Familien in der üblicherweise akzeptierten systematischen Reihenfolge aufgeführt. Die allgemeinen Familienmerkmale werden beschrieben, dazu wird die Anzahl der bedrohten Arten angegeben. Eine Tabelle für jede Familie oder übergeordnete Gruppe enthält die Namen der bedrohten Arten mit einem Kürzel für ihren Rote-Liste-Status. Die Arten sind alphabetisch nach Gattungen beziehungsweise innerhalb der Gattung alphabetisch nach Artnamen angeordnet; auch die akzeptierten deutschen Trivialnamen sind aufgeführt. Falls kein offizieller deutscher Trivialname existiert, wurde der englische Name sinngemäß übersetzt und in Anführungsstriche gesetzt. (Aus technischen Gründen musste die ursprüngliche englische Reihenfolge in den Tabellen beibehalten werden.) Ausgewählte Arten werden «im Porträt» mit Angaben zu Verbreitung, Merkmalen und Bedrohungen vorgestellt.

Im Porträt-Teil des Buches werden sämtliche bedrohten Vogelarten der Welt aufgeführt – mit Angabe ihrer Rote-Liste-Kategorie (siehe Tabelle unten). Die Zahlen in diesen Kategorien schwanken, da Arten von einer Kategorie zur anderen wechseln: Manchmal wird eine Art in eine niedrigere Gefährdungskategorie herabgestuft, doch viel häufiger kommt es zu Bestandseinbrüchen oder die Art stirbt sogar aus. Gelegentlich werden neue Arten entdeckt und in die Liste aufgenommen, oder es kommt durch aktuelle taxonomische Erkenntnisse zur Benennung einer neuen Art.

Nach jüngsten Informationen ist der Delacourzwergtaucher inzwischen ausgestorben: ein Wasservogel, der nur in einem winzigen Gebiet in Ostmadagaskar vorkam und bisher als vom Aussterben bedroht gelistet wurde. Sein Schicksal wurde durch die Einführung von Raubfischen und Nylonfischernetzen (in denen er sich verfing) besiegelt. Auch die Kubaralle, in Feuchtgebieten auf Kuba heimisch, ist von der Ausbreitung eingeführter Arten betroffen – in diesem Fall von Welsen und Mangusten. Folglich musste der Status der Kubaralle von stark gefährdet auf vom Aussterben bedroht hochgestuft werden.

▽ *Der Bestand des Kalifornischen Kondors hat sich von nur 27 Individuen im Jahr 1987 auf fast 400 Vögel im Jahr 2010 erholt. Entscheidend waren umfangreiche Schutzmaßnahmen, doch die Art ist trotzdem nach wie vor vom Aussterben bedroht (CR).*

Rote-Liste-Kategorien

KATEGORIE		BESCHREIBUNG	ANZAHL
ausgestorben	EX	Es muss mit hoher Zuverlässigkeit angenommen werden, dass das letzte Individuum gestorben ist.	132
in freier Wildbahn ausgestorben	EW	überlebt bekanntermaßen nur mehr in Gefangenschaft	4
vom Aussterben bedroht	CR	in extremem Maße vom Aussterben in freier Wildbahn bedroht	190
stark gefährdet	EN	in hohem Maße vom Aussterben in freier Wildbahn bedroht	372
gefährdet	VU	in kritischem Maße vom Aussterben in freier Wildbahn bedroht	678
gering gefährdet/Vorwarnliste	NT	Es besteht die Gefahr, dass die Art in naher Zukunft in eine der «bedroht»-Kategorien hochgestuft werden muss.	838
nicht gefährdet	LC	bekanntermaßen weit verbreitet und häufig	7751
keine ausreichenden Daten	DD	Es liegen nicht genügend Informationen vor, um den Gefährdungsstatus direkt oder indirekt zu beurteilen.	62
nicht bewertet	NE	bisher nicht bewertet	unbekannt

Arten, die als gefährdet, stark gefährdet oder vom Aussterben bedroht gelistet sind, werden in ihrer Gesamtheit als «bedroht» bezeichnet. In den Vogelporträts dieses Buchabschnitts werden in erster Linie die Arten dieser drei Kategorien sowie die in freier Wildbahn ausgestorbenen Arten vorgestellt.

Auch der Weißbauch-Uferwipper aus Peru und der Schwarzflügelmaina aus Indonesien wurden kürzlich als vom Aussterben bedroht eingestuft. Sowohl der Große Knutt als auch der Isabellbrachvogel mussten in die Kategorie gefährdet hochgestuft werden, da die Populationen dieser einstmals häufigen Watvögel anscheinend zusammengebrochen sind – dies liegt vor allem an der Trockenlegung und Verschmutzung von Küstenfeuchtgebieten. Allein der Verlust bestimmter Wattflächen in Südkorea, die wichtige Rastplätze darstellen, führte beim Großen Knutt zu einem Rückgang von zwanzig Prozent.

Auf der anderen Seite konnte der früher vom Aussterben bedrohte Azorengimpel kürzlich auf stark gefährdet zurückgestuft werden, nachdem die natürliche Vegetation in seiner Inselheimat dank sorgfältiger Schutzmaßnahmen teilweise wiederhergestellt werden konnte. Auch zum Gelbohrsittich (Kolumbien) gibt es gute Neuigkeiten, denn sein Status konnte dank Brutplatzschutz und Aufklärung der lokalen Bevölkerung auf stark gefährdet zurückgestuft werden. Der früher vom Aussterben bedrohte Chathamalbatros wurde inzwischen auf gefährdet zurückgestuft, da seine Population zunimmt, auch wenn die Art nur auf einer Felsklippe vor den Chatham-Inseln brütet.

DIE ROTE LISTE

Die von der IUCN herausgegebene «Rote Liste der bedrohten Arten» ist die umfassendste Informationsquelle zum globalen Schutzstatus von Tier- und Pflanzenarten. Die IUCN (International Union for the Conservation of Nature, Weltnaturschutzunion) hat ihren Sitz in Gland (Schweiz) und ist die älteste und größte Naturschutzorganisation. Als Mitglied von IUCN ist BirdLife International für die Rote Liste der Vogelarten zuständig: BirdLife sammelt und verwaltet global die Daten zur Vogelwelt und legt auch den Rote-Liste-Status fest. Zurzeit sind laut BirdLife 10 027 Vogelarten offiziell benannt, doch aufgrund von taxonomischen Revisionen und gelegentlich neu entdeckten Arten – ein Beispiel ist der kürzlich entdeckte *Stiphrornis pyrrholaemus* in Gabun – schwankt diese Zahl.

△ *Der Balistar gilt als vom Aussterben bedroht, da Verbreitungsgebiet und Population sehr klein sind; die Art wird immer noch von Wilderern für den (illegalen) Käfigvogelhandel gefangen.*

▽ *Der Chathamalbatros brütet nur auf «The Pyramid», einer Felskippe vor den Chatham-Inseln (die zu Neuseeland gehören). Die Art wird zwar als gefährdet gelistet, doch ihre Population ist stabil und nimmt sogar zu.*

KIWIS, STEISSHÜHNER UND KASUARE

Kiwis (Familie Apterygidae) gehören zu den seltsamsten Vögeln überhaupt. Sie sind flugunfähig, und ihre schmalen Federn erinnern an Haare. Die vier Kiwiarten (von denen drei bedroht sind) sind nachtaktive Waldbewohner, die in Neuseeland heimisch sind. Sie legen im Verhältnis zu ihrer Körpergröße sehr große Eier, die vom Männchen bebrütet werden. Mit ihrem langen Schnabel stochern Kiwis im feuchten Waldboden nach Wirbellosen wie Regenwürmern. Eingeführte Fressfeinde wie Katzen, Hunde und Hermeline stellen die größte Bedrohung für diese ungewöhnlichen und faszinierenden Vögel dar.

Steißhühner (Familie Tinamidae) sind Bodenbewohner, die in Zentral- und Südamerika in Buschland, Wäldern und Grasland leben. Sie sind ziemlich plump gebaut und erinnern im Aussehen an Rebhühner. Steißhühner fliegen nur ungern und ungeschickt, sondern trippeln lieber durch das Unterholz. Die Familie zählt rund vierzig Arten, von denen fünf – vor allem durch Habitatverlust, Störung und Bejagung – bedroht sind.

Kasuare (Familie Casuariidae) sind sehr große, massige und flugunfähige Waldbewohner, die in Neuguinea und Nordaustralien heimisch sind. Ausgestattet mit kräftigen Beinen und langen, scharfen Krallen – die Innenkralle ist dolchartig und zwölf Zentimeter lang – suchen sie in Regenwäldern und Savannenhabitaten vorwiegend nach Früchten. Von den drei heute lebenden (rezenten) Kasuararten sind zwei bedroht. In Neuguinea werden Kasuare wegen ihres Fleisches, ihrer Federn und Krallen (aus denen die Einheimischen Speerspitzen herstellen) gejagt, was lokal zum Aussterben dieser Vögel geführt hat.

STREIFENKIWI

Apteryx australis

Dieser Kiwi hat in Neuseeland bisher in drei isolierten Populationen überlebt: 20 000 Exemplare auf Stewart Island, 7000 in Fiordland und in einer weiteren kleinen Population. Dieser mittelgroße, flugunfähige Vogel ist nachtaktiv und stochert mit seinem langen, nach unten gebogenen Schnabel im Erdreich nach Wirbellosen, nimmt aber auch Früchte und anderes Pflanzenmaterial zu sich. Die Art nutzt verschiedene Habitate, von Küstengebieten bis zu Graslandregionen. Die Gefiederfärbung variiert: Die Vögel in Fiordland sind dunkel graubraun, bei den Kiwis auf Stewart Island sind die Federn dunkelbraun mit rotbraunem Längsstreifen. Beide Geschlechter rufen lautstark in der Dunkelheit. Das Männchen pfeift durchdringend, während das Weibchen dunkle, raue Rufe ausstößt. Kiwis können bis zu zwanzig Jahre alt werden; die Weibchen legen pro Brutzeit nur ein einziges Ei. Die Küken leiden unter der Bejagung durch eingeführte Hauskatzen, während Kusus und Hermeline sich auch über die Eier hermachen. Alt- und Jungvögel fallen zudem Hunden und Frettchen zum Opfer. Obgleich die Population auf Stewart Island relativ groß ist, geht die Zahl der Vögel insgesamt zurück, und die Art ist als gefährdet gelistet. Zu den Schutzmaßnahmen für die kleineren Populationen gehört eine eventuelle Umsiedlung von Vögeln, neue Gesetze, Kontrolle der Prädatorenzahl und ein Programm zur Einbeziehung der Kommunen.

Familie	Apterygidae
Größe	40 cm
Status	gefährdet (abnehmend)
Population	27 000
Verbreitung	Neuseeland (endemisch)
Habitat	Sanddünen an der Küste, Wald, subalpines Buschland, Tussock-Grasland
Bedrohungen	eingeführte Prädatoren

HELMKASUAR

Casuarius casuarius

Dieser große flugunfähige Vogel lebt als heimlicher Einzelgänger in einer Reihe von baumdominierten Habitaten in Nordaustralien und Neuguinea. Erwachsene (adulte) Vögel sind überwiegend schwarz mit auffälligen Markierungen am Hals. Der größte Teil des nackten Halses ist leuchtend blau mit rotem Nacken und einem doppelten roten Hautlappen, der an der Vorderseite des Halses herabhängt. Kasuare kommunizieren über verschiedene Zischlaute und Brummtöne, bei der Balz werden auch dröhnende Rufe ausgestoßen. Die Vögel ernähren sich vorwiegend von auf dem Boden liegenden Früchten. Im Lauf der letzten dreißig Jahre ist die Zahl der Helmkasuare rasch zurückgegangen, und in Teilen von Neuguinea ist dieser Kasuar bereits lokal ausgestorben. In Australien gehen die größten Gefahren vom Straßenverkehr aus, ferner von Hunden, die Jagd auf Jungvögel machen, und schließlich von der Zerstörung oder Fragmentierung des Lebensraums (inzwischen weitgehend zum Stillstand gekommen). In Indonesien und Papua-Neuguinea werden Helmkasuare, hauptsächlich wegen ihres Fleisches, intensiv bejagt und leiden unter Habitatverlust.

Familie	Casuariidae
Größe	1,8 m
Status	gefährdet (abnehmend)
Population	10 000–19 000
Verbreitung	Australien (Queensland), Neuguinea, Papua-Neuguinea
Habitat	Regenwald, Savannenwälder, Mangrovenwälder, Obstplantagen
Bedrohungen	Habitatfragmentierung und -zerstörung, Holzeinschlag, Bejagung

BEDROHTE KIWIS, STEISSHÜHNER UND KASUARE

FAMILIE		TRIVIALNAME	WISSENSCHAFTLICHER NAME	STATUS
APTERYGIDAE Kiwis	■	Streifenkiwi	*Apteryx australis*	VU
	■	Haast-Kiwi	*Apteryx haastii*	VU
	■	Nördlicher Streifenkiwi	*Apteryx mantelli*	EN
TINAMIDAE Steißhühner	■	Kerr-Tinamu	*Crypturellus kerriae*	VU
	■	Taczanowski-Steißhuhn	*Nothoprocta taczanowskii*	VU

ROTE LISTE ■ ausgestorben ■ in freier Wildbahn ausgest. ■ vom Aussterben bedroht ■ stark gefährdet ■ gefährdet

BEDROHTE KIWIS, STEISSHÜHNER UND KASUARE *FORTSETZUNG*				
FAMILIE		**TRIVIALNAME**	**WISSENSCHAFTLICHER NAME**	**STATUS**
TINAMIDAE Steißhühner	■	Wachtelsteißhuhn	*Nothura minor*	VU
	■	Pfauensteißhuhn	*Taoniscus nanus*	VU
	■	Schwarztinamu	*Tinamus osgoodi*	VU
CASUARIIDAE Kasuare	■	Helmkasuar	*Casuarius casuarius*	VU
	■	Einlappenkasuar	*Casuarius unappendiculatus*	VU

ROTE LISTE ■ ausgestorben ■ in freier Wildbahn ausgest. ■ vom Aussterben bedroht ■ stark gefährdet ■ gefährdet

PINGUINE

Pinguine (Familie Spheniscidae) sind flugunfähige Seevögel mit kompaktem Körperbau. Sie sind an Land relativ ungelenk, doch dank ihrer stromlinienförmigen Silhouette ausgezeichnete Schwimmer und Taucher. Die kurzen steifen Flügel werden nicht zum Flug, sondern wie «Flossen» eingesetzt und sorgen beim Schwimmen für den nötigen Vortrieb. Das Gefieder ist auf der Rückenseite schwarz oder graublau, auf der Bauchseite weiß. Junge Pinguine tragen ein dichtes weiches Dunenkleid. Pinguine sind auf der Südhalbkugel heimisch und auf kalte Meere angewiesen; nur eine Art lebt in Äquatorhöhe auf den Galapagosinseln, wo kalte Meeresströmungen längs der Westküste von Südamerika bis in die Tropen reichen. Die höchste Artenvielfalt herrscht im Südatlantik, mehrere Pinguinarten brüten auf dem Antarktischen Kontinent. Von den 18 existierenden Arten gelten inzwischen elf als bedroht; zu den Gefahren gehören Ertrinken in Fischernetzen, Nahrungsknappheit, die zum Teil auf Überfischung zurückgeht, und in manchen Fällen auch die Bejagung durch eingeführte Prädatoren. Wie viele andere Seevögel leiden auch Pinguine stark unter Ölverschmutzung, und viele sterben daran. Galapagospinguine sind zudem regelmäßig vom El-Niño-Phänomen betroffen, das sich auf die Meeresströmungen auswirkt und zu einer Verringerung der Fischbestände führt. Dieses Phänomen könnte infolge des Klimawandels zunehmend häufiger auftreten.

GALAPAGOSPINGUIN
Spheniscus mendiculus

Dieser kleine Pinguin brütet weiter nördlich als irgendeine andere Pinguinart und ist auf den Galapagosinseln endemisch. Die meisten Vögel leben auf Isabela und Fernandina, die übrigen in Gruppen auf ein paar kleineren Inseln. Sie ernähren sich von Schwarmfischen in den kühlen und nährstoffreichen küstennahen Gewässern und brüten das ganze Jahr hindurch in Höhlen oder Felsspalten in Meeresnähe. Der Rücken ist grauschwarz, der Bauch weiß, der Kopf schwarz mit einem weißen Streifen, der hinter dem Auge ansetzt und um die Ohrendecken zum Kinn verläuft. Typisch sind ein schwarzes Halsband sowie ein schwarzes Brustband, das sich seitlich bis zu den Beinen zieht. Der Schnabel ist dunkel, wobei der Unterschnabel rosafarbene Markierungen aufweist. Jungvögel haben helle Wangenpartien, das schwarze Hals- und Brustband ist noch nicht ausgebildet. Mit einem derart kleinen Verbreitungsgebiet und einer vollständigen Abhängigkeit vom Fischangebot ist die Population anfällig für Fluktuationen der Meeresströmungen, die den Fischreichtum der Gewässer beeinflussen; das gilt vor allem für eine Meereserwärmung. In den letzten Jahrzehnten ist der Bestand aufgrund der El Niño Southern Oscillation um mehr als sechzig bis siebzig Prozent gefallen und erholt sich nur langsam. Die Hauptpopulation ist von eingeschleppten Katzen dezimiert worden; zudem kommen die Vögel als Beifang um. Zum Schutz der Art müssen die Fischerei im Galapagos-Meeresschutzgebiet stärker kontrolliert, die Störungen am Brutplatz eingeschränkt und eingeschleppte Fressfeinde ausgemerzt werden.

Familie	Spheniscidae
Größe	53 cm
Status	stark gefährdet (abnehmend)
Population	1800
Verbreitung	Galapagosinseln, Ecuador (endemisch)
Habitat	kalte Meeresgebiete in der Nähe von Felsküsten
Bedrohungen	fluktuierende Meeresströmungen, eingeschleppte Prädatoren, Küstenfischerei

GELBAUGENPINGUIN
Megadyptes antipodes

Dieser mittelgroße Pinguin hat hellgelbe Augen sowie einen hellgelben Kopf mit einem leuchtend gelben Band, das sich von den Augen über den Hinterkopf zieht. Die hellen Federn weisen kontrastierende dunkle Federschäfte auf. Die Jungvögel sind einheitlich grau gefärbt. Die Rufe klingen melodischer als bei den meisten Pinguinarten. Das Brutgebiet ist klein; kleine Populationen leben an der Südostküste von Neuseelands Südinsel in dichten Wäldern. Obgleich es Anzeichen dafür gibt, dass die Art auf Schutzmaßnahmen anspricht, gilt sie als stark gefährdet. Diese Pinguine ernähren sich vorwiegend von Sprotten, Tiefseedorschen und Schnabelfischen sowie Kalmaren, die sie in Küstengewässern jagen. Da Störungen in der Nähe der Brutplätze, sei es durch Nutzvieh oder Menschen, sich negativ auf den Bruterfolg auswirken, versucht man, dieses Problem durch Einzäunen bestimmter Flächen zu beherrschen. Zudem reagieren die Küken sehr empfindlich auf Infektionskrankheiten wie den Befall mit Blutparasiten und möglicherweise auch Vogelmalaria, was in manchen Jahren zu einem starken Rückgang der Population führt. Brütende Vögel werden auch von eingeschleppten Raubsäugern dezimiert, wie Hermelin, Frettchen und Katze, und inzwischen sind Maßnahmen ergriffen worden, um diese Prädatoren zu kontrollieren. Ein natürlicher Fressfeind, der Neuseeländische Seelöwe *(Phocarctos hookeri)*, erbeutete gelegentlich Gelbaugenpinguine, doch diese Verluste sind in der Regel gering.

Familie	Spheniscidae
Größe	65 cm
Status	stark gefährdet (abnehmend)
Population	5000
Verbreitung	Neuseeland (endemisch)
Habitat	Küstenwälder
Bedrohungen	eingeschleppte Fressfeinde, Störungen, Habitatdegradation

BEDROHTE PINGUINE				
FAMILIE		TRIVIALNAME	WISSENSCHAFTLICHER NAME	STATUS
SPHENISCIDAE Pinguine	■	Felsenpinguin	*Eudyptes chrysocome*	VU
	■	Goldschopfpinguin	*Eudyptes chrysolophus*	VU
	■	Nördlicher Felsenpinguin	*Eudyptes moseleyi*	EN
	■	Dickschnabelpinguin	*Eudyptes pachyrhynchus*	VU
	■	Snares-Inselpinguin	*Eudyptes robustus*	VU
	■	Haubenpinguin	*Eudyptes schlegeli*	VU
	■	Sclaterpinguin, Kronenpinguin	*Eudyptes sclateri*	EN
	■	Gelbaugenpinguin	*Megadyptes antipodes*	EN
	■	Brillenpinguin	*Spheniscus demersus*	EN
	■	Humboldtpinguin	*Spheniscus humboldti*	VU
	■	Galapagospinguin	*Spheniscus mendiculus*	EN

ROTE LISTE ■ ausgestorben ■ in freier Wildbahn ausgest. ■ vom Aussterben bedroht ■ stark gefährdet ■ gefährdet

LAPPENTAUCHER

Lappentaucher (Familie Podicipedidae) sind bestens an ihren aquatischen Lebensraum angepasst. Ihr schlanker, stromlinienförmiger Körper liegt tief im Wasser, und ihre weit hinten angesetzten, mit Schwimmlappen versehenen Füße fungieren an der Wasseroberfläche wie darunter als Ruder. Beim Abtauchen ins Wasser entweicht die im Gefieder eingeschlossene Luft; dadurch verringert sich der Auftrieb und die Manövrierfähigkeit der Vögel wird erhöht. Sie sind hervorragend an die Jagd im Wasser angepasst und erbeuten vor allem wasserlebende Wirbellose und Fische, wobei ihre großen Füße als Steuer dienen. Die Lappentaucher sind weltweit verbreitet und leben vorwiegend auf Seen und Flüssen. Von den 19 Arten sind fünf bedroht, darunter zwei stark gefährdet, und eine, der Punataucher, ist vom Aussterben bedroht. Lappentaucher bauen Schwimmnester aus Wasserpflanzen wie Schilf und Wasserpest. Viele Lappentaucher zeigen ein komplexes Balzritual, wobei beide Partner tanzartige Bewegungen zeigen und unter wiederholtem Kopfschütteln ihre Federhauben oder Schöpfe zur Schau stellen. (Renntaucher laufen zudem synchron über die Wasseroberfläche.) Einige Arten sind durch die Einführung exotischer Fische (wie *Tilapia)* bedroht, die das Nahrungsangebot für die Lappentaucher verringern; auch Raubfische, die junge Lappentaucher fressen, sind ein Problem. Veränderungen von Wasserqualität und Wasserspiegel in den Seen – manchmal eine Folge des Klimawandels – spielen ebenfalls eine Rolle, so beim Goldscheiteltaucher in Argentinien. Eine weitere Bedrohung geht von Kiemennetzen aus, in denen sich die Vögel verfangen und als Beifang sterben.

Im Mai 2010 wurde das Aussterben des Delacourzwergtauchers *(Tachybaptus rufolavatus)* bekannt gegeben. Diese Art beschränkte sich auf ein winziges Verbreitungsgebiet im Osten von Madagaskar; nachdem in den Seen, auf denen sie lebten, räuberische Fische eingesetzt wurden, gingen die Bestände rasant zurück. Zudem führte der Gebrauch von Nylon-Kiemennetzen in der Fischerei dazu, dass sich die Vögel darin verfingen und ertranken, so bedeutete dies das Aus für diesen Zwergtaucher.

TITIKAKATAUCHER
Rollandia microptera

Dieser dunkelbraune und flugunfähige Lappentaucher hat einen gelben Schnabel; Kinn, Kehle und oberer Halsbereich sind weiß; die untere Halspartie rotbraun. Nicht-brütende Altvögel besitzen keine Federhaube und sind matter gefärbt, während die Jungvögel grau sind, mit gestreiftem Kopf sowie weißem Hals und weißer Brust. Der Titikakataucher kommt nur auf einigen Seen auf dem Altiplano von Peru und Bolivien vor, darunter dem berühmten Titikakasee selbst, aber auch auf dem Arapasee und dem Umavosee. Diese Lappentaucher ernähren sich vorwiegend von einer lokalen Andenkärpflingart (Gattung *Orestias,* die auf dem Altiplano endemisch ist und von der eine Art bereits ausgestorben ist); das macht sie anfällig für Veränderungen, die diese Fische negativ beeinflussen, beispielsweise die Einführung exotischer Fischarten. Die wichtigsten Bruthabitate liegen in breiten Schilfgürteln, die von der Totora-Binse *(Schoenoplectus tatora)* dominiert werden, oder die Vögel brüten auf schwimmenden Inseln aus Wasserpflanzen. Zwar brütet die Art ganzjährig, doch ihr Bestand ist im ganzen Verbreitungsgebiet durch verschiedene Probleme bedroht. Dazu gehören das Ertrinken der Vögel in Fischernetzen, Wasserverschmutzung durch nahe gelegene Ansiedlungen und Industrieanlagen und die Zerstörung des Schilfgürtels durch Weidevieh. Die einheimische Bevölkerung verzehrt zudem die Eier des Titikakatauchers. Möglicherweise beeinträchtigen auch Touristen-Ausflugsboote auf dem Titikakasee den Bruterfolg der Art.

Familie	Podicipedidae
Größe	28–45 cm
Status	stark gefährdet (abnehmend)
Population	1600
Verbreitung	Peru und Bolivien
Habitat	Süßwasserseen
Bedrohungen	Ertrinken als Beifang in Fischernetzen, Wasserverschmutzung, natürliche Schwankungen des Wasserspiegels, Habitatkonkurrenz mit Weidevieh, Einführung exotischer Fischarten, Tourismus (Störung durch Boote), Eiersammeln zu Nahrungszwecken

GOLDSCHEITELTAUCHER
Podiceps gallardoi

Der stark gefährdete Goldscheiteltaucher hat ein kleines Verbreitungsgebiet und die Population schrumpft offenbar rapide, wobei eine niedrige Fortpflanzungsrate das Problem verschärft. Der Körper dieses mittelgroßen Tauchers ist weiß mit einem dunkelgrauen Rücken und einer ebensolchen unteren Halspartie. Der Kopf ist schwarz mit einer spitz auslaufenden rötlichen Haube und einer weißen Stirn. Die Vögel verbringen den Winter in Salzwasserhabitaten an der Atlantikküste der Provinz Santa Cruz in Südargentinien. Von Oktober bis März kehren sie zu inländischen Süßwasserseen in den Trockensteppen von Patagonien zurück. Hier bauen sie Schwimmnester aus Wasserpflanzen und brüten in Kolonien. Ihre Nahrung besteht hauptsächlich aus wasserlebenden Wirbellosen. Auf manchen Seen werden die Goldscheiteltaucher von Dominikanermöwen gejagt, doch die Hauptbedrohung geht von Lachsen und Forellen aus, die in manchen Seen eingesetzt werden und mit den Vögeln um die Nahrung konkurrieren. Auch Veränderungen des Wasserspiegels, die dem Klimawandel zugeschrieben werden, beeinflussen ihre Habitate negativ.

Familie	Podicipedidae
Größe	32 cm
Status	stark gefährdet (abnehmend)
Population	250–2500
Verbreitung	Südchile, Südwestargentinien
Habitat	Flussmündungen und Salzwasserseen (Winter), Süßwasserseen im Hochland
Bedrohungen	Klimawandel, eingeschleppte Fischarten

BEDROHTE LAPPENTAUCHER

FAMILIE		TRIVIALNAME	WISSENSCHAFTLICHER NAME	STATUS
PODICIPEDIDAE Lappentaucher	■	Goldscheiteltaucher	*Podiceps gallardoi*	EN
	■	Punataucher	*Podiceps taczanowskii*	CR
	■	Maoritaucher	*Poliocephalus rufopectus*	VU
	■	Titikakataucher	*Rollandia microptera*	EN
	■	Madagaskarzwergtaucher	*Tachybaptus pelzelnii*	VU

ROTE LISTE ■ ausgestorben ■ in freier Wildbahn ausgest. ■ vom Aussterben bedroht ■ stark gefährdet ■ gefährdet

ALBATROSSE

Albatrosse (Familie Diomedeidae) sind eindrucksvolle Seevögel, die bei ihrer Nahrungssuche auf hoher See weite Strecken zurücklegen und dabei dicht über den Wellen segeln. Sie ernähren sich vorwiegend von Fisch, Krebstieren und Kopffüßern (Kalmaren), die gewöhnlich von der Meeresoberfläche aufgenommen werden. Mit ihren sehr langen, schmalen Flügeln können sie Luftströmungen nutzen, die von den Wellen nach oben abgelenkt werden, eine Technik, die ihnen erlaubt, lange Strecken im dynamischen Segelflug zurückzulegen und so Kosten für den energetisch teureren Schlagflug zu sparen. Die größten Albatrosarten weisen die größte Flügelspannweite aller heute lebenden Vögel auf – bis zu 3,5 Meter. Der Schnabel ist lang und schwer; die Spitze ist hakenförmig, und an der Schnabelbasis liegen die röhrenförmigen Nasenöffnungen. Die meisten Arten sind im Südpolarmeer heimisch; sie brüten in der Regel auf ozeanischen Inseln, auf denen es natürlicherweise keine Raubsäuger gibt. Dank Satellitentelemetrie weiß man, dass sie oft über riesige Strecken wandern, wobei einige bis in die nördlichen Meere gelangen und andere den ganzen Globus umfliegen. Von den 22 Albatrosarten sind alle bis auf fünf bedroht; sechs gelten als stark gefährdet, drei sind vom Aussterben bedroht. Treibnetz- und Langleinenfischerei stellen die Hauptgefahren dar, dazu kommen eingeschleppte Fressfeinde, vor allem Mäuse, Ratten und Katzen, sowie Meeresverschmutzung durch Ölkatastrophen. Manche Arten haben aufgrund von Krankheiten wie Vogelcholera unter einer hohen Nestlingssterblichkeit zu leiden.

WANDERALBATROS
Diomedea exulans

Dieser riesige Seevogel verbringt viel Zeit im Flug über das Südpolarmeer, während er nach Nahrung sucht – Fische, Kopffüßer und Abfälle von Fischerbooten. Die Altvögel ähneln einer langflügeligen Möwe mit überwiegend weißem Gefieder und schwarzen Markierungen an den äußeren Schwanzfedern und den Flügelspitzen. Im Jugendkleid ist das Gefieder dunkler, diese schokoladenbraune und graue Färbung wird mit dem Alter zunehmend durch weiße Federpartien ersetzt. Altvögel haben fleischfarbene Beine und einen rosafarbenen Schnabel. Sie brüten auf Inseln im Südpolarmeer und nisten auf küstennahen Hügeln und Felsgraten. Viele Albatroshabitate sind inzwischen geschützt, doch der unabsichtliche Beifang der Vögel bei der Langleinenfischerei bleibt ein Problem.

Familie	Diomedeidae
Größe	115 cm
Status	gefährdet (abnehmend)
Population	26 000
Verbreitung	Prinz-Edward-Inseln, Crozet- und Kerguelen-Inseln, Südgeorgien, Macquarie-Insel
Habitat	sucht auf hoher See nach Nahrung, brütet an exponierten Küstenstandorten
Bedrohungen	Langleinenfischerei, eingeschleppte Prädatoren wie Katzen

GALAPAGOSALBATROS
Phoebastria irrorata

Dieser mittelgroße, langflügelige Albatros ist überwiegend braun mit kontrastierendem weißen Gesicht und Hals; dieses Weiß geht auf Hinterkopf und Nacken in Ockergelb über. Der große Schnabel ist gelb, die Füße bläulich. Aus der Nähe ist zu erkennen, dass die meisten der dunklen Körperfedern fein gebändert sind. Die Brutpopulation ist weitgehend auf die Insel Española im Galapagosarchipel beschränkt. Dort brüten die Vögel in Kolonien auf weitgehend nackten, von Lavageröll übersäten Flächen oder manchmal auch zwischen Büschen. Von Zeit zu Zeit kommt es auch auf der Isla de la Plata vor der Küste von Ecuador zu Bruten, und eine geringe Zahl von Nichtbrütern besucht gelegentlich andere Galapagosinseln. Außerhalb der Brutsaison suchen die Vögel vor der Küste von Ecuador und Peru nach Nahrung. Sie ernähren sich von Fischen, Kopffüßern und Krebstieren, und während einige als Beifang der Fischerboote enden, werden andere vorsätzlich als Fleisch- oder Federlieferanten gejagt. Die Nestlinge müssen von beiden Eltern gefüttert werden und brüten zum ersten Mal im Alter von fünf oder sechs Jahren; daher sind die Verlustraten für eine Art mit einer so eingeschränkten Verbreitung gefährlich.

Familie Diomedeidae
Größe 90 cm
Status vom Aussterben bedroht (abnehmend)
Population 35 000
Verbreitung Galapagosinseln und Isla de la Plata, Ecuador (endemisch)
Habitat sucht auf hoher See nach Nahrung, brütet in felsigen Gebieten
Bedrohungen Langleinenfischerei, Nestplünderung durch Menschen und Tiere (Isla de la Plata)

RUSSALBATROS
Phoebetria fusca

Der Rußalbatros und der Galapagosalbatros unterscheiden sich durch ihr braunes Gefieder von den meisten anderen Albatrosarten; im Fall des Rußalbatros ist es dunkel rußbraun. Zu anderen kennzeichnenden Merkmalen gehören ein unvollständiger weißer Augenring, die etwas dunkler gefärbten Kopfseiten sowie ein keilförmiger Schwanz. Der Schnabel ist schwarz, der Unterschnabel ist gelb oder orangefarben gezeichnet. Die Jungvögel ähneln den Altvögeln, was für Albatrosse ungewöhnlich ist. Die Altvögel stoßen am Nest typische zweisilbige Rufe aus; die Vögel brüten auf Inseln im Indischen Ozean und im Südatlantik in kleinen Kolonien von fünfzig bis sechzig Paaren, die Brutplätze liegen auf steilen Küstenabhängen oder Felsklippen. Die Hauptkolonien befinden sich auf der Gough-Insel, Tristan da Cunha, den Prinz-Edward-Inseln und den Marianen, ferner auf den Crozet-Inseln und der Amsterdam-Insel. Rußalbatrosse suchen auf subtropischen Meeren nach Fischen, Kopffüßern und Krebstieren, manchmal auch nach genießbaren Abfällen von Fischerbooten. Die Langleinenfischerei hat die Bestandszahlen zurückgehen lassen; dazu kamen in der Vergangenheit auf manchen Inseln Probleme mit eingeschleppten Fressfeinden.

Familie Diomedeidae
Größe 85 cm
Status stark gefährdet (abnehmend)
Population 42 000
Verbreitung Inseln im Südatlantik und im Indischen Ozean, Prinz-Edward- und Marion-Insel, Crozet- und Kerguelen-Inseln, Amsterdam-Insel, Gough-Insel und Tristan da Cunha
Habitat sucht im subtropischen südlichen Ozean nach Nahrung, brütet an steilen Küsten
Bedrohungen Langleinenfischerei, eingeschleppte Fressfeinde

BEDROHTE ALBATROSSE

FAMILIE	TRIVIALNAME	WISSENSCHAFTLICHER NAME	STATUS
DIOMEDEIDAE Albatrosse	Amsterdam-Albatros	*Diomedea amsterdamensis*	CR
	Antipoden-Wanderalbatros	*Diomedea antipodensis*	VU
	Tristan-Albatros	*Diomedea dabbenena*	CR
	Königsalbatros	*Diomedea epomophora*	VU
	Wanderalbatros	*Diomedea exulans*	VU
	Nördlicher Königsalbatros	*Diomedea sanfordi*	EN
	Kurzschwanzalbatros	*Phoebastria albatrus*	VU
	Galapagosalbatros	*Phoebastria irrorata*	CR
	Schwarzfußalbatros	*Phoebastria nigripes*	EN
	Rußalbatros	*Phoebetria fusca*	EN
	Indischer Gelbnasenalbatros	*Thalassarche carteri*	EN
	Gelbnasenalbatros	*Thalassarche chlororhynchos*	EN
	Graukopfalbatros	*Thalassarche chrysostoma*	VU
	Chathamalbatros	*Thalassarche eremita*	VU
	Campbell-Albatros	*Thalassarche impavida*	VU
	Schwarzbrauenalbatros (Mollymauk)	*Thalassarche melanophrys*	EN
	Graurückenalbatros	*Thalassarche salvini*	VU

ROTE LISTE ■ ausgestorben ■ in freier Wildbahn ausgest. ■ vom Aussterben bedroht ■ stark gefährdet ■ gefährdet

Sturmvögel, Sturmschwalben und Lummensturmvögel

Sturmvögel (Familie Procellariidae) sehen, was die Körperform angeht, wie kleinere Albatrosse aus. Wie Albatrosse sind sie vorwiegend Hochseevögel, und sie verwenden eine ähnliche Flugtechnik: Mithilfe ihrer langen schmalen Flügel nutzen sie die Schwankungen der Windgeschwindigkeit direkt über den Meereswellen. Zwischen Perioden des Schlagflugs legen sie lange Gleitphasen ein, um Energie zu sparen, während sie die Wasseroberfläche nach Nahrung absuchen. Von den achtzig Arten der Familie gelten 35 als bedroht.

Sturmschwalben (Familie Hydrobatidae) sind zierliche Seevögel, die über die Wellen flattern und Nahrung wie Plankton und kleine Fische von der Oberfläche oder aus der direkt darunter liegenden Wasserschicht picken; manche Arten folgen auch Schiffen und ernähren sich von kleinen Abfallbrocken. Sturmschwalben sind Koloniebrüter und nisten gewöhnlich auf isolierten Inseln, die frei von Bodenräubern sind. Es gibt 22 Arten, von denen vier als bedroht gelten.

Tauchsturmvögel (Familie Pelecanoididae), auch Lummensturmvögel genannt, bilden eine kleine Familie mit nur fünf Arten. Eine davon, der Garnot-Lummensturmvogel, ist stark gefährdet. Dieser kleine gedrungene, an einen Alk erinnernde Vogel hat die bemerkenswerte Angewohnheit, direkt in Wellen hinein und durch sie hindurch zu fliegen und nach seiner Beute – hauptsächlich Wirbellosen wie Krill – zu tauchen. Diese Koloniebrüter nisten in Erdhöhlen, die sie selbst graben.

TOWNSEND-STURMTAUCHER

Puffinus auricularis

Dieser mittelgroße Sturmtaucher ist in Mexiko endemisch, wo er inzwischen nur noch auf der Insel Socorro vor der Pazifikküste brütet. Der Vogel ist oberseits überwiegend schwarz, unterseits weiß, mit schwarzem Halbkragen, Unterschwanzdecken und Beinen sowie weißen Flecken auf den Flanken. Die schwarze Oberseite ist übergangslos von der hellen Unterseite abgesetzt. Die Flügel sind unterseits am Flügelbug und an der Hinterkante schwarz gesäumt. Die Vögel brüten in Felshöhlen am Rand von Gebüschen und Wäldern. Sie leiden unter eingeschleppten Katzen und möglicherweise auch Ratten; an manchen Plätzen zertrampeln Schafe das Habitat und stören die Vögel. Townsendsturmtaucher reagieren zudem schon auf leichte Umweltverschmutzung und bedürfen ganz spezieller Schutzmaßnahmen, damit sie brüten. Zurzeit wird ein spezielles Habitatmanagement entwickelt, das auf eine eingeschränkte landwirtschaftliche Nutzung und die Kontrolle der Prädatoren auf der Insel abzielt.

Familie Procellariidae
Größe 33 cm
Status vom Aussterben bedroht (abnehmend)
Population 250–950
Verbreitung Socorro (Revillagigedo-Inseln) Mexiko (endemisch)
Habitat Höhlen in Grasabhängen oder felsigen Waldrändern
Bedrohungen eingeschleppte Neozoen (Katzen, Ratten), Habitatzerstörung durch Schweine und Schafe

KALIFORNIEN-WELLENLÄUFER

Oceanodroma homochroa

Ein zierlicher, dunkler Seevogel mit wenig typischen Merkmalen, was die Bestimmung der Art erschwert. Die Oberschwanzdecken haben hellgraue Ränder, auf dem Unterflügel wird im Flug eine helle Binde sichtbar. Die Kalifornien-Wellenläufer brüten in Höhlen auf wenigen Felsinseln vor der Küste von Kalifornien und Mexiko; die Hauptkolonien liegen auf den South Farallon Islands und den Channel Islands (Kalifornien). Auf dem Meer finden sie sich oft in großen Trupps zusammen – im Herbst sind in Monterey Bay schon bis zu 6000 Vögel beobachtet worden. Ihre Nahrung besteht überwiegend aus Plankton und kleinen Fischen. Wie viele andere Seevögel leiden sie unter Ölverschmutzung und Verschmutzung durch andere chemische Schadstoffe. Sie reagieren empfindlich auf Störungen am Brutplatz, so werden sie, wenn sie abends zur Brutkolonie zurückkehren, durch die Lichter von Fischerbooten verwirrt. In einigen Kolonien sind heimische Prädatoren, und zwar Kanincheneule und Westmöwe, ein Problem.

Familie Hydrobatidae
Größe 20 cm
Status stark gefährdet (abnehmend)
Population 5200–10 000
Verbreitung Küste von Kalifornien (USA) und Mexiko
Habitat Höhlenbrüter auf Felsinseln
Bedrohungen eingeschleppte Fressfeinde (Ratten), Zunahme heimischer Prädatoren, Wasserverschmutzung, Störungen am Brutplatz

BEDROHTE STURMSCHWALBEN UND TAUCHSTURMVÖGEL

FAMILIE		TRIVIALNAME	WISSENSCHAFTLICHER NAME	STATUS
HYDROBATIDAE Sturmschwalben	■ (orange)	Weißkehl-Sturmschwalbe	*Nesofregetta fuliginosa*	EN
	■ (rot)	Neuseeländische Sturmschwalbe	*Oceanites maorianus*	CR
	■ (orange)	Kalifornien-Wellenläufer	*Oceanodroma homochroa*	EN
	■ (rot)	Guadeloupe-Wellenläufer	*Oceanodroma macrodactyla*	CR
	■ (gelb)	Monteiro-Wellenläufer	*Oceanodroma monteiroi*	VU
PELECANOIDIDAE Tauchsturmvögel	■ (orange)	Garnot-Lummensturmvogel	*Pelecanoides garnotii*	EN

ROTE LISTE ■ ausgestorben ■ in freier Wildbahn ausgest. ■ vom Aussterben bedroht ■ stark gefährdet ■ gefährdet

GARNOT-LUMMENSTURMVOGEL

Pelecanoides garnotii

Dieser kleine, kompakt gebaute Seevogel ist oberseits schwarz, unterseits etwas heller grau gefärbt. Gesicht und Halsseiten sind braun. Die Tauch- oder Lummensturmvögel, die in Aussehen und Verhalten an einen Alk erinnern (Name!), fliegen mit raschem Flügelschlag tief über den Wellen. Der Garnot-Lummensturmvogel lebt nur auf vier Inseln vor der Küste von Chile und Peru und brütet dort in tiefen Höhlen, die er in den Guano gräbt. In diesen Höhlen brütet der Vogel fast ganzjährig; wahrscheinlich werden pro Jahr zwei Bruten aufgezogen. Die Vögel ernähren sich von einem breiten Spektrum an Beutetieren, darunter Fischlarven, Krebstiere und kleine Schwarmfische wie Sardellen. Obwohl die Gesamtpopulation recht groß ist, gilt die Art als stark gefährdet, weil ihr Verbreitungsgebiet so klein ist und der Bestand offenbar relativ rasch abnimmt. Die Vögel haben unter eingeschleppten Fressfeinden wie Hunden, Katzen, Ratten und Füchsen zu leiden. Zudem ist ihr Lebensraum durch den Abbau von Guano bedroht. Manchmal verfangen sich die Vögel in Fischernetzen, und Überfischung lässt ihre Nahrungsgrundlage schrumpfen. Die Auswirkungen von El Niño auf die Meeresströmungen führen zudem zu periodischen Nahrungsknappheiten.

Familie Pelecanoididae
Größe 22 cm
Status stark gefährdet (abnehmend)
Population 25 000–28 000
Verbreitung vier kleine Inseln vor der Küste von Chile und Peru
Habitat Höhlen im Sandboden, in Felsspalten oder im Guano
Bedrohungen eingeschleppte Fressfeinde (Füchse, Ratten, Katzen und Hunde), Guanoabbau, Überfischung, Beifang

BEDROHTE STURMVÖGEL

FAMILIE	TRIVIALNAME	WISSENSCHAFTLICHER NAME	STATUS
PROCELLARIIDAE Sturmvögel	Weißkinn-Sturmvogel	*Procellaria aequinoctialis*	VU
	Antarktischer Sturmvogel	*Procellaria conspicillata*	VU
	Parkinson-Sturmvogel	*Procellaria parkinsoni*	VU
	Westland-Sturmvogel	*Procellaria westlandica*	VU
	Maskarenen-Sturmvogel	*Pseudobulweria aterrima*	CR
	Salomonen-Sturmvogel	*Pseudobulweria becki*	CR
	Macgillivray-Sturmvogel	*Pseudobulweria macgillivrayi*	CR
	Phönix-Sturmvogel	*Pterodroma alba*	EN
	Trinidad-Sturmvogel	*Pterodroma arminjoniana*	VU
	Henderson-Sturmvogel	*Pterodroma atrata*	EN
	Chatham-Sturmvogel	*Pterodroma axillaris*	EN
	Barau-Sturmvogel	*Pterodroma baraui*	EN
	Bermuda-Sturmvogel	*Pterodroma cahow*	EN
	Jamaika-Sturmvogel	*Pterodroma caribbaea*	CR
	Weißnacken-Sturmvogel	*Pterodroma cervicalis*	VU
	Cook-Sturmvogel	*Pterodroma cookii*	VU
	Juan-Fernandez-Sturmvogel	*Pterodroma defilippiana*	VU
	Salvin-Sturmvogel	*Pterodroma externa*	VU
	Teufels-Sturmvogel	*Pterodroma hasitata*	EN
	Schlegel-Sturmvogel	*Pterodroma incerta*	EN
	Brustband-Sturmvogel	*Pterodroma leucoptera*	VU
	Stejneger-Sturmvogel	*Pterodroma longirostris*	VU
	Madeira-Sturmvogel	*Pterodroma madeira*	EN
	Magenta-Sturmvogel	*Pterodroma magentae*	CR
	Galapagos-Sturmvogel	*Pterodroma phaeopygia*	CR

ROTE LISTE ■ ausgestorben ■ in freier Wildbahn ausgest. ■ vom Aussterben bedroht ■ stark gefährdet ■ gefährdet

BEDROHTE STURMVÖGEL *FORTSETZUNG*

FAMILIE	TRIVIALNAME	WISSENSCHAFTLICHER NAME	STATUS
PROCELLARIIDAE Sturmvögel	Pycroft-Sturmvogel	*Pterodroma pycrofti*	VU
	Hawaii-Sturmvogel	*Pterodroma sandwichensis*	VU
	Solander-Sturmvogel	*Pterodroma solandri*	VU
	Townsend-Sturmtaucher	*Puffinus auricularis*	CR
	Graumantel-Sturmtaucher	*Puffinus bulleri*	VU
	Rosafuß-Sturmtaucher	*Puffinus creatopus*	VU
	Heinroth-Sturmtaucher	*Puffinus heinrothi*	VU
	Hutton-Sturmtauchersturmtaucher	*Puffinus huttoni*	EN
	Balearen-Schwarzschnabel	*Puffinus mauretanicus*	CR
	Newell-Sturmtaucher	*Puffinus newelli*	EN

ROTE LISTE ■ ausgestorben ■ in freier Wildbahn ausgest. ■ vom Aussterben bedroht ■ stark gefährdet ■ gefährdet

PELIKANE, TÖLPEL, KORMORANE UND FREGATTVÖGEL

Pelikane (Familie Pelecanidae) sind große Wasservögel mit breiten, kräftigen Flügeln und einem langen, geraden Schnabel, der am Unterkiefer eine stark dehnbare Hauttasche (Kehlsack) trägt. Das ungewöhnliche Aussehen hat Pelikane zu einem beliebten Thema in Sagen und Geschichten gemacht. Dank des dehnbaren Kehlsacks können sie erbeutete Fische solange im Schnabel «speichern», bis das Wasser aus dem Schnabel abgeflossen ist und sie den Fang hinunterschlucken können. Die meisten Pelikane fischen an der Oberfläche, doch eine Art, der Braunpelikan, taucht nach seiner Beute. Die Familie umfasst acht Arten, von denen eine, der Krauskopfpelikan, als gefährdet eingestuft ist.

Tölpel (Familie Sulidae) sind elegante, kräftige Seevögel mit langem, dolchartigen Schnabel und stromlinienförmigem Körper. Sie brüten in (häufig riesigen) Kolonien und segeln auf der Suche nach Schwarmfischen übers Meer, die sie durch Stoßtauchen fangen. Von den zehn Arten sind Kaptölpel und Abbott-Tölpel bedroht.

Kormorane (Familie Phalacrocoracidae) sind fischfressende Vögel mit einem überwiegend dunklen Gefieder und langem Hals. Sie fangen ihre Beute, indem sie abtauchen und diese unter Wasser schwimmend jagen. Oft sitzen sie mit ausgebreiteten Flügeln an Land, um das Gefieder zu trocknen. Von den 33 Arten sind zehn bedroht.

Fregattvögel (Familie Fregatidae) sind eindrucksvolle Seevögel, mit langen Flügeln, die im Flug abgewinkelt getragen werden, und einem langen, gegabelten Schwanz. Die Vögel sind kräftige und höchst manövrierfähige Flieger und bleiben häufig tagelang ununterbrochen in der Luft, wobei sie manchmal die Thermik nutzen, um sich in große Höhen emportragen zu lassen. Von den fünf Fregattvogelarten sind zwei bedroht.

ABBOTT-TÖLPEL

Papasula abbotti

Dieser Tölpel mit auffälliger schwarz-weißer Zeichnung, auch Graufußtölpel genannt, lebt inzwischen nur noch auf der Weihnachtsinsel im östlichen Indischen Ozean. Die Art pflanzt sich nur langsam fort. Die Vögel werden erst mit acht Jahren geschlechtsreif und ziehen anschließend jedes zweite Jahr lediglich ein einziges Junges auf; ihre Lebensspanne beträgt bis zu vierzig Jahren. Die geringe Fortpflanzungsrate könnte den Populationsrückgang zum Teil erklären, insbesondere im Zusammenhang mit den Habitatveränderungen. Abbott-Tölpel nisten in hohen Bäumen im Regenwald, doch vor allem für den Abbau von Bodenschätzen sind Teile dieses Waldes gerodet worden. Zudem haben sich Neophyten ausgebreitet, darunter eine eingeschleppte Ameise, die Gelbe Spinnerameise *(Anoplolepis gracilipes)*. Diese Art hat riesige Kolonien aufgebaut, schädigt die Bäume und zerstört die natürliche Nahrungskette, weil sie die Weihnachtsinsel-Krabben dezimiert. Möglicherweise attackiert die Ameise auch die Nestlinge des Abbot-Tölpels oder veranlasst die Altvögel zum Aufgeben der Brut. Extreme lokale Wetterverhältnisse mit starkem Windaufkommen wirken sich ebenfalls negativ auf die Brutvögel aus, und dieser Effekt wird durch die Rodung von Waldflächen verstärkt. Der 1980 eingerichtete Weihnachtsinsel-Nationalpark bietet einen verbesserten Schutz für den größten Teil der Population.

Familie	Sulidae
Größe	79 cm
Status	stark gefährdet (abnehmend)
Population	6000
Verbreitung	Weihnachtsinsel (endemisch)
Habitat	nistet in hohen Regenwaldbäumen, sucht auf dem Meer nach Nahrung
Bedrohungen	Habitatzerstörung, eingeschleppte Ameisen, Abbau von Bodenschätzen, extreme lokale Wetterbedingungen

GALAPAGOSSCHARBE
Phalacrocorax harrisi

Die Galapagosscharbe konnte durch das Fehlen von Raubsäugern an diesem entlegenen Standort im Lauf ihrer Evolution ihre Flugfähigkeit aufgeben; die Flügel haben sich daher zu kleinen Stummeln zurückgebildet (was ihr den Namen Stummelkormoran eintrug). Trotzdem hat die Galapagosscharbe die für seine Familie typische Angewohnheit beibehalten, mit ausgebreiteten Flügeln zu rasten. Sie lebt ausschließlich an der Küste von Fernandina und Isabela auf Galapagos. Altvögel haben eine schwarzbraune Oberseite und eine hellere Unterseite sowie leuchtend türkisblaue Augen; die Jungvögel sind schwarzglänzend mit mattbraunen Augen. Galapagosscharben ernähren sich von Fischen, vor allem Aalen und Kraken und bauen ihre Tangnester auf Lavagestein in Küstennähe. In Reaktion auf El-Niño-Ereignisse schwankt die Populationsgröße beträchtlich und geht manchmal um fünfzig Prozent zurück, doch die Zahlen können rasch wieder nach oben schnellen. Aufgrund ihrer Flugunfähigkeit ist die Stummelscharbe besonders von Ölkatastrophen, Fischerei, eingeschleppten Prädatoren und Vulkanausbrüchen bedroht. Obwohl die Vögel allesamt im Galapagos-Nationalpark und Meeresschutzgebiet leben, sind strengere Regelungen bei der Netzfischerei und der Jagd sowie deren Durchsetzung nötig, ebenso eine ständige Kontrolle der Katzen auf Isabela.

Familie	Phalacrocoracidae
Größe	95 cm
Status	stark gefährdet (schwankend)
Population	900
Verbreitung	Fernandina und Isabela auf den Galapagosinseln (endemisch)
Habitat	Meer und Küstenbereich
Bedrohungen	Fischerei, eingeschleppte Prädatoren, Schwankungen im Fisch- und Krakenbestand

WEISSBAUCH-FREGATTVOGEL
Fregata andrewsi

Der große Weißbauch-Fregattvogel wirkt nicht nur im Hinblick auf sein Äußeres furchterregend, sondern Gleiches gilt auch für einige seiner Ernährungsgewohnheiten. Die Art brütet nur in drei Kolonien auf dem australischen Territorium der Weihnachtsinsel im Indischen Ozean. Wie alle Fregattvögel hat diese Art lange Flügel, die im Flug abgewinkelt getragen werden, einen tief gegabelten Schwanz und einen langen Hakenschnabel. Das Männchen ist überwiegend glänzend schwarz mit einem hellen Flügelband und einem kleinen weißen Bauchfleck und unterscheidet sich dadurch von anderen Fregattvogelarten. Es besitzt den typisch leuchtend roten, ballonartigen Kehlsack, der bei der Balz aufgeblasen wird. Das Weibchen ist dunkel mit weißer Brust und weißem Bauch. Diese Vögel belästigen andere Seevögel im Flug solange, bis diese ihre Beute wieder hervorwürgen, oder sie ergreifen Fische und Kopffüßer direkt unter der Wasseroberfläche. Sie landen nur selten auf dem Wasser, und ihr Gefieder ist nicht besonders wasserabweisend. Die Vögel nisten in hohen Waldbäumen und ziehen nur alle zwei Jahre ein einziges Junges auf, daher erholt sich die Population nach einem Rückgang gleich welcher Art nur sehr langsam. Die Brutkolonien sind durch Habitatverlust (Phosphatabbau) geschrumpft, und da die Mehrheit aller Nester nun in einer einzigen Kolonie konzentriert ist, ist die Art sehr anfällig für Wirbelstürme. Die Nichtbrüter rasten auch auf Inseln außerhalb der Weihnachtsinsel, sind aber an diesen Standorten durch Waldrodung und Bejagung bedroht.

Familie	Fregatidae
Größe	95 cm
Status	vom Aussterben bedroht (abnehmend)
Population	2400–4800
Verbreitung	Weihnachtsinsel (endemisch)
Habitat	nistet in hohen Waldbäumen, sucht weit vor der Küste nach Nahrung
Bedrohungen	Habitatzerstörung, Fischerei, Hurrikane

BEDROHTE PELIKANE, TÖLPEL, KORMORANE UND FREGATTVÖGEL

FAMILIE		TRIVIALNAME	WISSENSCHAFTLICHER NAME	STATUS
PELECANIDAE Pelikane	■ (gelb)	Krauskopfpelikan	*Pelecanus crispus*	VU
SULIDAE Tölpel	■ (gelb)	Kaptölpel	*Morus capensis*	VU
	■ (orange)	Abbott-Tölpel	*Papasula abbotti*	EN
PHALACROCORACIDAE Kormorane	■ (gelb)	Campbellscharbe	*Phalacrocorax campbelli*	VU
	■ (gelb)	Warzenscharbe	*Phalacrocorax carunculatus*	VU
	■ (gelb)	Stewartscharbe	*Phalacrocorax chalconotus*	VU
	■ (gelb)	Aucklandscharbe	*Phalacrocorax colensoi*	VU
	■ (orange)	Pittscharbe	*Phalacrocorax featherstoni*	EN
	■ (orange)	Galapagosscharbe	*Phalacrocorax harrisi*	EN
	■ (orange)	Küstenscharbe	*Phalacrocorax neglectus*	EN
	■ (gelb)	Sokotrakormoran	*Phalacrocorax nigrogularis*	VU
	■ (rot)	Chathamscharbe	*Phalacrocorax onslowi*	CR
	■ (gelb)	Bountyscharbe	*Phalacrocorax ranfurlyi*	VU
FREGATIDAE Fregattvögel	■ (rot)	Weißbauch-Fregattvogel	*Fregata andrewsi*	CR
	■ (gelb)	Adlerfregattvogel	*Fregata aquila*	VU

ROTE LISTE ■ ausgestorben ■ in freier Wildbahn ausgest. ■ vom Aussterben bedroht ■ stark gefährdet ■ gefährdet

REIHER, STÖRCHE, IBISSE, SCHUHSCHNABEL UND FLAMINGOS

Reiher (Ardeidae) sind elegante Wasservögel mit langem, dünnem Hals, langem Schnabel und langen Beinen. Ein Teil der Reiher hat ein dunkles oder graues Gefieder, andere sind überwiegend weiß. Zur Familie gehören auch die Dommeln mit ihrem tarnfarbenen Gefieder. Reiher suchen in seichtem Wasser nach Fischen, Amphibien und Wirbellosen und spießen ihre Beute auf, sobald sie in Reichweite kommt. Diese Vögel haben breite, kräftige Flügel und einen langsamen Flügelschlag; im Flug wird der Hals rückwärts gebogen, die Beine sind nach hinten ausgestreckt. Die Familie ist weltweit verbreitet und umfasst 62 Arten, von denen acht bedroht sind.

Störche (Ciconiidae) haben ebenfalls einen langen Hals und lange Beine, sind jedoch kompakter gebaut als Reiher und haben einen kräftigeren Schnabel. Im Gegensatz zu Reihern fliegen fast alle Störche mit ausgestrecktem Hals. Die Familie ist in tropischen und warmen temperaten Regionen am arten- und formenreichsten. Störche sind ausdauernde Flieger, die dank ihrer langen, breiten Flügel die Thermik gut nutzen und wie Geier weite Strecken energiesparend im Gleitflug zurücklegen können. Von den 19 Arten sind fünf bedroht.

Ibisse und Löffler (Threskiornithidae) sind in der Regel deutlich kleiner als Störche; der Schnabel ist bei den Ibissen abwärts gebogen, bei den Löfflern flach und an der Spitze löffelförmig verbreitert ist. Ibisse nutzen ihren langen Schnabel, um im weichen Boden oder im Schlamm nach Nahrung zu stochern. Löffler schwenken den Schnabel im Wasser hin und her, um Wirbellose auszuseihen oder kleine Fische zu erbeuten. Von den insgesamt 34 Arten der Threskiornithidae sind acht bedroht, vier davon vom Aussterben.

Der Schuhschnabel (Balaenicipididae) ist der einzige Vertreter seiner Familie und lebt in den Feuchtgebieten von Zentral- und Ostafrika. Der Vogel ist grau, mit großem Kopf und dem einzigartigen schuhförmig gestalteten, breiten Schnabel. Er ernährt sich vorwiegend von Fischen, Kleinsäugern, Reptilien und Amphibien. Die Art ist als gefährdet eingestuft.

Flamingos (Phoenicopteridae) sind elegante Vögel mit sehr langen Beinen und einem langen Hals. Man findet diese sehr geselligen Vögel häufig in großen Schwärmen an Küstenlagunen oder im Inland an Salzseen beziehungsweise Natronseen. Sie besitzen einen komplexen, hoch spezialisierten Schnabel-Zungen-Apparat, mit dem sie kleine Wirbellose aus dem salzhaltigen Wasser filtern. Ober- und Unterkiefer enthalten Lamellen, die Nahrungsteilchen aus dem Wasser seihen, das von der muskulösen Zunge durch den Schnabel gepumpt wird. Von den sechs Arten ist eine, der Andenflamingo, gefährdet.

MADAGASKARREIHER

Ardea humbloti

Dieser große und stattliche Reiher hat ein überwiegend graues Gefieder; der sehr große Schnabel ist hellgelb und verfärbt sich während der Brutzeit dunkelgelb oder sogar orange. Die früher in ganz Madagaskar verbreitete Art ist inzwischen fast nur noch in geeigneten aquatischen Habitaten in Westmadagaskar zu finden, dazu gehören vor allem Küstenmangrovenwälder sowie Seen und Flüsse in der Region von Melaky. Man trifft den Madagaskarreiher gewöhnlich allein oder in kleinen Gruppen an, manchmal auch in Gesellschaft von Graureihern, und die beiden Arten können sogar abwechselnd dieselben Nester benutzen. Madagaskarreiher bevorzugen saubere Gewässer und mittelgroße Beutetiere (zehn bis zwanzig Zentimeter), vor allem Fische, aber auch Krabben, Krebse, Garnelen und ähnliche Krebstiere. Geeignete Habitate sind jedoch inzwischen stark degradiert, unter anderem durch die touristische Erschließung der Küstenregion und die Anlage von Reisfeldern im Inland. Dazu kommen Bedrohungen wie das Fällen von Nistbäumen sowie das Sammeln von Eiern und Küken zu Nahrungszwecken. Die Erhaltungsmaßnahmen konzentrieren sich auf den strengen Schutz der ausgewiesenen Ramsar-Gebiete, beispielsweise Befotaka- und Ankerika-See.

Familie	Ardeidae
Größe	100–105 cm
Status	stark gefährdet (abnehmend)
Population	1400
Verbreitung	Madagaskar (endemisch)
Habitat	Küsten, Süßwasser-Feuchtgebiete
Bedrohungen	Habitatumwandlung, Sammeln von Eiern und Küken

NIPPONIBIS

Nipponia nippon

Dieser Ibis trägt außerhalb der Brutzeit ein weißes Gefieder, in der Brutzeit verfärbt sich die Oberseite hellgrau. Auffällig ist der Federschopf am Hinterkopf (daher auch der Name Japanischer Schopfibis); das unbefiederte, nackte rote Gesicht ist ebenfalls typisch. Der Vogel, der lokal als «Toki» bezeichnet wird, hat eine breite, auf Süßwasserorganismen basierende Nahrungspalette, zu der kleine Fische, Frösche, Krabben, Schnecken, Wasserkäfer und ihre Larven sowie andere Wasserinsekten gehören. Früher war die Art in ganz Ostasien einschließlich Japan weit verbreitet, doch seit den 1960er-Jahren galt sie als praktisch ausgestorben, bis in der Provinz Shaanxi in Zentralchina sieben Individuen entdeckt wurden. Dank aufwendiger Schutzmaßnahmen hat sich die Zahl der Nipponibisse wieder erhöht und liegt gegenwärtig bei mehreren Hundert Vögeln. Habitatdegradationen sind jedoch eine ständige Bedrohung, vor allen die Entwässerung natürlicher Feuchtgebiete und früherer Reisfelder zugunsten von unbewässerter Landwirtschaft sowie die Wasserverschmutzung durch Agrochemikalien. Im Jahr 2008 wurden in Japan zehn Vögel wieder in ihrem früheren Verbreitungsgebiet ausgewildert, und weitere Auswilderungen sind geplant.

Familie	Threskiornithidae
Größe	55–57 cm
Status	stark gefährdet (zunehmend)
Population	400–500
Verbreitung	China (Japan)
Habitat	Mosaik aus Wäldern und Feuchtgebieten
Bedrohungen	Trockenlegung und Verschmutzung von Feuchtgebieten

ANDENFLAMINGO

Phoenicoparrus andinus

Der Andenflamingo ist der einzige Flamingo mit gelben Füßen und Beinen; das Gefieder ist, wie für Flamingos typisch, rosaweiß gefärbt; der gelbe Schnabel hat eine schwarze Spitze, und die Handschwingen bilden bei zusammengelegtem Flügel ein charakteristisches schwarzes Dreieck. In seinem abgelegenen Hochgebirgslebensraum (2000–4400 m ü. M.) besteht seine Kost aus winzigen Organismen wie Kieselalgen (Diatomeen) und Cyanobakterien (Blaualgen), die in den Salzseen des Altiplano (Hochanden) gedeihen. Die Flamingos seihen diese Organismen mithilfe ihres hohen schmalen Schnabels, der einen kammartigen Filterapparat aufweist, aus dem Wasser. Einer der Faktoren für den drastischen Rückgang Mitte des 20. Jahrhunderts war die Tatsache, dass Andenflamingos in Kolonien brüten und die lokale Bevölkerung ohne Schwierigkeiten Abertausende Eier zu Nahrungszwecken aufsammeln konnte. Zudem wurden die Vögel wegen ihres Fleisches und ihrer sehr dekorativen Federn gefangen oder geschossen. Auf diese Bedrohungen reagierte man mit der Einrichtung von Schutzgebieten, beispielsweise der Reserva Nacional Salinas y Aguada Blanca (Peru), der Reserva Nacional Los Flamencos (Chile) sowie den *Lagunas Altoandinas y Puneñas de Catamarca* (Argentinien). Zu einer wachsenden Bedrohung könnten jedoch der Mineralienabbau (zum Beispiel Bor- und Lithiumsalze) und zunehmende Störungen durch Menschen werden.

Familie	Phoenicopteridae
Größe	100–110 cm
Status	gefährdet (abnehmend)
Population	32 000–35 000
Verbreitung	Bolivien, Peru, Chile, Argentinien
Habitat	Salzseen in Hochgebirgen
Bedrohungen	Wasserentnahme, Erzabbau, Bejagung

BEDROHTE REIHER, STÖRCHE, IBISSE UND LÖFFLER, SCHUHSCHNABEL UND FLAMINGOS

FAMILIE		TRIVIALNAME	WISSENSCHAFTLICHER NAME	STATUS
ARDEIDAE Reiher	■	Madagaskarreiher	*Ardea humbloti*	EN
	■	Kaiserreiher	*Ardea insignis*	CR
	■	Dickschnabelreiher	*Ardeola idae*	EN
	■	Australische Rohrdommel	*Botaurus poiciloptilus*	EN
	■	Schneereiher	*Egretta eulophotes*	VU
	■	Braunkehlreiher	*Egretta vinaceigula*	VU
	■	Rotscheitelreiher	*Gorsachius goisagi*	EN
	■	Hainanreiher	*Gorsachius magnificus*	EN
CICONIIDAE Störche	■	Schwarzschnabelstorch	*Ciconia boyciana*	EN
	■	Höckerstorch	*Ciconia stormi*	EN
	■	Großer Adjutant	*Leptoptilos dubius*	EN
	■	Kleiner Adjutant	*Leptoptilos javanicus*	VU
	■	Milchstorch	*Mycteria cinerea*	VU
THRESKIORNITHIDAE Ibisse und Löffler	■	Zwergolivenibis	*Bostrychia bocagei*	CR
	■	Kahlkopfrapp	*Geronticus calvus*	VU
	■	Waldrapp	*Geronticus eremita*	CR
	■	Nipponibis	*Nipponia nippon*	EN
	■	Schwarzgesichtlöffler	*Platalea minor*	EN
	■	Weißschulteribis	*Pseudibis davisoni*	CR
	■	Riesenibis	*Thaumatibis gigantea*	CR
	■	Madagaskar-Heiliger-Ibis	*Threskiornis bernieri*	EN
BALAENICIPITIDAE Schuhschnabel	■	Schuhschnabel	*Balaeniceps rex*	VU
PHOENICOPTERIDAE Flamingos	■	Andenflamingo	*Phoenicoparrus andinus*	VU

ROTE LISTE ■ ausgestorben ■ in freier Wildbahn ausgest. ■ vom Aussterben bedroht ■ stark gefährdet ■ gefährdet

ENTENVÖGEL

Enten, Gänse und Schwäne, die zur Familie der Entenvögel (Anatidae) gehören, sind Wasservögel, die mit Ausnahme der Antarktis weltweit verbreitet sind. Die Familie zählt etwa 150 Arten; 28 sind bedroht, davon sechs vom Aussterben. Sie sind an eine ganze Reihe aquatischer Habitate angepasst, darunter große Seen, Meere, Flüsse und andere Feuchtbiotope; die meisten Arten brüten an oder in der Nähe von Süßwasservorkommen. Ein typischer Entenvogel hat einen Körper, der ihm im Wasser Auftrieb verleiht, wasserabweisendes Gefieder sowie Schwimmfüße – alles Anpassungen an eine geschickte Fortbewegung im Wasser. Viele Arten sind Bodenbrüter und daher den Störungen und Angriffen von Prädatoren in besonderem Maße ausgesetzt; die Wasserverschmutzung fordert ebenfalls ihren Preis. Zudem wurden und werden Entenvögel traditionell als Fleischlieferant oder aus sportlichen Gründen erlegt, in vielen Ländern hat sich dies negativ auf den Bestand der selteneren Arten ausgewirkt. Während manche Arten, wie die meisten Schwäne, überwiegend weiß sind, haben die meisten Enten und Gänse ein dunkles Gefieder; bei manchen Arten tragen jedoch vor allem die Männchen ein buntes Brutkleid (Prachtkleid). Bei den meisten Arten wechselt das Männchen nach der Brut in ein Ruhekleid (Schlichtkleid); dann gleichen die Männchen wieder stärker den unauffälligeren Weibchen. Viele Arten werden in Zoos und anderen Sammlungen gehalten, teilweise wegen ihres hübschen Gefieders, und manche Arten, wie die Stockente, sind wegen ihrer Eier oder ihres Fleisches domestiziert worden. Durch künstliche Zuchtwahl sind bei domestizierten Formen zahlreiche Gefiedervarianten erzeugt worden. Viele Entenvögel haben einen langen Hals und einen breiten, kräftigen, leicht abgeflachten Schnabel – dank dieser im Lauf der Evolution entwickelten Anpassungen können die Vögel das Wasser nach Nahrung durchseihen oder Gras und andere Pflanzen abzupfen. Während die meisten Enten und Schwäne unter der Wasseroberfläche nach Nahrung suchen, weiden Gänse gewöhnlich in Trupps auf Weiden oder Salzwiesen. Gründelenten (Schwimmenten) wie Pfeifenten und Stockente sowie Schwäne strecken oft ihren Steiß aus dem Wasser, um mit dem Schnabel möglichst tief hinabzureichen und am Grund seichter Gewässer an Pflanzen oder tierische Beute zu gelangen. Tauchenten wie Tafelenten und Reiherente suchen vorwiegend tauchend nach Nahrung und erreichen dabei häufig Tiefen von mehreren Metern.

Viele Entenvögel, vor allem Gänse und Schwäne, sind Zugvögel, die regelmäßig weite Strecken in ihre Überwinterungsgebiete zurücklegen. Dabei handelt es sich in der Regel um Flussmündungen, Wattgebiete, Salzwiesen und Weiden an der Küste – Habitate, die häufig entwässert und in Ackerland umgewandelt worden sind. Entenvögel haben einen muskulösen, stromlinienförmigen Körper und große, kräftige Flügel und sind ebenso ausdauernde wie schnelle Flieger. Schwäne gehören zu den schwersten flugfähigen Vögeln und benötigen zum Abheben eine lange «Anlaufstrecke», die sie Wasser tretend bewältigen, bevor sie sich in die Luft schwingen. Enten heben hingegen oft mit einem einzigen Sprung oder nach ein paar kurzen Schritten ab.

ROTHALSGANS
Branta ruficollis

Diese Gans trifft zwischen April und Mai auf Russlands nördlichsten Halbinseln (Taimyr, Gydan und Yamal) ein, wo sie in der spärlich bewaldeten, mit Sträuchern bestandenen oder vollkommen baumlosen Tundra brütet. Sie ernährt sich vorwiegend von Pflanzentrieben, Knospen und Blättern. Sie ist ein Bodenbrüter, ihre Nester liegen häufig in der Nähe von Nestern räuberischen Vogelarten, wie Schneeeulen und Wanderfalken, deren Präsenz Raubtiere wie den Polarfuchs *(Alopex lagopus)* fernhält. Ab September wandern die Gänse aus den Brutgebieten in die Winterquartiere zurück, die überwiegend am westlichen Schwarzen Meer liegen; es gibt jedoch auch Vögel, die bis nach Südgriechenland ziehen und gelegentlich sogar in Westeuropa auftauchen. Hier suchen sie auf Salzwiesen, an Strandseen sowie auf Wiesen und mit Weizen oder Gerste eingesäten Feldern nach Nahrung. Da diese Flächen inzwischen vielfach anders bewirtschaftet, touristisch erschlossen oder bebaut wurden, haben Rothalsgänse im Bestand stark abgenommen. Die relativ kleine und lebhaft gefärbte Gans weist auf Brust, Hals und Gesichtsseiten kastanienbraune Gefiederpartien auf; begrenzt werden diese Flächen von weißen Konturlinien; der Körper ist überwiegend schwarz, auffällig ist der deutliche weiße Flankenstreifen.

Familie	Anatidae
Größe	55 cm
Status	stark gefährdet (abnehmend)
Population	37 000
Verbreitung	Russland (Brut), Bulgarien, Rumänien (Winter)
Habitat	Tundra, subarktische Gebüsche, Feuchtgebiete
Bedrohungen	veränderte Landwirtschaft, Tourismus, Bejagung

HAWAIIGANS
Branta sandvicensis

Die Hawaiigans, von der es in den 1950er-Jahren nur noch etwa dreißig Individuen gab (lokal als Nene bezeichnet), hat gut auf intensive Schutzmaßnahmen angesprochen. In ihrer Heimat Hawaii wurden Schutzgebiete ausgewiesen; dazu kamen Nachzuchten in mehreren Zentren in aller Welt. Die Art ist inzwischen auf den Inseln Hawaii, Maui, Molokai und Kauai recht gut etabliert. Zur Wildpopulation, die insgesamt bis zu tausend Individuen zählt, kommt noch etwa dieselbe Anzahl in Zoos und Parks hinzu, namentlich im Tierpark Slimbridge (Gloucestershire, Großbritannien), der das ursprüngliche Nachzuchtprogramm zur Wiederauswilderung anführte. Die Gans ist am Hals auffällig hellbraun-dunkelbraun gemustert; Schnabel und Kopf sind schwarz, die Wangen bräunlich, und der restliche Körper hell und dunkel graubraun gemustert. Sie hat stark zurückgebildete Schwimmhäute, da sie auf Lavaboden lebt und stehende Gewässer in ihrem Lebensraum fehlen. Die sogar in freier Wildbahn oft zutrauliche Hawaiigans hat stark unter Neozoen wie Katzen, Hunden, Schweinen und vor allem dem Kleinen Mungo *(Herpestes javanicus)* zu leiden.

Familie	Anatidae
Größe	60–65 cm
Status	gefährdet (zunehmend)
Population	500–1000
Verbreitung	Hawaii-Inseln (endemisch)
Habitat	Grasland, strauchbestandene Lavafelder
Bedrohungen	Habitatverlust an die Landwirtschaft, Neozoen

MARMELENTE
Marmaronetta angustirostris

Die Marmelente lebt in voneinander getrennten Arealen, die vom westlichen Mittelmeer bis Westchina reichen. Aufgrund ihres unvorhersehbaren Zugverhaltens ist eine Schätzung des Bestands äußerst schwierig. Aus dem nördlicheren Teil des Verbreitungsgebietes – zum Beispiel Spanien und Türkei – ziehen die Vögel im Herbst meistens südwärts, vielleicht in die subsaharische Sahelzone und nach Ägypten, und wandern im folgenden Frühjahr zurück. Dieses Muster wird jedoch durch kleinräumige Wanderungen kompliziert, die von den Witterungsbedingungen und dem Nahrungsangebot diktiert werden. Brutplätze und Bruterfolg sind ebenso vom Zufall bestimmt. Diese kleine Ente ist relativ gedeckt gefärbt und grau, braun und cremeweiß marmoriert; auffällig ist der dunkelbraune Augenfleck. Das Nahrungsspektrum der Marmelente reicht von Mücken, Fliegen und anderen Insekten im Sommer bis zu Sämereien und Pflanzenschösslingen im Winter; dabei werden vor allem von Sumpfpflanzen wie Schilf und Seggen verzehrt. Viele Feuchtgebietshabitate der Marmelente wurden durch Wasserentnahme, Umwandlung in Ackerland, Weidewirtschaft und Wasserverschmutzung degradiert.

Familie	Anatidae
Größe	40 cm
Status	gefährdet (abnehmend)
Population	14 000–26 000
Verbreitung	Spanien, Nordafrika, Türkei, ostwärts bis China
Habitat	Feuchtgebiete, vor allem Brackwasserbereiche
Bedrohungen	Trockenlegung, Wasserverschmutzung, Beweidung, Jagd auf Wasservögel

BEDROHTE ENTENVÖGEL

FAMILIE	TRIVIALNAME	WISSENSCHAFTLICHER NAME	STATUS
ANATIDAE Entenvögel	Auckland-Kastanienente	*Anas aucklandica*	VU
	Bernierente	*Anas bernieri*	EN
	Aucklandente	*Anas chlorotis*	EN
	Spießente	*Anas eatoni*	VU
	Gluckente	*Anas formosa*	VU
	Laysanente	*Anas laysanensis*	CR
	Philippinenente	*Anas luzonica*	VU
	Madagaskarente	*Anas melleri*	EN
	Campbellente	*Anas nesiotis*	CR
	Hawaii-Stockente	*Anas wyvilliana*	EN
	Schwanengans	*Anser cygnoides*	VU
	Zwerggans	*Anser erythropus*	VU
	Baer-Moorente	*Aythya baeri*	EN
	Madagaskar-Moorente	*Aythya innotata*	CR
	Rothalsgans	*Branta ruficollis*	EN
	Hawaiigans	*Branta sandvicensis*	VU
	Weißflügel-Moschusente	*Cairina scutulata*	EN
	Blauflügelgans	*Cyanochen cyanoptera*	VU
	Kubapfeifgans	*Dendrocygna arborea*	VU
	Saumschnabelente	*Hymenolaimus malacorhynchos*	EN
	Marmelente	*Marmaronetta angustirostris*	VU
	Dunkelsäger	*Mergus octosetaceus*	CR
	Schuppensäger	*Mergus squamatus*	EN
	Weißkopf-Ruderente	*Oxyura leucocephala*	EN

ROTE LISTE ■ ausgestorben ■ in freier Wildbahn ausgest. ■ vom Aussterben bedroht ■ stark gefährdet ■ gefährdet

BEDROHTE ENTENVÖGEL *FORTSETZUNG*

FAMILIE		TRIVIALNAME	WISSENSCHAFTLICHER NAME	STATUS
ANATIDAE Entenvögel	■	Scheckente	*Polysticta stelleri*	VU
	■	Rosenkopfente	*Rhodonessa caryophyllacea*	CR
	■	Salvadori-Ente	*Salvadorina waigiuensis*	VU
	■	Schopfkasarka	*Tadorna cristata*	CR

ROTE LISTE ■ ausgestorben ■ in freier Wildbahn ausgest. ■ vom Aussterben bedroht ■ stark gefährdet ■ gefährdet

NEUWELTGEIER UND ALTWELTGEIER

Die Geier der Neuen Welt wie auch diejenigen der Alten Welt sind große Vögel, die sich hauptsächlich von Aas ernähren. Während sie im Gleitflug große Flächen nach Aas absuchen, nutzen sie mit ihren breiten, langen Schwingen die Thermik, um Energie zu sparen. Die Neuweltgeier gehören zu einer kleinen Familie (Cathartidae) mit nur sieben Arten, darunter der häufige kleine Truthahngeier und die riesigen Kondore, von denen einer, der Andenkondor, auf der Vorwarnliste steht, während der Kalifornische Kondor vom Aussterben bedroht ist. Der Kalifornische Kondor ist durch ein langes und mühevolles Nachzucht- und Auswilderungsprogramm (in geeigneten Habitaten) gerettet worden. Der Andenkondor weist von allen Vögeln die größte Flügelfläche auf. Der Truthahngeier ist in Nord- und Südamerika weit verbreitet und wird manchmal mit einem Bussard verwechselt.

Die Altweltgeier werden zusammen mit Milanen, Weihen, Bussarden, Habichten und Adlern in die große Familie der Habichtartigen (Accipitridae) gestellt. Acht Altweltgeierarten sind bedroht (der Schmutzgeier ist stark gefährdet, vier weitere Arten sind vom Aussterben bedroht). Die Hauptbedrohung für Altweltgeier, besonders in Indien und Afrika, ist der Einsatz der Medikamente Diclofenac und Ketoprofen in der Tiermedizin, d. h. in der Viehhaltung. Diese Medikamente sammeln sich im Körper der Geier an, wenn sie derart behandelte Kadaver fressen – mit tödlichen Folgen. In Indien ist der Geierbestand alleine dadurch geradezu dramatisch zurückgegangen. Inzwischen versucht man, ein Verbot dieser Medikamente durchzusetzen und sie durch weniger gefährliche Alternativen wie Meloxicam zu ersetzen (gegenwärtig das einzige Medikament dieser Gruppe, das bekanntermaßen sicher ist).

KALIFORNISCHER KONDOR

Gymnogyps californicus

Dieser Kondor, der zu den größten und seltensten Vögeln der Welt gehört, hat von einem der teuersten Erhaltungsprogramme profitiert, die es je gegeben hat. Kurz vorm Aussterben der Art wurden 1987 die letzten überlebenden 27 Vögel nach kontroverser Diskussion eingefangen; im Jahr 2010 war die Population wieder auf fast 400 Exemplare angewachsen, darunter etwa 187 wildlebende Vögel. Dieser riesige Vogel mit einer Flügelspannweite von annähernd drei Meter hat den typischen, fast nackten Kopf und Oberhals eines Geiers; die nackte Haut ist braunorange getönt. Das Gefieder ist überwiegend schwarz mit einem weißen Dreieck auf der Flügelunterseite. Der Kondor ernährt sich hauptsächlich von Tierkadavern, wobei seine Palette von Wühlmäusen, Kaninchen und Vögeln bis zu Hirschen und Schafen reicht und auch Meeressäuger einschließt. Viele Kondore sind umgekommen, weil sie Müll und Abfall wie Patronenhülsen verschlungen haben. Eine wichtige Erhaltungsmaßnahme ist das Verbot von Bleimunition im Verbreitungsgebiet des Kondors, denn der Vogel nimmt die Kugeln beim Fressen auf, und das giftige Schwermetall sammelt sich im Lauf der Zeit in seinem Körper an. Dieser Kondor gehört zu den langlebigsten Vögeln, die wir kennen – fünfzig Jahre und mehr sind keine Seltenheit.

Familie	Cathartidae
Größe	120–130 cm
Status	vom Aussterben bedroht (zunehmend)
Population	187
Verbreitung	USA (Kalifornien), Mexiko
Habitat	felsige Hochflächen mit Gebüsch und Wäldern
Bedrohungen	Bleivergiftung durch Munition in Kadavern, Verschlucken von Müll

SCHMUTZGEIER
Neophron percnopterus

Wenn sich dieser Geier mit anderen Aasfressern um einen staubigen Kadaver drängelt, nimmt sein überwiegend weißes Gefieder rasch eine braune oder graue Tönung an. Dennoch bleiben die schwarzen Ränder von Flügeln, Hinterleib, Bürzel und Schwanz deutlich zu erkennen. Der lange Hakenschnabel ist gelb mit schwarzer Spitze (bei der indischen Unterart ist der Schnabel vollständig gelb), und die nackte Gesichtshaut ist gelb bis orangefarben. Bei einer Flügelspannweite von nur 1,7 Meter kann es passieren, dass dieser mittelgroße Geier bei Kadavern warten muss, bis er an die Reihe kommt, doch er hat ein außerordentlich großes Nahrungsspektrum, das von Insekten, Eidechsen und Mäusen bis zu verwesenden Fischen sowie tierischen und menschlichen Fäkalien reicht.

Bleimunition in Tierleichen stellt eine große Bedrohung für den Schmutzgeier dar, ebenso die Rückstände von Antibiotika und Entzündungshemmern in totem Weidevieh. Zum Teil finden die Knochen und Federn des Schutzgeiers in der traditionellen Medizin in Nordafrika und Indien Verwendung. Der Schmutzgeier gehört zu den wenigen Vogelarten, die Werkzeuge gebrauchen – er kann mit einem Stein im Schnabel die Eier anderer Vögel aufschlagen und den flüssigen Eiinhalt verzehren.

Familie	Accipitridae
Größe	55–65 cm
Status	stark gefährdet (abnehmend)
Population	21 000–67 000
Verbreitung	Westeuropa, Afrika, ostwärts bis Indien
Habitat	felsige Hochflächen, Buschland, offene Waldgebiete
Bedrohungen	Vergiftung, Konkurrenz um Nistmöglichkeiten

BEDROHTE NEUWELTGEIER UND ALTWELTGEIER

FAMILIE		TRIVIALNAME	WISSENSCHAFTLICHER NAME	STATUS
CATHARTIDAE Neuweltgeier	■ (rot)	Kalifornischer Kondor	*Gymnogyps californianus*	CR
ACCIPITRIDAE Habichtartige/Altweltgeier	■ (rot)	Bengalengeier	*Gyps bengalensis*	CR
	■ (gelb)	Kapgeier	*Gyps coprotheres*	VU
	■ (rot)	Dünnschnabelgeier	*Gyps indicus*	CR
	■ (rot)	Schmalschnabelgeier	*Gyps tenuirostris*	CR
	■ (gelb)	Ohrengeier	*Torgos tracheliotos*	VU
	■ (gelb)	Wollkopfgeier	*Trigonoceps occipitalis*	VU
	■ (orange)	Schmutzgeier	*Neophron percnopterus*	EN
	■ (rot)	Kahlkopfgeier	*Sarcogyps calvus*	CR

ROTE LISTE ■ ausgestorben ■ in freier Wildbahn ausgest. ■ vom Aussterben bedroht ■ stark gefährdet ■ gefährdet

WEIHEN, WESPENBUSSARDE UND FALKEN

Weihen und Wespenbussarde sind mittelgroße Greifvögel, die sich als wendige Flugkünstler vom Wind in die Höhe tragen lassen. Einige Arten sind ausgesprochene Nahrungsspezialisten. Der Schneckenweih (Buteoninae, Bussardartige) beispielsweise, ernährt sich vorwiegend von bestimmten Süßwasserschnecken, während beim Wespenbussard vor allem Wespenlarven auf dem Speiseplan stehen. Die meisten Weihen bevorzugen offenes, oft sumpfiges Gelände und jagen Kleinvögel und Kleinnager. Weihen gleiten im sogenannten Gaukelflug in geringer Höhe über den Boden, wobei sie die Flügel in V-Form leicht nach oben halten.

Zu den Falken (Familie Falconidae) zählen auch die Karakaras (Geierfalken), die in Zentral- und Südamerika heimisch sind. Keine der zehn Karakara-Arten ist bedroht, doch der Falklandkarakara, der in Südargentinien, Chile und auf den Falklandinseln vorkommt, steht auf der Vorwarnliste. Von den 38 Arten der Eigentlichen Falken (Gattung *Falco)* sind vier Arten (Rötelfalke, Mauritiusfalke, Seychellenfalke und Würgfalke) gefährdet. Zu den Falken zählen auch die Zwergfalken mit acht Arten (Gattungen *Microhierax, Polihierax* und *Spiziapteryx)*, die Waldfalken (Gattung *Micrastur)* mit sieben Arten (eine davon gefährdet) und der Lachfalke, der sich vorwiegend von Schlangen ernährt.

All diese Gruppen sind überwiegend von Habitatverlust bedroht. Vor allem bei Falken reichern sich jedoch darüber hinaus Gifte im Körper an, wenn ihre Beutetiere (hauptsächlich Kleinvögel) mit der Nahrung Pestizide aufgenommen haben. DDT und andere chlorierte Kohlenwasserstoffe, die sich zum Beispiel beim Wanderfalken im Körper konzentrierten, haben (über dünnschalige Eier) zu dramatischen Populationszusammenbrüchen geführt, doch seit der Gebrauch dieser Insektizide eingeschränkt wurde, haben sich die Bestände wieder erholt.

KRAGENWEIH

Leptodon forbesi

Die Rodung der Atlantischen Regenwälder in Brasilien – sie sind im Verbreitungsgebiet dieser Art inzwischen auf unter ein Prozent ihrer früheren Größe geschrumpft – hat viele Arten in Bedrängnis gebracht. Dazu gehören das berühmte Goldene Löwenäffchen *(Leontopithecus rosalia)* sowie der Kragenweih, ein großer, aber scheuer Greifvogel. Typisch ist das auffällige schwarzweiße Federkleid dieses Vogels, mit weißem Kopf, perlmuttgrauem Scheitel, weißem Körper, schwarzem Rücken, schwarzen Oberflügeln und einem weißen Schwanz mit breiter schwarzer Schwanzbinde. Kennzeichnend ist ferner die weiße Vorderkante der Flügel. Im Flug sind die breiten Flügel des Kragenweihs sehr auffällig; beim Balzflug ist der schmetterlingsartigen Flugstil (Gaukelflug) unverkennbar. Über Nahrungserwerb und Brutverhalten ist wenig bekannt; möglicherweise finden sich Ähnlichkeiten zum Cayenneweih, der dem Kragenweih rein äußerlich gleicht, jedoch wesentlich weiter verbreitet ist. Der Cayenneweih hält von einem hohen Ansitz nach Beute Ausschau und stößt dann auf Eidechsen, Schlangen und andere Reptilien sowie Frösche und andere Amphibien herab; zudem frisst er Gliederfüßer wie Grillen, Käfer und andere Insekten, ebenso Spinnen. Die Population des in auf Pernambuco und Alagoas im Nordosten von Brasilien, doch es ist möglich, dass auch bisher nicht kartierte Nachbarbundesstaaten wie Paraiba und Sergipe noch kleine Populationen beherbergen. Bestandserfassungen in solchen Gebieten werden dringend benötigt, wenn diese seltene Art gerettet werden soll. Obgleich die Waldgebiete, in denen Kragenweihe vorkommen, teilweise unter Schutz stehen, sind kleinräumiger Holzeinschlag und Brandrodung an vielen Stellen verbreitet.

Familie Accipitridae
Größe 52 cm
Status vom Aussterben bedroht (abnehmend)
Population 50–250
Verbreitung Brasilien (endemisch)
Habitat feucht-tropische Wälder
Bedrohungen Entwaldung, Feuer

MAURITIUSFALKE

Falco punctatus

Dieser kleine, turmfalkenähnliche Greifvogel ist oberseits überwiegend rotbraun und unterseits weißlich, auf dem Rücken schwarz gestreift oder gebändert, unterseits schwarz gefleckt. Die Art stand schon direkt vor dem Aussterben, denn Mitte der 1970er-Jahre gab es nur noch vier Individuen. Nach konzertierten Bemühungen um eine Nachzucht in Gefangenschaft, bei denen der Durrell Wildlife Conservation Trust (Zoo Jersey) federführend war, zählt die Population des Mauritiusfalken heute wieder viele Hundert Vögel. Die Art ist nicht nur in den wenigen verbliebenen ursprünglichen tropischen Wäldern von Mauritius wiederangesiedelt worden, sondern auch in offenerem Gelände mit Strauchvegetation. Der Mauritiusfalke ist vorwiegend im Hochland und den Bergen im Südwesten der Insel zu finden, im Norden und im Osten ist er seltener. Dank der aufwendigen und andauernden Schutzmaßnahmen (Anbringen von Nistkästen, Bewachung von Brutplätzen, zusätzliche Fütterung und Auswilderungen) hat die Population ständig zugenommen, doch vermutlich kann die Insel nicht mehr als rund 1000 Individuen ernähren. Die Hauptbeute des zierlichen Mauritiusfalken sind kleine Reptilien, darunter die Taggeckos der Insel, kleine Nager, Vögel und große Insekten. Eine entscheidende Rolle beim Niedergang der Art spielte die Entwaldung durch frühere Siedler; in den 1960er- und 1970er-Jahren kamen Vergiftungen durch DDT und ähnliche Pestizide hinzu. Dies führte unter anderem dazu, dass die Eierschalen immer dünner wurden. Die gegenwärtige Population kann sich selbst erhalten, doch sie ist auch weiterhin von eingeschleppten Arten (Neozoen) bedroht, darunter Hausratten, Japanmakaken *(Macaca fuscata)*, Kleinem Mungo *(Herpestes javanicus)* und Hauskatzen, die die Eier und nestjungen Falken fressen. Etwa die Hälfte der Weltpopulation lebt in einem einzigen Wald im Südosten der Insel, in der Nähe des Ferney-Tals.

Familie Falconidae
Größe 20–26 cm
Status gefährdet (zunehmend)
Population 800–1000
Verbreitung Mauritius (endemisch)
Habitat Wälder, offenes Waldland
Bedrohungen eingeschleppte Fressfeinde

BEDROHTE WEIHEN, WESPENBUSSARDE UND FALKEN

FAMILIE	TRIVIALNAME	WISSENSCHAFTLICHER NAME	STATUS
ACCIPITRIDAE Habichtartige	Kuba-Langschnabelweih	*Chondrohierax wilsonii*	CR
	Kragenweih	*Leptodon forbesi*	CR
	Madagaskarweihe	*Circus macrosceles*	VU
	Réunion-Weihe	*Circus maillardi*	EN
	Mohrenweihe	*Circus maurus*	VU
	Bismarckweih	*Henicopernis infuscatus*	VU
FALCONIDAE Falken	Seychellenfalke	*Falco araea*	VU
	Würgfalke	*Falco cherrug*	VU
	Rötelfalke	*Falco naumanni*	VU
	Mauritiusfalke	*Falco punctatus*	VU
	Einbinden-Waldfalke	*Micrastur plumbeus*	VU

ROTE LISTE ■ ausgestorben ■ in freier Wildbahn ausgest. ■ vom Aussterben bedroht ■ stark gefährdet ■ gefährdet

HABICHTE, SPERBER UND BUSSARDE

Die Eigentlichen Habichte und Sperber (Gattung *Accipiter)* zählen etwa 45 Arten. Diese Greifvögel sind agile Jäger und erbeuten vorwiegend andere Vögel im Flug. Sie haben (im Vergleich zu Falken) recht breite, gerundete Flügel und einen langen, beweglichen Schwanz. Bevor sie niederstoßen und ihre Beute zwischen den Bäumen verfolgen, kreisen sie oft über dem Gelände. Vor dem Verzehr rupfen sie ihre Beute. Die Bussarde (Gattung *Buteo* und Verwandte) sind in der Regel kompakter gebaut und dadurch gut an kreisenden, ausdauernden Segelflug angepasst. Sie sind nicht so wendig wie Habichte und Falken, und viele ernähren sich von größerer Beute, wie Kaninchen und andere Säuger, wenn ihr Nahrungsspektrum auch stark variiert. Die Weißbussarde (Gattung *Leucopternis)*, die in Zentral- und Südamerika heimisch sind, umfassen zehn Arten. Ebenfalls eine neotropische Verbreitung haben die Schwarzbussarde (Gattung *Buteogallus)*, die fünf Arten zählen.

Die meisten Habichte und Sperber sind Bewohner offener oder geschlossener Waldgebiete und sind vom Verlust oder der Degradation dieser Habitate betroffen. Zudem sind diese Greifvögel durch Vergiftung bedroht, und viele werden erschossen, weil sie als Geflügelräuber gelten. Aus der Gruppe der Habichte, Sperber und Bussarde sind zurzeit elf Arten als bedroht eingestuft, acht davon sind gefährdet, zwei (Gundlachsperber und Graurückenbussard) sind stark gefährdet, einer (Haitibussard) ist vom Aussterben bedroht.

GUNDLACHSPERBER
Accipiter gundlachi

Da dieser Sperber Geflügel erbeutet, wird er trotz seines Gefährdungsstatus in Fallen gefangen, erschossen und vergiftet. Eine weitere Bedrohung ist der Verlust der Wälder, in denen der Gundlachsperber jagt und brütet; die Bäume werden als Bau- und Brennholz gefällt und die gerodeten Flächen in Ackerland umgewandelt. Der Gundlachsperber bevorzugt trockene bis feuchte Tieflandwälder und ist in Höhenlagen bis zu 800 Meter zu finden. Der Vogel ist kräftig gebaut, mit schwarzer Kappe, einem schmalen weißen Überaugenbrauenstreif, der sich von der Schnabelbasis bis über das Auge erstreckt, einer blaugrauen Oberseite, einer überwiegend rostbraunen Unterseite, die dunkler gestreift ist, gelben Beinen und einem gebänderten, gerundeten Schwanz. Die Art ist nur noch an fünf Standorten anzutreffen, und die größte Hoffnung für ihren Erhalt liegt in kubanischen Nationalparks wie Sierra del Cristal und Sierra Maestra, beide im Südwesten des Landes, sowie dem Zapata-Biosphärenreservat (Zapata-Sümpfe, Ramsar-Gebiet).

Familie	Accipitridae
Größe	45–50 cm
Status	stark gefährdet (abnehmend)
Population	300–400
Verbreitung	Kuba (endemisch)
Habitat	Waldland
Bedrohungen	Habitatverlust, Verfolgung durch den Menschen

GRAURÜCKENBUSSARD
Leucopternis occidentalis

Dieser auffällige Bussard hat einen weiß gestreiften grauen Kopf und Nacken, schwarze Flügel, eine weiße Unterseite, einen weißen Schwanz mit einer breiten schwarzen Binde nahe der Schwanzspitze sowie gelbe Beine. Dieser Waldbewohner bevorzugt immergrüne Regenwälder, ist aber auch in regengrünen Trockenwäldern in Höhenlagen von 100 bis 1500 Meter (selten bis 2000 m ü. M.) zu finden. Zu seinem Nahrungsspektrum gehören Nager, kleine Vögel und Reptilien wie Eidechsen und Schlangen, ebenso Krabben und Krebse. Der Graurückenbussard leidet vor allem unter der Entwaldung; diese dient zur Gewinnung von Bauholz, von Anbauflächen für Ölpalmen oder Weideflächen für Nutzvieh sowie Erschließungsmaßnahmen (Straßenbau, Siedlungen, Bergbau und Industrie). Ein Teil der Kahlschläge erfolgt sogar illegal in Schutzgebieten, zum Beispiel im teilweise an der Küsten liegenden Machalilla-Nationalpark in Westecuador (er wird auch touristisch erschlossen) und im Naturschutzgebiet Mache-Chindul-Kordillere in Westzentralecuador.

Familie	Accipitridae
Größe	45–48 cm
Status	stark gefährdet (abnehmend)
Population	250–1000
Verbreitung	Ecuador, Peru
Habitat	Wälder
Bedrohungen	Entwaldung

BEDROHTE HABICHTE, SPERBER UND BUSSARDE

FAMILIE		TRIVIALNAME	WISSENSCHAFTLICHER NAME	STATUS
ACCIPITRIDAE Habichtartige	■	Dreifarbensperber	*Accipiter brachyurus*	VU
	■	Nikobarensperber	*Accipiter butleri*	VU
	■	Gundlachsperber	*Accipiter gundlachi*	EN
	■	Trughabicht	*Accipiter imitator*	VU
	■	Rabaulhabicht	*Accipiter luteoschistaceus*	VU
	■	Prinzenhabicht	*Accipiter princeps*	VU
	■	Galapagosbussard	*Buteo galapagoensis*	VU
	■	Haitibussard	*Buteo ridgwayi*	CR
	■	Fuchshabicht	*Erythrotriorchis radiatus*	VU
	■	Weißhalsbussard	*Leucopternis lacernulatus*	VU
	■	Graurückenbussard	*Leucopternis occidentalis*	EN

ROTE LISTE ■ ausgestorben ■ in freier Wildbahn ausgest. ■ vom Aussterben bedroht ■ stark gefährdet ■ gefährdet

ADLER UND VERWANDTE

Wie bei den Habichten und Bussarden wird eine Reihe verschiedener Gattungen gewöhnlich als «Adler» bezeichnet. Im Allgemeinen handelt es sich dabei um die größten und kräftigsten Vertreter der Familie Accipitridae. Die Echten Adler sind in der Gattung *Aquila* zusammengefasst, die zwölf Arten zählt. Diese großen Greifvögel suchen das Gelände im Segelflug nach Beute ab und können auch größere Tiere schlagen. Vier *Aquila*-Arten sind gefährdet: Gangesadler (auch Indischer Schreiadler genannt) Schelladler, Spanischer Kaiseradler und Kaiseradler. Einer der größten und am weitesten verbreiteten Echten Adler ist der Steinadler, dessen Verbreitungsgebiet von Europa über Asien bis Nordamerika reicht. Dieser majestätische Greifvogel ist in verschiedenen, oft gebirgigen Lebensräumen zuhause. Ebenso groß, in manchen Fällen sogar noch größer, sind die Seeadler beziehungsweise Fischseeadler (Gattung *Haliaeetus*, acht Arten, und Gattung *Ichthyophaga*, zwei Arten). Wie ihr Name schon andeutet, streifen diese Greifvögel im Segelflug über größeren Gewässern und ernähren sich zum Teil von Fisch, auch wenn die meisten Arten ihre Nahrung durch andere Beutetiere und Aas ergänzen. In den Tropen kommen drei weitere große und kräftige Habichtartige vor: Die Harpyie lebt in den südamerikanischen Regenwäldern. Sie fängt ihre Beute – Faultiere, Affen und selbst Hirsche – mithilfe ihrer muskulösen Beine und ihrer scharfen Klauen. Der kräftigste Adler Afrikas ist der eindrucksvolle Kampfadler, der auf der Suche nach Nahrung über Savanne und Waldland gleitet und dann plötzlich auf seine Beute – vorwiegend Vögel und Säuger bis zur Größe einer kleinen Antilope – herabstößt. Ebenfalls groß und kräftig ist der Affenadler (auch Philippinenadler genannt), ein seltener waldlebender Greifvogel, der sich auf Riesengleiter, Palmenroller oder Musangs und Affen spezialisiert hat.

Die Vertreter der Gattungen *Circaetus* (Schlangenadler, sechs Arten), *Spilornis* (Schlangenweihen, sechs Arten), *Dryotriorchis* (Schlangenbussard) und *Eutriorchis* (Schlangenhabicht) (je eine Art) jagen vorwiegend Reptilien, vor allem Schlangen, die sie in offenem Gelände schlagen. Nach einer erfolgreichen Jagd kann man sie oft mit einer Schlange in ihren Fängen beobachten. Eine weitere wichtige Gruppe bilden die vorwiegend kleinen bis mittelgroßen Vertreter der Gattung *Spizaetus* (Haubenadler, 13 Arten), Bewohner der Tropen in Südostasien und Indonesien, sowie der Gattung *Hieraaetus* (Habichtsadler, sieben Arten), deren Verbreitung von Südeuropa und Afrika bis Asien reicht. Diese Vertreter beider Gattungen leben bevorzugt in Waldgebieten. Sie sind agile Jäger, die in Wäldern oder Buschland andere Vögel oder kleine Säuger jagen.

Mehr als ein Dutzend der großen Vertreter der Familie Accipitridae sind bedroht; drei – Schlangenhabicht, Zaunadler, Javaadler – sind stark gefährdet, und drei weitere – Madagaskarseeadler, Affenadler und Asiatischer Haubenadler – sogar vom Aussterben bedroht.

SPANISCHER KAISERADLER
Aquila adalberti

Dieser majestätische Greifvogel, der früher als Unterart des Kaiseradlers (ebenfalls gefährdet) galt, hat von umfangreichen Schutzmaßnahmen profitiert, die von modifizierten Hochspannungsmasten und -leitungen (zur Vermeidung von Zusammenstößen und Tod durch Stromstoß) bis zu Beifütterung und Bewachung der Nistplätze reichten. Zahl und Verbreitung dieses Adlers sind stark von einem drastischen Rückgang des Kaninchenbestands beeinflusst worden. Dieser Rückgang ist teilweise eine Folge der Kaninchenseuche Myxomatose, teilweise aber auch auf veränderte landwirtschaftliche Nutzung zurückzuführen: Früher ungenutztes Land wird heute beweidet, während in Jagdrevieren inzwischen Wildschweine und Rotwild gefördert werden. Beides hat zu einem Bestandsrückgang bei Kaninchen und kleinem Federwild geführt, die die Grundnahrung des Adlers ausmachen. Das Gefieder der Altvögel ist braun und schwarz gefärbt, auf Schultern und Flügelbug weiß gefleckt, das Halsgefieder ist hellbraun. In den 1960er-Jahren gab es nur mehr dreißig Brutpaare, doch ihre Zahl nähert sich inzwischen 200 Paaren. Die Verbreitungsschwerpunkte der Art liegen in Zentral- und Südspanien; neuerdings breiten sich Spanische Kaiseradler auch im benachbarten Portugal aus. Dennoch stellen absichtliches oder unabsichtliches Vergiften (Pestizide, Bleimunition) und ein Mangel an geeigneten Nistbäumen auch weiterhin ein Problem für die Art dar.

Familie	Accipitridae
Größe	75–84 cm
Status	gefährdet (zunehmend)
Population	300–400
Verbreitung	Spanien, Portugal
Habitat	unterschiedlich, von Sumpfgebieten an der Küste bis zu Bergen
Bedrohungen	Habitatumwandlung, Vergiftung, Hochspannungsleitungen

ZAUNADLER
Harpyhaliaetus coronatus

Die Haube am Hinterkopf ist typisch für diesen südamerikanischen Adler. Sein Gefieder ist mittelgrau, wobei Schultern und Stirn etwas heller sind; der Schwanz ist dunkel mit weißer Binde und weißem Rand; Schnabel und Beine sind gelblich. Der Zaunadler ist nicht wählerisch, was seinen Lebensraum angeht; er kommt in den heißen, ariden *Campos Cerrados* (Savannentyp mit verstreuten Bäumen) ebenso vor wie in Sümpfen und der *Caatinga* (Trocken- und Dornwälder im Bergland) sowie Galeriewäldern. Sein Nahrungsspektrum ist ebenfalls breit; es reicht von kleinen Nagern bis zu mittelgroßen Vögeln, Schlangen und Eidechsen; dazu kommen Fische, Krabben und andere Wasserbewohner. Viele seiner bevorzugten Habitate im Tiefland werden rasch in Acker- oder Weideland umgewandelt; dazu kommen Straßen, Siedlungen und Industrieanlagen. Der Zaunadler hat zudem unter Bejagung und Vergiftung zu leiden, obgleich dies illegal ist. Die Erhaltungsmaßnahmen konzentrieren sich auf Öffentlichkeitsarbeit und die Einrichtung von «Habitatkorridoren», welche die gegenwärtig stark fragmentierten Reservate und Nationalparks in Form von Schutzgebieten verbinden sollen.

Familie	Accipitridae
Größe	75–85 cm
Status	stark gefährdet (abnehmend)
Population	250–1000
Verbreitung	Brasilien, Bolivien, Paraguay, Argentinien
Habitat	Tieflandsavannen, Waldland
Bedrohungen	Habitatverlust durch Umwandlung in Agrarflächen, Bejagung

AFFENADLER

Pithecophaga jefferyi

Der große Affenadler, auch als Philippinenadler bezeichnet, ist zweifellos in der Lage, kleinere Affen in den Baukronen zu erbeuten; in vielen Gebieten ernährt er sich jedoch vorwiegend von Riesengleitern wie dem Philippinen-Gleitflieger. Er verschmäht aber auch andere Beutetiere nicht, beispielsweise Baumratten, Baumschlangen und Eidechsen, und auch mittelgroße Vögel, wie Papageien, Hornvögel, Eulen und kleinere Greifvögel. Die struppige hell- und dunkelbraun gestreifte Federhaube, die ihm über Kopf und Nacken fällt, verleiht ihm ein furchterregendes Aussehen; ansonsten ist der Vogel oberseits dunkelbraun, Körper- und Flügelunterseite sind hellbraun bis weiß. Mit einem Gewicht von sieben Kilogramm und einer Flügelspannweite von zwei Meter gehört der Affenadler zu den größten Greifvögeln überhaupt. Aufgrund dieser Rekordmaße sind Federn und Balg zur wertvollen Ware geworden; zudem floriert der illegale Handel mit gefangenen Vögeln – Probleme, die trotz strenger gesetzlicher Regelungen noch ungelöst sind. Der Affenadler bevorzugt tropischen Primärwald, gewöhnlich in bergigem Gelände. Der Verlust dieses Waldhabitats durch Holzeinschlag und Rodung für den Wanderfeldbau stellt eine weitere große Bedrohung dar. Diese riesigen Vögel benötigen ausgedehnte Jagdgründe und pflanzen sich zudem langsam fort; sie ziehen nur alle zwei Jahre einen einzigen Jungvogel auf. Daher ist ein Wiederaufbau der Population selbst in einem idealen, gut geschützten Lebensraum sehr zeitaufwendig. Der auf den Philippinen endemische Affenadler lebt heute nur noch auf Mindanao, Samar, Leyte und Luzon. Mindanao beherbergt mit vielleicht 340 Paaren einen Großteil der Population. Inzwischen ist ein Nachzucht- und Auswilderungsprogramm in die Wege geleitet worden; dazu kommen Aufklärungskampagnen, die der Öffentlichkeit diesen eindrucksvollen Nationalvogel der Philippinen näher bringen sollen.

Familie	Accipitridae
Größe	86–102 cm
Status	vom Aussterben bedroht (abnehmend)
Population	180–500
Verbreitung	Philippinen (endemisch)
Habitat	Wälder bis zu 2000 m Höhenlage
Bedrohungen	Entwaldung und Habitatfragmentierung, Bejagung

BEDROHTE ADLER UND VERWANDTE

FAMILIE		TRIVIALNAME	WISSENSCHAFTLICHER NAME	STATUS
ACCIPITRIDAE Habichtartige	■	Spanischer Kaiseradler	*Aquila adalberti*	VU
	■	Schelladler	*Aquila clanga*	VU
	■	Gangesadler (Indischer Schreiadler)	*Aquila hastata*	VU
	■	Kaiseradler	*Aquila heliaca*	VU
	■	Zaunadler	*Harpyhaliaetus coronatus*	EN
	■	Papuaadler	*Harpyopsis novaeguineae*	VU
	■	Affenadler	*Pithecophaga jefferyi*	CR
	■	Beaudouin-Schlangenadler	*Circaetus beaudouini*	VU
	■	Schlangenhabicht	*Eutriorchis astur*	EN
	■	Bergschlangenweihe	*Spilornis kinabaluensis*	VU
ACCIPITRIDAE Habichtartige	■	Bindenseeadler	*Haliaeetus leucoryphus*	VU
	■	Riesenseeadler	*Haliaeetus pelagicus*	VU
	■	Salomonenseeadler	*Haliaeetus sanfordi*	VU
	■	Madagaskarseeadler	*Haliaeetus vociferoides*	CR
	■	Javaadler	*Spizaetus bartelsi*	EN
	■	Asiatischer Haubenadler	*Spizaetus floris*	CR
	■	Isidoradler	*Spizaetus isidori*	VU
	■	Dschungeladler	*Spizaetus nanus*	VU
	■	Philippinenhaubenadler	*Spizaetus philippensis*	VU

ROTE LISTE ■ ausgestorben ■ in freier Wildbahn ausgest. ■ vom Aussterben bedroht ■ stark gefährdet ■ gefährdet

PFAUEN, FASANE UND TRAGOPANE

Diese drei Gruppen bilden einen Teil der großen Familie der Fasanenartigen (Phasianidae), die mehr als 180 Arten umfasst. Hahn und Henne unterscheiden sich deutlich in ihrem Gefieder; die Männchen vieler Arten sind leuchtend bunt gefärbt, während die Weibchen meist ein unauffälliges Gefieder tragen, das sie tarnt, wenn sie ihr Gelege bebrüten. Diese Familie zeigt einen besonders ausgeprägten Geschlechtsdimorphismus. Bei Pfauen und Fasanen tragen die Hennen ein tarnfarbenes Gefieder, während die Männchen in der Regel sehr bunt gefärbt sind und lange, oft sehr auffällige Schwanzfedern aufweisen. Zusätzlich zum Habitatverlust sind diese Vögel durch Bejagung wegen ihres Fleisches und bei einigen Arten auch wegen ihrer dekorativen Federn bedroht.

Pfauen sind große Vögel mit einem auffälligen Gefieder; das gilt vor allem für die dekorative «Schleppe» (Oberschwanzdecken) des Hahns. Diese stark verlängerten Federn, die alle ein auffälliges irisierendes «Auge» tragen, werden vom Pfauenhahn während der Balz halbkreisförmig aufgefächert. Der Blaue Pfau wird in Parks, großen Gärten und Landsitzen häufig als Ziervogel gehalten. Zwei Pfauenarten sind bedroht: Der Kongopfau ist gefährdet, der Ährenträgerpfau stark gefährdet.

Fasane sind überwiegend mittelgroß mit einem langen Schwanz. In der Gruppe der Fasane, Pfaufasane und Glanzfasane (auch Monale genannt) sind 16 Arten bedroht: Edwardsfasan, Vietnamfasan, Borneo-Pfaufasan und Hainan-Pfaufasan sind stark gefährdet, weitere zwölf Arten sind gefährdet.

Tragopane oder Satyrhühner haben einen kürzeren Schwanz als Fasane; die Hähne besitzen charakteristische bunt gefärbte, fleischige «Hörner», die sie bei der Balz aufrichten, sowie aufblasbare Kehllappen, die ebenfalls bei der Balz eine Rolle spielen. Sie brüten in Bäumen, während Pfauen und Fasane Bodenbrüter sind. Drei Tragopane sind bedroht: Blyth-Tragopan, Cabot-Tragopan und Schwarzkopf-Tragopan (alle drei gefährdet).

WALLICHFASAN

Catreus wallichi

Dieser graubraune Fasan hat einen gelbbraunen Schwanz, eine auffällige Federhaube und ein rotes Gesicht. Bei beiden Geschlechtern sind Schwanz und Oberseite gebändert. Das Weibchen ist matter gefärbt und deutlich kleiner als das Männchen. Die Vögel stellen recht spezifische Habitatanforderungen; sie bevorzugen felsiges Gelände mit einzelnen Bäumen, Büschen und hohem Gras und leben in Teilen des Himalajagebirges in Höhen von 1200 bis 3350 Meter. Solche Habitate sind in der Regel Sukzessionsstadien, die teilweise von extensiver landwirtschaftlicher Nutzung abhängen: zum Beispiel dort, wo lichte Wälder gerodet wurden, um Weideflächen zu schaffen. Doch die Nähe zu Siedlungen hat zur Bejagung der Vögel geführt. Mit dem Niedergang der traditionellen Landwirtschaft sind auch geeignete Habitate seltener geworden. Zu den Schutzmaßnahmen für den Wallichfasan gehört die Förderung traditionellerer saisonaler Anbaumethoden (die weniger umweltschädlich sind), um die Habitate zu schonen. In Indien und Nepal ist der Wallichfasan bereits geschützt.

Familie	Phasianidae
Größe	♂ 90–118 cm; ♀ 61–76 cm
Status	gefährdet (abnehmend)
Population	4000–6000
Verbreitung	Himalaja in Nordpakistan, Indien und Nepal
Habitat	felsiges Gelände mit niedrigen Gebüschen und offenen Grasflächen
Bedrohungen	zunehmend intensivierte Landwirtschaft, Bejagung

ÄHRENTRÄGERPFAU

Pavo muticus

Diese wunderbare Art ist ein enger Verwandter des viel häufigeren Blauen Pfaus *(Pavo cristatus)*. Der Ährenträgerpfauenhahn hat ein metallisch grünes Gefieder, das schuppenartig schwarz gezeichnet ist; auf dem Kopf trägt er eine auffällige Federkrone. Der Schwanz ist schwarzbraun mit grünlichem Schimmer, die Handschwingen karamellfarben. Die Henne ist matter gefärbt, und ihr fehlt die Federkrone; sie weist überwiegend dunkelbraune Federn mit einigen gelbbraunen Markierungen auf. Beide Geschlechter stoßen laute, charakteristische Territorialrufe aus, durch die sie miteinander kommunizieren; meistens geschieht dies in der Morgen- und Abenddämmerung. Ährenträgerpfauen werden wegen ihres Fleischs, ihrer Eier und ihrer Federn gejagt. Ihre Habitate sind immer weiter zerstückelt worden. In manchen Ländern, vor allem in China und Thailand, gelten die Vögel zudem als Landwirtschaftsschädlinge und werden manchmal von den Bauern vergiftet. Zwar konnte sich die Art mancherorts an die verkleinerten Habitate anpassen, doch sie benötigt zweifellos zusätzlichen Schutz, denn die Zahl der Vögel geht rapide zurück. Zu den eingeleiteten Schutzmaßnahmen gehören Nachzucht in Gefangenschaft, schärfere Gesetze für den Vogelhandel sowie Einschränkungen für den Einsatz von Giften und Pestiziden. Der ideale Lebensraum sind Trockenwälder, die einen Zugang zu Gewässern haben.

Familie	Phasianidae
Größe	♂ 244 cm; ♀ 100–110 cm
Status	stark gefährdet (abnehmend)
Population	10 000–20 000
Verbreitung	Vietnam (Westzentralvietnam), Kambodscha, Myanmar, Thailand (Westen und Norden), China (Yunnan), Laos (Süden), Indonesien (Java)
Habitat	Trockenwälder in der Nähe von Feuchtgebieten oder Flüssen
Bedrohungen	Habitatverlust, Bejagung wegen Fleisch und Federn, Vergiftung

BLYTH-TRAGOPAN

Tragopan blythii

Dieser Waldvogel ist ein Bodenbewohner, baumt jedoch zum Schlafen auf; das schöne Gefieder bietet durch seine die Umrisse auflösende, gescheckte Tarnzeichnung guten Schutz in diesem Lebensraum. Bauch und Brust sind grau, und der Hahn hat eine gelbe Gesichtshaut sowie einen intensiv rostroten Hals und eine ebensolche Brust. Die Hähne stoßen laute, grunzende Territorialrufe aus, die weithin hörbar sind. Die Vögel leben in Höhenlagen von 1400 bis 3300 Meter in subtropischen und temperaten Wäldern und ziehen in den Wintermonaten in tiefere Lagen. Meist suchen sie in kleinen Gruppen an steilen Hängen nach Nahrung; sie ernähren sich überwiegend von Pflanzentrieben und Wirbellosen. Die Hauptbedrohung ist der Habitatverlust aufgrund von Holzeinschlag, Waldzerstörung (zum Beispiel durch Beweidung) und Brandrodung. Die Vögel werden auch als Fleischlieferanten gejagt, vor allem in Nordindien. Das Verbreitungsgebiet des Blyth-Tragopans umfasst Nordostindien (von Arunachal Pradesh bis Manipur), Nordmyanmar und China (Südosttibet und Nordwestyunnan). Der Blyth-Tragopan ist in allen Ländern gesetzlich geschützt; dennoch nimmt der Bestand offenbar immer weiter ab. Gefährlich ist insbesondere die Entwaldung, vor allem durch Wanderfeldbau sowie Holzeinschlag für Bau- und Brennholz. In manchen Gegenden fängt man den Blyth-Tragopan und anderes Federwild als Fleischlieferanten in Fallen. Nötig wäre eine sorgfältige Erfassung, um die Populationsgröße genauer einzuschätzen. Die geplanten Aufklärungskampagnen sollen dazu beitragen, die weitere Übernutzung der Tragopanhabitate zu verringern. Positiv ist, dass der Blyth-Tragopan in einer Reihe von Reservaten, vor allem im Phawngpui Blue Mountains Nationalpark in Mizoram, im Nordosten von Indien, im Thrumsing La Nationalpark in Butan und im Gaoligongshan Nationalpark in China Schutz genießt.

Familie	Phasianidae
Größe	♂ 65–70 cm; ♀ 58–59 cm
Status	gefährdet (abnehmend)
Population	2500–10 000
Verbreitung	Nordostindien, Nordmyanmar, Nordwestchina (Südosttibet, Nordwestyunnan)
Habitat	subtropische und temperate Wälder in felsigem Gelände
Bedrohungen	Entwaldung, Holzeinschlag, Bejagung

BEDROHTE PFAUEN, FASANEN UND TRAGOPANE

FAMILIE		TRIVIALNAME	WISSENSCHAFTLICHER NAME	STATUS
PHASIANIDAE Fasanartige	■	Kongopfau	*Afropavo congensis*	VU
	■	Ährenträgerpfau	*Pavo muticus*	EN
	■	Wallichfasan	*Catreus wallichi*	VU
	■	Brauner Ohrfasan	*Crossoptilon mantchuricum*	VU
	■	Grünschwanz-Glanzfasan	*Lophophorus lhuysii*	VU
	■	Weißschwanz-Glanzfasan	*Lophophorus sclateri*	VU
	■	Bulwer-Fasan	*Lophura bulweri*	VU
	■	Edwardsfasan	*Lophura edwardsi*	EN
	■	Gabelschwanzfasan	*Lophura erythrophthalma*	VU
	■	Vietnamfasan	*Lophura hatinhensis*	EN
	■	Atjeh-Fasan	*Lophura hoogerwerfi*	VU
	■	Salvadori-Fasan	*Lophura inornata*	VU
	■	Königsfasan	*Syrmaticus reevesii*	VU
	■	Rothschild-Pfaufasan	*Polyplectron inopinatum*	VU
	■	Hainan-Pfaufasan	*Polyplectron katsumatae*	EN
	■	Malaien-Pfaufasan	*Polyplectron malacense*	VU
	■	Napoleonfasan	*Polyplectron napoleonis*	VU
	■	Borneo-Pfaufasan	*Polyplectron schleiermacheri*	EN
	■	Blyth-Tragopan	*Tragopan blythii*	VU
	■	Cabot-Tragopan	*Tragopan caboti*	VU
	■	Schwarzkopf-Tragopan	*Tragopan melanocephalus*	VU

ROTE LISTE ■ ausgestorben ■ in freier Wildbahn ausgest. ■ vom Aussterben bedroht ■ stark gefährdet ■ gefährdet

FELDHÜHNER, FRANKOLINE, WACHTELN UND VERWANDTE

Feldhühner, Frankoline und Wachteln sind mittelgroße bis kleine Vertreter der Fasanenartigen (Familie Phasianidae). Sie haben einen plumpen, recht rundlichen Körper, kurze, aber kräftige Flügel und stämmige Beine. Feldhühner wie das Rebhuhn sind mittelgroß mit kräftigen Beinen. Sie sind gut «zu Fuß» und verbringen viel Zeit auf dem Boden, können aber notfalls plötzlich schwirrend auffliegen, um einer Gefahr zu entkommen. Diese Vögel bevorzugen Grasländer oder Gebüsche und sind vorwiegend bodenbewohnende Samenfresser. Aus dieser Gruppe der Fasanenartigen sind sieben Arten als bedroht eingestuft, fünf davon gefährdet und Udzungwawachtel und Boulton-Buschwachtel stark gefährdet.

Frankoline erinnern im Körperbau an Rebhühner, doch sie unterscheiden sich unter anderem durch die nackten Hautpartien an Kopf und Hals. Von den sechs bedrohten Frankolinarten sind zwei gefährdet, drei – Kamerun-Frankolin, Swierstra-Frankolin und Nahan-Frankolin – sind stark gefährdet; der Wacholder-Frankolin ist vom Aussterben bedroht.

Zur Unterfamilie der Raufußhühner zählen bekannte Arten wie das Auerhuhn, weitere Beispiele sind Präriehuhn und Kleines Präriehuhn (in den Prärien von Nordamerika heimisch, beide gefährdet) und das Gunnison-Beifußhuhn (sogar stark gefährdet). Viele Arten der Raufußhühner sind bekannt für die auffällige Balz der Männchen in besonderen Balzarenen (Leks); dabei plustern die Hähne ihr Gefieder auf und stoßen eigenartige Rufe aus.

Als «Wachteln» werden die kleinsten Vertreter der Fasanenartigen bezeichnet. Die meisten Arten sind Bodenbrüter und suchen auch auf dem Boden nach Nahrung – gewöhnlich Sämereien oder Körner. Mit ihrem tarnfarbenen Gefieder und ihrer heimlichen Lebensweise sind Wachteln oft sehr schwer zu entdecken, während sie ähnlich wie Mäuse durch Unterholz huschen. Wachteln rufen gurrend, schnarrend und monoton und sind oft nur durch ihre Rufe auszumachen. Es ist erstaunlich, dass einige Arten dieser derart kleinen Vögel, vor allem Wachtel *(Coturnix coturnix)* und Japanwachtel *(C. japonica)*, über große Entfernungen wandern. Vom Aussterben bedroht ist die Himalajawachtel, die Manipurwachtel ist gefährdet.

Die in der Neuen Welt heimischen Zahnwachteln ähneln in Größe und Aussehen den Wachteln der Alten Welt, gehören aber zu einer eigenen Familie (Odontophoridae). Die meisten Arten sind ebenfalls klein, doch ihr Gefieder ist bunter; der kräftige Schnabel ist gesägt. Zu dieser Familie mit etwa dreißig Arten zählen Schopfwachtel, Virginiawachtel und die Angehörigen der Gattung *Dendrortix* wie auch 15 Arten der Gattung *Odontophorus*. Fünf Arten sind bedroht, eine davon, die Kragenwachtel, ist stark gefährdet.

BOULTON-BUSCHWACHTEL
Arborophila rufipectus

Diese in China endemische Art, auch als Sichuan-Buschwachtel bezeichnet, kommt nur in Südzentral-Sichuan vor, möglicherweise auch im Nordosten von Yunnan. Das Männchen ist graubraun und unterscheidet sich von nah verwandten Arten durch das kastanienbraune Brustband und die Kopfzeichnung – brauner Scheitel mit rötlichen Ohrdecken. Die Kehle ist weiß mit schwarzen Streifen. Das Gefieder des Weibchens ist ähnlich, aber matter. Die Paare stoßen wiederholte Territorialrufe aus (ein langes, ansteigendes Pfeifen, oft im Duett). Boulton-Buschwachteln leben in temperaten Nebelwäldern in Höhenlagen von 1000 bis 2250 Meter und suchen in feuchtem Falllaub mit spärlichem Bambusbewuchs nach Nahrung. Man findet die Art auch in gut etablierten Laubbaumanpflanzungen. Bis zum Ende der 1990er-Jahre war die Art vor allem durch Habitatzerstörung infolge von Kahlschlägen bedroht, doch der Holzeinschlag ist in der Region inzwischen weitgehend eingestellt worden. Gefahren drohen jedoch noch immer durch Bejagung und illegalen Holzeinschlag. Boulton-Buschwachteln werden auch durch Beweidung und die lokale Ernte von Medizinalpflanzen sowie Bambusschösslingen gestört, was vor allem in der Brutsaison zu Problemen führt.

Familie	Phasianidae
Größe	28–30,5 cm
Status	stark gefährdet (abnehmend)
Population	1000–2500
Verbreitung	China (vorwiegend Sichuan) (endemisch)
Habitat	temperater Nebelwald (Laubwald)
Bedrohungen	Bejagung und Habitatverlust

PRÄRIEHUHN
Tympanuchus cupido

Das auffällig hell- und dunkelbraun gestreifte Präriehuhn war in den nordamerikanischen Prärien einst häufig, doch der Bestand ging zurück, als sein ursprünglicher Lebensraum in Acker- und Weideland umgewandelt wurde. Beide Geschlechter weisen einen dunklen Augenstreif und zwei Federschöpfe am Hinterkopf auf (beim Männchen länger als beim Weibchen). Während der Arenabalz stellen die Hähne diese Federn wie lange Ohren über dem Kopf auf und blasen orangegelbe Luftsäcke am Hals auf. Gegen Ende des Balztanzes stoßen sie sehr laute, tief dröhnende Rufe aus, die noch in großer Entfernung zu hören sind. Präriehühner kommen inzwischen nur noch im Mittleren Westen der USA vor. Ihr idealer Lebensraum sind ursprüngliche Prärien mit verstreutem Baumbestand; als Balzarenen (Leks) wählen die Vögel gewöhnlich Flächen mit kurzem Grasbewuchs. Durch die Habitatzerstückelung wurden die einzelnen Populationen isoliert und weisen durch Inzucht möglicherweise eine verringerte Fitness auf. Um isolierte Populationen untereinander zu verbinden, plant man die Schaffung von Wildkorridoren mit dichter Vegetation. In manchen Staaten werden die Vögel gejagt, daher soll die Jagd zunächst kontrolliert und anschließend völlig verboten werden, wenn dies zu einer Zunahme des Bestands führt.

Familie	Phasianidae
Größe	43 cm
Status	gefährdet (abnehmend)
Population	460 000
Verbreitung	Mittlerer Westen der USA (endemisch)
Habitat	ursprüngliche Prärien und Eichenwälder
Bedrohungen	Umwandlung des ursprünglichen Habitats in Ackerland, Bejagung

KRAGENWACHTEL
Odontophorus strophium

Die kleine Kragenwachtel trägt ein auffälliges schwarz-weißes Halsband; das Männchen hat eine kleine Haube; Brust und Bauch sind kräftig kastanienbraun. Das Verbreitungsgebiet der Art ist zwar größer, als früher angenommen, aber dennoch sehr klein – die Art kommt ausschließlich an bestimmten Berghängen der Ostanden in Kolumbien vor, und zwar vorwiegend in großen Restvorkommen von feuchten Eichenwäldern zwischen 1750 und 2050 Meter. Die Vögel suchen auf dem Waldboden nach Sämereien, Früchten und kleinen Wirbellosen (Arthropoden). Sie brüten jeweils zum Höhepunkt der Regenzeit von März bis Mai und von September bis November. Kragenwachteln leiden unter Habitatzerstörung und Habitatübernutzung, die bereits im 17. Jahrhundert begann. Seitdem schrumpfen diese Wälder aufgrund von Holzeinschlag und Umwandlung in landwirtschaftliche Nutzflächen. Natur- und Artenschutzmaßnahmen zielen auf den Erhalt und die Verbesserung des Habitats ab, vor allem in den für die Kragenwachtel wichtigen Höhenlagen. Oberhalb von 1950 Meter gibt es noch intakte Waldbestände; ermutigend ist auch, dass sich ein Teil des Waldes regeneriert hat, seitdem die Bestände nicht mehr gestört werden.

Familie	Odontophoridae
Größe	25 cm
Status	stark gefährdet (abnehmend)
Population	2000–4300
Verbreitung	Kolumbien (endemisch)
Habitat	feuchte Bergwälder, die von Eichen und Lorbeer dominiert sind
Bedrohungen	Habitatzerstörung durch Holzeinschlag und Landwirtschaft

BEDROHTE FELDHÜHNER, FRANKOLINE, WACHTELN UND VERWANDTE

FAMILIE		TRIVIALNAME	WISSENSCHAFTLICHER NAME	STATUS
PHASIANIDAE Fasanenartige	■	Hainan-Buschwachtel	*Arborophila ardens*	VU
	■	China-Buschwachtel	*Arborophila gingica*	VU
	■	Rotbrust-Buschwachtel	*Arborophila mandellii*	VU
	■	Sumatra-Buschwachtel	*Arborophila orientalis*	VU
	■	Boulton-Buschwachtel	*Arborophila rufipectus*	EN
	■	Schwarzwachtel	*Melanoperdix niger*	VU
	■	Udzungwawachtel	*Xenoperdix udzungwensis*	EN
	■	Kamerun-Frankolin	*Francolinus camerunensis*	EN
	■	Sumpffrankolin	*Francolinus gularis*	VU
	■	Harwood-Frankolin	*Francolinus harwoodi*	VU
	■	Nahan-Frankolin	*Francolinus nahani*	EN
	■	Wacholder-Frankolin	*Francolinus ochropectus*	CR
	■	Swierstra-Frankolin	*Francolinus swierstrai*	EN
	■	Himalajawachtel	*Ophrysia superciliosa*	CR
	■	Manipurwachtel	*Perdicula manipurensis*	VU
	■	Präriehuhn	*Tympanuchus cupido*	VU
	■	Kleines Präriehuhn	*Tympanuchus pallidicinctus*	VU
	■	Gunnison-Beifußhuhn	*Centrocercus minimus*	EN
ODONTOPHORIDAE Zahnwachteln	■	Tränenwachtel	*Cyrtonyx ocellatus*	VU
	■	Bartwachtel	*Dendrortyx barbatus*	VU
	■	Schwarzstirnwachtel	*Odontophorus atrifrons*	VU
	■	Tacarcunawachtel	*Odontophorus dialeucos*	VU
	■	Schwarzrückenwachtel	*Odontophorus melanonotus*	VU
	■	Kragenwachtel	*Odontophorus strophium*	EN

ROTE LISTE ■ ausgestorben ■ in freier Wildbahn ausgest. ■ vom Aussterben bedroht ■ stark gefährdet ■ gefährdet

Perlhühner, Grossfusshühner und Hokkos

Perlhühner (Numididae) sind gesellige hühnerähnliche Vögel mit langen Beinen und einem kräftigen Schnabel, die ihre Nahrung am Boden suchen. Die meisten haben ein recht dunkles Gefieder, oft grau oder schwarz mit weißen Punkten, sowie nackten Hautpartien an Kopf und Hals. Sie bewegen sich in Gruppen, die manchmal an die hundert Individuen umfassen, und stoßen recht laute, keckernde Rufe aus. Perlhühner sind in Afrika, vorwiegend südlich der Sahara, heimisch und bevorzugen offene Waldgebiete, Savannen und Grasland. Zwar sind sie Bodenbrüter, doch nachts baumen sie zur Sicherheit auf. Manche Arten sind domestiziert worden und dienen als Fleisch- und Eierlieferanten. Eine der sechs Arten ist bedroht – das Weißbrust-Perlhuhn, das in den Regenwäldern des tropischen Westafrikas heimisch ist, gilt als gefährdet. Es lebt in Sierra Leone (vor allem im Gola-Wald, einem Schutzgebiet), in Liberia, Elfenbeinküste und Ghana. Die Art ist hauptsächlich durch Habitatzerstörung und Bejagung bedroht.

Großfußhühner (Megapodiidae) sind große, an Truthähne erinnernde Bodenbewohner mit kräftigen Beinen. Sie legen ihre Eier in spezielle Bruthügel oder vergraben sie in der Erde, wo sie von der Sonnenwärme oder der Rottewärme bebrütet werden, die beim Zersetzen von Pflanzenmaterial frei wird, wie man es vom Komposthaufen im Garten kennt. Ein Weibchen kann bis zu dreißig Eier legen; das Männchen bewacht den Bruthügel und sorgt durch Anhäufen oder Abtragen dafür, dass die Temperatur in dem für die Entwicklung der Eier benötigten Bereich bleibt. Die Küken sind extreme Nestflüchter und können bereits wenige Stunden, nachdem sie aus dem Bruthügel «geschlüpft» sind, laufen und fliegen. Zur Familie gehören unter anderem das Buschhuhn, die Talegallas und auch das berühmte Thermometerhuhn. Von den 21 Großfußhühnerarten sind fünf (darunter auch das Thermometerhuhn) gefährdet und vier sind stark gefährdet.

Die Hokkohühner (Cracidae), kurz Hokkos genannt, sind eine Familie der Neuen Welt mit fünfzig Arten, zu denen auch die Chakalakas zählen. Sie sind insofern ungewöhnliche Hühnervögel, als sie überwiegend baumlebend sind. Hokkos haben kurze, gerundete Flügel und einen langen, breiten Schwanz. Ihr Gefieder ist vorwiegend dunkel, und viele Arten tragen eine Haube. Ihre Nester bestehen aus Zweigen und Blättern und werden in niedrigem Geäst oder auf dem Boden gebaut. In dieser Familie sind 18 Arten bedroht, acht davon stark gefährdet, sechs gefährdet, drei (Weißschwingenguan, Trinidadguan und Blaulappenhokko) sind vom Aussterben bedroht; der Mituhokko ist bereits in freier Wildbahn ausgestorben.

THERMOMETERHUHN

Leipoa ocellata

Dieser große, untersetzte Vogel ist unterseits hell gesprenkelt und oberseits vorwiegend braun gebändert; von der Kehle zum Bauch verläuft senkrecht ein breites dunkles Brustband. Thermometerhühner sind monogam und leben im Mallee-Busch im südlichen Australien. Ihr bevorzugtes Habitat besteht aus Eukalyptus- und Akazienformationen auf Sandböden, idealerweise mit einer dicken Laubstreuschicht. Diese Vögel zeigen ein ganz besonderes Brutverhalten: Der Hahn errichtet (manchmal mithilfe der Henne) einen bis zu 1,5 Meter hohen Bruthügel mit einem Kern aus feuchtem Laub, das er mit sandiger Erde bedeckt. Die Eier werden in diesen gigantischen «Komposthaufen» gelegt, wo sie von der Sonnen- und der Rottewärme des sich zersetzenden Laubs ausgebrütet werden. Der Hahn überwacht die Temperatur durch Anpassen der Erdabdeckung sorgfältig, sodass die Optimaltemperatur von 32 bis 34 Grad Celsius fast ständig gewahrt bleibt. Nach dem Schlüpfen arbeiten sich die Küken aus dem Bruthügel hinaus und sind sofort unabhängig, sie verlassen das Brutgebiet und suchen selbstständig nach Nahrung. Die Mortalität der Jungvögel ist sehr hoch und wird durch eingeschleppte Prädatoren wie Rotfuchs *(Vulpes vulpes)* und Hauskatzen noch vergrößert. Der Bestand hat in den letzten Jahrzehnten aufgrund von Habitatverlust und Neozoen-Fressfeinde dramatisch abgenommen. Hähne, die einen Bruthügel bewachen, werden leicht durch weidende Tiere gestört.

Familie	Megapodiidae
Größe	60 cm
Status	gefährdet (abnehmend)
Population	100 000
Verbreitung	Südaustralien (endemisch)
Habitat	Mallee-Busch (Eukalyptus- und Akazienformationen)
Bedrohungen	Fressfeinde, Störung durch Beweidung, Feuer

WEISSSCHWINGENGUAN

Penelope albipennis

Dieser kräftig gebaute Vogel lebt im Trockenwald im Norden von Peru in Höhenlagen von 300 bis 1300 Meter. Bestand und Verbreitungsgebiet sind sehr klein, daher gilt die Art als vom Aussterben bedroht. Der Weißschwingenguan ist vorwiegend schwarz, die Handschwingen sind weiß; die Brust, der lange Hals und die Flügeldecken sind weiß gefleckt. Der blaue Schnabel hat eine schwarze Spitze, und die Haut um die Augen ist rotviolett. Die Kehle weist eine große nackte rotviolette bis orangerote Hautpartie sowie einen doppelten Kehllappen auf. Vor allem in der Brutzeit zwischen Januar und August stoßen die Vögel in der Morgendämmerung tiefe heisere Rufe aus, die bis in drei Kilometer Entfernung hörbar sind. Das Gelege umfasst zwei bis drei Eier. Die Art ernährt sich von Früchten, Sämereien, Knospen, Blättern und Blüten und ist auf eine Wasserquelle in der Nähe angewiesen. Starke Bejagung war wahrscheinlich der Hauptgrund für den Rückgang des Weißschwingenguans, inzwischen ist er in einer Reihe von Naturschutzgebieten auch per Gesetz geschützt. An geeigneten Standorten werden nachgezüchtete Vögel ausgewildert; dazu kommt eine gezielte Öffentlichkeitsarbeit.

Familie	Cracidae
Größe	85 cm
Status	vom Aussterben bedroht (abnehmend)
Population	150–250
Verbreitung	Peru (endemisch)
Habitat	Trockenwald an Berghängen und in Schluchten
Bedrohungen	Bejagung, Habitatzerstörung

BLAULAPPENHOKKO
Crax alberti

Dieser auffällige, große Vogel ist schwarz gefiedert, unverkennbar sind die blaue Wachshaut und die blauen Kehllappen. Beim Hahn sind Steiß und Schwanzspitze weiß. Der Schnabel ist bei beiden Geschlechtern cremeweiß mit bläulicher Schnabelbasis. Der Hahn trägt einen gekräuselten schwarzen Federschopf, derjenige der Henne ist schwarz-weiß. Der Ruf der Blaulappenhokkos ist tief und dröhnend. Sie schlafen in Waldbäumen in der Nähe guter Nahrungsgründe und kehren mehrere Tage zum selben Schlafplatz zurück. Die Nahrung besteht aus Früchten, Pflanzentrieben, Wirbellosen und möglicherweise auch aus Aas. Blaulappenhokkos brüten in der Trockenzeit und leben bevorzugt im Regenwald; dieser wurde jedoch größtenteils abgeholzt, um Platz für Plantagen, Viehweiden und Erzabbau zu schaffen. Zudem werden die Vögel wegen ihres Fleisches und ihrer Eier gejagt. Die seltenen Blaulappenhokkos leben im Vogelreservat El Paujil und im Nationalpark Paramillo, doch der Bestand ist klein und nimmt wahrscheinlich insgesamt ab. Das Schutzgebiet El Paujil befindet sich mitten im Verbreitungsschwerpunkt der Art; nach neueren Bestandserfassungen hat die Zahl der Vögel dort zugenommen.

Familie	Cracidae
Größe	83–93 cm
Status	vom Aussterben bedroht (abnehmend)
Population	1000–2500
Verbreitung	Kolumbien (endemisch)
Habitat	Regenwald bis 1200 m
Bedrohungen	Entwaldung, Bejagung

BEDROHTE PERLHÜHNER, GROSSFUSSHÜHNER UND HOKKOS

FAMILIE		TRIVIALNAME	WISSENSCHAFTLICHER NAME	STATUS
NUMIDIDAE Perlhühner	■	Weißbrust-Perlhuhn	*Agelastes meleagrides*	VU
MEGAPODIIDAE Großfußhühner	■	Braunbrust-Talegalla	*Aepypodius bruijnii*	EN
	■	Molukkenhuhn	*Eulipoa wallacei*	VU
	■	Thermometerhuhn	*Leipoa ocellata*	VU
	■	Hammerhuhn	*Macrocephalon maleo*	EN
	■	Biakhuhn	*Megapodius geelvinkianus*	VU
	■	Lapérousehuhn	*Megapodius laperouse*	EN
	■	Layardhuhn	*Megapodius layardi*	VU
	■	Nikobarhuhn	*Megapodius nicobariensis*	VU
	■	Pritchardhuhn	*Megapodius pritchardii*	EN
CRACIDAE Hokkos	■	Blaulappenhokko	*Crax alberti*	CR
	■	Rotschnabelhokko	*Crax blumenbachii*	EN
	■	Karunkelhokko	*Crax globulosa*	EN
	■	Tuberkelhokko	*Crax rubra*	VU
	■	Mituhokko	*Mitu mitu*	EW
	■	Zapfenguan	*Oreophasis derbianus*	EN
	■	Rotkopfguan	*Ortalis erythroptera*	VU
	■	Helmhokko	*Pauxi pauxi*	EN
	■	Hornhokko	*Pauxi unicornis*	EN
	■	Weißschwingenguan	*Penelope albipennis*	CR
	■	Bartguan	*Penelope barbata*	VU
	■	Weißbrauenguan	*Penelope jacucaca*	VU
	■	Rotbrustguan	*Penelope ochrogaster*	VU
	■	Ortonguan	*Penelope ortoni*	EN
	■	Caucaguan	*Penelope perspicax*	EN
	■	Schluchtenguan	*Penelopina nigra*	VU
	■	Schwarzmaskenguan	*Pipile jacutinga*	EN
	■	Trinidadguan	*Pipile pipile*	CR

ROTE LISTE ■ ausgestorben ■ in freier Wildbahn ausgest. ■ vom Aussterben bedroht ■ stark gefährdet ■ gefährdet

KRANICHE

Kraniche (Familie Gruidae) sind große, schlanke und elegante, reiherähnliche Vögel mit langem Schnabel, Hals und Beinen. Die meisten besitzen weißes oder graues Gefieder. Im Gegensatz zu Reihern fliegen Kraniche mit lang gestrecktem Hals. Als kräftige Flieger wandern die meisten Kranicharten regelmäßig zwischen Brut- und Winterquartier; dieser Zug erfolgt häufig in großen lockeren Trupps. Wie viele andere Zugvogelarten sind Kraniche auf diesen Wanderungen zahlreichen Gefahren ausgesetzt, während sie unterschiedliche Feuchtgebiete als Rastplatz ansteuern. Manche werden geschossen, andere kollidieren mit Hochspannungsleitungen oder nehmen Giftstoffe auf, wenn sie aus verschmutzten Gewässern trinken. Feuchtgebietshabitate sind in den meisten Ländern auch durch Trockenlegung und Erschließung bedroht, sodass die Anzahl der für Kraniche geeigneten Überwinterungsplätze in den letzten Jahrzehnten deutlich abgenommen hat.

Das unverkennbare Gefieder, die eleganten Balztänze und laut trompetende Rufe sind dafür verantwortlich, dass diese Vögel in der Überlieferung vieler Völker eine wichtige Rolle spielen. Zu Beginn des typischen Balztanzes steht das Paar laut rufend nebeneinander; danach verneigen sich die Vögel und springen hoch, spreizen Schwanzfedern und Flügel und werfen manchmal Stöckchen und Grasbüschel in die Luft. Kraniche sind vorwiegend in Grasland, Sümpfen und anderen Feuchtgebieten heimisch; die meisten Arten brüten in der Nähe flacher Gewässer. Das Nest ist eine Plattform, die auf dem Boden oder im Flachwasser aus Schilf und anderem Pflanzenmaterial errichtet wird.

Es existieren 15 rezente (heute lebende) Arten, davon sind elf bedroht – vor allem durch den Verlust oder die Degradation ihres Feuchtgebiet-Lebensraums. Die meisten (13) Arten sind eng verwandt und gehören zur Gattung *Grus*. Zwei Arten, der nordamerikanische Schreikranich und der Mandschurenkranich aus dem Fernen Osten, sind stark gefährdet; der prächtige Schneekranich ist sogar vom Aussterben bedroht. Unter allen Arten ist diese Art im Brut- wie auch im Winterquartier am stärksten auf Feuchtgebiete als Lebensraum angewiesen. Mit einer nur knapp über 3000 Individuen liegenden Population ist der Schutz des Schneekranichs vorrangig. Sechs *Grus*-Arten sind als gefährdet eingestuft. Die beiden restlichen Arten (beide gefährdet) sind die Kronenkraniche der Gattung *Balearica*. Der (eigentliche) Kronenkranich ist vorwiegend in Westafrika südlich der Sahara und im Sudan heimisch. Der Südafrikanische Kronenkranich ist im östlichen und südlichen Afrika von Kenia bis Südafrika verbreitet.

SCHREIKRANICH
Grus americana

Großer weißer Kranich mit rotem Scheitel und schwarzer Stirn, roter Gesichtshaut, olivgrau gefärbtem Schnabel und schwarzer Bartstreif. Die schwarzen Handschwingen sind im Flug sehr auffällig. Nur im Wood Buffalo National Park in Kanada (in Nordzentral-Kanada, an der Grenze zwischen Northwest Territories und Alberta) existiert noch eine ursprüngliche Population. Schreikraniche sind Zugvögel und überwintern in Texas (USA) in oder nahe beim Aransas National Wildlife Refuge. In den östlichen USA existieren zwei wiedereingebürgerte Populationen: eine in Florida und eine in Wisconsin; letztere überwintert in Florida. Die Vögel brüten von April bis Mai in feuchten Präriegebieten, die mit Tümpeln, Sümpfen und Weidengebüsch durchsetzt sind, und überwintern in brackigen Küstenfeuchtgebieten. Seit Langem leidet der Schreikranich unter menschlichen Störungen, Landnutzung und Bejagung; in den späten 1930er-Jahren wäre er fast ausgestorben. Glücklicherweise steigen die Bestandszahlen langsam wieder, dies auch dank Schutzmaßnahmen wie Nachzuchtprogrammen in Gefangenschaft, Ansiedlung weiterer Populationen und Sicherung von Hochspannungsleitungen, um tödliche Kollisionen zu vermeiden.

Familie	Gruidae
Größe	132 cm
Status	stark gefährdet (zunehmend)
Population	50–250
Verbreitung	Kanada (ursprünglich), USA (eingeführt)
Habitat	feuchte Präriegebiete
Bedrohungen	Bejagung, Störung, Hochspannungsleitungen

SCHNEEKRANICH
Grus leucogeranus

Großer, überwiegend weißer Kranich mit schwarzen Handschwingen und roten Beinen sowie roter Gesichtsmaske zwischen Schnabel und Augen. Schneekraniche sind zwar zahlreicher als Schreikraniche, doch die Art wird vor allem deshalb als vom Aussterben bedroht eingestuft, weil ihre Winterquartiere durch die Konstruktion des riesigen Drei-Schluchten-Dammes bedroht sind. Die beiden Hauptbrutpopulationen befinden sich in Russland. Fast alle Schneekraniche brüten in Sibirien und ziehen zum Überwintern südwärts nach Ostchina, wo sie sich an Seen, vor allem am Poyang Hu, aufhalten. Sie kehren Ende Mai ins Brutgebiet zurück, legen im Juni und beginnen bereits im September wieder wegzuziehen. Als Brut- und Überwinterungsgebiet bevorzugen Schneekraniche Feuchtgebiete, und zwar große ungestörte Flächen. Sie ernähren sich von verschiedensten Pflanzenteilen, beispielsweise Wurzeln, Knollen, Samen und Schösslingen, sowie von wirbellosen Tieren und Fischen, während der Brutzeit auch von Kleinnagern. Am stärksten ist der Schneekranich durch den Verlust und die fortschreitende Degradation der Lebensräume (insbesondere der Winterquartiere in China) bedroht. Der Drei-Schluchten-Damm wirkt sich möglicherweise negativ auf die am Unterlauf des Jangtse gelegenen Feuchtgebiete aus, beispielsweise auf den Poyang Hu. Obwohl Schneekraniche inzwischen offiziell unter Schutz stehen, werden sie auf dem Zug immer noch gejagt. Unter anderem sind Nachzuchtprogramme in Gefangenschaft geplant, die sich an den Schreikranichprogrammen orientieren sollen.

Familie	Gruidae
Größe	140 cm
Status	vom Aussterben bedroht (abnehmend)
Population	3750
Verbreitung	Russland, vor allem Sibirien (Brut) (endemisch), China (Winter)
Habitat	Feuchtgebiete
Bedrohungen	Verlust und Degradation von Feuchtgebieten, Bejagung

BEDROHTE KRANICHARTEN

FAMILIE		TRIVIALNAME	WISSENSCHAFTLICHER NAME	STATUS
GRUIDAE Kraniche	■	(eigentlicher) Kronenkranich	*Balearica pavonina*	VU
	■	Südafrikanischer Kronenkranich	*Balearica regulorum*	VU
	■	Schreikranich	*Grus americana*	EN
	■	Saruskranich	*Grus antigone*	VU
	■	Klunkerkranich	*Grus carunculatus*	VU
	■	Mandschurenkranich	*Grus japonensis*	EN
	■	Schneekranich	*Grus leucogeranus*	CR
	■	Mönchskranich	*Grus monacha*	VU
	■	Schwarzhalskranich	*Grus nigricollis*	VU
	■	Paradieskranich	*Grus paradisea*	VU
	■	Weißnackenkranich	*Grus vipio*	VU

ROTE LISTE ■ ausgestorben ■ in freier Wildbahn ausgest. ■ vom Aussterben bedroht ■ stark gefährdet ■ gefährdet

RALLEN UND VERWANDTE

Die Rallen (Rallidae) sind mit 135 Arten eine große Familie, zu der die Rallen im engeren Sinne, Teich- und Sumpfhühner, Blässhühner, Wachtelkönige, die Gattung *Sarothura* und die Purpurhühner mit der Wekaralle und der Südinsel-Takahe gehören. Die beiden Letzten sind in Neuseeland endemisch und gefährdet beziehungsweise stark gefährdet. Von den Rallidae sind 34 Arten bedroht, darunter zwölf stark gefährdet, vier vom Aussterben bedroht und eine in freier Wildbahn ausgestorben. Mehrere der nur auf ozeanischen Inseln vorkommenden Arten sind fast oder vollständig flugunfähig und damit besonders durch eingeschleppte Raubfeinde bedroht. Die meisten Rallen sind kleine oder mittelgroße bodenlebende Vögel, die sich in dichtem Pflanzenwuchs verbergen und in der Regel braunes oder graubraunes Tarngefieder besitzen. Sie leben überwiegend in Feuchtgebieten wie Sümpfen, Schilfbeständen oder feuchten Wäldern und Dickichten; die meisten Arten sind Bodenbrüter. Sie verständigen sich untereinander durch kurze quiekende, pfeifende oder grunzende, manchmal schnarrende Rufe. Auch der kleinste flugunfähige Vogel der Welt, die Atlantisralle, gehört zu dieser Familie. Rallen sind am stärksten durch Habitatverlust und Fressfeinde bedroht.

ATLANTISRALLE
Atlantisia rogersi

Seit dem Aussterben der nah verwandten St.-Helena-Ralle ist die Atlantisralle die einzige Vertreterin ihrer Gattung, dabei gleichzeitig auch der kleinste flugunfähige Vogel der Welt. Der mausgroße Vogel ist oberseits rostbraun und unterseits grau; die weiße Bänderung von Flanken und Bauch ist variabel, die Augen sind rot, der Schnabel schwarz, die Beine grau. Stimme: entweder ein lauter schriller Alarmruf oder leisere «Tschick»-Kontaktrufe. Atlantisrallen brüten von Oktober bis März und leben in territorialen Familiengruppen. Sie suchen in weiten Teilen von Inaccessible Island nach Nahrung und verzehren beispielsweise Insektenlarven, Würmer, Hundertfüßer, Nachtschmetterlinge, Beeren und Sämereien. Das birnenförmige Nest wird aus Pflanzenmaterial erbaut und ist durch einen Tunnel im Unterwuchs zugänglich. Die Art ist nur auf Inaccessible Island, einer isolierten Insel im Südatlantik, heimisch und dort vor allem deshalb noch häufig, da über Fischerboote bisher keine Hausratten *(Rattus rattus)* aus Tristan da Cunha nach Inaccessible eingeschleppt wurden. Um diese Gefahr zu vermindern, ist der Zutritt zur Insel, die unter Naturschutz steht, streng reglementiert.

Familie	Rallidae
Größe	17 cm
Status	gefährdet (stabil)
Population	8400
Verbreitung	Inaccessible Island (endemisch)
Habitat	Grasland, Dickichte, Heiden
Bedrohungen	eingeschleppte Fressfeinde (potenzielle Bedrohung)

KUBARALLE
Cyanolimnas cerverai

Mittelgroßer Vogel mit gelbem, an der Basis rotem Schnabel, orangeroten Beinen, braunem Rücken, weißem Unterschwanz und weißer Kehle; die Unterseite ist hingegen blau und die hinteren Flanken grau. Aufgrund der kurzen Flügel ist die Art fast flugunfähig. Hauptlebensraum ist der große Zapata-Sumpf in Westkuba, der aus überschwemmtem Grasland mit niedrigem Baumbewuchs besteht. Die Vögel brüten im September, vielleicht auch im Dezember und Januar, und bauen ihre Nester auf Gräserhorsten (Bulten) knapp über der Wasserfläche. Kubarallen zerstreuen sich vermutlich während der Überschwemmungen in der Regenzeit und kehren in der Trockenzeit zurück. Früher wurden die Riedvorkommen des Sumpfes zum Decken von Strohdächern abgeerntet. Auch durch Abflämmen in der Trockenzeit werden weitere Lebensräume vernichtet. Die praktisch flugunfähigen Kubarallen fallen zudem eingeschleppten Fressfeinden wie Mangusten und Ratten zum Opfer. Deshalb richtete man zwei Schutzgebiete ein, deren Fläche auch das Corral de Santo Tomás Wildtier-Schutzgebiet und die Laguna del Tesoro einschließt, und versucht Ökotourismus zu etablieren.

Familie	Rallidae
Größe	29 cm
Status	vom Aussterben bedroht (abnehmend)
Population	250–1000
Verbreitung	Südwestkuba (endemisch)
Habitat	Sümpfe, überflutetes Grasland
Bedrohungen	Raubdruck, Habitatverlust, Feuer in der Trockenzeit

BEDROHTE RALLEN UND VERWANDTE

FAMILIE		TRIVIALNAME	WISSENSCHAFTLICHER NAME	STATUS
RALLIDAE Rallen		«Talaud-Sumpfhuhn»	*Amaurornis magnirostris*	VU
		Malegassensumpfhuhn	*Amaurornis olivieri*	EN
		Esmeraldas-Ralle	*Aramides wolfi*	VU
		Schnarchralle	*Aramidopsis plateni*	VU
		Atlantisralle	*Atlantisia rogersi*	VU
		Mandschurensumpfhuhn	*Coturnicops exquisitus*	VU
		Kubaralle	*Cyanolimnas cerverai*	CR
		Hawaiiblässhuhn	*Fulica alai*	VU
		Gough-Teichhuhn	*Gallinula nesiotis*	VU
		Samoa-Pfuhlhuhn	*Gallinula pacifica*	CR
		Blaustirn-Pfuhlhuhn	*Gallinula silvestris*	CR
		Wekaralle	*Gallirallus australis*	VU
		Calayanralle	*Gallirallus calayanensis*	VU
		Pelzralle	*Gallirallus lafresnayanus*	CR
		Okinawaralle	*Gallirallus okinawae*	EN
		Guamralle	*Gallirallus owstoni*	EW
		Waldralle	*Gallirallus sylvestris*	EN
		Rosenbergralle	*Gymnocrex rosenbergii*	VU
		«Talaudralle»	*Gymnocrex talaudensis*	EN
		Trommelralle	*Habroptila wallacii*	VU
		Venezuelaralle	*Laterallus levraudi*	EN
		Galapagosralle	*Laterallus spilonotus*	VU
		«Juninralle»	*Laterallus tuerosi*	EN
		Rotgesichtralle	*Laterallus xenopterus*	VU
		Aucklandralle	*Lewinia muelleri*	VU
		Südinsel-Takahe	*Porphyrio hochstetteri*	EN
		Tuamotu-Sumpfhuhn	*Porzana atra*	VU
		Fleckensumpfhuhn	*Porzana spiloptera*	VU
		Magellanralle	*Rallus antarcticus*	VU
		Madagaskarralle	*Rallus madagascariensis*	VU
		Bogotaralle	*Rallus semiplumbeus*	EN
		Wetmoreralle	*Rallus wetmorei*	EN
		Spiegelralle	*Sarothrura ayresi*	EN
		Lemurenralle	*Sarothrura watersi*	EN

ROTE LISTE ■ ausgestorben ■ in freier Wildbahn ausgest. ■ vom Aussterben bedroht ■ stark gefährdet ■ gefährdet

WEKARALLE

Gallirallus australis

Diese große flugunfähige Ralle gleicht vom Körperbau einem Blässhuhn, sie kann gut schwimmen und schnell laufen. Wekarallen ernähren sich von Früchten, Sämereien, Wirbellosen, Eiern, gelegentlich auch Kleinsäugern und Kleinvögeln. Die regionalen Unterschiede der Gefiedermorphen variieren zwischen hellen, dunklen, rotbraunen und schwarzen Formen. Die Vögel werden mit einem Jahr geschlechtsreif und brüten ganzjährig, sie bauen ein flaches Schalennest aus Seggen und Gras. Die früher wesentlich häufigere Wekaralle kommt heute noch in zerstreuten Populationen auf der Nord- und Südinsel von Neuseeland vor, wie auch auf vielen vorgelagerten Inseln. Sie ist jedoch besonders stark durch eingeschleppte Raubsäuger, vor allem Hauskatzen, gefährdet und hat in Teilen des Verbreitungsgebiets massiv abgenommen. Häufig kommen Wekarallen auch im Straßenverkehr oder durch Verzehr von Giftködern um, die für Kaninchen oder Fuchskusus *(Trichosurus vulpecula)* ausgelegt werden. Zum Schutz wurden die Rallen unter anderem auf sichere Inseln umgesiedelt, beispielsweise die Chatham- und die Pitt-Inseln, wo der Bestand auf 38 000 bis 58 000 Individuen geschätzt wird.

Familie	Rallidae
Größe	46–60 cm
Status	gefährdet (abnehmend)
Population	120 000–187 000
Verbreitung	Neuseeland (endemisch)
Habitat	Wald, Grasland, Dickichte, Feuchtgebiete, stadtnahe Gebiete
Bedrohungen	eingeschleppte Fressfeinde, Habitatzerstörung, Vergiftung, Straßenverkehr, Krankheiten

SÜDINSEL-TAKAHE

Porphyrio hochstetteri

Dieser große flugunfähige Vogel besitzt prächtig schillerndes Gefieder, das an Kopf, Hals, Schultern und Brust pfauenblau und am restlichen Körper olivgrün ist. Über dem mächtigen roten Schnabel sitzt eine leuchtend rote Stirnplatte. Die kräftigen Beine und Füße sind ebenfalls rot; mit den Füßen hält der Vogel geschickt Pflanzenmaterial fest, das er mit dem Schnabel zerschneidet, um an die saftigen Teile bestimmter Gräser und Farnarten zu kommen. Die Takahe kann 14 bis 20 Jahre alt werden und brütet zum ersten Mal im Alter von zwei Jahren; das Gelege besteht aus zwei Eiern.

Bis 1948 galt die Takahe als ausgestorben, doch dann entdeckte man auf der Südinsel von Neuseeland eine kleine Population in den Murchison Mountains (Fiordland-Nationalpark). Seither schwanken die Bestandszahlen, haben aber nicht zugenommen, was darauf hinweist, dass dies für diese kleine Fläche das Maximum ist. Problematisch sind die Weidekonkurrenz durch eingeführte Rothirsche *(Cervus elaphus)* wie auch der Raubdruck durch eingeschleppte Fressfeinde wie das Hermelin *(Mustela erminea)*. Die Rothirschzahlen wurden begrenzt; zudem wurden etliche Vögel auf vorgelagerte Inseln ohne Fressfeinde umgesiedelt und ein Nachzuchtprogramm in Gefangenschaft etabliert.

Familie	Rallidae
Größe	63 cm
Status	stark gefährdet (zunehmend)
Population	150–220
Verbreitung	Neuseeland (endemisch)
Habitat	alpines Tussock-Grasland
Bedrohungen	Weidekonkurrenz, Fressfeinde, Habitatverlust

TRAPPEN, LAUFHÜHNCHEN, STEPPENLÄUFER, KAGU, STELZENRALLEN UND BINSENRALLEN

Die Trappen (Otitidae) umfassen 25 Arten großer bis mittelgroßer bodenlebender Vögel; dazu gehört auch die Großtrappe, der schwerste flugfähige Vogel der Welt. Kennzeichnend sind lange Beine und langer Hals, der schreitende Gang und die gänseähnliche Körperform. Trappen leben vorwiegend in offenen Habitaten wie Steppen und Savannen. Zurzeit gelten sechs Arten als bedroht; darunter sind zwei (Kragentrappe und Großtrappe) gefährdet, drei (Hindutrappe, Ludwigtrappe und Flaggentrappe) stark gefährdet und eine, nämlich die Barttrappe, ist vom Aussterben bedroht. Weitere sechs Arten stehen auf der Vorwarnliste.

Zu den Laufhühnchen (Turnicidae) gehören 16 Arten; davon sind drei Arten bedroht. Diese kleinen, wachtelartigen, bodenwohnenden Vögel haben ein Tarngefieder und einen schlanken Schnabel, mit dem sie Insekten und Samen aufpicken. In der Regel bebrütet nur das Männchen die Eier.

Der stark gefährdete Steppenläufer ist der einzige Vertreter seiner Familie (Pedionomidae); die kleine wachtelähnliche Art ist in bestimmten Grasländern Australiens endemisch – die Bestandszahlen schwanken mit dem Niederschlagsmuster. Der mittelgroße Vogel ist etwa zwölf Zentimeter lang und ähnelt in vieler Hinsicht den Laufhühnchen.

Auch der merkwürdige, hühnergroße Kagu vertritt eine eigene Familie (Rhynochetidae); er ist in Neukaledonien endemisch und stark bedroht, kann sich aber an bestimmten Waldstandorten immer noch behaupten. Dieser helle, fast flugunfähige Vogel erinnert an einen Reiher, besitzt jedoch völlig andere Habitatansprüche als Reiher, denn der Kagu bevorzugt von Bächen durchflossene Hangwälder im Gebirge.

Alle drei Stelzenrallenarten (Mesitornithidae) sind in Madagaskar endemisch und gefährdet – sie sind vor allem durch Habitatzerstörung und Bejagung bedroht. Diese drosselgroßen, einförmig braunen Vögel ernähren sich von Früchten und Insekten, die sie vom Waldboden aufsammeln. Sie fliegen selten auf. Das Nest ist eine erhöhte Plattform, die in etwa ein bis zwei Meter Höhe vom Boden errichtet wird.

Auch die Binsenrallen (Heliornithidae) umfassen nur drei Arten. Die lappentaucherartigen Wasservögel mit gelappten Zehen und langem steifem Schwanz ernähren sich vorwiegend von Fröschen und Krebstieren und setzen ihre spezialisierten Füße während der Nahrungssuche wirksam als Paddel beim Schwimmen und Tauchen ein. Eine Art, die Maskenbinsenralle aus Südostasien, ist stark gefährdet – dies vor allem aufgrund von Störungen und von Veränderungen an Flussläufen und anderen Gewässern.

BEDROHTE TRAPPEN, LAUFHÜHNCHEN, STEPPENLÄUFER, KAGU, STELZENRALLEN UND BINSENRALLEN

FAMILIE	TRIVIALNAME	WISSENSCHAFTLICHER NAME	STATUS
OTIDIDAE Trappen	Hindutrappe	*Ardeotis nigriceps*	EN
	Kragentrappe	*Chlamydotis undulata*	VU
	Barttrappe	*Houbaropsis bengalensis*	CR
	Ludwigtrappe	*Neotis ludwigii*	EN
	Flaggentrappe	*Sypheotides indicus*	EN
	Großtrappe	*Otis tarda*	VU
TURNICIDAE Laufhühnchen	Sumba-Laufhühnchen	*Turnix everetti*	VU
	Schwarzbrust-Laufhühnchen	*Turnix melanogaster*	VU
	Ockerbrust-Laufhühnchen	*Turnix olivii*	EN
PEDIONOMIDAE Steppenläufer	Steppenläufer	*Pedionomus torquatus*	EN
RHYNOCHETIDAE Kagus	Kagu	*Rhynochetos jubatus*	EN
MESITORNITHIDAE Stelzenrallen	Einfarb-Stelzenralle	*Mesitornis unicolor*	VU
	Kurzfuß-Stelzenralle	*Mesitornis variegatus*	VU
	Monias-Stelzenralle	*Monias benschi*	VU
HELIORNITHIDAE Binsenrallen	Maskenbinsenralle	*Heliopais personatus*	EN

ROTE LISTE ■ ausgestorben ■ in freier Wildbahn ausgest. ■ vom Aussterben bedroht ■ stark gefährdet ■ gefährdet

KRAGENTRAPPE
Chlamydotis undulata

Die Kragentrappe, ein großer aufrechter Vogel, lebt in Halbwüsten in Nordafrika, auf der Arabischen Halbinsel und mit einer isolierten Population auf den Kanaren. Typisch ist der seitliche schwarze Halsstreif bei erwachsenen Vögeln, das Körpergefieder ist hellbraun und gebändert. Während des Balzrituals stellt der Hahn Hals- und Scheitelfedern auf, sodass ein weißer Kragen entsteht, legt den Kopf auf den Rücken zurück und trippelt umher. Kragentrappen verzehren wirbellose Tiere, kleine Wirbeltiere und Pflanzentriebe. Möglicherweise ziehen die Vögel umher, wenn sie nach frischer Pflanzennahrung suchen (diese stimuliert eventuell die Brut). Das Nest ist eine Bodenmulde mit einem Gelege von zwei bis vier Eiern.

Hauptbedrohung ist die in arabischen Ländern traditionelle Falknerei (besonders im Winter), die heutzutage durch Allradfahrzeuge, moderne Schusswaffen und weitere technische Hilfsmittel immer effizienter wird; dazu kommt die Habitatdegradation. Viele Vögel werden illegal gefangen, um den Falknern als «Übungsmaterial» für ihre Jungfalken zu dienen; zahlreiche Trappen kommen beim Transport um. Durch Nachzuchtprogramme in Gefangenschaft werden die Bestandszahlen erhalten und ergänzt; in Zukunft sollen die wichtigsten Kragentrappengebiete unter Schutz gestellt sowie Wilderei und Abschusszahlen kontrolliert werden. Da Überweidung ein häufiges Problem ist, hilft auch eine Verminderung des Weidedrucks.

Familie	Otididae
Größe	48 cm
Status	gefährdet (abnehmend)
Population	49 000–62 000
Verbreitung	Kanaren, Nordafrika; ostwärts von Israel, Palästina, Libanon, der Arabischen Halbinsel bis Pakistan, Iran und Afghanistan
Habitat	Sand- und Stein-Halbwüsten, Steppen
Bedrohungen	nicht-nachhaltige Bejagung, Habitatdegradation

KAGU
Rhynochetos jubatus

Reiherähnlicher Vogel mit hellgrauem Gefieder, orangerotem Schnabel und Beinen. Vielleicht wird dieser Vogel wegen seines hellen Gefieders, das sich vom dunklen Waldhintergrund abhebt, von den Einheimischen als «Geistervogel» bezeichnet. Der fast flugunfähige Kagu schreitet meistens umher oder fliegt gleitend hangabwärts. Bei der Balz werden die Flügel gespreizt, sodass die schwarz-rotbraune Bänderung sichtbar wird, auch die Haube wird dann wie ein Fächer aufgestellt. Kagus leben, brüten und suchen ihre Nahrung auf dem Waldboden und sind daher durch Fressfeinde, insbesondere Hunde, gefährdet; Letztere stellen die Hauptbedrohung der isolierten und fragmentierten Kagupopulationen dar. Die Altvögel leben in Paarbindung und bauen Bodennester aus Stöcken und Zweigen. Typisch sind verschiedene Kontaktrufe, beispielsweise ein lautes Bellen zu Tagesbeginn, sowie leisere rasselnde und zischende Rufe. Kagus lokalisieren ihre bodenlebende Beute, indem sie die Streuschicht mit dem Schnabel nach Würmern, Schnecken und Eidechsen durchsuchen. Diese langlebigen Vögel haben in freier Natur nachweislich ein Alter von 15 Jahren und in Gefangenschaft von bis zu dreißig Jahren erreicht. Ziel der Schutzmaßnahmen ist es, die Anzahl der Fressfeinde zu kontrollieren: besonders Hunde, aber auch Ratten, die ebenfalls Jungvögel erbeuten. Der Lebensraum der Kagus wurde durch den Abbau von Bodenschätzen degradiert und wird zurzeit durch Überweidung (Rotwild) weiter geschädigt.

Familie	Rhynochetidae
Größe	55 cm
Status	stark gefährdet (stabil)
Population	250–1000
Verbreitung	Neukaledonien (endemisch)
Habitat	Bergwälder, Dickichte mit geschlossenem Kronendach
Bedrohungen	eingeschleppte Fressfeinde, Habitatzerstörung durch Rotwild, Erzabbau, Entwaldung

KURZFUSS-STELZENRALLE
Mesitornis variegatus

Diese kleine rallenähnliche Vogel kommt nur an fünf Standorten in Nord- und Westmadagaskar vor (Kirindy Mitea/Menabe, Ankarafantsika, Ankarana Réserve Spéciale, Analamera Réserve Spéciale und die Wälder um Daraina) sowie im Ambatovaky Réserve Spéciale in Ostmadagaskar. Typisch sind der kleine Kopf, der breite Schwanz und vor allem der langsame Gang mit lang gestrecktem Körper. Die Oberseite ist graubraun, die Brust ist weiß mit dunklen halbmondförmigen Markierungen und rotbraunem Band. Der Großteil der kleinen Population lebt in saisongrünen Wäldern im Norden und Westen Madagaskars. Stelzenrallen gehen im kleinen Familienverband (2–4 Vögel) auf Nahrungssuche; dabei picken sie in der Streuschicht, drehen die Blätter am Waldboden um und erbeuten so Insekten und andere kleine Wirbellose; gelegentlich fressen sie auch Samen. Zur Bedrohung der Art tragen etliche Faktoren bei, beispielsweise die Bejagung sowie die Habitatzerstörung durch Brandrodung, aber auch die Übernutzung der Wälder durch Abholzung und Holzkohleherstellung. Anscheinend besiedeln Kurzfuß-Stelzenrallen kürzlich niedergebrannte, nachwachsende Waldgebiete nicht erneut, sondern bevorzugen die noch intakten Urwälder Madagaskars, die jedoch rasant zurückgehen.

Familie	Mesitornithidae
Größe	31 cm
Status	gefährdet (abnehmend)
Population	8000
Verbreitung	Madagaskar (endemisch)
Habitat	saisongrüne Wälder
Bedrohungen	Brandrodung, Holzeinschlag, Bejagung

Regenpfeifer, Schnepfenvögel, Goldschnepfen, Säbelschnäbler, Austernfischer und Brachschwalbenartige

Die Regenpfeifer (Charadriidae), eine der größten Limikolenfamilien, sind weltweit verbreitet und vorwiegend in Feuchtgebieten heimisch. Sieben der 66 Arten sind als bedroht eingestuft. Der Madagaskarregenpfeifer und der merkwürdige Schiefschnabel sind gefährdet, Maori-Regenpfeifer und Chathamregenpfeifer sind stark gefährdet, die restlichen drei – St.-Helena-Regenpfeifer, Steppenkiebitz und Javakiebitz – sind vom Aussterben bedroht. Die Hauptbedrohung liegt in der Umwandlung von Feuchtgebieten und in der Gefährdung durch Fressfeinde (insbesondere bei Inselarten).

Die Schnepfenvögel *(Scolopacidae)* sind die größte Limikolenfamilie, zu ihr zählen etwa neunzig Arten, wie Brachvögel, Bekassinen und Schnepfen. Dreizehn Arten sind bedroht, drei davon sogar vom Aussterben (Löffelstrandläufer, Eskimobrachvogel und Dünnschnabel-Brachvogel).

Zu den Säbelschnäblern *(Recurvirostridae)* gehören elegante Watvögel mit langem schlankem Schnabel und langen Beinen; bekannte Vertreter sind die Stelzenläufer und die (eigentlichen) Säbelschnäbler. Von den neun Arten ist nur eine bedroht: der Schwarze Stelzenläufer (vom Aussterben bedroht).

Unter den elf Austernfischerarten *(Haematopodidae)* ist nur eine bedroht: der Chatham-Austernfischer (stark gefährdet).

Die Rennvögel und Brachschwalben *(Glareolidae)* sind merkwürdige Watvögel; von den 17 Arten der Familie sind zwei bedroht: Der Godavari-Rennvogel ist vom Aussterben bedroht, die Madagaskarbrachschwalbe ist gefährdet.

LÖFFELSTRANDLÄUFER
Eurynorhynchus pygmeus

Der unverkennbare löffelförmige Schnabel dieses kleinen Watvogels ist unter Limikolen einzigartig. Das Gefieder – oberseits braun, unterseits hell – ist für Watvögel typisch. Im Brutkleid sind Kopf und Hals bei den Männchen rotbraun gefärbt, die Brust gestreift und das Gefieder der Oberseite dunkler und rötlich gerandet. Löffelstrandläufer brüten in Russland, und zwar nur in ganz bestimmten Habitaten: Sie benötigen Küstennehrungen mit einer Zwergstrauchtundra aus Krähenbeeren, Flechten, Seggen, Zwergbirken und Weiden; ihre Nahrung suchen sie auf benachbarten Wattflächen. Sie ziehen durch Ostasien ins Winterquartier und überwintern vorwiegend auf Wattflächen in Bangladesch und Myanmar. Da diese Gebiete aufgrund von Landgewinnung immer weiter abnehmen, ist der Löffelstrandläufer von akutem Habitatverlust bedroht. Die neu angesiedelten Industrie- und Landwirtschaftsbetriebe führen zudem oft zu Verschmutzung und Degradation des verbleibenden Lebensraums. Größere Watvögel dienen der einheimischen Bevölkerung traditionell als Nahrung und werden gefangen; dem fallen auch einige Löffelstrandläufer zum Opfer. Ein Aktionsplan sieht vor, derartige Fallenstellerei durch Aufklärung zu beenden, ferner Feuchtgebiete wiederherzustellen und einen gesetzlichen Schutz für diese Art zu erreichen.

Familie	Scolopacidae
Größe	14–16 cm
Status	vom Aussterben bedroht (abnehmend)
Population	450–1000
Verbreitung	Russland (Brut) (endemisch), Bangladesch und Myanmar (Winter)
Habitat	Küstentundren, Flussmündungen, Wattflächen
Bedrohungen	Landgewinnung, Umweltverschmutzung, Bejagung, Störungen

SCHIEFSCHNABEL
Anarhynchus frontalis

Die einzige Vogelart, deren Schnabel von Natur aus zur Seite gekrümmt ist! Der Schiefschnabel nutzt diesen Schnabel, um damit in seichten Bächen unter Kieseln nach Wirbellosen zu suchen. Er brütet auch in der Nähe dieser Bäche und legt seine Eier in eine flache Mulde zwischen den Steinen. Er ist oberseits grau und unterseits weiß, mit schwarzem Brustband und weißem gegabeltem Augenstreif. Die Art ist als gefährdet eingestuft, weil die Orte, wo sie brütet und Nahrung sucht, bedroht sind. Aufgrund von Wasserkraftwerken hat sich die jahreszeitliche Wasserführung in den Flussrinnen stark verändert, sodass diese zuwachsen und geeignete Lebensräume verschwinden.

Familie Charadriidae
Größe 20 cm
Status gefährdet (abnehmend)
Population 4500–5000
Verbreitung Neuseeland (endemisch)
Habitat Kiesbänke an Flüssen und Küsten
Bedrohungen eingeschleppte Fressfeinde, Habitatdegradation, Störungen

SCHWARZER STELZENLÄUFER
Himantopus novaezelandiae

Bereits seit den 1940er-Jahren nimmt sein Bestand in Neuseeland ab. Dieser Watvogel hat einen sehr dünnen, langen schwarzen Schnabel und äußerst lange, dünne rote Beine. Er ernährt sich von Insekten und kleinen Fischen, die er in Sümpfen, «verflochtenen» (verwilderten) Flussbetten und anderen Feuchtgebieten erbeutet. Er brütet im oberen Waitaki Valley (Südinsel); die meisten Individuen sind dort Standvögel, einige überwintern an der Küste. Die Vögel brüten zum ersten Mal im Alter von drei Jahren, legen bis zu vier Eier und nisten bevorzugt an kiesigen Flussufern. Die vom Aussterben bedrohte Art ist hauptsächlich durch eingeschleppte Raubfeinde bedroht.

Familie Recurvirostridae
Größe 20 cm
Status vom Aussterben bedroht (zunehmend)
Population 40
Verbreitung Neuseeland (endemisch)
Habitat «verflochtene» Flussbetten, Sümpfe
Bedrohungen eingeschleppte Fressfeinde, Habitatverlust, Freizeitnutzung von Flüssen

BEDROHTE REGENPFEIFER, SCHNEPFENVÖGEL, GOLDSCHNEPFEN, SÄBELSCHNÄBLER, AUSTERNFISCHER UND BRACHSCHWALBENARTIGE

FAMILIE	TRIVIALNAME	WISSENSCHAFTLICHER NAME	STATUS
CHARADRIIDAE Regenpfeifer	Schiefschnabel	*Anarhynchus frontalis*	VU
	Maori-Regenpfeifer	*Charadrius obscurus*	EN
	St.-Helena-Regenpfeifer	*Charadrius sanctaehelenae*	CR
	Madagaskarregenpfeifer	*Charadrius thoracicus*	VU
	Chathamregenpfeifer	*Thinornis novaeseelandiae*	EN
	Steppenkiebitz	*Vanellus gregarius*	CR
	Javakiebitz	*Vanellus macropterus*	CR
SCOLOPACIDAE Schnepfenvögel	Großer Knutt	*Calidris tenuirostris*	VU
	Chathamschnepfe	*Coenocorypha pusilla*	VU
	Löffelstrandläufer	*Eurynorhynchus pygmeus*	CR
	Madagaskarbekassine	*Gallinago macrodactyla*	VU
	Nepalbekassine	*Gallinago nemoricola*	VU
	Eskimobrachvogel	*Numenius borealis*	CR
	Isabellbrachvogel	*Numenius madagascariensis*	VU
	Borstenbrachvogel	*Numenius tahitiensis*	VU
	Dünnschnabel-Brachvogel	*Numenius tenuirostris*	CR
	Südseeläufer	*Prosobonia cancellata*	EN
	Amamischnepfe	*Scolopax mira*	VU
	Obischnepfe	*Scolopax rochussenii*	EN
	Tüpfelgrünschenkel	*Tringa guttifer*	EN
ROSTRATULIDAE Goldschnepfen	Australische Bunt-Goldschnepfe	*Rostratula australis*	EN
RECURVIROSTRIDAE Säbelschnäbler	Schwarzer Stelzenläufer	*Himantopus novaezelandiae*	CR
HAEMATOPODIDAE Austernfischer	Chatham-Austernfischer	*Haematopus chathamensis*	EN
GLAREOLIDAE Brachschwalbenartige	Madagaskarbrachschwalbe	*Glareola ocularis*	VU
	Godavari-Rennvogel	*Rhinoptilus bitorquatus*	CR

ROTE LISTE ■ ausgestorben ■ in freier Wildbahn ausgest. ■ vom Aussterben bedroht ■ stark gefährdet ■ gefährdet

MÖWEN, SEESCHWALBEN UND ALKENVÖGEL

Möwen und Seeschwalben (Laridae) gehören weltweit zu den vertrauten Vögeln in Küsten- und Feuchtgebieten. Auffällig sind der elegante Flug und die langen schmalen Flügel; die meisten Arten haben weißes oder helles Gefieder, nur wenige sind dunkel. Als gute Schwimmer besitzen sie mit Schwimmhäuten versehene Füße; die meisten Arten brüten und suchen ihre Nahrung in oder nahe an Feuchtgebieten oder dem Meer. Seeschwalben können hervorragend tauchen und fangen ihre Beute (meistens Fische, kleine Kopffüßer oder Krebstiere) durch Stoßtauchen. Seeschwalben sind schlanker und «kantiger» als Möwen, die Beine sind kürzer, der Schwanz ist fast immer gegabelt. Verschmutzung und Trockenlegung wie auch die Erschließung von Feuchtgebieten und Küstengewässern stellen die größten Gefahren für Möwen und Seeschwalben dar. All dies kann vielfältige negative Auswirkungen auf Brutplätze, Nahrungsquellen und Habitatqualität haben. Von den 98 Arten der Laridae sind elf bedroht: Maorimöwe, Graubauch-Seeschwalbe und Peru-Seeschwalbe sind stark gefährdet; die Bernstein-Seeschwalbe ist sogar vom Aussterben bedroht.

Alkenvögel (Alcidae) sind dunkel gefärbte, meist kleine Seevögel mit gedrungenem Körper und kurzen, kräftigen Flügeln mit typischem schnellem Flügelschlag. Die meisten Arten brüten in Kolonien auf (relativ) sicheren abgelegenen Küstenfelsen oder Inseln. Alken ernähren sich von kleinen Fischen und Krebstieren, die sie von der Wasseroberfläche aus tauchend erbeuten. Die Flügel sind an die Fortbewegung unter Wasser angepasst, doch viele Arten können auch gut fliegen. Die mit Schwimmhäuten versehenen Füße setzen weit hinten am Körper an, was zu einer entenähnlichen Körperhaltung führt; die Vögel haben zudem viel Auftrieb. Das Gefieder ist bei allen Arten wasserdicht, glatt und glänzend. Zur Familie der Alkenvögel gehören die Alken, Lummen und Papageitaucher. Der pinguinähnliche, im Nordatlantik lebende Riesenalk wurde zuletzt 1852 gesichtet und ist seither ausgestorben. Dieser große Vogel war flugunfähig, außerdem schwerfällig an Land und besaß keine instinktive Angst vor Menschen. Zudem war er als Fleischlieferant bei Seeleuten und Abenteurern beliebt. Auch heute noch ist exzessive Bejagung für manche stark gefährdete Vogelarten ein aktuelles Problem, doch die anthropogenen Bedrohungen haben sich im 20. und 21. Jahrhundert erheblich ausgeweitet. Fünf Alkenvögel sind bedroht, alle sind im Nordpazifik heimisch. Am stärksten gefährdet ist der Kurzschnabelalk (Beringsee-Region). Er leidet unter Ölverschmutzung und Fischereibeifang – möglicherweise auch unter dem Rückgang seiner Beutetiere aufgrund von Klimawandel und Gletscherschmelze.

RELIKTMÖWE
Larus relictus

Die kleine und schwankende Population der Reliktmöwe wird sehr stark durch Landgewinnung und wechselnde Wasserstände beeinflusst. Im Brutkleid reicht die schwarze Kapuze am Hals tiefer herunter als bei Lachmöwe und Braunkopfmöwe. Auch der breite unvollständige weiße Augenring ist typisch. Am Flügel sind die weißen Spitzen der Handschwingen und der nicht-weiße Flügelbug auffällig; die Vögel wirken insgesamt recht kompakt. Reliktmöwen brüten auf Inselchen in Salzseen – also ziemlich isolierten Lebensräumen – in China, Kasachstan, Russland und der Mongolei. Daher führen Veränderungen im Pflanzenbewuchs, Wasserstand oder in den Zugangsmöglichkeiten rasch zur Aufgabe des Standorts. Ein Teil der Vögel überwintert nachweislich in China und Südkorea, doch das Zugverhalten der Reliktmöwe ist insgesamt kaum bekannt. Die russischen Brutplätze stehen unter Schutz (einschließlich Jagdverbot), aber die weiträumigen Landgewinnungspläne in China und Südkorea sowie die touristische Erschließung in China stellen eine Gefahr für die Art dar. Allerdings ist das wichtigste chinesische Brutgebiet am Taolimiao-Alashan Nur (See) inzwischen teilweise Naturschutzgebiet, was zu einem besseren Schutz des Feuchtgebiets und einem Rückgang der Störungen führen müsste.

Familie	Laridae
Größe	44–45 cm
Status	gefährdet (abnehmend)
Population	2500–10 000
Verbreitung	China, Kasachstan, Mongolei, Russland
Habitat	Salzseen, auch Flussmündungen und Sandwatt (Winter)
Bedrohungen	Landgewinnung, Klimawandel, Störungen

LAVAMÖWE
Larus fuliginosus

Diese ungewöhnliche, dunkle Möwenart ist nur auf den Galapagosinseln (Ecuador) heimisch – mit den größten Bestandszahlen auf Santa Cruz, San Cristóbal und Isabela. Lavamöwen sind insgesamt dunkel-aschgrau, mit kontrastierendem weißem, unvollständigem Augenring und rotem Schlund. Der Kopf ist tiefgrau, die Flügel sind mittelgrau, Bauch und Bürzel noch etwas heller. Die Vögel sind vorwiegend Aasfresser, erbeuten aber auch kleine Fische und Krebstiere, die Eier anderer Seevögel und gelegentlich sogar junge Meerechsen *(Amblyrhynchus cristatus)*. Das Nest wird an Lagunen und ruhigen Gewässern errichtet; das Gelege enthält zwei Eier.

Die kleinen isolierten Populationen sind potenziell durch die Einschleppung von Fressfeinden, wie Hunden, Katzen und Ratten, gefährdet. Die Möwen versammeln sich gerne in den größeren Häfen, wo viel Abfall anfällt. Diese Häfen liegen außerhalb des Galapagos-Nationalparks; Schutzmaßnahmen sind deshalb auf ein sorgfältiges Bestandsmonitoring und fortlaufende Kontrollen von potenziellen Prädatoren und von Störungen angewiesen.

Familie	Laridae
Größe	53 cm
Status	gefährdet (stabil)
Population	600–800
Verbreitung	Galapagosinseln (endemisch) (Ecuador)
Habitat	Tümpel und Strandseen
Bedrohungen	eingeschleppte Fressfeinde

MARMELALK

Brachyramphus marmoratus

Typischer, mittelgroßer Alkenvogel mit gedrungenem Körper und kurzem Hals, dunkelbrauner Ober- und marmorierter Unterseite. Das hellere Winterkleid zeichnet sich durch kontrastierende dunkle Bruststreifen und einen weißen Augenring aus. Der Marmelalk ist in der Küstenregion des Nordwestpazifiks heimisch (USA und Kanada: Kalifornien, Oregon, Washington, British Columbia, Alaska, westliche Aleuten). Er brütet in Wäldern mit altem Baumbestand, teilweise in einiger Entfernung von der Küste. Die Bestände sind zwar noch groß, haben in den letzten Jahrzehnten jedoch stark abgenommen. Besonders der Rückgang seiner marinen Nahrungsgrundlagen stellt eine Bedrohung für den Marmelalk dar, der Heringe, Sandaale, aber auch wirbellose Tiere verzehrt, die er im Meer, in Lagunen oder Strandseen erbeutet. Aufgrund der abnehmenden Fischbestände machen kleinere Beutetiere wie Krill einen immer größeren Anteil der Nahrung aus. Dies hat sich anscheinend langfristig negativ auf den Bruterfolg ausgewirkt. Die typischen, als Bruthabitate benötigten Wälder sind durch Abholzung gefährdet; zudem verfangen sich die Vögel in den von örtlichen Fischern eingesetzten Kiemennetzen, und Krähenvögel rauben die Nester aus. Die geplanten Schutzmaßnahmen konzentrieren sich auf eine Verbesserung des Bruterfolgs durch eine Einschränkung des kommerziellen Fischfangs und einen besseren Schutz der Brutplätze. Wenn die lokalen Campingplätze verlegt werden, sollten die Fressfeinde zurückgehen und ihnen weniger Gelege zum Opfer fallen. Außerdem versucht man, die Beifangmortalität zu senken und den Holzeinschlag zu verringern.

Familie	Alcidae
Größe	25 cm
Status	stark gefährdet (abnehmend)
Population	480 000–760 000
Verbreitung	Nördliche USA, Kanada
Habitat	natürliche Klimaxwälder (Brut), Küstengewässer (Nahrung)
Bedrohungen	Habitatverlust, Holzeinschlag, Rückgang der Nahrungsquellen, Fischereipraxis

BEDROHTE MÖWEN, SEESCHWALBEN UND ALKENVÖGEL

FAMILIE		TRIVIALNAME	WISSENSCHAFTLICHER NAME	STATUS
LARIDAE Möwen und Seeschwalben	■	Olrogmöwe	*Larus atlanticus*	VU
	■	Maorimöwe	*Larus bulleri*	EN
	■	Lavamöwe	*Larus fuliginosus*	VU
	■	Reliktmöwe	*Larus relictus*	VU
	■	Saundersmöwe	*Larus saundersi*	VU
	■	Klippenmöwe	*Rissa brevirostris*	VU
	■	Indischer Scherenschnabel	*Rynchops albicollis*	VU
	■	Graubauch-Seeschwalbe	*Sterna albostriata*	EN
	■	Bernstein-Seeschwalbe	*Sterna bernsteini*	CR
	■	Peru-Seeschwalbe	*Sterna lorata*	EN
	■	Austral-Seeschwalbe	*Sterna nereis*	VU
ALCIDAE Alkenvögel	■	Kurzschnabelalk	*Brachyramphus brevirostris*	CR
	■	Marmelalk	*Brachyramphus marmoratus*	EN
	■	Craverialk	*Synthliboramphus craveri*	VU
	■	Lummenalk	*Synthliboramphus hypoleucus*	VU
	■	Japanalk	*Synthliboramphus wumizusume*	VU

ROTE LISTE ■ ausgestorben ■ in freier Wildbahn ausgest. ■ vom Aussterben bedroht ■ stark gefährdet ■ gefährdet

TAUBEN

Die große Familie der Tauben (Columbidae) umfasst über 300 Arten, die mit Ausnahme der Arktis und Antarktis die meisten Regionen der Erde besiedeln. Die meisten leben in enger Nachbarschaft von Bäumen und Wäldern, bauen unordentliche Nester aus Zweigen und haben zwar normalerweise nur ein kleines Gelege, brüten jedoch mehrmals im Jahr. In der Größe reichen sie von den Amerikanischen Kleintauben der Gattung *Columbina* (etwa 16 Zentimeter Körperlänge) bis zu den großen Krontauben der Gattung *Goura* (bis zu 75 Zentimeter Länge). Ein besonderes Merkmal der Tauben, das übrigens auch die Flamingos besitzen, ist die Fähigkeit zur Bildung einer Kropfmilch; diese ist in etwa mit der Säugetiermilch zu vergleichen, wird jedoch von den Kropfwänden der Altvögel (beider Geschlechter) sezerniert. Die äußerst nahrhafte Milch wird in den ersten Tagen nach dem Schlüpfen an die Küken verfüttert. Tauben ernähren sich von Pflanzenmaterial wie Blättern, Trieben, Samen und Früchten; einige Arten gelten als Landwirtschaftsschädlinge. Die tropischen Fruchttauben verbringen fast ihr ganzes Leben auf Bäumen und verzehren vorwiegend Früchte; sie begeben sich nur selten zur Nahrungssuche auf den Boden.

Sechzig Arten sind zurzeit als bedroht eingestuft: 15 davon als stark gefährdet, neun als vom Aussterben bedroht und eine Art, die Socorro-Taube, ist in freier Wildbahn ausgestorben, eine Wiedereinbürgerung ist geplant.

PURPURBINDENTÄUBCHEN

Claravis godefrida

Das Männchen ist oberseits schiefergrau und unterseits heller, mit weißem Gesicht und Bauch. Der weiße Schwanz ist in der Mitte grau, die Flügel besitzen zwei bis drei dunkelviolette, weiß gerandete Flügelspiegel. Das Gefieder des Weibchens ist insgesamt brauner und eintöniger. Zu Beginn des 20. Jahrhunderts war die Art in Brasilien, Argentinien und Paraguay relativ häufig und trat manchmal in Trupps von bis zu hundert Vögeln auf. Dort wurden Purpurbindentäubchen zwar auch in jüngerer Zeit beobachtet, doch in derart geringer Zahl, dass sie jetzt als vom Aussterben bedroht eingestuft wurden. Bevorzugter Lebensraum sind Atlantische Regenwälder mit reichem Bambusunterwuchs. Der Verlust dieses Habitats und die damit einhergehende geringere Menge an Bambus- und anderen Gräsersämereien stellt die größte Bedrohung dar. Purpurbindentäubchen verzehren zwar auch Seggensamen und Früchte, doch man vermutet, dass die Art zumindest in Argentinien vor allem auf zwei Bambusarten («Takuarusu», *Guadua chacoensis*, und «Yatevo», *G. trinii)* angewiesen ist. Ein Großteil des Primärwaldes ist allerdings in Plantagen umgewandelt worden, sodass nur mehr kleine fragmentierte Restbestände existieren.

Familie	Columbidae
Größe	19–23 cm
Status	vom Aussterben bedroht (abnehmend)
Population	50–250
Verbreitung	Argentinien, Brasilien, Paraguay
Habitat	Atlantischer Regenwald
Bedrohungen	Habitatverlust

BEDROHTE TAUBEN

FAMILIE		TRIVIALNAME	WISSENSCHAFTLICHER NAME	STATUS
COLUMBIDAE Tauben	■ (rot)	Purpurbindentäubchen	*Claravis godefrida*	CR
	■ (rot)	Silbertaube	*Columba argentina*	CR
	■ (gelb)	Nilgiritaube	*Columba elphinstonii*	VU
	■ (gelb)	Gelbaugentaube	*Columba eversmanni*	VU
	■ (orange)	Lorbeertaube	*Columba junoniae*	EN
	■ (gelb)	Gelbfußtaube	*Columba pallidiceps*	VU
	■ (gelb)	Kupfertaube	*Columba punicea*	VU
	■ (gelb)	Langschwanz-Oliventaube	*Columba thomensis*	VU
	■ (gelb)	Ceylontaube	*Columba torringtoniae*	VU
	■ (rot)	Blauaugentäubchen	*Columbina cyanopis*	CR
	■ (orange)	Zahntaube	*Didunculus strigirostris*	EN
	■ (orange)	Aurora-Fruchttaube	*Ducula aurorae*	EN
	■ (gelb)	Kurzflügel-Fruchttaube	*Ducula bakeri*	VU

ROTE LISTE ■ ausgestorben ■ in freier Wildbahn ausgest. ■ vom Aussterben bedroht ■ stark gefährdet ■ gefährdet

BEDROHTE TAUBEN *FORTSETZUNG*

FAMILIE		TRIVIALNAME	WISSENSCHAFTLICHER NAME	STATUS
COLUMBIDAE Tauben	■	Brenchley-Fruchttaube	*Ducula brenchleyi*	VU
	■	Hufeisen-Fruchttaube	*Ducula carola*	VU
	■	Schieferrücken-Fruchttaube	*Ducula cineracea*	EN
	■	Marquesas-Fruchttaube	*Ducula galeata*	EN
	■	Mindoro-Fruchttaube	*Ducula mindorensis*	EN
	■	Pickering-Fruchttaube	*Ducula pickeringii*	VU
	■	Weihnachts-Fruchttaube	*Ducula whartoni*	VU
	■	Brandtaube	*Gallicolumba crinigera*	VU
	■	Tahititaube	*Gallicolumba erythroptera*	CR
	■	Wetartaube	*Gallicolumba hoedtii*	EN
	■	Negrostaube	*Gallicolumba keayi*	CR
	■	Karolinentaube	*Gallicolumba kubaryi*	VU
	■	Tawitawitaube	*Gallicolumba menagei*	CR
	■	Platentaube	*Gallicolumba platenae*	CR
	■	Marquesastaube	*Gallicolumba rubescens*	VU
	■	Santa-Cruz-Taube	*Gallicolumba sanctaecrucis*	EN
	■	Purpurschultertaube	*Gallicolumba stairi*	VU

ROTE LISTE ■ ausgestorben ■ in freier Wildbahn ausgest. ■ vom Aussterben bedroht ■ stark gefährdet ■ gefährdet

ZAHNTAUBE
Didunculus strigirostris

Dunkle schwarzgrüne Taube mit rostfarbener Oberseite; das auffälligste Merkmal ist, wie der Name andeutet, der kräftige rot-gelbe Hakenschnabel, der an den Unterschnabelrändern zwei «Sägezähne» trägt. Diese überlappen den Oberschnabel, sodass der Vogel mit dem Schnabel die faserige Haut von Früchten (insbesondere von *Dysoxylum*-Arten) durchtrennen kann, um an Samen und Fruchtfleisch zu gelangen. Zahntauben kommen in kleinen Trupps am Waldrand, auf Lichtungen und im oberen Kronendach vor. Die Art ist vor allem durch die Zerstörung der wenigen noch verbleibenden Waldhabitate bedroht. Katastrophal wirkte sich 1990 ein Wirbelsturm, der bis zu 75 Prozent des Kronendachs zerstörte, auf die bereits kleine isolierte Population und ihr Habitat aus. Nachteilig ist auch, dass die einheimische Bevölkerung Flächen für die Landwirtschaft rodet und eingeschleppte Baumarten sich in den Wäldern ausbreiten. Die eigentlich gesetzlich geschützten Zahntauben werden gelegentlich auch bei saisonalen Jagden erbeutet.

Familie	Columbidae
Größe	31 cm
Status	stark gefährdet (abnehmend)
Population	1000–2500
Verbreitung	Samoa (endemisch)
Habitat	Primärwald
Bedrohungen	Entwaldung, Klima (Wirbelstürme), invasive Neophyten (Bäume), Bejagung

FÄCHERTAUBE
Goura victoria

Sehr große Taube mit auffälliger Haube aus filigranen blaugrauen, weiß gerandeten Federn. Das Körpergefieder ist überwiegend stahlgrau, auf Brust und Bauch dagegen dunkel rötlich braun. Beim sitzenden Vogel wird der deutliche hell graublaue Flügelspiegel sichtbar; unverkennbar sind ferner die Beine mit dunkelroten, weiß gerandeten Schuppen. Die Fächertaube ist in Indonesien (Papua sowie den Inseln Biak und Yapen) und in Papua-Neuguinea heimisch. Sie sucht ihre Nahrung auf dem Boden des Regenwalds und ernährt sich von herabgefallenen Früchten, Samen und Beeren. Sie nächtigt auf Bäumen und baut dort auch ein großes Plattformnest aus Zweigen und Blättern. Fächertauben sind vor allem deshalb bedroht, weil sie eine lokal begehrte Nahrung sind und sich einfach erbeuten lassen. Auch die andauernde Abholzung trägt zur Gefährdung bei: Der Lebensraum nimmt immer weiter ab und die Jäger erhalten Zutritt zu früher unzugänglichen Regenwaldbereichen. In Papua-Neuguinea ist die Art bereits gesetzlich geschützt; Naturschützer möchten in unbewohnten Gebieten ein Jagdverbot durchsetzen und die Fächertaube zu einer Flaggschiffart für den lokalen Ökotourismus machen.

Familie	Columbidae
Größe	74 cm
Status	gefährdet (abnehmend)
Population	2500–10 000
Verbreitung	Indonesien (Papua, Biak, Yapen), Papua-Neuguinea
Habitat	Tiefland- und Sumpfwälder
Bedrohungen	Bejagung, Holzeinschlag

NEGROSTAUBE
Gallicolumba keayi

Farbenfrohe Taube mit schillernd grünem Kopf, Nacken und Schultern sowie weißer Brust mit auffälligem blutrotem Brustfleck. Die Körperoberseite ist ansonsten dunkel kastanienbraun und purpurrot gefärbt, die Flügel tragen eine auffällige helle Binde. Die Negrostaube ist in Primärwäldern heimisch, sucht ihre Nahrung am Boden und brütet in Farnen, die als Aufsitzerpflanzen (Epiphyten) auf den Bäumen wachsen. Bis zum 19. Jahrhundert waren Negrostauben häufig und auf den ganzen Philippinen verbreitet, seither nehmen die Bestandszahlen ab – heute kommen sie nur mehr auf den beiden Inseln Panay und Negros vor. Dort sind die Primärwälder weitgehend verschwunden, doch einige der verbliebenen Waldgebiete stehen inzwischen unter Schutz. Die Zerstörung der Wälder durch Brandrodung, Abholzung und Holzkohleherstellung stellt die Hauptbedrohung für die Art dar. Da Negrostauben sich einfach erbeuten lassen, werden sie lokal als Fleischlieferant und möglicherweise für den Käfighandel gejagt. Zu den Schutzempfehlungen gehören Aufklärungskampagnen über endemische Arten (um die Bejagung zu verringern) sowie verstärkte Bemühungen, um illegale Abholzungen in den restlichen Waldgebieten zu verhindern.

Familie	Columbidae
Größe	30 cm
Status	vom Aussterben bedroht (abnehmend)
Population	50–250
Verbreitung	Philippinen (endemisch)
Habitat	dichte Wälder mit geschlossenem Kronendach
Bedrohungen	Habitatzerstörung, Bejagung

ROSENTAUBE
Nesoenas mayeri

Große, blass graurosafarbene Taube mit dunklerem Rücken und rostfarbenem Schwanz. Die Population lag 1990 bei nur mehr zehn Vögeln, doch dank intensiver Schutzbemühungen durch den Durrell Wildlife Conservation Trust konnte die Art vor dem fast sicheren Aussterben gerettet und der Bestand auf inzwischen über 300 Individuen angehoben werden. Sie überlebt heute in der Schlucht der Rivière Noire im Südwesten von Mauritius (das Vorkommen liegt weitgehend im Black River Gorges National Parc sowie auf der kleinen Ile aux Aigrettes vor der Südkostküste). Rosentauben bewohnen die kleinen Restbestände des Primärwalds; sie haben auch schon auf den aus Japan eingeführten Sicheltannen *(Cryptomeria japonica)* gebrütet, bevorzugen aber heimische Bäume. Auch heute noch gilt die Rosentaube als stark gefährdet, da ihr natürlicher Lebensraum durch die Ausbreitung von eingeschleppten Pflanzenarten bedroht ist, und der Vogel selbst von eingeschleppten Fressfeinden wie Javaneraffen *(Macaca fascicularis)*, Goldstaub-Mangusten *(Herpestes auropunctatus)*, Ratten und verwilderte Hauskatzen erbeutet wird. Die durch Parasiten verursachte Krankheit Trichomoniasis wurde von fremden Taubenarten eingeschleppt, sie ist vor allem für die jungen anfälligen Küken potenziell tödlich.

Familie	Columbidae
Größe	36–38 cm
Status	stark gefährdet (schwankend)
Population	360–400
Verbreitung	Mauritius (endemisch)
Habitat	Primärwald
Bedrohungen	Habitatverlust, eingeschleppte Fressfeinde, Krankheiten, invasive Pflanzen, Klima (Wirbelstürme)

BEDROHTE TAUBEN *FORTSETZUNG*

FAMILIE		TRIVIALNAME	WISSENSCHAFTLICHER NAME	STATUS
COLUMBIDAE Tauben	■	Gundlachtaube	*Geotrygon caniceps*	VU
	■	Veracruztaube	*Geotrygon carrikeri*	EN
	■	Krontaube	*Goura cristata*	VU
	■	Maronenbrust-Krontaube	*Goura scheepmakeri*	VU
	■	Fächertaube	*Goura victoria*	VU
	■	Rotscheiteltaube	*Henicophaps foersteri*	VU
	■	Panamataube	*Leptotila battyi*	VU
	■	Tolimataube	*Leptotila conoveri*	EN
	■	Ockerbauchtaube	*Leptotila ochraceiventris*	VU
	■	Welltaube	*Leptotila wellsi*	CR
	■	Rosentaube	*Nesoenas mayeri*	EN
	■	Karibentaube	*Patagioenas caribaea*	VU
	■	Perutaube	*Patagioenas oenops*	VU
	■	«Mindanao-Dunkelohrtaube»	*Phapitreron brunneiceps*	VU
	■	Dunkelohrtaube	*Phapitreron cinereiceps*	EN
	■	Negros-Fruchttaube	*Ptilinopus arcanus*	CR
	■	Makatea-Fruchttaube	*Ptilinopus chalcurus*	VU

ROTE LISTE ■ ausgestorben ■ in freier Wildbahn ausgest. ■ vom Aussterben bedroht ■ stark gefährdet ■ gefährdet

BEDROHTE TAUBEN *FORTSETZUNG*				
FAMILIE		**TRIVIALNAME**	**WISSENSCHAFTLICHER NAME**	**STATUS**
COLUMBIDAE Tauben	■	Rahmkopf-Fruchttaube	*Ptilinopus dohertyi*	VU
	■	Karunkel-Fruchttaube	*Ptilinopus granulifrons*	VU
	■	Rapa-Fruchttaube	*Ptilinopus huttoni*	VU
	■	Silberwangen-Fruchttaube	*Ptilinopus insularis*	VU
	■	Blutschwingen-Fruchttaube	*Ptilinopus marchei*	VU
	■	Rarotonga-Fruchttaube	*Ptilinopus rarotongensis*	VU
	■	Rosenkopf-Fruchttaube	*Ptilinopus roseicapilla*	EN
	■	Kubataube	*Starnoenas cyanocephala*	EN
	■	Dickschnabeltaube	*Treron capellei*	VU
	■	Floresgrüntaube	*Treron floris*	VU
	■	Pembagrüntaube	*Treron pembaensis*	VU
	■	Timorgrüntaube	*Treron psittaceus*	EN
	■	Socorro-Taube	*Zenaida graysoni*	EW

ROTE LISTE ■ ausgestorben ■ in freier Wildbahn ausgest. ■ vom Aussterben bedroht ■ stark gefährdet ■ gefährdet

KUBATAUBE
Starnoenas cyanocephala

Zimtbraune Taube mit sehr schöner Kopfzeichnung, schwarzem Augenstreif, darunter einem weißem Wangenstreif und blauem Scheitel. Die schwarze Kehle ist seitlich blau-schwarz gefleckt und schließt nach unten mit einem schmalen weißen Saum ab. Kubatauben sind Bodenbewohner, sie suchen im Falllaub nach Nahrung und verzehren Sämereien, Beeren und Schnecken. Sie nisten in Bodennähe in alten Baumstümpfen oder zwischen Baumwurzeln und brüten von April bis Juni. Gelegentlich kommen Kubatauben auch in tieferen, sumpfigen Lagen vor. Die früher häufige endemische Art hat stark unter der Zerstörung ihres Lebensraums gelitten; eine der Hauptpopulationen lebt jetzt auf der Zapata-Halbinsel. Doch die Habitatzerstörung ist nicht nur menschengemacht, sondern auch witterungsbedingt – 1996 fielen zahlreiche Bäume in dieser Gegend einem schweren Hurrikan zum Opfer. Kubatauben werden als Nahrung bejagt und immer noch – obwohl inzwischen illegal – mit Apfelsinenkernen als Köder in Fallen gefangen.

Familie Columbidae
Größe 30–33 cm
Status stark gefährdet (abnehmend)
Population 1000–2500
Verbreitung Kuba (endemisch)
Habitat Unterwuchs in Wäldern und Sümpfen
Bedrohungen Habitatzerstörung, Hurrikane, Bejagung

LORBEERTAUBE
Columba junoniae

Große Taube mit dunklem, überwiegend braunem und grauem Gefieder sowie einer typischen weißen Schwanzendbinde. Die auf den Kanaren (Spanien) endemische Art kommt nur auf La Palma, La Gomera, Teneriffa und El Hierro vor. Der Großteil der Population lebt auf La Palma (besonders im Nordteil), auch auf Gomera sind Lorbeertauben relativ häufig (ebenfalls im Norden). Die Vögel bevorzugen steiles, bewaldetes Gelände und leben in verschiedensten Waldtypen, vor allem in dem für die Kanaren typischen Lorbeerwald. Die bereits großflächig zerstörten Lorbeerwälder sind allerdings nach wie vor durch Holzeinschlag und Zerstückelung ernsthaft bedroht; dieses Habitat wird zudem durch Beweidung degradiert. Eier und Küken der Lorbeertaube werden von Hausratten *(Rattus rattus)* erbeutet, auch verwilderte Hauskatzen sind (besonders auf Teneriffa) ein Problem. Da die Vögel Bodenbrüter sind und vor allem auf Felsbändern, unter Baumwurzeln oder umgestürzten Bäumen brüten, sind sie von diesen Fressfeinden leicht aufzuspüren und daher besonders gefährdet. Illegale Bejagung führt ebenfalls zu Verlusten; man bemüht sich inzwischen um eine Kontrolle der Jagd und Aufklärung der Öffentlichkeit. Bolles Lorbeertaube *(Columba bollii)* ist eng mit der Lorbeertaube verwandt und in ähnlichen Habitaten heimisch. Ihre Population ist größer und stabiler, deshalb steht sie nur auf der Vorwarnliste.

Familie Columbidae
Größe 38 cm
Status stark gefährdet (abnehmend)
Population 3000–7500
Verbreitung Kanarische Inseln (endemisch)
Habitat Wälder und Kulturlandschaft
Bedrohungen Habitatverlust, Fressfeinde, Bejagung

Amazonenpapageien und Aras der Neuen Welt

Die Familie der Papageien (Psittacidae) (von einigen Autoren auch als Ordnung Psittaciformes angesehen) ist sehr groß und umfasst etwa 355 Arten, von denen 96 inzwischen als bedroht gelten. Die meisten Papageien sind in den Tropen und in südlichen Ländern heimisch; nur wenige Arten kommen nördlich vom Wendekreis des Krebses vor. Aus Gründen der Übersichtlichkeit sind die Papageien in diesem Buch in vier Tabellen aufgelistet, zwei mit Vertretern aus der Neuen Welt (siehe S. 158–161) und zwei mit Vertretern aus der Alten Welt (siehe S. 162–165).

Zu den Papageien und ihren nächsten Verwandten gehören einige der schönsten und intelligentesten Vögel überhaupt; zum Teil werden sie gerade deshalb für den Käfigvogelmarkt gefangen und gehandelt. Dies wirkt sich nicht nur negativ auf die Wildpopulation aus, sondern ist zudem ein grausames Geschäft, denn viele Vögel sterben auf dem Transport. Zusammen mit dem Habitatverlust hat der illegale Vogelhandel mehrere Arten an den Rand des Aussterbens und viele weitere in große Gefahr gebracht.

Papageien gehören zu den Vögeln mit dem größten «Wiedererkennungswert»; typisch ist der gebogene Papageienschnabel. Wie Spechte haben Papageien einen «Kletterfuß» (zygodaktyl: zwei Zehen weisen nach vorn, zwei nach hinten), den sie geschickt beim Klettern wie auch zum Ergreifen von Nahrung einsetzen, die sie anschließend zum Schnabel führen. Viele Arten werden gefangen und in Sammlungen oder als Haustiere gehalten, sei es wegen der Schönheit oder der bemerkenswerten Fähigkeit mancher Arten, die menschliche Sprache und andere Laute nachzuahmen. Die meisten Arten leben in tropischen oder subtropischen offenen oder dichten Wäldern – Habitaten, die nach wie vor gestört oder abgeholzt werden. Daher kann es nicht überraschen, dass die Papageien insgesamt derart unter Druck stehen.

Amazonen und Aras gehören zu den reizvollsten Papageien und sind nur in der Neuen Welt heimisch: in Mexiko, Zentralamerika, der Karibik (nur Amazonen) sowie Südamerika. Amazonenpapageien (Gattung *Amazona)* sind mittelgroß und recht kompakt gebaut; die meisten haben ein farbenprächtiges Gefieder, einen breit abgerundeten Schwanz und einen bunten Flügelspiegel. Von den dreißig Arten sind 16 bedroht: fünf sind stark gefährdet, und eine, die endemische Puerto-Rico-Amazone, ist vom Aussterben bedroht, denn die kleine Wildpopulation umfasst weniger als fünfzig Exemplare. Von den 17 Aras (Gattungen *Ara, Anodorhynchus, Cyanopsitta, Orthopsittaca, Primolius* und *Diopsittaca)* sind zehn bedroht. Vier sind stark gefährdet, und drei (Türkis-, Spix- und Blaukehl-Ara) sind vom Aussterben bedroht. Mit ihrem bunten Gefieder und ihrem langen, gestuften Schwanz gehören Aras zu den größten und auffälligsten Papageien. Typisch ist der beidseitige große nackte, weißliche Gesichtsfleck. Der in Brasilien heimische, attraktive Lear-Ara (stark gefährdet) konnte durch Habitatschutz und Verhinderung von Wilderei vorm Aussterben bewahrt werden.

KÖNIGSAMAZONE
Amazona guildingii

Die Königsamazone ist auf St. Vincent endemisch und dort die einzige Papageienart; sie tritt in zwei Farbmorphen auf. Die häufigere Form ist gelbbraun, mit weißer Stirn und gelblichem Scheitel, bronzefarbener Oberseite, grünlichem Steiß sowie orangeroten Flügeldecken. Die seltenere grüne Morphe ist weniger auffällig gefärbt und weist keine orangefarbenen Partien auf. Die Königsamazone ist in feuchten, vorwiegend Tieflandwäldern zwischen 125 und 1000 Meter heimisch und ernährt sich von Früchten, Blüten und Samen. Die Hauptbrutzeit ist zwischen Februar und Mai, die Nisthöhlen liegen hauptsächlich in alten Bäumen. Das ursprüngliche Habitat ist weitgehend verschwunden und zum Teil in Plantagen, vor allem Bananenplantagen, umgewandelt, was das Angebot an Nisthöhlen verringert. Königsamazonen wurden auch zu Nahrungszwecken gejagt. Alle Amazonenarten sind beliebte Haustiere, und die Vogelfängerei für den illegalen Käfigvogelhandel gefährdet diese Art ernsthaft. Die Königsamazonen leben heute geschützt im St Vincent Parrot Reserve; ihr Bestand, der zu Beginn der 1980er-Jahre bei rund 400 Vögeln lag, erholt sich inzwischen wieder.

Familie	Psittacidae
Größe	40 cm
Status	gefährdet (zunehmend)
Population	800
Verbreitung	St. Vincent (endemisch)
Habitat	Tiefland- und Bergregenwälder
Bedrohungen	Habitatverlust, Bejagung, Fallenstellerei

HYAZINTH-ARA
Anodorhynchus hyacinthinus

Die Papageien sind in Südamerika sehr gut vertreten; besonders eindrucksvoll ist der Hyazinth-Ara, der größte Papagei der Welt. Wie der Name schon andeutet, ist das Gefieder einheitlich hyazinthblau, eine ungewöhnliche Farbe. Der große Schnabel ist dunkel, auffällig ist der unbefiederte gelbe Kinnfleck. Wie die meisten Aras ist der Hyazinth-Ara ein lärmender und geselliger Vogel, der in kleinen Gruppen nach Früchten und Nüssen sucht und dabei oft mit lauten, kreischenden Rufen kommuniziert. Er lebt vorwiegend in Wassernähe in Waldgebieten, Savannen und Grasländern, vor allem in Gebieten, wo große Palmenhaine genügend Nahrung liefern. Er brütet entweder in Baumhöhlen oder Felsnischen. Aufgrund ihrer Größe und Schönheit ist diese Art für Jäger und Fallensteller besonders lohnend und wird vorwiegend für den illegalen Käfigvogelhandel gefangen. Dies und der Habitatverlust haben die Bestände auf weniger als 6500 Vögel schrumpfen lassen; die meisten davon leben in Brasilien, vorwiegend in drei Gebieten: Ostamazonien, in einer kleinen Region weiter im Süden und einer weiteren an der Grenze zu Bolivien und Paraguay. Das Pantanal beherbergt die größte Zahl (rund 5000 Individuen); die dortigen Schutzmaßnahmen haben sogar zu einer Vergrößerung des Verbreitungsgebiets geführt.

Familie	Psittacidae
Größe	95–100 cm
Status	stark gefährdet (abnehmend)
Population	6500
Verbreitung	Brasilien, Bolivien, Paraguay
Habitat	Trockenwald, Savanne, periodisch überflutete Waldgebiete (Várzea)
Bedrohungen	Habitatverlust, Fallenstellerei

BECHSTEIN-ARA

Ara ambiguus

Vier der acht heute lebenden Arten der Gattung *Ara* sind bedroht, zwei stark gefährdet (Rotohr-Ara und Bechstein-Ara), eine ist vom Aussterben bedroht (Blaukehl-Ara). Der Bechstein-Ara ist ein großer, eindrucksvoller Vogel mit einem kräftigen schwarzen Schnabel, roter Stirn und auffälligen Streifen aus dunkeln Pinselfedern auf dem hellen nackten Gesichtsfleck. Kopf, Rücken und Oberflügel sind olivgrün und bilden einen farblichen Kontrast zu den blauen Schwung- und Schwanzfedern, wobei der Schwanz einen scharlachroten Fleck aufweist. Bechstein-Aras leben bevorzugt am Rand von Tieflandregenwäldern und sind mit Almendrobäumen *(Dipteryx panamensis)* assoziiert; diese Bäume liefern ihnen sowohl Nahrung aus auch Nistgelegenheiten. In Ecuador wurde beobachtet, dass Bechstein-Aras auch Orchideen verzehren. Die Art ist besonders durch illegale Jagd bedroht: als Nahrung, wegen ihres Gefieders und als angeblicher Landwirtschafts-schädling. Plantagen- und Viehwirtschaft sowie Holzeinschlag degradieren ihren Lebensraum zunehmend. Zwei Refugien dieses Vogels sind das Darién Biosphere Reserve (Panama) und der Los-Katios-Nationalpark (Kolumbien).

Familie Psittacidae
Größe 85–90 cm
Status stark gefährdet (abnehmend)
Population 1000–2500
Verbreitung Guatemala, Honduras, Nicaragua, Costa Rica, Panama, Kolumbien, Ecuador
Habitat Tieflandregenwald
Bedrohungen Habitatverlust, Holzeinschlag, Bejagung, Fang

BEDROHTE NEUWELTPAPAGEIEN

FAMILIE	TRIVIALNAME	WISSENSCHAFTLICHER NAME	STATUS
PSITTACIDAE Neuweltpapageien	Rotspiegelamazone	*Amazona agilis*	VU
	Blaukopfamazone	*Amazona arausiaca*	VU
	Gelbflügelamazone	*Amazona barbadensis*	VU
	Rotschwanzamazone	*Amazona brasiliensis*	VU
	Jamaikaamazone	*Amazona collaria*	VU
	Blaukappenamazone	*Amazona finschi*	VU
	Königsamazone	*Amazona guildingii*	VU
	Kaiseramazone	*Amazona imperialis*	EN
	Große Gelbkopfamazone	*Amazona oratrix*	EN
	Prachtamazone	*Amazona pretrei*	VU
	Rotscheitelamazone	*Amazona rhodocorytha*	EN
	Haitiamazone	*Amazona ventralis*	VU
	Blaustirnamazone	*Amazona versicolor*	VU
	Taubenhalsamazone	*Amazona vinacea*	EN
	Grünwangenamazone	*Amazona viridigenalis*	EN
	Puerto-Rico-Amazone	*Amazona vittata*	CR
	Türkis-Ara	*Anodorhynchus glaucus*	CR
	Hyazinth-Ara	*Anodorhynchus hyacinthinus*	EN
	Lear-Ara	*Anodorhynchus leari*	EN
	Bechstein-Ara	*Ara ambiguus*	EN
	Blaukehl-Ara	*Ara glaucogularis*	CR
	Soldaten-Ara	*Ara militaris*	VU
	Rotohr-Ara	*Ara rubrogenys*	EN
	Spix-Ara	*Cyanopsitta spixii*	CR
	Blaukopf-Ara	*Primolius couloni*	VU

ROTE LISTE ■ ausgestorben ■ in freier Wildbahn ausgest. ■ vom Aussterben bedroht ■ stark gefährdet ■ gefährdet

Papageien und Sittiche der Neuen Welt

Dieser Abschnitt beschäftigt sich mit bedrohten Papageien und Sittichen in Mittel- und Südamerika. Zu diesen Neuweltpapageien zählen sechs bedrohte Arten aus drei Gattungen: *Hapalopsittaca* (zwei gefährdet, eine vom Aussterben bedroht); *Ognorhynchus* (eine stark gefährdet) und *Rhynchopsitta* (eine gefährdet, eine stark gefährdet). Die Gattung *Hapalopsittaca* umfasst mittelgroße Papageien mit leuchtend grünem, rotem und blauem Gefieder, während die einzige *Ognorhynchus*- und die beiden *Rhynchopsitta*-Arten kleinen Aras ähneln.

Es gibt 15 bedrohte Sittiche in der Neuen Welt, die zu sechs Gattungen gehören: *Aratinga* (zwanzig Arten, zwei sind gefährdet, zwei stark gefährdet); *Bolborhynchus* (drei Arten, eine ist gefährdet); *Brotogeris* (acht Arten, eine ist gefährdet); *Guaruba* (eine einzige Art, stark gefährdet); *Leptosittaca* (eine einzige Art, gefährdet) und *Pyrrhura* (zwanzig Arten, davon drei gefährdet, drei stark gefährdet und eine von Aussterben bedroht). Fünf weitere kleine Papageienarten der Neuen Welt sind bedroht: *Forpus* (sieben Arten, davon eine gefährdet); *Touit* (acht Arten, davon drei gefährdet und eine stark gefährdet).

SALVADORI-WEISSOHRSITTICH

Pyrrhura griseipectus

Dieser recht langschwänzige und schlanke Sittich ist überwiegend grün, mit blauen Flügelpartien sowie rotbraunem Bürzel, Bauch und Schwanz. Auffällig ist der leuchtend rote Schulterfleck. Das Gesicht ist dunkel pflaumenfarben, die Brust ist silbergrau mit halbmondförmiger dunkler Bänderung. Aufgrund des sehr kleinen Verbreitungsgebiets und der ebenfalls sehr kleinen Population gilt diese Art als vom Aussterben bedroht. Sie ist in Brasilien endemisch und nur in einer einzigen Region im Nordosten, nämlich der Serra do Baturité heimisch. In diesem Gebiet erheben sich mitten aus dem semi-ariden Tiefland Bergregenwaldenklaven mit rund zwanzig Meter hohem Baumbestand. Leider sind diese Wälder weitgehend in Plantagen für Kaffeeanbau und andere Nutzpflanzen umgewandelt worden. Früher wie heute besteht die Hauptbedrohung jedoch im Einfangen der Vögel für den illegalen heimischen und internationalen Vogelhandel. Zum Glück vermehrt sich diese Art in Gefangenschaft gut und lässt sich möglicherweise aus Käfigvogelbeständen wieder auswildern.

Familie Psittacidae
Größe 23 cm
Status vom Aussterben bedroht (abnehmend)
Population 50–250
Verbreitung Brasilien (endemisch)
Habitat Bergregenwälder
Bedrohungen Käfigvogelhandel, Habitatverlust, Plantagen

GELBOHRSITTICH

Ognorhynchus icterotis

Dieser an einen Ara erinnernde Sittich verdankt seinen Namen den großen gelben Ohrflecken; ansonsten ist er mit Ausnahme der rotbraunen Unterschwanzdecken vorwiegend grün. Er lebt in den Bergregenwäldern der kolumbianischen Zentralanden, möglicherweise auch im Nordwesten von Ecuador. Die Art ist stark von der Quindio-Wachspalme *(Ceroxylon quindiuense)* abhängig, die ihr Nahrung und Nistmöglichkeiten bietet. Diese größte aller Palmenarten, der Nationalbaum von Kolumbien, kann sechzig Meter hoch und über 500 Jahre alt werden, und ihr Verbreitungsgebiet ist ebenfalls begrenzt. Die Wedel dieser Palme werden regelmäßig für Fronleichnamsprozessionen gesammelt, wozu nicht selten der ganze Baum gefällt wird, und die Beweidung durch Nutzvieh verhindert die Regeneration der Palmenbestände. Jahrzehntelange Habitatdegradation und der Druck durch Bejagung haben die Zahl der Gelbohrsittiche so drastisch zurückgehen lassen, dass die Art heute als stark gefährdet klassifiziert wird. Trotz all dieser Bedrohungen waren Naturschutz- und Aufklärungsmaßnahmen erfolgreich, und der Niedergang konnte gestoppt werden, sodass die Zahlen wieder zunehmen. Unter anderem sind Brutplätze abgezäunt worden, sodass sich die Bäume regenerieren können, und für die Sittiche sind Nistkästen aufgehängt worden.

Familie Psittacidae
Größe 42 cm
Status stark gefährdet
Population 600+
Verbreitung Kolumbien, Ecuador
Habitat Bergregenwälder
Bedrohungen Habitatverlust, Beweidung durch Nutzvieh, Holzeinschlag, Bejagung

BEDROHTE NEUWELTPAPAGEIEN

FAMILIE	TRIVIALNAME	WISSENSCHAFTLICHER NAME	STATUS
PSITTACIDAE Neuweltpapageien	Zwergamazone	*Hapalopsittaca amazonina*	VU
	Chapmans Zwergamazone	*Hapalopsittaca fuertesi*	CR
	Rotgesichtpapagei	*Hapalopsittaca pyrrhops*	VU
	Gelbohrsittich	*Ognorhynchus icterotis*	EN
	Kiefernsittich	*Rhynchopsitta pachyrhyncha*	EN
	Braunstirnsittich	*Rhynchopsitta terrisi*	VU

ROTE LISTE ■ ausgestorben ■ in freier Wildbahn ausgest. ■ vom Aussterben bedroht ■ stark gefährdet ■ gefährdet

BRAUNRÜCKENPAPAGEI
Touit melanonotus

Der kleine, hübsche Braunrückenpapagei ist vorwiegend grün mit dunkelbraunem Rücken und braunen Ohrendecken. Die roten Schwanzfedern sind schwarz gesäumt, die inneren Schwanzfedern sind grün. In freier Wildbahn ist die Art auf tiefere Bergregenwälder zwischen 500 und 1400 Meter Höhe beschränkt und kommt nur an einigen zerstreuten Standorten in Südostbrasilien (Bahia, Espirito Santa, Rio de Janeiro und São Paula) vor. Offenbar galten Braunrückenpapageien schon im 19. Jahrhundert als selten, doch die Vögel sind schwer zu entdecken und leicht zu übersehen. Sie ernähren sich hauptsächlich von den Samen von Waldbäumen und Mistelarten. Zu den größten Bedrohungen für den Braunrückensittich zählen Entwaldung, Verstädterung und Straßenbau. Zum Glück lebt ein Teil der Population in Schutzgebieten wie dem Staatspark von Desengano, von Pedra Branca und dem Tijuca Nationalpark. Der Bestand geht jedoch offenbar noch immer zurück.

Familie Psittacidae
Größe 15 cm
Status stark gefährdet (abnehmend)
Population 250–1000
Verbreitung Brasilien (endemisch)
Habitat Bergregenwälder in tieferen Lagen
Bedrohungen Entwaldung, Urbanisierung, Straßenbau

SONNENSITTICH
Aratinga solstitialis

Kleiner Papagei mit auffälligem, vorwiegend goldgelbem Gefieder sowie dunkleren grünblauen Flügeln, ebensolchen Schwanzfedern und kontrastierenden orangeroten Flecken auf Gesicht, Bauch und Bürzel. Zum Teil ist dieses prächtige Gefieder daran schuld, dass der Sonnensittich als Käfigvogel so beliebt ist. Leider hat dies in den vergangenen Jahrzehnten zu einem raschen Rückgang der Wildpopulation geführt, und die Bedrohung durch Fallensteller dauert an. Die Vögel sind recht leicht zu fangen, da sie sich bereitwillig von Ködern wie Mais anlocken lassen. Die Art ist auf halbimmergrüne Trockenwälder in Zentralguyana und Brasilien (Roraima) beschränkt, wobei geschätzte neunzig Prozent der Population in Brasilien leben. Sonnensittiche ernähren sich vorwiegend von Früchten, Knospen und Blüten; sie bilden Trupps und kommunizieren durch schrille, kreischende Rufe. Der Handel mit Wildvögeln ist ein ständiges Problem und hat praktisch zur Ausrottung der Vögel in weiten Teilen des guyanischen Verbreitungsgebiets geführt. In Gefangenschaft ist die Art recht häufig.

Familie Psittacidae
Größe 30 cm
Status stark gefährdet (abnehmend)
Population 1000–2500
Verbreitung Guyana, Brasilien
Habitat halbimmergrüne Trockenwälder
Bedrohungen Fallenstellerei

BEDROHTE NEUWELTPAPAGEIEN *FORTSETZUNG*

FAMILIE		TRIVIALNAME	WISSENSCHAFTLICHER NAME	STATUS
PSITTACIDAE Neuweltpapageien	■ (stark gefährdet)	Soccoro-Sittich	*Aratinga brevipes*	EN
	■ (gefährdet)	Haitisittich	*Aratinga chloroptera*	VU
	■ (gefährdet)	Kubasittich	*Aratinga euops*	VU
	■ (stark gefährdet)	Sonnensittich	*Aratinga solstitialis*	EN
	■ (gefährdet)	Rotstirnsittich	*Bolborhynchus ferrugineifrons*	VU
	■ (stark gefährdet)	Feuerflügelsittich	*Brotogeris pyrrhoptera*	EN
	■ (stark gefährdet)	Goldsittich	*Guaruba guarouba*	EN
	■ (gefährdet)	Pinselsittich	*Leptosittaca branickii*	VU
	■ (gefährdet)	Weißhalssittich	*Pyrrhura albipectus*	VU
	■ (gefährdet)	Braunbrustsittich	*Pyrrhura calliptera*	VU
	■ (gefährdet)	Blaulatzsittich	*Pyrrhura cruentata*	VU
	■ (vom Aussterben bedroht)	Salvadori-Weißohrsittich	*Pyrrhura griseipectus*	CR
	■ (stark gefährdet)	Orces-Sittich	*Pyrrhura orcesi*	EN
	■ (stark gefährdet)	Pfrimers-Weißohrsittich	*Pyrrhura pfrimeri*	EN
	■ (stark gefährdet)	Santa-Marta-Sittich	*Pyrrhura viridicata*	EN
	■ (gefährdet)	Gelbmasken-Sperlingspapagei	*Forpus xanthops*	VU
	■ (gefährdet)	Rotstirnpapagei	*Touit costaricensis*	VU
	■ (stark gefährdet)	Braunrückenpapagei	*Touit melanonotus*	EN
	■ (gefährdet)	Tüpfelpapagei	*Touit stictopterus*	VU
	■ (gefährdet)	Gelbschwanzpapagei	*Touit surdus*	VU

ROTE LISTE ■ ausgestorben ■ in freier Wildbahn ausgest. ■ vom Aussterben bedroht ■ stark gefährdet ■ gefährdet

KAKADUS UND PAPAGEIEN DER ALTEN WELT

Diese Gruppe umfasst Kakadus sowie die vielfältigen Papageiengruppen der Alten Welt, zum Beispiel die Loris und verschiedene Sittiche. Kakadus sind unverkennbar, zu dieser Gruppe gehören zwanzig Arten, die heute oft in eine eigene Familie (Cacatuidae) gestellt werden. Sie haben eine australasiatische Verbreitung und kommen vorwiegend in Australien, Neuguinea und auf den Philippinen vor. Die meist mittelgroßen Arten sind recht kompakt gebaut und tragen eine auffällige Haube, die sie aufstellen können; einige weisen beidseitig einen nackten farbigen Gesichtsfleck auf. Der Trivialname «Kakadu» könnte auf den malaiischen Begriff «kakatuwah» zurückgehen, der so viel wie «Schraubstock» oder «Griff» bedeutet, ein Hinweis auf den geschickten, kräftigen und scharfen Schnabel, mit dessen Hilfe die Vögel ein großes Spektrum von Nahrungsquellen nutzen können, darunter Samen, Knollen, Früchte, Blüten und Insekten. Australische Kakadus ernähren sich zum Beispiel vom reichen Samenbehang, den sie an vielen Bäumen und Büschen, wie Eukalyptus- und Zylinderputzerarten, finden. Kakadus begeben sich sicherheitshalber oft in Trupps auf Nahrungssuche, vor allem, wenn sie am Boden nach Futter stöbern. Die Paare sind monogam und brüten häufig in alten Baumhöhlen.

Sieben Kakaduarten sind bedroht, davon zwei (Langschnabel-Rußkakadu und Weißschnabel-Rußkakadu) stark gefährdet, während Rotsteißkakadu und Gelbwangenkakadu vom Aussterben bedroht sind. Wie viele andere Papageien sind Kakadus als Haustiere sehr begehrt, und für manche Arten stellt der illegale Handel eine große Bedrohung dar.

Loris sind kleine bis mittelgroße Papageien mit recht spitz zulaufenden Flügeln und Schwanz. Sie haben eine «Pinselzunge», die den Verzehr von Nektar, Pollen und weichen Früchten erleichtert. Dank des spitzen Schwanzes und der abgestuften Flügel sind Loris geschickte Flugkünstler. Beine und Krallen sind kräftig, sodass die Vögel gut «zu Fuß» sind und sicher greifen können.

Von den 35 Arten, die man den Loris zurechnet, sind acht als bedroht aufgelistet. Zwei sind stark gefährdet (Rubinlori und Ultramarin-Lori), während drei (Rothöschen, Diademlori und Burulori) vom Aussterben bedroht sind.

Der Begriff «Sittich» ist nicht genau definiert; er wird für viele kleine Papageien verwendet. Von den Plattschweifsittichen der Alten Welt sind neun Arten bedroht, vier davon sind stark gefährdet, und eine, der Malherbesittich, ist vom Aussterben bedroht. Der Bestand dieser auf Neuseeland endemischen Art ist sehr klein und litt stark unter eingeschleppten Fressfeinden, bis die Vögel auf vorgelagerte Inseln umgesiedelt wurden, die frei von Prädatoren sind. Einige Arten, wie die Halsbandsittiche, die ursprünglich aus Afrika und Südasien stammen, haben (eingebürgerte) Populationen weit außerhalb ihres ursprünglichen Verbreitungsgebiets etabliert, von Südamerika bis Europa; diese Populationen sind aus Gefangenschaftsflüchtlingen entstanden. Diese Vögel haben in vielen europäischen Städten sowie in Teilen der USA, von Japan und Südafrika Kolonien aufgebaut. In manchen Regionen, beispielsweise in Kaschmir, plündern die Halsbandsittiche Obstplantagen und gelten vielerorts als landwirtschaftliche Schädlinge.

GELBWANGENKAKADU

Cacatua sulphurea

Der Gelbwangenkakadu ist einer der auffälligsten Papageien überhaupt und zählt neben dem häufigeren, in Australien und Neuseeland heimischen Gelbhaubenkakadu auch zu den begehrtesten Käfigvögeln. Dieser vorwiegend reinweiße Kakadu zeichnet sich durch eine eindrucksvolle Haube aus leuchtend gelben, fast blütenähnlichen Federn aus, die sich schwungvoll nach vorne neigen. Die Unterseite von Flügeln und Schwanz ist ebenfalls gelb, wie auch der Wangenfleck. Die Haut rund um die Augen ist bläulich, die Füße sind grau, und der kräftige Schnabel ist schwarz. Die Art ist in Indonesien und Osttimor heimisch, wo sie Wälder und Gebüsche bewohnt und in Baumhöhlen nistet. Das breite Nahrungsspektrum dieses Kakadus umfasst Beeren, Früchte, Nüsse und Blüten. Wie so viele Papageien gedeiht er gut in Gefangenschaft und pflanzt sich dort auch fort; doch immer noch werden Wildvögel für den illegalen Käfigvogelhandel gefangen. Der Habitatverlust und die Verfolgung als Landwirtschaftsschädling (er frisst gelegentlich Getreide) erklären den kontinuierlichen Beständsrückgang.

Familie	Psittacidae
Größe	33–35 cm
Status	vom Aussterben bedroht (abnehmend)
Population	2500–10000
Verbreitung	Indonesien, Osttimor
Habitat	Wälder, Buschland
Bedrohungen	Käfigvogelhandel, Holzeinschlag, Pestizide

BURULORI

Charmosyna toxopei

Schlanker Lori mit überwiegend grünem Gefieder, gelbgrüner Brust, hellblauer vorderer Scheitelpartie sowie leuchtend orangefarbenem Schnabel und Beinen. Die Unterseite der Armschwingen ist auffällig gelb gebändert. Die Art kommt nur auf der indonesischen Insel Buru vor und dort offenbar auch nur in einem sehr kleinen Gebiet. Das kleine Verbreitungsgebiet und die geringen Bestandzahlen haben dazu geführt, dass die Art in die Kategorie «vom Aussterben bedroht» aufgenommen werden musste; Beobachtungen in neuerer Zeit sind selten und erfolgten in großen zeitlichen Abständen. Ursprünglich lebte die Art wahrscheinlich in den tieferen Bereichen von Bergregenwäldern. Während diese Wälder in den höheren Lagen bisher verschont geblieben sind, ist ein großer Teil in tieferen Lagen abgeholzt worden, doch der Burulori ist auch schon in Plantagen sowie Sekundärwäldern und Wäldern, wo Holzeinschlag erfolgt, beobachtet worden. Um den gegenwärtigen Status und die aktuelle Verbreitung der Art zu bestätigen, sind genauere Informationen nötig.

Familie	Psittacidae
Größe	16 cm
Status	vom Aussterben bedroht (abnehmend)
Population	50–250
Verbreitung	Indonesien (endemisch)
Habitat	Wälder, Plantagen
Bedrohungen	Habitatverlust

ZIEGENSITTICH

Cyanoramphus novaezelandiae

Der Ziegensittich ist ein kleiner, hübscher Papagei mit langem, dunklem Schwanz. Das Gefieder ist überwiegend leuchtend grün, mit rotem Scheitel und Wangenfleck sowie einem roten Fleck hinter den Flügeln. Die Art war früher auf den beiden Hauptinseln Neuseelands weit verbreitet, ist heute aber nur noch auf einer Reihe vorgelagerter Inseln zu finden, vor allem auf Chatham Island, den Kermadec-Inseln, Three Kings, Kapiti Island, der Stewart-Insel, den Snares- und den Antipoden-Inseln. Die Art ist nicht wählerisch, was ihren Lebensraum angeht; und besiedelt eine ganze Reihe verschiedener Habitate, darunter temperate Regenwälder, Dickichte, Küstenwälder wie auch offeneres Gelände. Ziegensittiche brüten typischerweise in Höhlen in großen Bäumen oder Felswänden, doch auch Erdhöhlen werden benutzt. Das Nahrungsspektrum reicht von Samen, Knospen und anderen Pflanzenteilen bis zu Insekten und Aas. Die größte Bedrohung ist der Habitatverlust durch die Forstwirtschaft, vor allem das Abholzen alter Bäume mit ihren Nistmöglichkeiten. Eine weitere Bedrohung sind eingeschleppte Fressfeinde, wie Hauskatzen und Ratten. Eingeführte Vögel, darunter Stare und Mainas, konkurrieren mit den Ziegensittichen um Nistplätze.

Familie	Psittacidae
Größe	25–28 cm
Status	gefährdet
Population	22 000
Verbreitung	Neuseeland (mehrere vor der Küste gelegene Inseln)
Habitat	Wälder, Gebüsch
Bedrohungen	Holzeinschlag und Brandrodung, eingeschleppte Fressfeinde

BEDROHTE KAKADUS UND PAPAGEIEN DER ALTEN WELT

FAMILIE		TRIVIALNAME	WISSENSCHAFTLICHER NAME	STATUS
PSITTACIDAE Kakadus	■	Weißhaubenkakadu	*Cacatua alba*	VU
	■	Rotsteißkakadu	*Cacatua haematuropygia*	CR
	■	Molukken-Kakadu	*Cacatua moluccensis*	VU
	■	Brillenkakadu	*Cacatua ophthalmica*	VU
	■	Gelbwangenkakadu	*Cacatua sulphurea*	CR
	■	Langschnabel-Rußkakadu	*Calyptorhynchus baudinii*	EN
	■	Weißschnabel-Rußkakadu	*Calyptorhynchus latirostris*	EN
PSITTACIDAE Papageien der Alten Welt	■	Rothöschen	*Charmosyna amabilis*	CR
	■	Diademlori	*Charmosyna diadema*	CR
	■	Palmenlori	*Charmosyna palmarum*	VU
	■	Burulori	*Charmosyna toxopei*	CR
	■	Rubinlori	*Vini kuhlii*	EN
	■	Saphir-Lori	*Vini peruviana*	VU
	■	Henderson-Lori	*Vini stepheni*	VU
	■	Ultramarin-Lori	*Vini ultramarina*	EN
	■	Norfolksittich	*Cyanoramphus cookii*	EN
	■	Chathamsittich	*Cyanoramphus forbesi*	EN
	■	Malherbesittich	*Cyanoramphus malherbi*	CR
	■	Ziegensittich	*Cyanoramphus novaezelandiae*	VU
	■	Neukaledoniensittich	*Cyanoramphus saisetti*	VU
	■	Einfarbsittich	*Cyanoramphus unicolor*	VU
	■	Hornsittich	*Eunymphicus cornutus*	VU
	■	Ouvea-Hornsittich	*Eunymphicus uvaeensis*	EN
	■	Mauritiussittich	*Psittacula echo*	EN

ROTE LISTE ■ ausgestorben ■ in freier Wildbahn ausgest. ■ vom Aussterben bedroht ■ stark gefährdet ■ gefährdet

Papageien der Alten Welt

Die Papageien der Alten Welt sind eine zahlreiche und vielfältige Gruppe; sie umfassen die Arten der Gattung *Loriculus* und *Alisterus*, die Loris, die «Unzertrennlichen» *(Agapornis)*, die Spatelschwanzpapageien *(Prioniturus)*, die Plattschweifsittiche, die Gattung *Prosopeia*, Bindensittiche *(Psiticella)* und schließlich die sogenannten Eulenpapageien: den seltsamen Kaka, Kea und Kakapo, die alle in Neuseeland endemisch sind und von vielen Autoren als eigene urtümliche Gruppe angesehen werden. Die meisten Arten haben ein breites Nahrungsspektrum, darunter Samen, Früchte, Nektar, Pollen und Knospen. Der spezialisierte Hakenschnabel von Papageien ist an das Knacken harter Nüsse und das Öffnen von Samenkapseln angepasst. Einige Arten sind im Gebrauch ihrer beweglichen Zunge oder des Fußes derart geschickt, dass sie die Nahrung damit optimal nutzen können; diese anatomischen Merkmale verleihen Papageien gegenüber anderen Vögeln einen deutlichen Vorteil. Papageien sind hochintelligent, und einige Arten können die Rufe anderer Vögel und andere Geräusche nachahmen, Fertigkeiten erlernen und sogar einfache Werkzeuge benutzen. Wenn sie sich in Gefangenschaft langweilen, wirkt sich dies negativ auf ihren Allgemeinzustand aus. Wegen ihres hohen Unterhaltungswerts und des oft farbenprächtigen Gefieders werden viele Papageienarten in freier Wildbahn gefangen und als Käfigvögel verkauft, wobei zahlreiche Tiere auf dem Transport sterben. Papageienfedern enthalten Farbpigmente, aber auch durch Lichtbrechung kommt die erstaunliche Farbvielfalt zustande. Allerdings haben nicht alle Papageien ein buntes Gefieder; Arten wie der Kakapo, die vorwiegend am Boden leben, sind nicht auffällig gefärbt, sondern stattdessen diffus gesprenkelt, was der Tarnung dient.

Der Kaka, ein naher Verwandter des Keas, ist ein waldlebender Papagei mit dunklem Gefieder und weißem Scheitel; Flügelunterseiten, Bürzel und Halsband sind karminrot. Die stark gefährdete Art lebt in Wäldern, in denen Scheinbuchen *(Nothofagus)* bestandsbildend sind. Die Kakapopulationen sind vor allem aufgrund von Habitatverlust, Raubdruck und Bejagung geschrumpft.

Insgesamt sind 21 Papageienarten der Alten Welt (einschließlich Australasiens) bedroht, und drei gelten als vom Aussterben bedroht: Goldbauchsittich, Höhlensittich und Kakapo. Der Goldbauchsittich ist in Tasmanien endemisch, brütet in Wäldern, die an Moor- und Heidegebiete grenzen und überwintert im Südosten des australischen Festlands. Dieser Papagei ist durch den Verlust seines Überwinterungshabitats sowie durch die Konkurrenz um Nisthöhlen bedroht. Der seltene Höhlensittich ist im ariden Grasland und im Buschland Inneraustraliens heimisch. Er ist vorwiegend nachtaktiv – dadurch kann er in seinem heißen und trockenen Lebensraum wertvolles Wasser sparen. Der Höhlensittich leidet unter verwilderten Hauskatzen und Wassermangel – verwilderte Dromedare *(Camelus dromedarius)* erschöpfen die Reserven und sind inzwischen in den Wüsten und Halbwüsten in Inneraustralien zu einem gewohnten Anblick geworden.

SCHWALBENSITTICH
Lathamus discolor

Dieser schlanke Vogel mit langen, spitz zulaufenden Flügeln und spitzem langem Schwanz erinnert im Körperbau an einen Wellensittich. Das Gefieder ist überwiegend grün mit kleinem blauem Scheitelfleck sowie roter Stirn, roter Kehle und roten Unterschwanzdecken. Schwalbensittiche sind Zugvögel und brüten (im Sommer) vorwiegend in Südost-Tasmanien, während sie im Winter nordwärts bis zum australischen Festland (meist nach Zentral-Victoria) ziehen. In Dürrejahren legen die Vögel auf der Suche nach Wasser und Nahrung unter Umständen weite Entfernungen – bis nach Queensland – zurück. Der Bestand ist sehr klein und nimmt anscheinend immer mehr ab. Schwalbensittiche bevorzugen wenige, bestimmte Eukalyptusarten, vor allem den Blaugummibaum *(Eucalyptus globulus)* sowie *E. ovata* und *E. obliqua*. Die Vögel ernähren sich von Nektar und auch von den zuckerhaltigen Ausscheidungen, die pflanzensaugende Insekten wie Blattläuse und Wanzen auf den Blättern hinterlassen. Das Abholzen der Eukalyptuswälder auf Tasmanien ist mitverantwortlich für den Niedergang der Art, die durch ihre speziellen Nahrungsanforderungen besonders verwundbar ist. Möglicherweise konkurrieren die eingebürgerten Stare in einigen Regionen mit den Schwalbensittichen um Bruthöhlen. Auch die in letzter Zeit häufiger werdenden Dürreperioden im Winterquartier wirken sich negativ auf den Schwalbensittichbestand aus.

Familie	Psittacidae
Größe	25 cm
Status	stark gefährdet (abnehmend)
Population	1000–2500
Verbreitung	Australien (Tasmanien) (endemisch)
Habitat	Eukalyptuswälder
Bedrohungen	Habitatverlust, Dürren

KEA
Nestor notabilis

Der Kea, der nach seinem schrillen «kee-ah»-Ruf benannt ist, kommt nur auf der Südinsel von Neuseeland vor. Er gehört zu den ungewöhnlichsten Papageien überhaupt. Das Gefieder dieses großen und etwas plumpen Vogels ist vorwiegend dunkel olivbraun und schimmert grünlich, vor allem auf den Flügeln. Die Flügelunterseiten und auch der Bürzel sind leuchtend scharlachrot gefleckt, was im Flug einem lebhaften Kontrast zum übrigen Gefieder bildet. Der Oberschnabel läuft in eine scharfe, nach unten gebogene Spitze aus, die bei den Männchen besonders lang ist. Männliche Keas sind polygam und brüten mit mehreren Weibchen gleichzeitig. Anders als die meisten Papageien bewohnt der Kea kühle, alpine Habitate, wo er sich auf eine Nahrung vorwiegend aus Pflanzentrieben und Beeren spezialisiert hat. Keas sind Opportunisten und suchen manchmal auch auf Müllkippen nach Nahrung. Inzwischen gibt es nur noch rund 5000 Exemplare. Nachdem manche Vögel dabei beobachtet wurden, wie sie Schafe angriffen, um an deren Fett zu gelangen, wurden viele Tausend Keas getötet. 1970 wurde die Art offiziell unter Schutz gestellt, auch wenn die Verfolgung teilweise noch anhält. Keas leiden zudem unter eingeführten Säugern, vor allem Kusus, Hauskatzen und Hermelinen. Sie brüten in Bodennähe oder auf dem Boden, sodass sie für Fressfeinde eine leichte Beute darstellen.

Familie	Psittacidae
Größe	48 cm
Status	gefährdet (abnehmend)
Population	5000
Verbreitung	Neuseeland (endemisch)
Habitat	alpine Wiesen und Wälder
Bedrohungen	Bejagung, Vergiftung, eingeführte Fressfeinde

KAKAPO ODER EULENPAPAGEI

Strigops habroptila

Der kompakte Kakapo ist nicht nur der schwerste und die einzige flugunfähige Papageienart, sondern gleichzeitig auch einer der ungewöhnlichsten und geheimnisvollsten Vögel überhaupt. Dieser Eulenpapagei ist nachtaktiv und die einzige Papageienart mit einem Leksystem (Arenabalz) bei der Fortpflanzung. Die Art ist zudem sehr langlebig und kann potenziell neunzig Jahre und älter werden. Der Körperbau des Kakapos ist plump, das Gefieder moosgrün gefleckt, das Gesicht eulenähnlich. Kakapos ernähren sich von Pflanzentrieben, Wurzeln, Früchten, Blättern, Nektar und Samen, und brüten nur alle paar Jahre in Abhängigkeit vom periodisch wechselnden Angebot an Samen und Früchten. Dann finden sich die Männchen in Balzarenen (Leks) zusammen und rufen rund drei Monate lang jede Nacht; Die Paarungen finden zwischen Januar und Anfang März statt. Der in Neuseeland endemische Kakapo war früher auf der Nord- und der Südinsel sowie auf der Stewart-Insel heimisch, konnte schließlich aber nur noch in entlegenen Regionen in Fiordland auf der Südinsel überleben; eine kleine Restpopulation existiert noch auf der Stewart-Insel. Im Jahr 1987 lebten nur noch drei Kakapos in Fiordland, allesamt Männchen, und 1992 wurden die Vögel von der Stewart-Insel auf vorgelagerte Inseln umgesiedelt, vor allem nach Codfish Island und Anchor Island. Vermutlich ist die Art in ihrem natürlichen Habitat inzwischen ausgestorben. Zum Glück hat sich die umgesiedelte Kakapopopulation stabilisiert, die Gesamtzahl lag 2009 bei rund 120 Individuen. An den Standorten in Neuseeland selbst fielen viele Vögel eingeführten Fressfeinden, vor allem Hauskatzen, oder Krankheiten zum Opfer.

Familie	Psittacidae
Größe	58–64 cm
Status	vom Aussterben bedroht (aktuell leicht zunehmend)
Population	120
Verbreitung	Neuseeland (heute nur noch auf einigen Inseln vor der Küste)
Habitat	Wälder
Bedrohungen	Störungen, eingeführten Fressfeinde, Krankheiten

BEDROHTE PAPAGEIEN DER ALTEN WELT

FAMILIE		TRIVIALNAME	WISSENSCHAFTLICHER NAME	STATUS
PSITTACIDAE Papageien der Alten Welt	■	Rußköpfchen	*Agapornis nigrigenis*	VU
	■	Schwarzschulterlori	*Eos cyanogenia*	VU
	■	Harlekin-Lori	*Eos histrio*	EN
	■	Schwalbensittich	*Lathamus discolor*	EN
	■	Flores-Papageichen	*Loriculus flosculus*	EN
	■	Erzlori	*Lorius domicella*	VU
	■	Prachtlori	*Lorius garrulus*	VU
	■	Goldbauchsittich	*Neophema chrysogaster*	CR
	■	Kaka	*Nestor meridionalis*	EN
	■	Kea	*Nestor notabilis*	VU
	■	Höhlensittich	*Pezoporus occidentalis*	CR
	■	Schildsittich	*Polytelis swainsonii*	VU
	■	Luzon-Papagei	*Prioniturus luconensis*	VU
	■	Blaukopfpapagei	*Prioniturus platenae*	VU
	■	Blauflügelpapagei	*Prioniturus verticalis*	EN
	■	Fidschisittich	*Prosopeia splendens*	VU
	■	Goldschultersittich	*Psephotus chrysopterygius*	EN
	■	Salvadori-Zwergpapagei	*Psittaculirostris salvadorii*	VU
	■	Borstenkopf	*Psittrichas fulgidus*	VU
	■	Kakapo	*Strigops habroptila*	CR
	■	Burupapagei	*Tanygnathus gramineus*	VU

ROTE LISTE ■ ausgestorben ■ in freier Wildbahn ausgest. ■ vom Aussterben bedroht ■ stark gefährdet ■ gefährdet

KUCKUCKE UND TURAKOS

Die meisten Menschen assoziieren Kuckucke (Cuculidae) mit Brutparasitismus, was bedeutet, dass das Weibchen seine Eier in das Nest einer anderen Art legt, der es die Aufzucht seines Nachwuchses überlässt. Tatsächlich setzen nur 45 von insgesamt rund 140 Kuckucksarten diese Fortpflanzungsstrategie ein. Die wichtigsten Kuckucksgattungen sind die Vertreter der Gattung *Cuculus* (Eigentliche «Gauche») mit 16 Arten, die Eigentlichen Goldkuckucke *(Chrysococcyx)* mit 14 Arten und die Blutschnabel-Kuckucke *(Coccyzus)*. Zur Familie gehören auch die Spornkuckucke *(Centropus)*, eine Altweltgruppe mit 28 Arten, die Seidenkuckucke *(Coua)*, eine Gruppe von neun auf Madagaskar endemischen Arten, die in der Neuen Welt heimischen Grundkuckucke *(Neomorphus)* mit fünf Arten, sowie die beiden Arten der Rennkuckucke *(Geococcyx)*, die in Nord- und Zentralamerika zuhause sind. Rennkuckucke sind seltsame Vögel, die ihre Körpertemperatur nachts, wenn die Umgebungstemperatur fällt, senken können. Um sich morgens wieder aufzuwärmen, setzen sie ähnlich wie Eidechsen nackte dunkle Hautpartien der Sonne aus. Neun Arten der Cuculidae sind als bedroht eingestuft; darunter sind der Sumatrakuckuck und der Mindorokuckuck gar als vom Aussterben bedroht klassifiziert.

Turakos (Musophagidae) sind große und bunte waldbewohnende Fruchtfresser, die nur in Afrika heimisch sind. Die Federn der Turakos besitzen keine Hakenstrahlen, sodass die Federfahnen keine geschlossene Fläche bilden; daher wirkt das Gefieder ein wenig struppig und haarartig, statt wie bei den meisten Vögeln eine kontinuierliche glänzende Fläche zu bilden. Von den 23 Turakoarten sind zwei bedroht: Ruspoli-Turako (gefährdet) und Bannerman-Turako (stark gefährdet).

COCOSKUCKUCK

Coccyzus ferrugineus

Dieser lebhaft gefärbte Kuckuck ist auf den Kokosinseln endemisch, die rund 500 Kilometer vor der Pazifikküste von Costa Rica liegen; sein Verbreitungsgebiet und seine Population sind klein. Die Oberseite ist schiefergrau bis braun, mit einer auffälligen dunklen Kopfmaske, die Unterseite ist hellbeige, die Flügel sind braunrot und die Schwanzfedern deutlich schwarz-weiß gemustert. Die Bestände der Art gehen zwar nicht augenfällig zurück, doch der Cocoskuckuck ist der seltenste endemische Landvogel der Insel. Sein bevorzugter Lebensraum ist der Sekundärwald, der nach dem Abholzen des Primärwaldes nachgewachsen ist. Typisch sind Hibiskusdickichte und andere Gebüsche sowie dichtes Ufergestrüpp an Wasserläufen. Die Kokosinsel leidet unter der Degradation ihrer Wälder durch den Weißwedel- oder Virginiahirsch *(Odocoileus virginianus)*, Hausschweine und Ziegen. Die Schweine durchwühlen den Waldboden, was die Regeneration behindert. Eingeschleppte Allesfresser wie Ratten attackieren die nestjungen Kuckucke, und Hauskatzen machen Jagd auf Alt- und Jungvögel. Die Insel ist zum Nationalpark erklärt worden, doch bevor weitere Schutzmaßnahmen ergriffen werden können, müssen zusätzliche Untersuchungen, vor allem zum Brutverhalten, durchgeführt werden.

Familie	Cuculidae
Größe	33 cm
Status	gefährdet (stabil)
Population	250–1000
Verbreitung	Kokosinsel (endemisch)
Habitat	Wald und Gebüsche
Bedrohungen	Neozoen, Habitatverlust

RUSPOLI-TURAKO

Tauraco ruspolii

Der Ruspoli-Turako ist ein farbenprächtiger Waldvogel, der an seinen jetzigen Standorten noch recht häufig ist, doch sein Verbreitungsgebiet ist winzig (nur eine kleine Region in Südäthiopien), und der Bestand schrumpft vermutlich. Die Art bevorzugt Wälder in mittleren Höhenlagen und flussbegleitende Galeriewälder sowie die Wacholder- und Olivenwälder nördlich von Arero. Die Vögel ernähren sich vorwiegend von den Früchten von Feigen, Wacholder und Steineiben *(Podocarpus)*. Dieser große, langschwänzige Turako ist überwiegen grüngelb gefärbt, mit dunklem Rücken und Schwanz. Im Flug werden die intensiv roten Flügelflecken sichtbar. Auch Schnabel und Augenringe sind leuchtend rot, auffällig ist die helle Federhaube auf dem Scheitel. Seit etwa 1995 hat sich der Habitatverlust beschleunigt; immer häufiger kommt es zu Bränden, und es wird immer mehr Brennholz im Wald gesammelt. Eine weitere Bedrohung stellt eine potenzielle Hybridisierung (Bastardisierung) mit dem häufigeren und viel weiter verbreiteten Weißohr-Turako *(T. leucotis)* dar, dessen Verbreitungsgebiet sich mit dem des Ruspoli-Turako überschneidet. Illegale Bejagung ist ein weiteres Problem, ebenso der (illegale) Fang dieser hübschen Vögel für den Käfigvogelhandel.

Familie	Musophagidae
Größe	40 cm
Status	gefährdet (abnehmend)
Population	2500–10 000
Verbreitung	Südäthiopien (endemisch)
Habitat	Mischwälder
Bedrohungen	Habitatverlust, Feuer, Käfigvogelhandel

BEDROHTE KUCKUCKE UND TURAKOS

FAMILIE		TRIVIALNAME	WISSENSCHAFTLICHER NAME	STATUS
CUCULIDAE Kuckucke	■	Sumatrakuckuck	*Carpococcyx viridis*	CR
	■	Ceylonkuckuck	*Centropus chlororhynchus*	VU
	■	Sundakuckuck	*Centropus nigrorufus*	VU
	■	Kurzspornkuckuck	*Centropus rectunguis*	VU
	■	Mindorokuckuck	*Centropus steerii*	CR

ROTE LISTE ■ ausgestorben ■ in freier Wildbahn ausgest. ■ vom Aussterben bedroht ■ stark gefährdet ■ gefährdet

BEDROHTE KUCKUCKE UND TURAKOS *FORTSETZUNG*

FAMILIE		TRIVIALNAME	WISSENSCHAFTLICHER NAME	STATUS
CUCULIDAE Kuckucke	■	Cocoskuckuck	*Coccyzus ferrugineus*	VU
	■	Dominikanerkuckuck	*Coccyzus rufigularis*	EN
	■	Bindengrundkuckuck	*Neomorphus radiolosus*	EN
	■	Nacktstirnkuckuck	*Phaenicophaeus pyrrhocephalus*	VU
MUSOPHAGIDAE Turakos	■	Bannerman-Turako	*Tauraco bannermani*	EN
	■	Ruspoli-Turako	*Tauraco ruspolii*	VU

ROTE LISTE ■ ausgestorben ■ in freier Wildbahn ausgest. ■ vom Aussterben bedroht ■ stark gefährdet ■ gefährdet

EIGENTLICHE EULEN

Eulen sind unverwechselbare, meist nachtaktive Greifvögel mit großen Augen; die Größe variiert von den mächtigen Uhus bis zu winzigen Arten wie dem Elfenkauz. Im Ansitz nehmen Eulen eine typische aufrechte Haltung ein und sie besitzen scharfe Krallen zum Ergreifen und Zerteilen der Beute. Die Augen sind nach vorn gerichtet und bewegen sich nicht in der Augenhöhle, sondern der ganze Kopf auf dem sehr gelenkigen Hals wird hin und her gedreht, um Objekte rechts oder links der Sehachse zu fixieren. Die meisten Eulen sind im wahrsten Sinne des Wortes lautlose Jäger, die in der Abenddämmerung oder in der Nacht auf Beutefang gehen, wobei sie auf die raschelnden Bewegungen ihrer «Opfer» horchen. Bei den meisten Eulenarten haben die Federn, sogar die Arm- und Handschwingen, einen sehr weichen Rand; diese Anpassung verringert das Geräusch des Flügelschlags auf das absolute Minimum, was bei Überraschungsattacken von Vorteil ist. Die kranzförmige Gesichtsbefiederung («Gesichtsschleier») trägt zu Schallfokussierung bei und erlaubt Eulen, den Aufenthaltsort ihrer Beute mit bemerkenswerter Genauigkeit zu lokalisieren. Viele Arten weisen ohrähnliche Federbüschel («Federohren») auf, die nicht etwa dem Hören, sondern der Kommunikation untereinander dienen. Die eigentlichen Ohren liegen asymmetrisch im Schädel, eine Anpassung, die eine bessere Ortung einer Geräuschquelle ermöglicht. Das Beutespektrum variiert von Art zu Art: Viele Eulenarten ernähren sich vorwiegend von kleinen Nagern, doch größere Arten wie Uhus können mittelgroße Säuger erbeuten, während Fischeulen und Fischuhus vorwiegend Fische und andere wasserlebende Beutetiere fressen. Die kleinsten Eulen ernähren sich vorwiegend von Käfern, Grillen und anderen Wirbellosen. Eulen sind bis auf wenige Ausnahmen nachtaktiv und verbringen den Tag unauffällig an einem Ruheplatz. Viele kommunizieren mit typischen, weittragenden dumpfen Rufen, andere mit harten, kreischenden Lauten, und manche klingen metallisch schnarrend. Während die meisten Eulen ein bräunliches, geflecktes Gefieder aufweisen, mit dem sie in Waldgebieten gut getarnt sind, sind die Arten der offenen Halbwüstenlandschaften in der Regel heller gefärbt, und die Schneeeule der nördlichen Tundrengebiete ist vorwiegend weiß.

Diese große Familie der Strigidae umfasst rund 190 Arten. Die wichtigsten Gattungen sind Zwergohreulen *(Otus)*, Käuze *(Strix)*, Kreischeulen *(Megascops)*, Uhus *(Bubo)* und Sperlingskäuze *(Glaucidum)*. Insgesamt sind 27 Arten bedroht, darunter sechs vom Aussterben – allesamt kleine Arten, darunter vier Zwergohreulenarten.

USAMBARA-UHU

Bubo vosseleri

Ein großer Uhu mit langen Federohren, mit stark gebändertem, kastanienbraunem Gefieder; die helle Unterseite ist auf der Brust deutlich gefleckt, auf Bauch und Flanken zart gebändert. Das Gesicht ist orangefarben, die Augen orangebraun. Der Ruf besteht aus einer Reihe tiefer Töne, die ansteigen und abfallen. Die Art ernährt sich vorwiegend von Kleinsäugern. Die in den Eastern Arc Mountains von Tansania endemische Art ist nach einer ihrer Hochburgen, den Usambara-Bergen, benannt. Sie kommt auch im Uluguru North Forest Reserve, im Iwonde Forest, im Kilombero Nature Reserve und im Udzungwa Scarp Forest Reserve vor. Zwar stehen all diese Wälder unter Schutz, doch sie leiden unter Brennholzsammeln, Rodung zur Gewinnung von landwirtschaftlichen Flächen und Beweidung durch Nutzvieh. Offenbar vertragen die Uhus ein gewisses Maß an Störung, sie sind schon am Waldrand neben Teeplantagen und in Wäldern beobachtet worden, in denen in der Strauchschicht Kardamom angebaut wird.

Familie	Strigidae
Größe	48 cm
Status	gefährdet (abnehmend)
Population	2500–10 000
Verbreitung	Eastern Arc Mountains, Tansania
Habitat	immergrüne Wälder der montanen und submontanen Zone
Bedrohungen	Degradation der Wälder

RIESEN-FISCHUHU
Ketupa blakistoni

Dieser kräftig gebaute, imposante Uhu ist in den Bergwäldern von Ostsibirien, im Süden bis nach Nordostchina (Heilongjiang, Jilin und Innere Mongolei) sowie in Mittel- und Nordost-Hokkaido (Japan) heimisch. Es ist ein prächtiger Vogel mit langen waagerechten Federohren, orange-gelben Augen sowie hell- und dunkelbraunen Flügelbinden. Die Oberseite und der helle Schwanz sind ebenfalls breit dunkelbraun gebändert. Der Ruf des Riesen-Fischuhus ist kurz, tief und zwei- oder dreisilbig. Die Größe der Population ist schwer zu schätzen, liegt jedoch unter tausend Individuen. Die Art benötigt dichte Wälder mit großem altem Baumbestand und leichtem Zugang zu Seen, Flüssen und Bächen. Dieser Uhu ernährt sich vorwiegend von Fischen, verschmäht aber auch kleine Vögel, Säuger, Amphibien und Insekten und Krebstiere nicht. An den meisten Standorten gehen die Bestände offenbar zurück; Gründe sind Störungen, Verlust der besten Habitate, Verschmutzung und Eindämmen von Flüssen. Auf Hokkaido sind Riesen-Fischuhus auch schon durch Kollisionen mit Hochspannungsleitungen und durch Ertrinken in Fischernetzen umgekommen. Dennoch gehört Hokkaido zu den wenigen Hochburgen der Vögel; dort nutzen die meisten künstliche Nisthilfen und erhalten gelegentlich Beifutter. Ein weiterer wichtiger Standort für die Art ist das Samarga-Tal in Ostsibirien.

Familie	Strigidae
Größe	60–72 cm
Status	stark gefährdet (abnehmend)
Population	250–1000
Verbreitung	Ostsibirien, Nordostchina, Nordjapan
Habitat	dichter Wald in Wassernähe
Bedrohungen	Holzeinschlag, Eindämmen von Flüssen, Überfischung

SOKOKE-EULE
Otus ireneae

Diese bemerkenswerte Eule hat ein außerordentlich kleines Verbreitungsgebiet; man findet sie nur in wenigen Wäldern nahe der kenianischen Küste (vor allem im Arabuko-Sokoke-Wald) und in den östlichen Usambara-Bergen in Tansania. Die hübsche kleine Eule misst nur 15 Zentimeter und hat ein auffällig gebändertes, im Brustbereich geflecktes Gefieder. Es existieren zwei Farbmorphen: grau und rotbraun. Tagsüber verbirgt sie sich tief im Wald und ist sehr schwer zu entdecken. Ihr Körperumriss ist relativ unbestimmt und kompakt; typisch sind lediglich die sehr kleinen, vorstehenden Federohren. Gewöhnlich lässt sich die Art anhand ihres höchst charakteristischen Rufes bestimmen – ein wiederholtes, weiches «duu-duu-duu». Nachts jagt die Sokoke-Eule nach Käfern und anderen Insekten auf dem Waldboden. Ihre Population wird auf rund 2500 Exemplare geschätzt. Leider geht die Zahl der Vögel offenbar zurück, denn die verbliebenen Waldgebiete werden weiterhin – oft illegal – abgeholzt; zudem gefährdet der Abbau von Erzen das Habitat. Die Hauptpopulation lebt in relativ ungestörten Waldregionen, wo der Sekundärwaldanteil deutlich geringer als in der Umgebung ist. Waldrodung, Holzeinschlag und Störung sind die Hauptbedrohungen für diese hübsche Mini-Eule.

Familie	Strigidae
Größe	15 cm
Status	stark gefährdet (abnehmend)
Population	2500
Verbreitung	Kenia, Tansania
Habitat	Küstenwald
Bedrohungen	Habitatverlust und Störungen

BEDROHTE EIGENTLICHE EULEN

FAMILIE		TRIVIALNAME	WISSENSCHAFTLICHER NAME	STATUS
STRIGIDAE Eulen	■	Streifenuhu	*Bubo philippensis*	VU
	■	Usambara-Uhu	*Bubo vosseleri*	VU
	■	Albertseekauz	*Glaucidium albertinum*	VU
	■	Pernambuco-Zwergkauz	*Glaucidium mooreorum*	CR
	■	Nebelzwergkauz	*Glaucidium nubicola*	VU
	■	Blewittkauz	*Heteroglaux blewitti*	CR
	■	Riesen-Fischuhu	*Ketupa blakistoni*	EN
	■	Rotohreule	*Mimizuku gurneyi*	VU
	■	Salomoneneule	*Nesasio solomonensis*	VU
	■	Zinnoberkauz	*Ninox ios*	VU
	■	Weihnachtskauz	*Ninox natalis*	VU
	■	Neubritannienkauz	*Ninox odiosa*	VU
	■	Floreseule	*Otus alfredi*	EN
	■	Angelinaeule	*Otus angelinae*	VU
	■	Beccarieule	*Otus beccarii*	EN

ROTE LISTE ■ ausgestorben ■ in freier Wildbahn ausgest. ■ vom Aussterben bedroht ■ stark gefährdet ■ gefährdet

BEDROHTE EIGENTLICHE EULEN *FORTSETZUNG*				
FAMILIE		TRIVIALNAME	WISSENSCHAFTLICHER NAME	STATUS
STRIGIDAE Eigentliche Eulen	■	Anjouaneule	*Otus capnodes*	CR
	■	Hartlaubeule	*Otus hartlaubi*	VU
	■	Seychelleneule	*Otus insularis*	EN
	■	Sokoke-Eule	*Otus ireneae*	EN
	■	Mohelieule	*Otus moheliensis*	CR
	■	Komoreneule	*Otus pauliani*	CR
	■	Pembaeule	*Otus pembaensis*	VU
	■	Weißstirneule	*Otus sagittatus*	VU
	■	Siau-Eule	*Otus siaoensis*	CR
	■	Serendib-Zwergohreule	*Otus thilohoffmanni*	EN
	■	Rotrücken-Fischeule	*Scotopelia ussheri*	EN
	■	Peruanerkauz	*Xenoglaux loweryi*	EN

ROTE LISTE ■ ausgestorben ■ in freier Wildbahn ausgest. ■ vom Aussterben bedroht ■ stark gefährdet ■ gefährdet

SCHLEIEREULEN, NACHTSCHWALBEN UND HÖHLENSCHWALME

Schleiereulen (Tytonidae) unterscheiden sich von den Eigentlichen Eulen vor allem durch ihren herzförmigen Gesichtsschleier. Die Familie umfasst 15 Arten – 13 Arten in der Gattung *Tyto* und zwei in der Gattung der Maskeneulen *(Phodilus)*. Der Schleiereule *(Tyto alba)* selbst gebührt der Ruhm, zu den Vogelarten mit der weltweit größten Verbreitung zu gehören; man findet sie auf jedem bewohnten Kontinent. Schleiereulen sind eng an die Landwirtschaft gebunden und ernähren sich vorwiegend von kleinen Nagern wie Ratten und Mäusen, häufigen Schädlingen überall dort, wo Getreide gelagert wird. Dieser Nützling leidet jedoch unter Vergiftungen durch Agrarchemikalien und kommt häufig im Straßenverkehr um. Im Gegensatz zu den meisten Taggreifen verschlingen Schleiereulen ihre Beute in einem Stück; die unverdaulichen Bestandteile (vor allem Fell, Federn und Knochen) werden anschließend als «Gewölle» (Speiballen) wieder ausgewürgt. Eine Analyse dieser Eulengewölle liefert also zuverlässig Aufschluss über ihren Speiseplan.

Vier Arten sind als gefährdet gelistet, zwei als stark gefährdet – die Taliabueule, die auf den indonesischen Sula-Inseln endemisch ist, und die Kongomaskeneule, die in der Demokratischen Republik Kongo und im nahe gelegenen Ruanda heimisch ist.

Nachtschwalben (Caprimulgidae) sind recht geheimnisvolle Vögel. Scheu und nachtaktiv, gleiten sie meist wie ein Geist über Heide- und Buschland und fangen mit ihrem breiten, weit geöffneten Schnabel Nachtfalter und andere Fluginsekten. Die Familie umfasst rund neunzig Arten; wichtige Gattungen sind die Ziegenmelker oder Echten Nachtschwalben *(Caprimulgus)* und die Gattungen *Chordeiles* und *Eurostopodus*. Sieben Arten sind bedroht, davon zwei, die Puerto-Rico-Nachtschwalbe und die Jamaika-Nachtschwalbe, vom Aussterben.

Die Höhlenschwalme (Aegothelidae) sind in Australien und Neuguinea heimisch; mit ihrem großen Kopf sehen sie wie eine Kreuzung zwischen einer kleinen Eule und einer Nachtschwalbe aus. Die neun Höhlenschwalmarten gehören alle zur Gattung *Aegotheles*; eine Art, der Schwarzrückenschwalm, ist vom Aussterben bedroht.

MALEGASSENEULE

Tyto soumagnei

Diese Eule lebt ausschließlich auf Madagaskar, während ihre enge Verwandte, die Schleiereule *(T. alba)* zu den Arten mit dem weltweit größten Verbreitungsgebiet gehört. Die Schleiereule kommt ebenfalls auf Madagaskar vor, und eine Verwechslung beider Arten hat wohl dazu beigetragen, dass es so schwierig ist, die Zahl der Malegasseneulen zu schätzen. Die Malegasseneule ähnelt der Schleiereule, doch das Gefieder ist auf der Oberseite leuchtend orangebraun, auf der Unterseite etwas heller; zudem ist sie etwas kleiner. Der Gesichtsschleier ist weißlich. Ihr Verbreitungsgebiet deckt sich mit den Gebirgszügen an der Ostseite von Madagaskar, wo sie vorwiegend immergrüne Regenwälder vom Meeresspiegel bis rund 2000 Meter Höhe bewohnt. Die Art ist strikt nachtaktiv, daher sind Bestandserhebungen schwierig, doch die Population der Art geht in die Tausende. Kürzlich wurde sie auch weit im Südosten der Insel, in der Tiefebene von Tsitongambarika, beobachtet. Malegasseneulen jagen von einem Ansitz in offenem Waldgelände oder am Waldrand aus und suchen auch über Reisfeldern und anderen Kulturflächen nach Nahrung. Die bevorzugte Beute sind einheimische Tiere, vor allem Bilchschwänze (eine Nagergattung aus der Unterfamilie der Madagaskar-Ratten) wie *Eliurus antsingy*, ebenso Insekten, Geckos und Frösche.

Familie	Tytonidae
Größe	30 cm
Status	gefährdet (abnehmend)
Population	2500–10000
Verbreitung	Madagaskar (endemisch)
Habitat	immergrüner Regenwald
Bedrohungen	Entwaldung, Brände

WEISSFLÜGEL-NACHTSCHWALBE

Eleothreptus candicans

Diese kleine Nachtschwalbe hat sandgraues Gefieder, braunes Gesicht und braune Kehle sowie einen grauen Scheitel mit dunkler Mitte. Das Männchen ist auf der Unterseite vorwiegend weiß, mit weißem Schwanz und weißen Flügeln. Das Weibchen ist brauner als das Männchen, mit gelbbraunen Flügeln und Schwanz. Männliche Weißflügel-Nachtschwalben verteidigen ihr Territorium und verjagen eindringende Männchen; häufig landen sie bei diesen Revierkämpfen kurz auf einem Ameisen- oder Termitenhügel. Ihr Flugbild erinnert an Nachtfalter, und im Flug stoßen sie schnarrende Rufe aus. Wie andere Nachtschwalben auch, jagt die Art in der Abenddämmerung und in der Nacht Insekten, beispielsweise Nachtfalter und Käfer, wobei den Vögeln ihre großen Augen zugutekommen. Sie suchen ihre Nahrung in offenem Gelände, besonders in Trockensavannen mit jungem Pflanzenwuchs, oft in Gebieten mit zahlreichen Termitenhügeln und an Stellen, wo sich die Pflanzendecke nach einem Feuer wieder erholt. Dank kleinerer Brände entstehen zwar Habitate, die für die Art besser geeignet sind, doch größere Feuer zerstören die Brutplätze der Art und werden damit zur ernsthaften Bedrohung. Das äußerst kleine Verbreitungsgebiet umfasst nur vier bekannte Standorte, darunter der Emas Nationalpark in Brasilien und das Naturschutzgebiet Mbaracayú Forest in Paraguay.

Familie	Caprimulgidae
Größe	20 cm
Status	stark gefährdet (abnehmend)
Population	1000–2500
Verbreitung	Bolivien, Brasilien, Paraguay
Habitat	nasses Grasland und Dickichte
Bedrohungen	Beweidung, Landwirtschaft, unkontrollierte Feuer

BEDROHTE SCHLEIEREULEN, NACHTSCHWALBEN UND HÖHLENSCHWALME

FAMILIE		TRIVIALNAME	WISSENSCHAFTLICHER NAME	STATUS
TYTONIDAE Schleiereulen	■	Kongomaskeneule	*Phodilus prigoginei*	EN
	■	Goldeule	*Tyto aurantia*	VU
	■	Minahassaeule	*Tyto inexspectata*	VU
	■	Manuseule	*Tyto manusi*	VU
	■	Taliabueule	*Tyto nigrobrunnea*	EN
	■	Malegasseneule	*Tyto soumagnei*	VU
CAPRIMULGIDAE Nachtschwalben	■	Sunda-Nachtschwalbe	*Caprimulgus concretus*	VU
	■	Puerto-Rico-Nachtschwalbe	*Caprimulgus noctitherus*	CR
	■	Prigogine-Nachtschwalbe	*Caprimulgus prigoginei*	EN
	■	Nechisar-Nachtschwalbe	*Caprimulgus solala*	VU
	■	Weißflügel-Nachtschwalbe	*Eleothreptus candicans*	EN
	■	Teufels-Nachtschwalbe	*Eurostopodus diabolicus*	VU
	■	Jamaika-Nachtschwalbe	*Siphonorhis americana*	CR
AEGOTHELIDAE Höhlenschwalme	■	Schwarzrücken-Schwalm	*Aegotheles savesi*	CR

ROTE LISTE ■ ausgestorben ■ in freier Wildbahn ausgest. ■ vom Aussterben bedroht ■ stark gefährdet ■ gefährdet

Segler und Kolibris

Segler (Apodidae) gehören zu den faszinierendsten Vögeln überhaupt. Diese außergewöhnlichen Luftakrobaten mit dem stromlinienförmigen Körperbau landen nur selten, es sei denn am Nest; sie jagen und fressen Fluginsekten und können, auch wenn sie oft vergleichsweise langsam durch die Luft gleiten, plötzlich rasant beschleunigen. Beobachtungen an Mauerseglern haben erbracht, dass sie oft die ganze Nacht fliegend verbringen und vermutlich in großer Höhe kurze «Schlafpausen» einlegen. Möglicherweise landen sie (zumindest der Mauersegler) fast niemals, das heißt, nur an ihren Nistplätzen: Das würde bedeuten, dass Mauersegler vom Flüggewerden bis zur ersten Brut ständig fliegen – also eine Strecke von möglicherweise 500 000 Kilometer zurücklegen. Im Lauf seines etwa sieben Jahre langen Lebens bewältigt ein Mauersegler unter Umständen eine Distanz von rund zwei Millionen Kilometer. Der älteste je bekannte Mauersegler erreichte ein Alter von 21 Jahren, und hätte in dieser Zeit sechs Millionen Kilometer zurücklegen können; das entspricht einer achtmaligen Hin- und Rückreise zum Mond. Die meisten Seglerarten fliegen bei der Suche nach Fluginsekten pro Tag über eine Distanz von mehr als 500 Kilometer.

Zur Familie der Segler gehören etwas mehr als hundert Arten, darunter die Gattungen *Apus* und *Collocalia*. Sechs Arten sind bedroht, darunter ist die Palau-Salangane stark gefährdet. Die vier südasiatischen Baumseglerarten gehören zu einer eigenen Familie (Hemiprocnidae); keine ist bedroht.

Ebenso faszinierend wie die Segler sind die Kolibris (Trochilidae). Klein und bunt gefärbt, ernähren sich die Vertreter dieser Neuweltfamilie mit etwa 335 Arten ähnlich wie blütenbesuchende Insekten von zuckerreichem Nektar. Im Flug benutzen sie ihre höchst flexiblen Flügel, um beim Nektarsaugen schwirrend auf der Stelle zu fliegen und von Blüte zu Blüte zu schießen oder um komplexe Balztänze aufzuführen. Viele Kolibris haben ein farbenprächtiges, oft schillerndes Gefieder; bei einigen Arten kommen auffällig verlängerte Schwanzfedern hinzu. Trivialnamen wie Sylphen und Elfen, die an Sagen und Märchen erinnern, spiegeln die ungewöhnlichen Merkmale wider. Der kleinste überhaupt bekannte Vogel, die auf Kuba heimische Bienenelfe, die auf der Vorwarnliste steht, misst nur fünf Zentimeter und wiegt weniger als zwei Gramm; damit ist dieser Vogel kleiner als manches Insekt auf Kuba.

Dreißig Kolibriarten gelten als bedroht – die meisten davon sind stark gefährdet oder vom Aussterben bedroht; Ursachen sind vor allen Habitatverlust oder -degradation. Um ein Bewegungsprofil von Kolibris zu erstellen, kann man die Vögel mit winzigen Sendern ausrüsten; auf diese Weise fand man heraus, dass bestimmte Pflanzen zwingend Kolibris als Bestäuber benötigen. Wenn in den heimischen Wäldern beispielsweise nicht mehr genug *Heliconia*-Blüten existieren, siedeln sich die Kolibris in benachbarten Bananenplantagen an.

SEYCHELLEN-SALANGANE

Collocalia elaphra

Dieser zierliche Segler ist nur von drei Standorten her bekannt – den Höhlen auf den Granitinseln der Seychellen, Mahé, Praslin und La Digue. Zur Gattung *Collocalia*, die dreißig Arten umfasst, zählen Arten, deren Nester man in einigen Teilen des tropischen Asiens erntet, um daraus – wie früher auch aus den Nestern der Seychellen-Salanganen – Vogelnestersuppe zuzubereiten. Die Seychellen-Salanganen errichten ihre Nester in tiefen Höhlen und kleben sie dort an die Decke; das Gelege besteht aus nur einem einzigen Ei. Die kleine, dunkel graubraune und für die Seychellen endemische Salangane gilt als gefährdet, weil ihr Verbreitungsgebiet so klein ist. Der Bestand in den einzelnen Kolonien schwankt – rund 50 Vögel nisten in der La-Digue-Höhle, etwa achtzig in der Praslin-Höhle und eine unbekannte Zahl auf Mahé. Die Vögel jagen über Wäldern und Feuchtgebieten nach Insekten, vor allem nach fliegenden Ameisen. Früher hatten Seychellen-Salanganen unter dem Einsatz von Insektiziden, vor allem dem hochgiftigen DDT, zu leiden. Inzwischen sind einige Höhlensysteme durch Steinbrüche geschädigt worden, und eingeschleppte Tiere, wie Hauskatzen und Schleiereulen, sind mögliche Fressfeinde. Durch die Entwässerung von Feuchtgebieten und die Ausbreitung von eingeschleppten Wasserpflanzen verringert sich unter Umständen das Angebot an Beuteinsekten.

Familie	Apodidae
Größe	10–12 cm
Status	gefährdet
Population	2500–3000
Verbreitung	Seychellen (endemisch)
Habitat	Höhlen (Brut), Wälder, Feuchtgebiete
Bedrohungen	eingeschleppte Prädatoren, Gesteinsabbau

MANGROVE-AMAZILIE

Amazilia boucardi

Bei diesem mittelgroßen Kolibri hat das Männchen einen hellgrünen Scheitel und eine ebensolche Oberseite sowie einen bronzefarbenen Bürzel, einen grünbronzenen Schwanz und eine türkisfarbene Kehle und Brust. Dagegen ist das Weibchen auf der Unterseite vorwiegend weiß. Die auf Costa Rica endemische Mangrove-Amazilie ist mosaikartig in einigen wenigen Mangrovenwäldern verbreitet, die verstreut an der Pazifikküste liegen. Wie an so vielen Orten weltweit sind diese speziellen Lebensräume stark bedroht; in dieser Region handelt es sich vor allem um Erschließungsmaßnahmen wie Haus- und Straßenbau sowie die Anlage von Garnelenzuchtteichen. In manchen Gebieten leiden die Mangroven auch unter der Verschmutzung des Meeres und illegaler Holzfällung zur Herstellung von Holzkohle. Die Mangrove-Amazilie ist auf ihre bevorzugte Futterpflanze, die Mangrovenart *Pelliciera rhizophorae*, spezialisiert; *Pelliciera rhizophorae* ist selbst eine seltene Art mit abnehmendem Verbreitungsgebiet. Logischerweise ist eine der vorgeschlagenen Naturschutzmaßnahmen eine Kampagne zum Schutz der Mangrovenwälder, um damit auch die Mangrove-Amazilie in den Mittelpunkt der öffentlichen Aufmerksamkeit zu rücken.

Familie	Trochilidae
Größe	9,5 cm
Status	stark gefährdet (abnehmend)
Population	2500–10 000
Verbreitung	Costa Rica (endemisch)
Habitat	Mangrovenwälder
Bedrohungen	Habitatverlust

GRÜNBRUSTNYMPHE
Hylonympha macrocerca

Dieser Kolibri hat einen auffällig gegabelten Schwanz, der beim Männchen mit eindrucksvollen zehn Zentimeter Länge sogar länger als der Körper ist; beim Weibchen ist der Schwanz etwas kürzer. Das Männchen ist vorwiegend dunkelgrün mit glänzend violetter Kappe, die Brust ist leuchtend grün. Der lange Schwanz ist violett und die langen, breiten seitlichen Schwanzfedern bilden eine Gabel. Das Weibchen ist unterseits weiß, grün gefleckt, mit rotbraunem Bauch und rotbraunem Unterschwanz. Das Verbreitungsgebiet ist winzig – es beschränkt sich praktisch auf die Halbinsel Paria in Sucre, im Nordosten von Venezuela, wo die Art lokal noch immer häufig ist. Die Vögel suchen ihre Nahrung an Bromelienblüten, sie verzehren den Blütennektar und auch die Insekten, die sie dort finden. Die Art lebt vorwiegend in Bergregenwäldern in Höhenlagen von 800 bis 1000 Meter. Insekten werden auch im Flug gefangen. Da Grünbrustnymphen ungestörte Wälder bevorzugen, leiden sie stark darunter, dass der Unterwuchs zugunsten von Kaffee- und Kakaoanbau gerodet wird. Auch das Verschwinden des Regenwaldes und die unkontrollierte Brandrodung tragen zur Gefährdung bei.

Familie Trochilidae
Größe 19 cm, 10 cm davon sind Schwanzfedern
Status stark gefährdet (abnehmend)
Population 10 000–20 000
Verbreitung Nordostvenezuela (endemisch)
Habitat Bergregenwald
Bedrohungen Habitatverlust, Feuer

BEDROHTE SEGLER UND KOLIBRIS

FAMILIE	TRIVIALNAME	WISSENSCHAFTLICHER NAME	STATUS
APODIDAE Segler	Glanzrückensegler	*Apus acuticauda*	VU
	Palau-Salangane	*Collocalia bartschi*	EN
	Seychellen-Salangane	*Collocalia elaphra*	VU
	Polynesien-Salangane	*Collocalia leucophaea*	VU
	Atiu-Salangane	*Collocalia sawtelli*	VU
	Schouteden-Segler	*Schoutedenapus schoutedeni*	VU
TROCHILIDAE Kolibris	Weißbrust-Andenkolibri	*Aglaeactis aliciae*	EN
	Berlepsch-Sylphe	*Aglaiocercus berlepschi*	EN
	Mangrove-Amazilie	*Amazilia boucardi*	EN
	Braunbauch-Amazilie	*Amazilia castaneiventris*	EN
	Honduras-Amazilie	*Amazilia luciae*	CR
	Blaßstirnkolibri	*Anthocephala floriceps*	VU
	Santa-Marta-Degenflügel	*Campylopterus phainopeplus*	EN
	Esmeraldaselfe	*Chaetocercus berlepschi*	EN
	Hummelelfe	*Chaetocercus bombus*	VU
	Grünmusketier	*Coeligena orina*	CR
	Blauschulter-Andenkolibri	*Coeligena prunellei*	VU
	Türkiskehl-Höschenkolibri	*Eriocnemis godini*	CR
	Isabella-Schneehöschen	*Eriocnemis isabellae*	CR
	Blaubauch-Höschenkolibri	*Eriocnemis mirabilis*	CR
	Schwarzbauch-Höschenkolibri	*Eriocnemis nigrivestis*	CR

ROTE LISTE ■ ausgestorben ■ in freier Wildbahn ausgest. ■ vom Aussterben bedroht ■ stark gefährdet ■ gefährdet

VIOLETTSCHEITEL-FLAGGENSYLPHE
Loddigesia mirabilis

Der lateinische Artname beschreibt diesen Kolibri gut – *mirabilis* bedeutet «wunderbar», und im Deutschen wird die Art auch «Wundersylphe» genannt. Beim Männchen sind Kinn und Haube leuchtend blau, Brust und Bauch sind grün, der Rücken bronzefarben. Das erstaunlichste Merkmal ist jedoch der Schwanz – die beiden langen, spitz zulaufenden mittleren Schwanzfedern werden von zwei noch längeren äußeren Schwanzfedern eingerahmt, deren dünner Schaft in einer «Flagge» endet. Auch das Weibchen «zeigt Flagge», doch sein Gefieder ist nicht ganz so farbenprächtig und etwas heller. Die Art lebt in Gebüschen und an Waldrändern in Höhenlagen von rund 2000 bis 3000 Meter; zur Balz sammeln sich die Männchen angeblich in Balzarenen, sogenannten Leks, um die Aufmerksamkeit der Weibchen auf sich zu ziehen. Das Verbreitungsgebiet der Violettscheitel-Flaggensylphe ist sehr klein – sie bewohnt nur wenige Standorte in Nordperu. Der aktuelle Bestand ist schwer zu schätzen, doch die Population umfasst wahrscheinlich weniger als tausend Individuen. Die Hauptbedrohung ist offenbar Entwaldung; zudem gilt das winzige getrocknete Herz der Männchen bei den Einheimischen als Aphrodisiakum, sodass einige Vögel möglicherweise aus diesem Grund getötet werden.

Familie	Trochilidae
Größe	10–15 cm
Status	stark gefährdet (abnehmend)
Population	250–1000
Verbreitung	Nordperu (endemisch)
Habitat	Wald, Gebüsch
Bedrohungen	Entwaldung, Bejagung

BEDROHTE SEGLER UND KOLIBRIS *FORTSETZUNG*

FAMILIE		TRIVIALNAME	WISSENSCHAFTLICHER NAME	STATUS
TROCHILIDAE Kolibris	■	Aricaelfe	*Eulidia yarrellii*	EN
	■	Blauscheitelkolibri	*Eupherusa cyanophrys*	EN
	■	Weißschwanzkolibri	*Eupherusa poliocerca*	VU
	■	Bronzeschwanz-Schattenkolibri	*Glaucis dohrnii*	EN
	■	Blaue Sonnennymphe	*Heliangelus regalis*	EN
	■	Grünbrustnymphe	*Hylonympha macrocerca*	EN
	■	Blaubauchkolibri	*Lepidopyga lilliae*	CR
	■	Violettscheitel-Flaggensylphe	*Loddigesia mirabilis*	EN
	■	Kurzhaubenelfe	*Lophornis brachylophus*	CR
	■	Violettkehl-Glanzschwänzchen	*Metallura baroni*	EN
	■	Rotschwanz-Glanzschwänzchen	*Metallura iracunda*	EN
	■	Feuerkehlelfe	*Selasphorus ardens*	VU
	■	Juan-Fernandez-Kolibri	*Sephanoides fernandensis*	CR
	■	Graubauch-Sylphe	*Taphrolesbia griseiventris*	EN
	■	Mexikonymphe	*Thalurania ridgwayi*	VU

ROTE LISTE ■ ausgestorben ■ in freier Wildbahn ausgest. ■ vom Aussterben bedroht ■ stark gefährdet ■ gefährdet

TROGONE, EISVÖGEL, NASHORNVÖGEL, ERDRACKEN UND SÄGERACKEN

Die vierzig Arten der Trogone (Trogonidae) sind je nach Art in Mittel- und Südamerika, im tropischen Afrika und Indien sowie Südostasien heimisch. Diese mittelgroßen Waldvögel fressen häufig Früchte und einige Arten fressen auch Insekten, die sie im Flug erbeuten. Die meisten Arten sind bunt gefärbt und haben einen sehr breiten, kurzen Schnabel. Trogone haben kurze, schwache Beine; zwei Zehen ihrer Füße zeigen nach vorne, die beiden anderen nach hinten («Kletterfuß»). Zur Familie gehören mehrere bedrohte Arten; auf der Vorwarnliste stehen zum Beispiel Haarbüscheltrogon und Quetzal. Beim Quetzal erreichen die Schwanzfedern des Männchens im Brutkleid bis zu sechzig Zentimeter Länge; der Vogel war den Mayas und Azteken heilig und verkörperte die Gottheit Quetzalcoatl. Mehrere Arten stehen auf der Vorwarnliste, nur der Reinwardt-Trogon ist stark gefährdet.

Die Eisvögel (Alcedinidae) umfassen 95 Arten. Die meisten leben in Feuchtgebieten und ernähren sich vorwiegend von Fischen, manche leben jedoch auch in Wäldern und Buschland, wo sie Wirbellose oder kleine terrestrische Wirbeltiere, wie Eidechsen, erbeuten. Eisvögel haben einen großen Kopf mit einem großen, dolchartigen Schnabel, und viele Arten haben ein leuchtend buntes Gefieder. Zur Familie gehören auch die Jägerlieste mit fünf Arten in Australien. Zwölf Eisvogelarten gelten als bedroht, zwei davon, Tuamotoliest und Marquesasliest, sind vom Aussterben bedrohte Inselarten.

Hornvögel (Bucerotidae, auch Nashornvögel genannt) sind mittelgroße bis große Waldvögel mit einem langen, schweren Schnabel; dieser trägt oft einen aus Horn bestehenden, meistens hohlen Aufsatz, der vermutlich die Rufe des Vogels verstärkt. Bei einigen Arten ist dieser Aufsatz klein oder praktisch unsichtbar und dient nur zur Verstärkung des Schnabels, während bei anderen Arten möglicherweise andere Funktionen im Vordergrund stehen – so hat der Schildschnabel einen ungewöhnlich massiven Schnabel, der bei «Luftkämpfen» zwischen rivalisierenden Männchen als Rammbock dient. Die Hornvogelarten mit langem Schwanz und breiten Flügeln besitzen größtenteils ein auffälliges schwarz-weißes Gefieder. Sie sind in Afrika und Südasien, ostwärts bis Neuguinea, heimisch. Von den 55 Arten sind neun bedroht. Walden-Hornvogel und Sulu-Hornvogel, beide auf den Philippinen zuhause, sind vom Aussterben bedroht, dabei steht der Sulu-Hornvogel kurz vorm Aussterben. Die beiden Hornrabenarten (Bucorvidae) sind vorwiegend Bodenbewohner.

Zu den Erdracken (Brachypteraciidae) zählen fünf Arten, die mit den Racken (Coraciidae) verwandt sind und früher in diese Familie gestellt wurden. Diese mittelgroßen, recht krähenähnlichen Vögel sind eintöniger gefärbt als die Racken und auf Madagaskar endemisch.

Die Sägeracken oder Motmots (Momotidae) umfassen neun Arten, von denen eine, der Kielschnabel-Motmot, gefährdet ist. Sie leben in den Wäldern von Mittel- und Südamerika und haben ein buntes Gefieder, einen langen Schwanz und einen kräftigen Schnabel.

SILBERFISCHER
Alcedo argentata

Dieser kleine Eisvogel ist auf den Philippinen endemisch, wo er nur auf einigen wenigen Inseln im Zentrum und im Süden der Philippinen zu finden ist, und kommt dort nur auf Samar, Leyte, Bohol, Mindanao, Dinagat, Siargao und Basilan vor. Diese Art, die früher viel häufiger war; ist auf einen ganz bestimmten Habitattyp angewiesen – klare Bäche in Tieflandwäldern. Der scheue Silberfischer lässt sich jedoch nur schwer nachweisen und zählen, daher wird der Bestand möglicherweise unterschätzt. Das Gefieder ist auffällig: überwiegend blauschwarz und weiß, doch im Flug werden der silbrige Bürzel und Rücken sichtbar. Die kleinen Füße sind leuchtend rot. Durch die großflächige Entwaldung der Philippinen ist ein beträchtlicher Teil an geeigneten Habitaten zerstört worden, um Platz für Nutzpflanzen wie Bananen, Reis und Ölpalmen zu schaffen. Viele geeignete Flüsse führen inzwischen aufgrund der Erosion eine beträchtliche Schwebstofffracht mit sich, sodass der Silberfischer, der klares Wasser braucht, anscheinend abwandert. Er brütet in Uferhöhlen und ernährt sich vorwiegend von kleinen Fischen und wasserlebenden Wirbellosen.

Familie	Alcedinidae
Größe	14 cm
Status	gefährdet (abnehmend)
Population	2500–10 000
Verbreitung	Philippinen (endemisch)
Habitat	Fließgewässer in Tropenwäldern
Bedrohungen	Habitatverlust, Verschmutzung

WALDEN-HORNVOGEL
Aceros waldeni

Dieser mittelgroße, waldlebende Nashornvogel, der eine geringe Population und ein sehr kleines Verbreitungsgebiet aufweist, ist vom Aussterben bedroht. Das Gefieder ist vorwiegend schwarz. Beim Männchen sind Kopf, Hals und Oberbrust rotbraun, der Schnabel wie auch der große runzelige Hornaufsatz rot. Der Schwanz weist in der Mitte eine sehr breite weiße Schwanzbinde auf. Walden-Hornvögel waren einst auf den drei mittleren Inseln der Philippinen heimisch – Negros, Panay und Guimares –, haben wahrscheinlich aber nur auf Panay, vielleicht auch auf Negros, überlebt, vorwiegend in Schutzgebieten. Die Brutzeit liegt vermutlich im März; die Vögel legen drei Eier in eine Baumhöhle. Walden-Hornvögel ernähren sich überwiegend von Früchten, darunter auch Feigen. Im Jahr 2001 stand die Art bereits kurz vor dem Aussterben, doch dank sorgfältiger Schutzmaßnahmen, wie der Bewachung von Brutplätzen durch die Einwohner, steigen die Zahlen inzwischen wieder, zumindest auf Panay. Habitatverlust und Bejagung, aber auch der Fang für den Käfigvogelhandel bedrohen die Art jedoch weiterhin. Außerdem gibt es ein Nachzuchtprogramm in Gefangenschaft, durch Öffentlichkeitsarbeit soll die Notlage des Walden-Hornvogels einem breiteren Publikum bekannt werden.

Familie	Bucerotidae
Größe	60–65 cm
Status	vom Aussterben bedroht (abnehmend)
Population	1000–2500
Verbreitung	Philippinen (endemisch)
Habitat	Tropenwald
Bedrohungen	Entwaldung, Bejagung, Fang

SCHUPPEN-ERDRACKE

Brachypteracias squamiger

Alle fünf Arten in der Familie der Erdracken sind auf Madagaskar endemisch, und alle sind bedroht (drei gefährdet), darunter auch die Schuppen-Erdracke. Dieser drosselähnliche Vogel hat einen kräftigen Schnabel; den Namen verdankt die Art dem schuppig wirkenden Gefieder, vor allem am Kopf. Der stark gemusterte Vogel weist einen kupferbraunen Mantel, grünliche Flügel und unterseits schwarze halbmondförmige Markierungen auf; er sucht auf dem Waldboden nach Nahrung, vor allem nach Würmern, Schnecken, Hundertfüßern, Spinnen, Ameisen und Käfern. Sein Habitat ist der Tieflandregenwald in Ostmadagaskar; dabei werden ungestörte Waldflächen mit dunklem, gut ausgebildetem Unterholz und dicker Streuschicht bevorzugt. Schuppen-Erdracken brüten in Wäldern, und zwar in Gängen, die sie in Böschungen graben. Walddegradation, vorwiegend in Form von Brandrodung, ist die Hauptbedrohung. Zudem ist, besonders in der Küstenebene, ein Großteil des ursprünglichen Walds bereits gerodet worden. Auch Hunde aus benachbarten Dörfern machen Jagd auf die Schuppen-Erdracken.

Familie Brachypteraciidae
Größe 27–31 cm
Status gefährdet (abnehmend)
Population 2500–10 000
Verbreitung Madagaskar (endemisch)
Habitat Tieflandregenwald
Bedrohungen Habitatverlust und -degradation

BEDROHTE TROGONE, EISVÖGEL, NASHORNVÖGEL, ERDRACKEN UND SÄGERACKEN

FAMILIE	TRIVIALNAME	WISSENSCHAFTLICHER NAME	STATUS
TROGONIDAE Trogone	Reinwardt-Trogon	*Apalharpactes reinwardtii*	EN
ALCEDINIDAE Eisvögel	Bartliest	*Actenoides bougainvillei*	VU
	Mindanaoliest	*Actenoides hombroni*	VU
	Silberfischer	*Alcedo argentata*	VU
	Brustbandeisvogel	*Alcedo euryzona*	VU
	Bismarckfischer	*Alcedo websteri*	VU
	Goldfischer	*Ceyx melanurus*	VU
	Elliotliest	*Tanysiptera ellioti*	EN
	Molukkenliest	*Todiramphus funebris*	VU
	Tuamotuliest	*Todiramphus gambieri*	CR
	Marquesasliest	*Todiramphus godeffroyi*	CR
	Mangaialiest	*Todiramphus ruficollaris*	VU
	Rotnackenliest	*Todiramphus winchelli*	VU
BUCEROTIDAE Nashornvögel	Sumba-Hornvogel	*Aceros everetti*	VU
	Narcondam-Hornvogel	*Aceros narcondami*	EN
	Nepal-Hornvogel	*Aceros nipalensis*	VU
	Blyth-Hornvogel	*Aceros subruficollis*	VU
	Walden-Hornvogel	*Aceros waldeni*	CR
	Palawan-Hornvogel	*Anthracoceros marchei*	VU
	Sulu-Hornvogel	*Anthracoceros montani*	CR
	Mindoto-Tariktikhornvogel	*Penelopides mindorensis*	EN
	Visayan-Tariktikhornvogel	*Penelopides panini*	EN
BUCORVIDAE Hornraben	Kaffern-Hornrabe	*Bucorvus cafer*	VU
BRACHYPTERACIIDAE Erdracken	Binden-Erdracke	*Brachypteracias leptosomus*	VU
	Schuppen-Erdracke	*Brachypteracias squamiger*	VU
	Langschwanz-Erdracke	*Uratelornis chimaera*	VU
MOMOTIDAE Sägeracken	Kielschnabel-Motmot	*Electron carinatum*	VU

ROTE LISTE ■ ausgestorben ■ in freier Wildbahn ausgest. ■ vom Aussterben bedroht ■ stark gefährdet ■ gefährdet

Spechte, Tukane und Bartvögel sowie Glanzvögel

Es gibt 218 Spechtarten (Picidae), die nahezu weltweit verbreitet sind, vor allem in Wäldern und bewaldeten Habitaten. Ihre Größe variiert von den kleinen Zwergspechten bis zu den krähengroßen Echten Spechten. Sie haben einen kräftigen, geraden Meißelschnabel und einen Stützschwanz, der ihnen Halt gibt, wenn sie sich senkrecht an Ästen oder Stämmen festkrallen. Zygodaktyle Füße («Kletterfüße», zwei Zehen weisen nach vorn, zwei nach hinten) sind eine weitere Anpassung, die Spechten hilft, sich an vertikalen Oberflächen festzuhalten und sicher zu klettern. Viele Arten haben eine außerordentlich lange, manchmal mit Widerhaken versehene Zunge, mit deren Hilfe sie Beute aus tiefen Löchern oder aus Ameisennestern angeln können. Bei Nichtgebrauch wird die Zunge in eine besondere Kammer im Schädel zurückgezogen. Das Gefieder vieler Spechte ist auffällig, oft schwarz-weiß, gemustert. Von den elf bedrohten Spechtarten sind vier von Aussterben bedroht: Okinawa-, Caatinga-, Kaiser- und Elfenbeinspecht. Die beiden letztgenannten gehören zu den größten und schönsten Spechtarten überhaupt. Keine von beiden ist in den letzten Jahren mit Sicherheit nachgewiesen worden, und beide könnten inzwischen ausgestorben sein. Da Spechte auf Baumbestände als Lebensraum angewiesen sind, ist es nicht verwunderlich, dass sie in besonderem Maße unter Massenentwaldung leiden.

Die Familie der Tukane und Bartvögel (Ramphastidae) umfasst 122 Arten. Tukane sind mittelgroße Vögel, die in zentralamerikanischen und südamerikanischen Wäldern heimisch sind. Sie haben ein buntes Gefieder, und einige Arten besitzen einen großen Schnabel, der zwar schwer aussieht, aufgrund seiner Wabenstruktur aber tatsächlich recht leicht ist. Ihre Kost reicht von Früchten bis zu den Nestlingen anderer Vogelarten. Die Bartvögel (von einigen Autoren als eigene Familie von den Ramphastidae abgetrennt) sind mittelgroße, gedrungene und bunte Vögel, die nicht nur im tropischen Südamerika heimisch sind, sondern auch in Afrika, Indien und Südasien. Sie haben einen kegelförmigen, von Borsten umgebenen Schnabel und ernähren sich von Früchten und Insekten. Von den fünf bedrohten Arten sind zwei stark gefährdet: der Gelbbrauen-Arassari und der Weißmantel-Bartvogel.

Glanzvögel (Galbulidae) sind bunte Vögel mit langem, dünnem Schnabel, der ihnen beim Ergreifen von Fluginsekten nützlich ist. Diese Waldbewohner des tropischen Amerikas stellen in mancher Hinsicht ein Gegenstück zu den Bienenfressern der Alten Welt dar. Sie erinnern zwar im Erscheinungsbild an Bienenfresser und graben ebenfalls Bruthöhlen, doch ihre Nahrung besteht aus einem größeren Insektenspektrum als bei Bienenfressern. Zwei der 18 Glanzvogelarten sind als gefährdet gelistet.

In den letzten Jahren gab es viel Aufregung unter Ornithologen, denn mehreren Berichten zufolge sollte der Elfenbeinspecht auf dem US-amerikanischen Festland gesehen worden sein. Angebliche Beobachtungen wurden 2004 aus Arkansas gemeldet und 2005 publiziert, die darauf folgenden intensiven Suchaktionen erbrachten aber keine Bestätigung. Im Juni 2006 wurde eine Belohnung von 10 000 Dollar für Informationen ausgesetzt, die zu einer definitiven Wiederentdeckung führten. Im September 2006 meldete ein Ornithologenteam plausible Sichtungen aus Nordwest-Florida, doch anschließende Suchexpeditionen in dieser Region erbrachten ebenfalls keinen definitiven Beweis dafür, dass der Elfenbeinspecht noch existierte. Im Dezember 2008 setzte dann das Cornell Laboratory of Ornithology eine Belohnung von 50 000 Dollar aus und versprach sie «der Person, der es gelingt, einen am Projekt beteiligten Ornithologen zu einem lebenden Elfenbeinspecht zu führen».

Trotz einiger überzeugender Hinweise sowie einer Handvoll Falschmeldungen ist die Wiederentdeckung des Elfenbeinspechts in Ermangelung überzeugender Beweise wie eindeutiger Videoaufnahmen, Fotos oder DNA-Proben wahrscheinlich nur Wunschdenken. Dennoch hat die Suche den Naturschutz genützt und dazu geführt, dass die Habitate des Elfenbeinspechts unter Schutz gestellt wurden. Zum jetzigen Zeitpunkt müssen wir bis zum Beweis des Gegenteils jedoch davon ausgehen, dass der imposante Elfenbeinspecht ausgestorben sein könnte – wie gesagt, der Fall bleibt bis zur möglichen Wiederentdeckung des Vogels offen.

ELFENBEINSPECHT

Campephilus principalis

Dieser schwer zu fassende, faszinierende Specht steht entweder kurz vor dem Aussterben oder ist bereits ausgestorben. Das Gefieder dieses großen Vogels ist überwiegend schwarz-weiß; das Männchen hat eine auffällige rote Haube. Die Art kam früher im Südosten der USA und auch auf Kuba vor; falls sie in einem der beiden Länder überlebt haben sollte, ist ihr Bestand sicherlich äußerst gering und ihre Zukunft unsicher. Der Elfenbeinspecht wurde in den USA zuletzt 1944 in Nordost-Louisiana bestätigt, die letzten gesicherten Beobachtungen für Kuba stammen aus den späten 1980er-Jahren. Im Jahr 2004 wurde er (angeblich) jedoch im Osten von Arkansas und zwischen 2004 und 2007 auch in Florida gesichtet, aber keine dieser zwar durchaus vorstellbaren Beobachtungen konnte bestätigt werden. Im Dezember 2009 wurde der Elfenbeinspecht angeblich im Gebiet des Sabine River in Texas oder Louisiana beobachtet, zum Zeitpunkt der Drucklegung dieses Buches konnten diese Behauptungen noch nicht verifiziert werden. Für die Wiederentdeckung wurde ein Preisgeld von 50 000 Dollar ausgesetzt, was natürlich auch zu Falschmeldungen führen kann. In Kuba könnte die Art in der Sierra Maestra im Südosten der Insel überlebt haben, obwohl auch hier die Anzeichen dagegen sprechen.

Familie	Picidae
Größe	48–53 cm
Status	vom Aussterben bedroht
Population	weniger als 50
Verbreitung	USA und Kuba
Habitat	Wälder
Bedrohungen	Entwaldung und Walddegradation

ARABERSPECHT
Dendrocopos dorae

Dieser kleine, auf der arabischen Halbinsel endemische Specht kommt lokal in Waldgebieten vor, ein Lebensraum, der in dieser ariden Region an sich schon selten ist. Da die Wälder über Jahrtausende abgeholzt und degradiert wurden, vor allem durch Beweidung und Ackerbau, sind nur Restbestände an geeigneten Habitaten übrig geblieben. Zum Glück ist die Art, was den Waldtyp angeht, nicht sehr wählerisch und findet sich in Hainen aus Dattelpalmen *(Phoenix dactylifera)*, Feigen- *(Ficus)* und Schraubenbäumen *(Pandanus)*, aber auch in Kaffeeplantagen, Obstgehölzen oder auf Terrassenfeldern mit gemischtem Baumbestand. Die Hauptbedrohungen sind früher wie heute Holzeinschlag und Rodungen; vor allem, wenn größere, potenzielle Nistbäume gefällt werden, ist der Bestand gefährdet. Die Beweidung durch Nutzvieh verhindert die Regeneration der Waldgebiete. Der Araberspecht kommt in Schutzgebieten vor, insbesondere im Asir Nationalpark und im Raydah Reservat in Saudi-Arabien. Zudem gibt es etliche private Reservate mit Waldresten, doch diese sind nicht immer gut geschützt.

Familie Picidae
Größe 18 cm
Status gefährdet (abnehmend)
Population 2500–10 000
Verbreitung Saudi-Arabien und Jemen
Habitat Waldgebiete
Bedrohungen Habitatdegradation und Rodung der Baumbestände

WEISSMANTEL-BARTVOGEL
Capito hypoleucus

Dieser überwiegend blauschwarz und cremeweiß gefärbte Waldvogel mit kräftigem Schnabel, rotem Scheitel und weißem Mantel hat ein sehr kleines und extrem zerstückeltes Verbreitungsgebiet. Die in Kolumbien endemische Art lebt in Bergregenwäldern an der Nordspitze der Zentralanden und in einigen benachbarten Gebieten sowie am Osthang der Zentralanden und am Westhang der Ostanden. An den wenigen Standorten der Art ist sie unter Umständen häufig oder sogar sehr häufig, aber man nimmt an, dass die Population insgesamt zurückgeht. Obgleich der Weißmantel-Bartvogel Primärwälder bevorzugt, findet man ihn auch in Sekundärwäldern und Plantagen. Er ernährt sich vorwiegend von Früchten, Sämereien und Insekten. Die nördlichen Anden sind seit dem 19. Jahrhundert kontinuierlich entwaldet worden; viele der Hänge sind für den Nutzpflanzenanbau, ferner für Bergbau und Siedlungen gerodet worden. Im Serrania de los Yariguies Nationalpark hat der Weißmantel-Bartvogel noch einen Verbreitungsschwerpunkt.

Familie Ramphastidae
Größe 19 cm
Status stark gefährdet (abnehmend)
Population 2500–10 000
Verbreitung Kolumbien (endemisch)
Habitat Bergregenwälder
Bedrohungen Entwaldung, Bergbau

BEDROHTE SPECHTE, TUKANE UND BARTVÖGEL SOWIE GLANZVÖGEL

FAMILIE		TRIVIALNAME	WISSENSCHAFTLICHER NAME	STATUS
PICIDAE Spechte	■	Kaiserspecht	*Campephilus imperialis*	CR
	■	Elfenbeinspecht	*Campephilus principalis*	CR
	■	Caatinga-Specht	*Celeus obrieni*	CR
	■	Kuba-Specht	*Colaptes fernandinae*	VU
	■	Araberspecht	*Dendrocopos dorae*	VU
	■	Okinawa-Specht	*Dendrocopos noguchii*	CR
	■	«Sulu-Specht»	*Dendrocopos ramsayi*	VU
	■	Wellenohrspecht	*Dryocopus galeatus*	VU
	■	Puderspecht	*Mulleripicus pulverulentus*	VU
	■	Kokardenspecht	*Picoides borealis*	VU
	■	Perlenbrust-Zwergspecht	*Picumnus steindachneri*	VU
RAMPHASTIDAE Tukane und Bartvögel	■	Gelbbrauen-Arassari	*Aulacorhynchus huallagae*	EN
	■	Weißmantel-Bartvogel	*Capito hypoleucus*	EN
	■	Fünffarben-Bartvogel	*Capito quinticolor*	VU
	■	Loreto-Bartvogel	*Capito wallacei*	VU
	■	Feigenbartvogel	*Lybius chaplini*	VU
GALBULIDAE Glanzvögel	■	Kupferglanzvogel	*Galbula pastazae*	VU
	■	Dreizehen-Glanzvogel	*Jacamaralcyon tridactyla*	VU

ROTE LISTE ■ ausgestorben ■ in freier Wildbahn ausgest. ■ vom Aussterben bedroht ■ stark gefährdet ■ gefährdet

Breitrachen, Dickicht- und Töpfervögel

Im zweiten Teil der «Vogelporträts» wird die Ordnung der Sperlingsvögel (Passeriformes) mit ihren Familien vorgestellt. Die ab Seite 188 aufgeführten Familien (also von den Schwalben an) gehören dabei zur Unterordnung der Singvögel (Passeri oder Oscines).

Von den 15 Arten der Breitrachen (Eurylaimidae) sind drei als gefährdet klassifiziert. Breitrachen kommen sowohl in Afrika als auch in der Himalajaregion und in Südostasien vor. Es sind stämmige Vögel mit breitem, flachem Schnabel; mehrere Arten besitzen lebhaft gefärbtes Gefieder. Sie ernährend sich opportunistisch von einem breiten Spektrum von Wirbellosen und kleinen Wirbeltieren; eine Ausnahme bilden lediglich drei *Calyptomena*-Arten, die vorwiegend Früchtefresser sind.

Die Familie der Dickichtvögel (Atrichornithidae) umfasst nur zwei Arten, die beide gefährdet sind. Diese beiden australischen Endemiten sind klein, braun und langschwänzig; da sie sich vorwiegend am Boden aufhalten und sehr scheu und heimlich sind, lassen sie sich im Allgemeinen nur schwer beobachten. Möglicherweise sind sie mit den phylogenetisch älteren Leierschwänzen und Laubenvögeln verwandt.

Die Töpfervögel (Furnariidae) sind eine große und formenreiche Familie aus Süd- und Zentralamerika, die 238 Arten umfasst, davon sind 26 bedroht. Vom Aussterben bedroht sind Insel-Stachelschwanzschlüpfer, Weißkehl-Uferwipper, Weißbauch-Uferwipper und Alagoas-Blattspäher. Die Vögel sind mittelgroß und meist unauffällig gefärbt; viele von ihnen suchen am Boden nach Nahrung. Die (eigentlichen) Töpfervögel der Gattung *Furnarius* bauen außerordentlich haltbare Lehmnester mit kuppelförmigem Dach, daher der Name der Familie. Diese Nester werden kunstvoll aus Pflanzenfasern und Lehm errichtet, wobei an der Seite ein Eingang zur Brutkammer offen bleibt. Zu den bekannteren Gattungen dieser Familie zählen ferner *Asthenes*, *Cinclodes*, *Cranioleuca*, *Geositta*, *Philydor*, *Synallaxis* und *Upucerthia*, deren Trivialnamen in der Regel typische Körpermerkmale oder Verhalten widerspiegeln. Die verschiedenen Töpfervogeltypen haben im Lauf ihrer Evolution ein breites Spektrum von ökologischen Nischen besiedelt. Erdhacker *(Upucerthia)* verhalten sich ähnlich wie Lerchen (Alaudidae), während *Cinclodes*-Arten an Wasseramseln (Gattung *Cinclus*) erinnern und stets in Wassernähe zu finden sind. Die Cachaloten *(Pseudoseisura)* bauen aus Dornenzweigen riesige Nester mit einem Durchmesser von bis zu 1,5 Meter.

ROSTBAUCH-DICKICHTVOGEL
Atrichornis rufescens

Der Rostbauch-Dickichtvogel lebt in australischen Eukalyptus- oder Regenwäldern in Queensland und New South Wales. Ideal ist ein Lebensraum mit dichtem Unterwuchs, dicker Streuschicht und hoher Feuchtigkeit. Der eng verwandte Braunbauch-Dickichtvogel *(A. clamosus)* kommt nur in Südwestaustralien vor; zwischen den Verbreitungsgebieten beider Arten liegt also eine große Distanz. Das spricht dafür, dass die Dickichtvögel früher viel weiter verbreitet waren und getrennt wurden, als das Klima in Australien trockener (arider) wurde. Dieser kleine Vogel ist überwiegend braun gefärbt; Flügelbug, Rücken und Schwanz sind rotbraun und schwarz gebändert. Das Brustgefieder ist heller und braun und beige gesprenkelt. Kehle und Kinn sind weißlich, während Augen und Schnabel dunkel gefärbt sind. Wenn der Vogel aufgeschreckt wird, «stelzt» er den Schwanz wie ein Zaunkönig. Das bevorzugte Habitat des Rostbauch-Dickichtvogels weist eine feuchte Laubstreu und eine rund ein Meter hohe Bodenvegetation auf. Er sucht gern auf natürlichen Lichtungen nach Nahrung, also an Stellen mit offenem Kronendach, wo gelegentlich Bäume umgestürzt sind oder gefällt wurden. Die tatsächliche Größe der Population ist unbekannt. Schätzungen variieren zwischen 730 und 12 000 Paaren; doch seit im 19. Jahrhundert große Landstriche gerodet wurden, ist ein Rückgang festzustellen. Wie Beobachtungen zeigen, siedeln die südlichen Populationen in geeignete Habitate in größere Höhenlagen um; möglicherweise ist dies eine Reaktion auf den Klimawandel. Die bestehenden Lebensräume sind von Holzeinschlag und Buschfeuern bedroht, doch es ist geplant, ein Feuermanagement zu etablieren und weiteres Abholzen zu verbieten.

Familie	Atrichornithidae
Größe	16–18 cm
Status	gefährdet (abnehmend)
Population	10 000–20 000
Verbreitung	Australien (endemisch)
Habitat	Regenwälder und feuchte Eukalyptuswälder
Bedrohungen	Holzeinschlag, Feuer

LA-PAZ-BAUMSCHLÜPFER
Cranioleuca henricae

Der erst 1993 entdeckte La-Paz-Baumschlüpfer hat einen rotbraunen Scheitel und einen weißlichen Überaugenstreif, die langen Schwanzfedern mit stachelartiger Spitze sind rotbraun, Mantel, Nacken und Bürzel hingegen olivbraun. Gesicht, Kinn und Unterseite sind grau, Steiß und Flanken olivgrün, Beine und Füße olivgelb. Die wichtigsten Habitate der Art befinden sich in 1800 bis 3000 Meter Meereshöhe in Westbolivien, und zwar in Trockentälern an den Osthängen der Anden, im Regenschatten des Gebirges. Hier lebt der Baumschlüpfer im unteren Stockwerk von saisongrünen Wäldern, wo er vermutlich in epiphytischen Tillandsien nistet. Diese Epiphyten (Aufsitzerpflanzen) finden sich nur an feuchten Stellen, in der Regel in der Nähe von Bächen und wachsen vor allem auf den Ästen großer Bäume, – je älter die Bäume, desto üppiger der Tillandsienbewuchs. Vermutlich können La-Paz-Baumschlüpfer selbst dort überleben, wo der Waldboden abgeweidet wird, solange der alte Baumbestand mit seinem Tillandsienbewuchs erhalten bleibt. Dieser Lebensraum ist durch Eukalyptuspflanzungen bedroht, die den Wasserhaushalt des Bodens stark beeinflussen, denn sie verringern die allgemeine Feuchtigkeit und führen zu Problemen wie Erdrutschen und Bodenerosion. Andere Flächen sind von Ziegen überweidet und zusätzlich durch Brennholzsammeln, Holzeinschlag und Brände degradiert worden. All dies verringert die Regenerationsfähigkeit der Wälder. Durch den Ausbau des Straßennetzes sind Waldgebiete außerdem leichter für die lokale Bevölkerung zugänglich, die Holz zur Holzkohleherstellung sammelt.

Familie	Furnariidae
Größe	14,5 cm
Status	stark gefährdet (abnehmend)
Population	1000–2500
Verbreitung	Bolivien (endemisch)
Habitat	Wald
Bedrohungen	Entwaldung, Beweidung

BLAUKEHL-BREITRACHEN
Pseudocalyptomena graueri

Bei diesem kleinen, rundlichen, überwiegend grasgrünen Vogel sind Brust, Kehle und Bürzel blau. Die Stirn ist beigefarben mit feinen schwarzen Streifen und einem schmalen schwarzen Augenstreif. Dieser Breitrachen bevorzugt die oberen Stockwerke im Primärwald, 7 bis 25 Meter über dem Boden. Dort ernährt er sich von Schnecken, kleinen Wirbellosen wie Käfern und verschiedenen Insektenlarven, Samen, Knospen und Blüten. Die Vögel suchen ihre Nahrung gewöhnlich allein oder in kleinen Trupps. Zittern und Federplustern sind typische Elemente des Balzverhaltens. Blaukehl-Breitrachen leben gewöhnlich einzeln oder paarweise, bilden aber gelegentlich kleine gemischte Trupps mit anderen Vogelarten. Die Art wurde 1908 entdeckt, blieb dann aber rund zwanzig Jahre verschwunden. Man kennt sie nur von drei Standorten in zwei afrikanischen Ländern: dem Bwindi Impenetrable Forest (Uganda) sowie dem Mount Kahuzi und dem Itombwe-Massiv (beide Demokratische Republik Kongo). Alle drei Standorte sind durch Erzabbau, Landwirtschaft und Jagd gefährdet. Politische Probleme und Konflikte in diesen Regionen haben diesen Druck verstärkt, denn Ströme von Flüchtlingen, die sich aus Burundi und Ruanda in die Demokratische Republik Kongo retteten, haben ihre Lager nicht weit vom Berghabitat des Blaukehl-Breitrachens aufgeschlagen. In jüngerer Zeit haben Ernteausfälle in Uganda zu Hungersnöten geführt, die ihrerseits zusätzlichen Druck auf den Wald ausüben, da die Einheimischen neue Flächen roden, um Nahrungsmittel anzubauen.

Familie	Eurylaimidae
Größe	10 cm
Status	gefährdet (abnehmend)
Population	2500–10 000
Verbreitung	Demokratische Republik Kongo, Uganda
Habitat	Regenwald
Bedrohungen	Entwaldung und Degradation

INSEL-STACHELSCHWANZSCHLÜPFER
Aphrastura masafuerae

Wie für die Familie typisch, hat der Insel-Stachelschwanzschlüpfer einen recht schlanken Körper und Schnabel. Seine Gefiederfärbung ist eine Mischung aus grauen, braunen und gelblichen Tönen; die Flügel sind schwarz mit zimtfarbener Binde. Der Schwanz ist ebenfalls dunkel mit einem rotbraunen Fleck und stachelartigen Schwanzspitzen. Die Art ist auf einer kleinen Insel, Alejandro Selkirk (Más Afuera) endemisch, die zur Gruppe der chilenischen Juan-Fernández-Inseln gehört, und lebt in Wäldern in 800 bis 1300 Meter Höhenlage, die von großen, bis zu fünf Meter hohen Baumfarnen *(Dicksonia externa)* dominiert werden. Der Insel-Stachelschwanzschlüpfer brütet in Felsspalten neben den Bachläufen dieser Hochlandwälder und ernährt sich von Insekten, die er vorwiegend von den Baumfarnen absammelt. Dieser isolierte, von Baumfarnen beherrschte Lebensraum ist durch Zerstörung bedroht. Die Farne und der Baumbestand leiden unter Waldbränden, Holzeinschlag und Zertrampeln durch freilaufende Ziegen. Zu den eingeschleppten Fressfeinden zählen Hausmäuse und Ratten, die brütende Vögel attackieren, während Hauskatzen Küken und Altvögel erbeuten. Ein weiterer Fressfeind ist der Rotrückenbussard *(Buteo polyosoma)*, dessen Zahl sich zum Teil deshalb erhöht hat, weil er von den eingeschleppten Nagern profitiert.

Familie	Furnariidae
Größe	16 cm
Status	vom Aussterben bedroht (abnehmend)
Population	250–1000
Verbreitung	Chile (endemisch)
Habitat	Wald
Bedrohungen	eingeschleppte Fressfeinde, Feuer

BEDROHTE BREITRACHEN, DICKICHTVÖGEL UND TÖPFERVÖGEL

FAMILIE		TRIVIALNAME	WISSENSCHAFTLICHER NAME	STATUS
EURYLAIMIDAE Breitrachen	■	Graurücken-Breitrachen	*Eurylaimus steerii*	VU
	■	Blaukehl-Breitrachen	*Pseudocalyptomena graueri*	VU
ATRICHORNITHIDAE Dickichtvögel	■	Braunbauch-Dickichtvogel	*Atrichornis clamosus*	VU
	■	Rostbauch-Dickichtvogel	*Atrichornis rufescens*	VU
FURNARIIDAE Ofenvögel	■	Plantagenschlüpfer	*Acrobatornis fonsecai*	VU
	■	Insel-Stachelschwanzschlüpfer	*Aphrastura masafuerae*	CR
	■	Minas-Gerais-Canastero	*Asthenes luizae*	VU
	■	Weißkehl-Uferwipper	*Cinclodes aricomae*	CR
	■	Weißbauch-Uferwipper	*Cinclodes palliatus*	CR
	■	Campos-Erdhacker	*Geositta poeciloptera*	VU
	■	Westliche Rötelbaumspäher	*Hylocryptus erythrocephalus*	VU
	■	Graubauch-Meisenschlüpfer	*Leptasthenura xenothorax*	EN
	■	Graunacken-Bündelnister	*Phacellodomus dorsalis*	VU
	■	Alagoas-Blattspäher	*Philydor novaesi*	CR
	■	Östlicher Fleckenstachelschwanz	*Premnoplex tatei*	VU
	■	La-Paz-Baumschlüpfer	*Cranioleaca henricae*	EN

ROTE LISTE ■ ausgestorben ■ in freier Wildbahn ausgest. ■ vom Aussterben bedroht ■ stark gefährdet ■ gefährdet

BREITRACHEN, DICKICHTVÖGEL UND TÖPFERVÖGEL *FORTSETZUNG*				
FAMILIE		TRIVIALNAME	WISSENSCHAFTLICHER NAME	STATUS
FURNARIIDAE Töpfervögel	■	Perija-Distelschwanz	*Schizoeaca perijana*	EN
	■	Weißbrust-Dickichtschlüpfer	*Siptornopsis hypochondriaca*	VU
	■	Langschwanz-Dickichtschlüpfer	*Synallaxis courseni*	VU
	■	Rotkopf-Dickichtschlüpfer	*Synallaxis fuscorufa*	VU
	■	Dunkelbauch-Dickichtschlüpfer	*Synallaxis infuscata*	EN
	■	Grauwangen-Dickichtschlüpfer	*Synallaxis kollari*	EN
	■	Maranon-Dickichtschlüpfer	*Synallaxis maranonica*	VU
	■	Schwarzgesicht-Dickichtschlüpfer	*Synallaxis tithys*	EN
	■	Bahia-Dickichtschlüpfer	*Synallaxis whitneyi*	VU
	■	Rostbauch-Dickichtschlüpfer	*Synallaxis zimmeri*	EN
	■	Rosthals-Baumspäher	*Syndactyla ruficollis*	VU
	■	Graustirncanastero	*Thripophaga berlepschi*	VU
	■	Strichelkehlcanastero	*Thripophaga cherriei*	VU
	■	Zimtschwanzcanastero	*Thripophaga macroura*	VU

ROTE LISTE ■ ausgestorben ■ in freier Wildbahn ausgest. ■ vom Aussterben bedroht ■ stark gefährdet ■ gefährdet

AMEISENVÖGEL

Die Ameisenvögel (Thamnophilidae) sind eine formenreiche Familie mit 215 Arten, die in Zentral- und Südamerika vorwiegend in Waldhabitaten heimisch sind. Sie sind mit den Ameisenpittas und Ameisendrosseln (Formicariidae) verwandt. Die meisten Arten sind recht klein, mit gerundeten Flügeln und kräftigen Beinen. Ein Schlüsselmerkmal ist die Anatomie ihrer Vorderzehen, die an der Basis miteinander verbunden sind. Die meisten Arten verbringen viel Zeit auf dem Boden, wo sie hauptsächlich nach wirbelloser Beute suchen. Die Angewohnheit mancher Arten dieser Familie, Ameisenschwärmen zu folgen, hat wahrscheinlich zu ihrem umgangssprachlichen Namen geführt. Einige Ameisenvogelarten decken die Hälfte ihres Nahrungsbedarfs auf diese Weise und machen zudem reiche Beute unter denjenigen Wirbellosen, die von den durchs Unterholz marschierenden Wanderameisen aufgescheucht werden. Einige Arten erbeuten gelegentlich auch kleine Wirbeltiere, manche schließen sich bei der Nahrungssuche gemischten Vogeltrupps an, und andere gehen weiter oben im Kronendach auf Jagd. Ameisenvögel legen gewöhnlich zwei Eier. Um das Bebrüten der Eier und die Aufzucht der Jungen bis zum Flüggewerden kümmern sich beide Eltern gemeinsam; danach konzentriert sich jeder Elternteil auf die Fütterung eines einzigen Jungvogels.

Zu der Familie zählen Ameisenfänger, Ameisenvögel, Ameisenwürger, Bodenameisenwürger, Feueraugen und Würgerlinge. Bei einigen Arten unterscheidet sich das Gefieder von Männchen und Weibchen deutlich (Geschlechtsdimorphismus). Habitatverlust ist das Hauptproblem von Ameisenvögeln, und 24 Arten gelten inzwischen als bedroht, neun davon sind stark gefährdet und drei (Restinga-Ameisenfänger, Rio-de-Janeiro-Ameisenschlüpfer und Salvadori-Ameisenschlüpfer) vom Aussterben bedroht.

SCHWARZKOPF-AMEISENFÄNGER

Formicivora erythronotos

Das Männchen dieses kleinen Ameisenfängers ist vorwiegend schiefergrau mit weißen Flanken, die unter schwarzen Flügeln mit drei weißen Bändern verborgen liegen. Der Rücken ist kastanienbraun. Die Weibchen sehen ebenso aus, abgesehen davon, dass die schwarzen Federn durch olivfarbene ersetzt sind und die Unterseite cremiger weiß ist. Lange galt diese in Brasilien endemische Art als ausgestorben, doch 1987 wurde sie in einem schmalen Küstenstreifen im Süden des Bundesstaates Rio de Janeiro wiederentdeckt. Dieser Ameisenfänger lebt vorwiegend in sumpfigen Sekundärwäldern mit reichem Unterwuchs, der vorwiegend aus Pionierpflanzenarten wie Gräsern, Mangroven, *Lantana camara* sowie *Cercopia-*, *Morus-*, *Rubus-* und *Vernonia*-Arten besteht. Die Art wurde auch schon auf verlassenen Bananenplantagen beobachtet. Sie scheint jedoch sehr empfindlich auf menschliche Aktivitäten zu reagieren, darunter Landnutzung zu Weidezwecken, für Plantagen und für den Tourismus. Solche Maßnahmen machen das Habitat für die Art ungeeignet und sind verantwortlich für ihren Rückgang. Laut zukünftigen Landnutzungsplänen sollen die schwindenden Ressourcen und Habitate dieser stark gefährdeten Art nachhaltig geschützt werden.

Familie	Thamnophilidae
Größe	11,5 cm
Status	stark gefährdet (abnehmend)
Population	1000–2500
Verbreitung	Brasilien (endemisch)
Habitat	sumpfige Küstenwälder und Dickichte
Bedrohungen	Habitatverlust

FLECKENMANTEL-FEUERAUGE
Pyriglena atra

Das Männchen dieser Art ist schwarz mit einem großen weißen unregelmäßigen Rückenfleck und feuerroten Augen. Die Weibchen haben einen schwarzen Schwanz, sind oberseits aber kastanienbraun, unterseits gelbbraun und haben graue Schulterfedern. Die Art kommt in dem schmalen Streifen des Atlantischen Regenwalds in Ostbrasilien vor, jedoch nur auf kleinen Arealen. Offenbar bevorzugt sie Flächen mit niedrigen Bäumen und wählt als Ansitz gern waagerechte Äste in Bodennähe auf Waldlichtungen. Fleckenmantel-Feueraugen folgen häufig Schwärmen von Wanderameisen, die durch den Unterwuchs marschieren; dabei erbeuten die Vögel vorwiegend Wirbellose, die von den aggressiven Ameisen aufgescheucht werden. Manchmal gehen Fleckenmantel-Feueraugen in kleinen Trupps auf Nahrungssuche. Die Hauptbrutsaison liegt offenbar zwischen Oktober und März. Die größte Bedrohung resultiert vermutlich aus dem Habitatverlust; die Folge sind kleine, isolierte und entsprechend verwundbare Populationen. Da die Vögel jedoch auch Sekundärwälder als Lebensraum akzeptieren, haben sie einige zusätzliche Habitatoptionen im Vergleich zu anderen Arten; allerdings nehmen auch diese suboptimalen Lebensräume immer weiter ab.

Familie	Thamnophilidae
Größe	17,5 cm
Status	stark gefährdet (abnehmend)
Population	1000–2500
Verbreitung	Brasilien (endemisch)
Habitat	Tieflandwald
Bedrohungen	Habitatverlust

WEISSBART-AMEISENWÜRGER
Biatas nigropectus

Kappe, untere Kehlpartie und Brust des Männchens sind schwarz; die weißen Ohrendecken gehen in ein beigefarbenes Halsband über. Der Vogel ist ansonsten überwiegend braun, mit rotbraunen Flügeln und olivbrauner Unterseite. Das Weibchen hat eine rotbraune Kappe. Diese Art weist ein breites Nahrungsspektrum auf, das Ameisen, Samen, Insektenlarven und Spinnen umfasst. Das Verbreitungsgebiet des Weißbart-Ameisenwürgers ist ziemlich stark fragmentiert und klein; es beschränkt sich auf den Nordosten von Argentinien und den Südosten von Brasilien. Die brasilianischen Populationen leben in Primärwaldrestbeständen in 1200 Meter Meereshöhe; sie bevorzugen offene Flächen mit hohen Dickicht-Randzonen. Die Art ist eng an bestimmte Bambusarten gebunden – vor allem an *Guadua trinii* in Argentinien. Dieser Bambus blüht und fruchtet mehr oder weniger synchron in einem 30-Jahres-Zyklus, danach stirbt er ab. Da die Bambushaine zudem meist klein und isoliert sind, stellen diese Zyklen für die argentinischen Populationen eine ernste Bedrohung dar. In Brasilien sind große Waldgebiete durch Ackerland, Erzabbau sowie Kaffee-, Bananen- und Gummiplantagen verdrängt worden. Die Wälder müssen zudem Siedlungen und Straßenbauprojekten weichen.

Familie	Thamnophilidae
Größe	18 cm
Status	gefährdet (abnehmend)
Population	2500–10 000
Verbreitung	Argentinien, Brasilien
Habitat	bambusreiche Wälder, Bambusdickichte
Bedrohungen	Entwaldung, Bambussterben

BEDROHTE AMEISENVÖGEL

FAMILIE		TRIVIALNAME	WISSENSCHAFTLICHER NAME	STATUS
THAMNOPHILIDAE Ameisenvögel	■	Weißbart-Ameisenwürger	*Biatas nigropectus*	VU
	■	Bananal-Ameisenfänger	*Cercomacra ferdinandi*	VU
	■	Grauer Bodenameisenwürger	*Clytoctantes alixii*	EN
	■	Mato-Grosso-Bodenameisenwürger	*Clytoctantes atrogularis*	VU
	■	Schiefergrauer Würgerling	*Dysithamnus occidentalis*	VU
	■	Nördlicher Schwarzbrustwürgerling	*Dysithamnus plumbeus*	VU
	■	Schwarzkopf-Ameisenfänger	*Formicivora erythronotos*	EN
	■	Restinga-Ameisenfänger	*Formicivora littoralis*	CR
	■	Graukehl-Ameisenfänger	*Herpsilochmus parkeri*	EN
	■	Brustband-Ameisenfänger	*Herpsilochmus pectoralis*	VU
	■	Weißbrauen-Ameisenfänger	*Herpsilochmus pileatus*	VU
	■	Graukopf-Ameisenvogel	*Myrmeciza griseiceps*	VU
	■	Nördlicher Schuppenameisenvogel	*Myrmeciza ruficauda*	EN
	■	Rio-de-Janeiro-Ameisenschlüpfer	*Myrmotherula fluminensis*	CR
	■	Salvadori-Ameisenschlüpfer	*Myrmotherula minor*	VU
	■	Nördlicher Einfarbameisenschlüpfer	*Myrmotherula snowi*	CR
	■	Schwarzbinden-Ameisenschlüpfer	*Myrmotherula urosticta*	VU

ROTE LISTE ■ ausgestorben ■ in freier Wildbahn ausgest. ■ vom Aussterben bedroht ■ stark gefährdet ■ gefährdet

BEDROHTE AMEISENVÖGEL *FORTSETZUNG*

FAMILIE	TRIVIALNAME	WISSENSCHAFTLICHER NAME	STATUS
THAMNOPHILIDAE Ameisenvögel	Einfarb-Ameisenvogel	*Percnostola arenarum*	VU
	Fleckenmantel-Feuerauge	*Pyriglena atra*	EN
	Graues Feuerauge	*Rhopornis ardesiacus*	EN
	Schilfrohr-Ameisenfänger	*Stymphalornis acutirostris*	EN
	Gelbbürzel-Ameisenfänger	*Terenura sharpei*	EN
	Schwarzrücken-Ameisenfänger	*Terenura sicki*	EN
	Stickelrücken-Ameisenwürger	*Xenornis setifrons*	VU

ROTE LISTE ■ ausgestorben ■ in freier Wildbahn ausgest. ■ vom Aussterben bedroht ■ stark gefährdet ■ gefährdet

AMEISENPITTAS, PITTAS, BAUMSTEIGER, MAORISCHLÜPFER UND JALAS

Ameisenpittas (Formicariidae) sind eng mit Ameisenvögeln verwandt und ebenfalls in Zentral- und Südamerika heimisch. Es gibt 63 Arten, und die Familie Formicariidae enthält zudem die Ameisendrosseln. Die Vögel haben eine aufrechte Haltung, einen kurzen Schwanz, lange, kräftige Beine und sind meistenteils recht unauffällig gefärbt. In der Regel suchen sie in der Streuschicht tropischer Wälder nach Wirbellosen, wobei viele Arten, wie der Name schon sagt, auf Ameisen spezialisiert sind. Wie die Ameisenvögel sind die Ameisenpittas vor allem durch die Zerstörung oder Degradation ihrer Waldhabitate bedroht. Drei der zwölf bedrohten Arten sind stark gefährdet, eine, die Tachira-Ameisenpitta, ist vom Aussterben bedroht.

Die Pittas (Pittidae) bilden eine Familie mit 31 Arten, die von Afrika sowie Süd- und Ostasien bis Neuguinea und Australien vorwiegend in Waldlandhabitaten vorkommen. In ihrem Körperbau erinnern Pittas an Drosseln, doch sie haben lange Beine, einen kurzen Schwanz und in der Regel ein leuchtend buntes Gefieder. Neun Arten sind bedroht, eine davon, die Goldbrustpitta, ist stark gefährdet.

Die 52 Baumsteiger-Arten (Dendrocolaptidae) sind in Zentral- und Südamerika heimisch; zu ihnen zählt eine bedrohte Art, der gefährdete Piaui- oder Bart-Baumsteiger im Nordosten von Brasilien.

Die für Neuseeland endemischen Maorischlüpfer (Acanthisittidae) umfassen nur zwei heute lebende Arten: Grünschlüpfer und Felsschlüpfer (gefährdet); der Felsschlüpfer leidet unter Verfolgung durch eingeschleppte Säuger, vor allem Hausmaus und Hermelin. Der Grünschlüpfer gehört zu den kleinsten neuseeländischen Vögeln und sucht ähnlich wie Baumläufer die Rinde von Bäumen nach Nahrung ab. Beide Arten sind schlechte Flieger, und man nimmt an, dass sie sich aus einer phylogenetisch älteren Linie flugunfähiger Vögel entwickelt haben.

Die Jalas oder Lappenpittas (Philepittidae), die auf Madagaskar endemisch sind, umfassen vier Arten, von denen eine, der Kurzschnabel-Nektarjala, bedroht ist. Jalas haben ein breites Nahrungsspektrum, das von Insekten bis zu Früchten reicht, und sie nutzen eine Reihe von Waldhabitaten in tieferen wie auch in höheren Lagen.

RIESENAMEISENPITTA
Grallaria gigantea

Diese sehr große Ameisenpitta ist auf der Oberseite olivbraun, auf der Unterseite kastanienbraun. Scheitelrückseite und Nacken sind grau, die Kopfseiten kastanienbraun. Kehl- und Brustfedern sind schwarz gesäumt, daher erscheinen diese Partien aus der Ferne fein gestreift. Mit dem dunklen kräftigen Schnabel werden vorwiegend Wirbellose wie Käferlarven, Schnecken und den riesigen Rüsselregenwürmern *(Rhinodrilus)* erbeutet. Die Riesenameisenpitta bewohnt hauptsächlich Bergregenwälder in einer Höhe von 2200 bis 2600 Meter und ist nur aus dem Südwesten von Kolumbien und dem Norden von Ecuador bekannt. In beiden Ländern ist das Verbreitungsgebiet der Riesenameisenpitta geschrumpft und der Bestand vorwiegend aufgrund des Habitatverlusts beträchtlich zurückgegangen; inzwischen findet man die Art nur noch an wenigen Standorten. Sie bevorzugt sumpfige Gebiete im Unterwuchs von Nebelwäldern, sucht aber auch auf Weideflächen und in Sekundärwäldern nach Nahrung. Seit Beginn des 20. Jahrhunderts ist ihr Lebensraum bedroht, da tiefer gelegene Wälder in Ackerland umgewandelt wurden. In jüngerer Zeit ist es durch Holzeinschlag, Landwirtschaft und Plantagenanbau zu einer großflächigen Entwaldung gekommen. Einige Habitatfragmente sind inzwischen unter Schutz gestellt, und zurzeit sucht man nach Standorten, die sich für eine Umsiedlung eignen.

Familie	Formicariidae
Größe	26,5 cm
Status	gefährdet (abnehmend)
Population	1000–2500
Verbreitung	Kolumbien, Ecuador
Habitat	Bergregenwälder
Bedrohungen	Entwaldung und Habitatdegradation

GOLDBRUSTPITTA
Pitta gurneyi

Das Männchen dieser farbenprächtigen Pitta trägt ein schwarzes breites Längsband über Brust und Bauch und hat einen schwarzen Kopf mit blauem Scheitel. Die goldgelben Flanken sind schwarz gestreift. Oberflügel und Rücken sind kräftig braun, der Schwanz tiefblau mit schwarzen Unterschwanzdecken. Die Art ist in halbimmergrünen (saisongrünen) Tieflandwäldern mit einem Unterwuchs aus Salakpalmen *(Salacca zalacca)* heimisch, in denen die Goldbrustpitta nistet. Sie brütet in der feuchten Jahreszeit und lebt in feuchten Schluchten, die bis zum Waldrand reichen. Im Jahr 1997 wurde befürchtet, die Art sei bis auf wenige Paare in Thailand zurückgegangen, doch 2003 wurde sie an einer Reihe von Standorten im Süden von Myanmar entdeckt. Wenn man die geeigneten Habitate berücksichtigt, schätzt man den Bestand auf 5000 bis 8000 Paare. Das Habitat hat gelitten, denn der Tieflandwald wurde großflächig gerodet, um Platz für Gummi-, Ölpalmen- und Kaffeeplantagen zu schaffen. In Thailand wird den Goldbrustpittas auch für den Käfigvogelhandel nachgestellt. Die Schutzbemühungen konzentrieren sich auf den Erhalt von Tieflandwaldgebieten in Myanmar, denn weitere Landflächen sind zur Anlage von zukünftigen Ölpalmplantagen vorgesehen.

Familie Pittidae
Größe 18,5–20,5 cm
Status stark gefährdet (abnehmend)
Population 10 000–16 000
Verbreitung Thailand, Myanmar
Habitat Tieflandwald
Bedrohungen Entwaldung, Fallenstellerei

KURZSCHNABEL-NEKTARJALA
Neodrepanis hypoxantha

Dieser kleine Nektarjala hat einen gelben Bauch, den er jedem Eindringling gegenüber, selbst vor Menschen, aggressiv zur Schau stellt. Das schwarze Obergefieder des Männchens ist schillernd blau gerandet, an der Kopfseite befindet sich je ein türkis- bis ultramarinblauer Hautlappen, der von der Schnabelbasis bis hinter die Augen reicht. Mit seinem langen, nach unten gebogenen Schnabel kann er Nektar aus röhrenförmigen Blüten schlecken (ähnlich wie Nektarvögel), doch er frisst auch Gliederfüßer (Arthropoden). Der Kurzschnabel-Nektarjala kommt nur in den Bergregenwäldern im Osten von Madagaskar vor und ist bis zur Baumgrenze verbreitet. Er sucht geschäftig im Kronendach wie auch im moosigen und feuchten Unterwuchs nach Nahrung. Die höher gelegenen Waldgebiete von Madagaskar sind weniger stark bedroht als das besser zugängliche Tiefland, weil sie weniger Wert als Ackerland oder für die Holzgewinnung haben. Frühere Entwaldungsmaßnahmen haben jedoch ein Mosaik fragmentierter Habitate hinterlassen, die immer Gefahr laufen, durch Brandrodung in Ackerflächen umgewandelt zu werden. In Zukunft sollen die verbliebenen Habitate qualitativ verbessert und keine Nutzflächen mehr durch Brandrodung geschaffen werden.

Familie Philepittidae
Größe 9–10 cm
Status gefährdet (abnehmend)
Population 10 000–20 000
Verbreitung Madagaskar (endemisch)
Habitat Bergregenwälder
Bedrohungen Habitatfragmentierung, Feuer

BEDROHTE AMEISENPITTAS, PITTAS, BAUMSTEIGER, MAORISCHLÜPFER UND JALAS

FAMILIE		TRIVIALNAME	WISSENSCHAFTLICHER NAME	STATUS
FORMICARIIDAE Ameisenpittas	■	Grauscheitel-Ameisenpitta	*Grallaria alleni*	VU
	■	Olivrücken-Ameisenpitta	*Grallaria bangsi*	VU
	■	Tachira-Ameisenpitta	*Grallaria chthonia*	CR
	■	Fahlbauch-Ameisenpitta	*Grallaria excelsa*	VU
	■	Riesenameisenpitta	*Grallaria gigantea*	VU
	■	Kaestner-Ameisenpitta	*Grallaria kaestneri*	VU
	■	Brustband-Ameisenpitta	*Grallaria milleri*	EN
	■	Zügelfleck-Ameisenpitta	*Grallaria ridgelyi*	EN
	■	Zweifarben-Ameisenpitta	*Grallaria rufocinerea*	VU
	■	Rotkopf-Ameisenpitta	*Grallaricula cucullata*	VU
	■	Ockerstirn-Ameisenpitta	*Grallaricula ochraceifrons*	EN
	■	Südlicher Brillenameisenpitta	*Hylopezus auricularis*	VU
PITTIDAE Pittas	■	Schwarzgesichtpitta	*Pitta anerythra*	VU
	■	Rotrückenpitta	*Pitta baudii*	VU
	■	Goldbrustpitta	*Pitta gurneyi*	EN
	■	Wangenstreifpitta	*Pitta kochi*	VU
	■	Nymphenpitta	*Pitta nympha*	VU
	■	Rotkappenpitta	*Pitta schneideri*	VU

ROTE LISTE ■ ausgestorben ■ in freier Wildbahn ausgest. ■ vom Aussterben bedroht ■ stark gefährdet ■ gefährdet

BEDROHTE AMEISENPITTAS, PITTAS, BAUMSTEIGER, MAORISCHLÜPFER UND JALAS *FORTSETZUNG*				
FAMILIE		**TRIVIALNAME**	**WISSENSCHAFTLICHER NAME**	**STATUS**
PITTIDAE Pittas	■	Azurbrustpitta	*Pitta steerii*	VU
	■	Schwarzrückenpitta	*Pitta superba*	VU
	■	Maronenrückenpitta	*Pitta venusta*	VU
DENDROCOLAPTIDAE Baumsteiger	■	Piaui- oder Bart-Baumsteiger	*Xiphocolaptes falcirostris*	VU
ACANTHISITTIDAE Maorischlüpfer	■	Felsschlüpfer	*Xenicus gilviventris*	VU
PHILEPITTIDAE Jalas	■	Kurzschnabel-Nektarjala	*Neodrepanis hypoxantha*	VU

ROTE LISTE ■ ausgestorben ■ in freier Wildbahn ausgest. ■ vom Aussterben bedroht ■ stark gefährdet ■ gefährdet

TYRANNEN

Die Tyrannen (Tyrannidae) sind eine große Neuweltfamilie mit etwa 412 Arten, von denen die meisten in Zentral- und Südamerika heimisch sind. Diese Familie gehört zu den arten- und formenreichsten Vogelfamilien überhaupt und zeigt ein breites Spektrum von anatomischen Merkmalen und Verbreitungsmustern. Diese kleinen bis mittelgroßen Vögel, die geschlossene und offene Waldgebiete sowie Savannen bewohnen, umfassen zahlreiche Gruppen, darunter Attilatyrannen, Breitschnabeltyrannen, Grastyrannen, Grundtyrannen, Hakentyrannen, Kleintyrannen, Laubtyrannen, Schnäppertyrannen, Schwingentyrannen, Tachurityrannen und Todityrannen. Die kleineren Arten wiegen zum Teil nur sieben Gramm, und ihre Körpergröße liegt unter sieben Zentimeter, während größere Arten bis zu neunzig Gramm wiegen und bis zu 29 Zentimeter lang werden können. Die meisten haben ein unauffälliges oder olivfarbenes Gefieder mit einer feinen Musterung, die die Tarnwirkung verstärkt, doch es gibt auch mehrere bunte Arten. Viele Arten haben eine Haube, die sie bei der Balz aufstellen; am eindrucksvollsten ist die des «Pazifik-Kronentyranns». Auf dem Speiseplan von Tyrannen stehen Insekten, und einige Arten fangen ihre Beute im Flug; andere verzehren auch Früchte, und die größeren Arten jagen kleine Wirbeltiere, wie Frösche und Eidechsen. Gegenwärtig gelten dreißig Arten als bedroht, allerdings keine vom Aussterben. Zehn sind als stark gefährdet gelistet, darunter der eindrucksvolle Riesenkönigstyrann; letzterer ist nur von einigen wenigen Standorten in Kuba bekannt, wo der Bestand deutlich zurückgeht. Die Hauptbedrohungen für diese Vögel sind Entwaldung und Habitatdegradation.

ROTKEHL-SCHLEPPENTYRANN

Alectrurus risora

Das Männchen dieser ungewöhnlichen Vogelart hat auffällige schwarze Schwanzschleppen, die die Gesamtlänge des Vogels auf dreißig Zentimeter erhöhen. Das Männchen ist vorwiegend schwarz-weiß gefärbt und hat am Hals nackte Hautflecken, die sich in der Brutsaison leuchtend rosarot verfärben. Das überwiegend braune Weibchen hat gestreiftes Gefieder und ist unterseits braungelb, die braunen Schwanzfedern sind kürzer als beim Männchen. Diese gesellige Art hat ein komplexes lekartiges Paarungssystem, und die Männchen können monogam wie auch polygam sein. Das typische Habitat sind sumpfige Feuchtgebiete mit bis zu 1,5 Meter hohen Grasbeständen; dort leben die Vögel gewöhnlich in Gruppen von zwanzig bis fünfzig Individuen. Sie ernähren sich von verschiedensten Wirbellosen und wurden dabei beobachtet, wie sie anderen räuberischen Arten, zum Beispiel der Wanderameise *(Labidus praedator)* und dem Sechsbinden-Gürteltier *(Euphractus sexcinctus)*, folgten, um Beute zu machen. Bedrohungen ergeben sich aus dem Habitatverlust, der mit der Ausbreitung der Landwirtschaft (Sojabohnen-, Mais- und Weizenanbau) einhergeht. Eukalyptusanpflanzungen haben neben veränderter Landnutzung zu Problemen im Wasserhaushalt geführt. Auch das Abflämmen von Grasflächen zur Verbesserung der Weidequalität wirkt sich negativ auf die Art aus.

Familie	Tyrannidae
Größe	20 cm, das Männchen hat zusätzlich 10 cm lange Schwanzfedern
Status	gefährdet (abnehmend)
Population	10 000–20 000
Verbreitung	Argentinien, Paraguay
Habitat	feuchtes Grasland
Bedrohungen	Beweidung durch Rinder, Feuer, Wiederaufforstung

OCKERBRUST-TODITYRANN

Hemitriccus kaempferi

Dieser zierliche Todityrann ist oberseits bräunlich bis olivgrün und unterseits gelbgrün; die Kehle ist hellgelb, Schwanz und Flügel sind dunkel, letztere mit cremefarbener Flügelbinde und grüngelben Armschwingen. Die Art ist in Brasilien endemisch und von mehreren fragmentierten Standorten im Südosten des Landes bekannt. Die Vögel leben paarweise in immergrünen Tieflandregenwäldern und bevorzugen Gebiete, wo Flüsse durch die dichte Vegetation ziehen. Dieser Todityrann ernährt sich vorwiegend von kleinen Insekten, die er im Flug fängt oder auf der Stelle fliegend (Schwirrflug) vom Laub pickt. Die Atlantischen Regenwälder in Brasilien sind großflächig gerodet worden, und vielen der Restbestände droht die Umwandlung in Reisfelder, Bananen- oder Nutzholzplantagen. Viele Küstenstandorte werden zudem für Siedlungen und Straßenbau erschlossen. Auch steigende Meeresspiegel stellen eine potenzielle Bedrohung für die kleinen fragmentierten Küstenhabitate dar.

Familie	Tyrannidae
Größe	10 cm
Status	stark gefährdet (abnehmend)
Population	9000–18 500
Verbreitung	Brasilien (endemisch)
Habitat	Atlantischer Tieflandregenwald
Bedrohungen	Entwaldung

«PAZIFIK-KRONENTYRANN»

Onychorhynchus occidentalis

Dieser oberseits eintönig braun gefärbte Kronentyrann hat einen rotbraunen Bürzel und Schwanz, eine weiße Kehle und matt orangefarbene Unterseite. Das eindrucksvollste Merkmal ist jedoch zweifellos die spektakuläre fächerartige Haube – überwiegend rot beim Männchen, gelb beim Weibchen. Gewöhnlich liegt die Haube flach auf dem Kopf, wird jedoch bei der Balz, beim territorialen Imponieren oder als Schreckreaktion (zum Beispiel beim Beringen) aufgerichtet. Die Art lebt in feuchten, saisongrünen Tieflandwäldern in Westecuador (von Esmeraldas bis El Oro) und den angrenzenden Teilen von Nordwestperu (Tumbes), ist jedoch nicht häufig. Die Vögel sind im Januar und im April bei der Brut beobachtet worden; sie bauen Nester, die an Ästen und Schlingpflanzen über beschatteten Wasserläufen hängen. Manchmal suchen sie in gemischten Trupps nach Nahrung. Diese Art sucht ihre Nahrung bevorzugt auf Flächen unterhalb von 1200 Meter; daher leidet sie besonders unter der Entwaldung dieser Tieflandflächen. Die Beweidung durch Rinder und Ziegen schädigt den Wald so stark, dass er sich nicht mehr regenerieren kann, und Holzeinschlag sowie illegale Siedlungen erhöhen den Druck noch weiter. Auch das Abflämmen von Weideflächen schafft Probleme, weil durch diese Feuer eine unkontrollierte Habitatdegradation in Gang gesetzt wird.

Familie	Tyrannidae
Größe	16–16,5 cm
Status	gefährdet (abnehmend)
Population	2500–10 000
Verbreitung	Ecuador, Peru
Habitat	Tieflandwald, Dickichte
Bedrohungen	Entwaldung, Weidewirtschaft, Feuer

BEDROHTE TYRANNEN

FAMILIE		TRIVIALNAME	WISSENSCHAFTLICHER NAME	STATUS
TYRANNIDAE Tyrannen	■	Weißschwanz-Hakentyrann	*Agriornis albicauda*	VU
	■	Rotkehl-Schleppentyrann	*Alectrurus risora*	VU
	■	Hahnenschwanz-Tyrann	*Alectrurus tricolor*	VU
	■	Graubrust-Tachurityrann	*Anairetes alpinus*	EN
	■	Ockerbrust-Schnäppertyrann	*Aphanotriccus capitalis*	VU
	■	Ockerattilatyrann	*Attila torridus*	VU
	■	«Rotbrauner Drehschwingentyrann»	*Cnipodectes superrufus*	VU
	■	Spitzschwanz-Grastyrann	*Culicivora caudacuta*	VU
	■	Noronha-Olivtyrann	*Elaenia ridleyana*	VU
	■	Gabelschwanz-Todityrann	*Hemitriccus furcatus*	VU
	■	Ockerbrust-Todityrann	*Hemitriccus kaempferi*	EN
	■	Ockerbauch-Todityrann	*Hemitriccus mirandae*	VU
	■	Graubrust-Schnäppertyrann	*Lathrotriccus griseipectus*	VU
	■	Rötelschopftyrann	*Myiarchus semirufus*	EN
	■	Santa-Marta-Buschtyrann	*Myiotheretes pernix*	EN
	■	Cocos-Insel-Tyrann	*Nesotriccus ridgwayi*	VU
	■	«Pazifik-Kronentyrann»	*Onychorhynchus occidentalis*	VU
	■	«Atlantik-Kronentyrann»	*Onychorhynchus swainsoni*	VU

ROTE LISTE ■ ausgestorben ■ in freier Wildbahn ausgest. ■ vom Aussterben bedroht ■ stark gefährdet ■ gefährdet

BEDROHTE TYRANNEN *FORTSETZUNG*

FAMILIE		TRIVIALNAME	WISSENSCHAFTLICHER NAME	STATUS
TYRANNIDAE Tyrannen	■	Urichkleintyrann	*Phyllomyias urichi*	EN
	■	«Yungas-Kleintyrann»	*Phyllomyias weedeni*	VU
	■	Bahia-Laubtyrann	*Phylloscartes beckeri*	EN
	■	Alagoas-Laubtyrann	*Phylloscartes ceciliae*	EN
	■	Uferlaubtyrann	*Phylloscartes kronei*	VU
	■	Antioquia-Laubtyrann	*Phylloscartes lanyoni*	EN
	■	Gelbbürzel-Laubtyrann	*Phylloscartes roquettei*	EN
	■	Rostflügel-Breitschnabeltyrann	*Platyrinchus leucoryphus*	VU
	■	Lulu-Todityrann	*Poecilotriccus luluae*	VU
	■	Riesenkönigstyrann	*Tyrannus cubensis*	EN
	■	Schwarzschwanz-Nonnentyrann	*Xolmis dominicanus*	VU
	■	Mishima-Kleintyrann	*Zimmerius villarejoi*	VU

ROTE LISTE ■ ausgestorben ■ in freier Wildbahn ausgest. ■ vom Aussterben bedroht ■ stark gefährdet ■ gefährdet

SCHNURRVÖGEL, SCHMUCKVÖGEL UND BÜRZELSTELZER

Zu diesen drei Familien zählen ausschließlich Waldbewohner, die in Zentral- und Südamerika heimisch sind.

Zu den Schnurrvögeln (Pipridae) gehören 54 Arten, die von Südmexiko bis Nordargentinien vorwiegend in Tieflandregenwäldern vorkommen. Bei vielen Arten sind die Männchen leuchtend bunt gefärbt, und bei der Balz stellen sie typischerweise die Federn ihrer Haube auf oder präsentieren ihre Kehlflecken. Die kleinen bis mittelgroßen Schnurrvögel haben einen recht großen Kopf mit einem kleinen Schnabel. Diese aktiven Vögel, die stets in Bewegung sind, suchen im Laub nach Früchten und Insekten. Vier Arten sind bedroht, eine davon, der Araripe-Helmpipra, sogar vom Aussterben.

Die Schmuckvögel (Cotingidae), die 96 Arten umfassen, weisen etwa dieselbe Verbreitung auf. Die meisten leben in Tropenwäldern; ihr Habitat reicht von Tieflandregenwäldern bis zu montanen Nebelwäldern. In der Größe variieren sie vom sehr kleinen Goldhähnchenkotinga (vom Aussterben bedroht) bis zu den großen Schirmvögeln. Die meisten Schmuckvögel haben einen breiten Schnabel, der an der Spitze hakenförmig ist, sowie gerundete Flügel; bei vielen Arten tragen die Männchen ein leuchtend buntes Federkleid. Typische Vertreter der Familie sind die Eigentlichen Kotingas, die Glockenvögel *(Procnias)*, Felsenhähne, Grünkotingas, Pihas und Schirmvögel.

Die überwiegend eintönig gefärbten Bürzelstelzer (Rhinocryptidae) suchen in dichten Wäldern auf dem Boden nach Nahrung. Die meisten Arten leben in den temperaten Wäldern an den Südhängen der Anden. Die Familie umfasst 57 Arten; sechs Arten sind bedroht, zwei davon – Bahiatapaculo und Nördlicher Stirnhaubentapaculo – vom Aussterben.

BEDROHTE SCHNURRVÖGEL, SCHMUCKVÖGEL UND BÜRZELSTELZER

FAMILIE		TRIVIALNAME	WISSENSCHAFTLICHER NAME	STATUS
PIPRIDAE Schnurrvögel	■	Araripe-Helmpipra	*Antilophia bokermanni*	CR
	■	Gelbscheitel-Pipra	*Lepidothrix vilasboasi*	VU
	■	Schnäpper-Pipra	*Neopelma aurifrons*	VU
	■	Zimt-Piprites	*Piprites pileata*	VU
COTINGIDAE Schmuckvögel	■	Goldhähnchenkotinga	*Calyptura cristata*	CR
	■	Gelbschnabelkotinga	*Carpodectes antoniae*	EN
	■	Olivmantel-Beerenfresser	*Carpornis melanocephala*	VU
	■	Nacktkehl-Schirmvogel	*Cephalopterus glabricollis*	VU
	■	Langlappen-Schirmvogel	*Cephalopterus penduliger*	VU

ROTE LISTE ■ ausgestorben ■ in freier Wildbahn ausgest. ■ vom Aussterben bedroht ■ stark gefährdet ■ gefährdet

ARARIPE-HELMPIPRA
Antilophia bokermanni

Der Araripe-Helmpipra, erst 1996 entdeckt und zwei Jahre später wissenschaftlich beschrieben, gehört zu den seltensten Vögeln der Welt. Sein außerordentlich kleines, spezielles Habitat misst nur 28 Quadratkilometer und erstreckt sich längs des Araripe-Plateaus im Nordosten von Brasilien. Der Vogel baut sein Nest an Bächen zwischen Zweigen, die über dem Wasser hängen, und ernährt sich vorwiegend von kleinen Früchten. Wie bei vielen Helmpipras, sehen Männchen und Weibchen völlig verschieden aus (Geschlechtsdimorphismus). Das Männchen ist – abgesehen von schwarzen Flügeln und einem schwarzen Schwanz – weiß, mit einem kirschroten Band, das sich von der nach vorn bis zum Schnabel ragende Kopfhaube auf der Stirn über Scheitel, Nacken und Schultern bis in Rückenmitte zieht. Das Weibchen ist olivgrün, mit einer etwas helleren Ober- und dunkleren Unterseite und trägt eine kleinere Haube auf der Stirn. Das bereits von vorneherein winzige Verbreitungsgebiet der Art ist durch die allgemeine Entwaldung, um Plantagenflächen für Bananen, Reis und Nutzholz zu gewinnen, noch weiter verkleinert worden. Dazu kommt, dass durch die Entwicklung des Tourismus mit Apartments und Schwimmbädern viel Wasser verbraucht wird. Die Maßnahmen zum Schutz des Araripe-Helmpipras werden unter anderem von den Energieunternehmen British Petroleum und dem Tierfilmer und Naturforscher Sir David Attenborough unterstützt.

Familie	Pipridae
Größe	15,5 cm
Status	vom Aussterben bedroht (abnehmend)
Population	250–1000
Verbreitung	Brasilien (endemisch)
Habitat	Feuchtwälder
Bedrohungen	Entwaldung, Erschließungsmaßnahmen

DREILAPPENKOTINGA (DREILAPPEN-GLOCKENVOGEL)
Procnias tricarunculatus

Dieser scheue, vorwiegend Früchte fressende (frugivore) Vogel verrät seine Anwesenheit durch die erstaunlich durchdringen Rufe, die das Männchen in der Brutzeit ausstößt. Der glockenartige Ruf klingt eher metallisch dumpf als melodisch hell und wird oft von schrillen Pfiffen begleitet. Das andere typische Merkmal der Art, auf das auch der Trivialname anspielt, sind die drei langen dünnen, schwarzen Hautlappen, die von der Schnabelbasis des Männchens herabhängen. Kopf, Hals, vorderer Rücken und Brust des Männchens sind weiß, der Augenring ist dunkel, das übrige Gefieder rotbraun. Das Weibchen trägt keine Schnabelanhänge; sein Gefieder ist überwiegend olivgrün; auf der Oberseite sind die Federn gelb gesäumt, die gelbe Unterseite ist olivgrün gefleckt und gelb. Die Art ernährt sich vorwiegend von Beeren und anderen Früchten, und die Vögel streifen auf der Suche nach reifen Früchten umher. Der Dreilappenkotinga brütet in Feuchtwäldern zwischen 750 und 2000 Meter Höhe; die Hauptbrutzeit liegt zwischen März und September. Außerhalb der Brutsaison unternehmen die Vögel vertikale Wanderungen, die sie bis auf 3000 Meter Höhe führen und dann wieder hinab zu den Vorbergen in der Nähe der Pazifik- beziehungsweise Karibikküste. Da dieses Tiefland für Viehfarmen, Bananenplantagen und Touristikanlagen gerodet wird, ist die Art hauptsächlich dort bedroht. Dreilappenkotingas kommen in einer Reihe von Naturschutzgebieten vor, vor allem im Nationalpark Sierra de Agalta (Honduras), im Parque Internacional La Amistad (Costa Rica und Panama) und im Biologischen Reservat Monteverde (Costa Rica).

Familie	Cotingidae
Größe	26–31cm
Status	gefährdet (abnehmend)
Population	10 000–20 000
Verbreitung	Costa Rica, Panama, Nicaragua, Honduras
Habitat	Feuchtwälder
Bedrohungen	Habitatverlust, Holzeinschlag

BEDROHTE SCHNURRVÖGEL, SCHMUCKVÖGEL UND BÜRZELSTELZER *FORTSETZUNG*

FAMILIE		TRIVIALNAME	WISSENSCHAFTLICHER NAME	STATUS
COTINGIDAE Schmuckvögel	■	Südliche Prachtkotinga	*Cotinga maculata*	EN
	■	Ridgway-Kotinga	*Cotinga ridgwayi*	VU
	■	Kastanienbauchkotinga	*Doliornis remseni*	VU
	■	Braunbauchkotinga	*Doliornis sclateri*	VU
	■	Rotbürzel-Piha	*Lipaugus uropygialis*	VU
	■	Braunkappen-Braunpiha	*Lipaugus weberi*	EN
	■	Schiefer-Bekarde	*Pachyramphus spodiurus*	EN
	■	Graubrust-Pflanzenmäher	*Phytotoma raimondii*	EN
	■	Nacktgesichtkotinga	*Procnias nudicollis*	VU
	■	Dreilappenkotinga	*Procnias tricarunculatus*	VU
	■	Grauflügelkotinga	*Tijuca condita*	VU
	■	Weißflügel-Pompadourkotinga	*Xipholena atropurpurea*	EN
	■	Weißohrkotinga	*Zaratornis stresemanni*	VU

ROTE LISTE ■ ausgestorben ■ in freier Wildbahn ausgest. ■ vom Aussterben bedroht ■ stark gefährdet ■ gefährdet

BAHIATAPACULO
Eleoscytalopus psychopompus

Diese außerordentlich scheue Art galt ursprünglich nicht nur als sehr selten, sondern seit den 1980er-Jahren sogar als ausgestorben. Kürzlich ist sie jedoch an mehreren kleinen und zerstreuten Standorten im Küstenbundesstaat Bahia in Ostbrasilien beobachtet worden – so auch im Biologischen Reservat Una, wo eine weitere vom Aussterben bedrohte Art heimisch ist, der Gelbbrust-Kapuzineraffe *(Cebus xanthosternos)*. Möglicherweise lebt dieser scheue Tapaculo auch noch an anderen Standorten, doch der allgemeine Rückgang an Tieflandregenwäldern aufgrund von Holzeinschlag, Weidewirtschaft, Erzabbau sowie Wasserentnahme stellen eine große Bedrohung für die Art dar. Der kleine, untersetzte und agile Bahiatapaculo bevorzugt ein Dickicht aus Sträuchern und Kletterpflanzen über oder in der Nähe von Wasserläufen. Dort macht er Jagd auf kleine Wirbellose, vor allem Insekten, nimmt aber auch pflanzliche Nahrung zu sich, beispielsweise Nektar. Auf der Oberseite ist der Vogel dunkel schiefergrau gefärbt; Kinn, Brust und Bauch sind weißlich, zwischen Auge und dunklem Schnabel befindet sich ein weißer Zügelfleck. Auffällig ist ein rötliches Band an den Flanken, das zwischen weißlichem und schiefergrauem Gefiederbereich über Unterbrust und Bauch reicht.

Familie	Rhinocryptidae
Größe	11,5 cm
Status	vom Aussterben bedroht (abnehmend)
Population	50–250
Verbreitung	Brasilien (endemisch)
Habitat	Tieflandregenwald
Bedrohungen	Entwaldung

BEDROHTE SCHNURRVÖGEL, SCHMUCKVÖGEL UND BÜRZELSTELZER *FORTSETZUNG*

FAMILIE		TRIVIALNAME	WISSENSCHAFTLICHER NAME	STATUS
RHINOCRYPTIDAE Bürzelstelzer	■	Bahiatapaculo	*Eleoscytalopus psychopompus*	CR
	■	Nördlicher Stirnhaubentapaculo	*Merulaxis stresemanni*	CR
	■	Flussauentapaculo	*Scytalopus iraiensis*	EN
	■	Tacarcunatapaculo	*Scytalopus panamensis*	VU
	■	Robbinstapaculo	*Scytalopus robbinsi*	EN
	■	«Rodriguez-Tapaculo»	*Scytalopus rodriguezi*	EN

ROTE LISTE ■ ausgestorben ■ in freier Wildbahn ausgest. ■ vom Aussterben bedroht ■ stark gefährdet ■ gefährdet

SCHWALBEN, LERCHEN SOWIE STELZEN UND PIEPER

Diese drei und alle folgenden Familien gehören zur Unterordnung Oscines (Singvögel).

Zu den Schwalben (Hirundinidae) zählen 83 Arten; es sind elegante stromlinienförmige Vögel, die Fluginsekten jagen und diese in der Luft erbeuten, häufig über Feldern, Wiesen, Gebüschen oder Wasserflächen. Die Schwalben sind weltweit verbreitet und leben meistens in offenen Lebensräumen. Die Mehrzahl brütet in gemäßigten Klimazonen und zieht zum Überwintern in wärmere Gegenden. Die Vögel haben im Allgemeinen eine dunkle Oberseite und eine helle Unterseite, einen gebuchteten oder gegabelten Schwanz (manchmal mit «Schwanzspießen») sowie lange schmale Flügel. Sie bauen entweder Lehmnester an senkrechten Flächen oder brüten in Höhlen oder Erdlöchern. Typische Vertreter sind die Rauchschwalbe und Verwandte (Gattung *Hirundo*), Mehlschwalben *(Delichon)*, Uferschwalben *(Riparia)* und Felsenschwalben *(Ptyonoprogne)*. Sieben Vertreter sind als bedroht eingestuft, darunter ist die Bahamaschwalbe stark gefährdet und die Weißaugenschwalbe vom Aussterben bedroht.

Die Familie der Lerchen (Alaudidae) umfasst 93 Arten; es sind kleine, meistens braune, bodenlebende Vögel, die vorwiegend in offenen Habitaten wie Grasländern, Gebüschen und Halbwüsten vorkommen. Das Nest ist normalerweise gut zwischen Gräsern und anderer Bodenvegetation verborgen; auch die Altvögel sind kaum zu entdecken, bis sie auffliegen (oft unmittelbar vor den Füßen des Beobachters). Sieben Arten sind bedroht, drei davon, Somali-Spornlerche, Rasolerche und Sidamo-Spornlerche, sogar vom Aussterben.

Die Stelzen und Pieper (Motacillidae) umfassen 61 Arten; es sind schlanke Vögel offener Lebensräume. Kennzeichnend sind der lange Schwanz und die langen Krallen; letzteres spiegelt sich im Namen Großspornpieper (Gattung *Macronyx*). Die Pieper besitzen meistens ein braunes gestreiftes Gefieder, dagegen sind die Stelzen (beispielsweise unsere Bachstelze, *Motacilla alba*) lebhafter gefärbt und haben einen längeren Schwanz. Fünf Arten der Familie sind bedroht: vier Pieper der Gattung *Anthus* und ein Großspornpieper.

STAHLSCHWALBE
Hirundo atrocaerulea

Auf den ersten Blick wirkt diese kleine Schwalbe schwarz, doch bei genauerem Hinsehen erkennt man den metallisch blauen Glanz des Gefieders. Im Flug fallen die – selbst im Vergleich zu anderen Schwalben – stark verlängerten äußeren Schwanzfedern auf. Die Art ist ein innerafrikanischer Zugvogel; die weit auseinanderliegenden Brutgebiete reichen von Südafrika und Swasiland im Südosten nordwärts bis in den Südosten der Demokratischen Republik Kongo und nach Südwesttansania. Die meisten Populationen wandern außerhalb der Brutzeit in den Nordosten der Demokratischen Republik Kongo sowie nach Uganda und Westkenia. Das Bruthabitat ist relativ spezifisch: feuchte Hochlandsavannen mit Bächen, Tümpeln und Sümpfen, wo Insekten vorkommen, deren Larvenstadien an Gewässer gebunden sind, bevor sie zu geflügelten Imagines – und zur Beute der Schwalben werden. Das Nest, ein typisches Napfnest aus Lehm, wird an für Schwalben ungewöhnlichen Orten gebaut, nämlich unterirdisch, beispielsweise an der Wand oder Decke von Erdspalten, in alten Bergwerksschächten, Karsthöhlen oder sogar im Bau eines Erdferkels *(Orycteropus afer)*. Auch außerhalb der Brutzeit suchen die Vögel Savannengebiete auf, die mit Feuchtgebieten durchsetzt sind. Logischerweise ist diese bereits recht seltene Art vor allem durch Trockenlegung von Savannen betroffen, sei es, dass diese in Weideflächen, Ackerland (zum Beispiel für Zuckerrohr und Mais) oder in Siedlungsflächen umgewandelt werden. Eingeschleppte Arten sind ebenfalls eine Bedrohung für die Stahlschwalbe.

Familie Hirundinidae
Größe 18–25 cm
Status gefährdet (abnehmend)
Population 2000
Verbreitung südliches und Zentralafrika
Habitat Grasland
Bedrohungen Aufforstung, Landwirtschaft, Feuer

TRANSVAAL-SPORNLERCHE
Heteromirafra ruddi

Kleine Lerche mit überwiegend gelbbraunem Gefieder, braun gesprenkelter Brust und dunkelbraunen Flügeln; Wangen, Augen und Scheitel sind dunkler braun gefärbt; die gelbbraune Haube ist am besten in aufgestelltem Zustand sichtbar. Im Vergleich zu anderen Lerchen sind die Beine recht lang, der Kopf groß und der Schwanz kurz. Die Art ist im östlichen Südafrika endemisch, Populationsschwerpunkte befinden sich in Südwest-Lesotho und Westswasiland. Dieser typische Graslandvogel bevorzugt feuchte und mäßig beweidete Savannengebiete ohne felsige, verbuschte oder bewaldete Areale und toleriert auch gut bewirtschaftete Weideflächen mit gemischtem Viehbesatz, doch intensive Beweidung und regelmäßiges Abbrennen der Flächen wirken sich negativ aus. Zum Brüten benötigt die Transvaal-Spornlerche Stellen mit höherem Gräserbewuchs (damit das Nest gut verborgen ist); zur Nahrungssuche ist sie auf eine gute Versorgung mit Heuschrecken, anderen Insekten, Spinnen und Würmern angewiesen, insbesondere während der Nestlingsperiode. Die Transvaal-Spornlerche ist eine der zahlreichen Arten, die durch das Verschwinden der Graslandhabitate (zugunsten von Ackerflächen, Siedlungen, Erzabbau etc.) bedroht sind; auch die Ausbreitung von invasiven Arten wie Akazien und Adlerfarn trägt zur Bedrohung des Lebensraums bei.

Familie Alaudidae
Größe 14 cm
Status gefährdet (abnehmend)
Population 2500–5000
Verbreitung Südafrika (endemisch)
Habitat Grasland
Bedrohungen Habitatverlust, Aufforstung, Erzabbau, Feuer

BEDROHTE SCHWALBEN, LERCHEN SOWIE STELZEN UND PIEPER

FAMILIE		TRIVIALNAME	WISSENSCHAFTLICHER NAME	STATUS
HIRUNDINIDAE Schwalben	■	Weißaugenschwalbe	*Eurochelidon sirintarae*	CR
	■	Stahlschwalbe	*Hirundo atrocaerulea*	VU
	■	Weißschwanzschwalbe	*Hirundo megaensis*	VU
	■	Galapagosschwalbe	*Progne modesta*	VU
	■	Peruschwalbe	*Progne murphyi*	VU
	■	Bahamaschwalbe	*Tachycineta cyaneoviridis*	EN
	■	Antillenschwalbe	*Tachycineta euchrysea*	VU
ALAUDIDAE Lerchen	■	Rasolerche	*Alauda razae*	CR
	■	Kalaharilerche	*Certhilauda burra*	VU
	■	Somali-Spornlerche	*Heteromirafra archeri*	CR
	■	Transvaal-Spornlerche	*Heteromirafra ruddi*	VU
	■	Sidamo-Spornlerche	*Heteromirafra sidamoensis*	CR
	■	Ashlerche	*Mirafra ashi*	EN
	■	Finkenlerche	*Spizocorys fringillaris*	EN

ROTE LISTE ■ ausgestorben ■ in freier Wildbahn ausgest. ■ vom Aussterben bedroht ■ stark gefährdet ■ gefährdet

PRÄRIEPIEPER
Anthus spragueii

Der Präriepieper ist ein Zugvogel, der in den mittleren Bundesstaaten der USA (in der Nähe der kanadischen Grenze) brütet und im Süden der USA (insbesondere Texas) sowie in Nord- bis Mittelmexiko überwintert. Da die Mischpräriegebiete mit ihrem durchlässigen Boden weitgehend in Ackerflächen für Weizen und Roggen sowie Weideflächen zur Viehhaltung (vorwiegend Rinder) umgewandelt wurden, sind viele Lebensräume des Präriepiepers zerstört worden. Dies fand hauptsächlich im späten 19. und frühen bis mittleren 20. Jahrhundert statt. Als Bodenbrüter ist die Art mit ihrem fast zeltartig gebauten Nest durch die Methoden der modernen Landwirtschaft besonders gefährdet. Eine weitere Bedrohung geht von invasiven Strauch- und Baumarten aus, welche die vom Präriepieper bevorzugten offenen Habitate erobern. Der Vogel ist überwiegend gelbbraun gefärbt und auf Brust und Gesicht dunkelbraun gestreift, wohingegen Scheitel und Flügel dunkelbraun mit hellbraunen Streifen sind. Das blasse Gesicht hat bräunliche Wangen und einen blassen Überaugenstreif. Präriepieper ernähren sich vor allem in der Brutzeit hauptsächlich von Insekten und anderen kleinen Wirbellosen; diese Kost wird im Winter durch Sämereien, Knospen und anderes Pflanzenmaterial ergänzt.

Familie	Motacillidae
Größe	16 cm
Status	gefährdet (abnehmend)
Population	870 000
Verbreitung	Kanada, USA
Habitat	Grasland
Bedrohungen	Landwirtschaft, Beweidung, Feuer

BEDROHTE SCHWALBEN, LERCHEN SOWIE STELZEN UND PIEPER *FORTSETZUNG*

FAMILIE		TRIVIALNAME	WISSENSCHAFTLICHER NAME	STATUS
MOTACILLIDAE Stelzen und Pieper	■	Gelbbrustpieper	*Anthus chloris*	VU
	■	Ockerbrustpieper	*Anthus nattereri*	VU
	■	Sokokepieper	*Anthus sokokensis*	EN
	■	Präriepieper	*Anthus spragueii*	VU
	■	Zitronenpieper	*Macronyx sharpei*	EN

ROTE LISTE ■ ausgestorben ■ in freier Wildbahn ausgest. ■ vom Aussterben bedroht ■ stark gefährdet ■ gefährdet

BÜLBÜLS, BUSCHWÜRGER UND BRILLENWÜRGER, STACHELBÜRZLER, VANGAWÜRGER, WÜRGER UND BLATTVÖGEL

Die Bülbüls oder Haarvögel (Pycnonotidae) sind eine Altweltfamilie meist tropischer Singvögel (von Afrika bis zum Fernen Osten heimisch), die 124 Arten umfasst. Neben den Echten Bülbüls (Gattung *Pycnotus*) zählen beispielsweise die Gattungen *Bleda*, *Criniger* und *Ixos* zur Familie. Die meisten Arten sind klein bis mittelgroß und recht unauffällig gefärbt. Der Gesang ist meistens angenehm und melodisch; sie kommunizieren untereinander mit stetigen Kontaktrufen, während sie, häufig in kleinen Trupps, im Laubwerk nach Nahrung suchen. Sie sind anpassungsfähige Kostgänger, die sich von Wirbellosen, Früchten, Nektar und Abfällen ernähren. Zehn Arten sind als bedroht eingestuft, darunter ist der Fleckflügelbülbül sogar vom Aussterben bedroht.

Zu den Buschwürgern und Brillenwürgern (Malaconotidae) gehören 52 Arten von kleinen oder mittelgroßen Vögeln mit einem würgerähnlichen Schnabel. Sie kommen vorwiegend in Afrika vor, eine Art in Südarabien. Die meisten sind auffällig gezeichnet, einige besitzen ein sehr farbenfrohes Gefieder mit roter, gelber oder grüner Zeichnung. Die Brillenwürger (Gattung *Prionops*) besitzen dagegen ein schwarz-weißes Federkleid. Zur Familie gehören weitere Gattungen wie *Dryoscopus*, *Laniarius* und *Tchagra*; sieben Buschwürgerarten sind bedroht.

Die Stachelbürzler (Campephagidae) haben ein großes Verbreitungsgebiet, das von Ostafrika bis Süd- und Ostasien, Australasien und sogar bis zu den westpazifischen Inseln reicht. Die Familie umfasst 84 Arten, darunter beispielsweise die Lalagen (Gattung *Lalage*), Mennigvögel *(Pericrocotus)*, Raupenfänger *(Coracina)* und Raupenschmätzer *(Hemipus)*. Für alle typisch sind der breite Schnabel und der lange Schwanz, einige Arten sind zudem lebhaft gefärbt. Fünf Arten sind bedroht, der Newton-Raupenfänger sogar vom Aussterben.

Die Vangawürger (Vangidae) sind eine vielfältige Familie kleiner bis mittelgroßer Waldvögel, die, wie der Name sagt, an Würger erinnern. Bis auf eine in den Komoren heimische Art kommen sie ausschließlich in Madagaskar vor. Die Familie enthält dreißig Arten (darunter die Newtonien), von denen fünf bedroht sind.

Die Würger (Laniidae) zeichnen sich durch einen schlanken Körper, gerundete Flügel, einen langen beweglichen Schwanz und einen Hakenschnabel aus. Sie wirken wie Greifvögel in Miniaturform und sind recht aggressive Ansitzjäger – die Beute reicht von Großinsekten wie Käfern bis zu kleinen Vögeln und Reptilien. Von den dreißig Arten der Familie ist nur eine, nämlich der Sao-Tomé-Würger, bedroht – dieser allerdings vom Aussterben.

Die Blattvögel (Chloropseidae) sind kleine oder mittelgroße baumbewohnende Vögel mit abwärts gebogenem Schnabel, einer Pinselzunge und überwiegend grünem Gefieder. Die elf Arten der Familie kommen in Indien und Ostasien vor; eine ist bedroht: der Philippinenblattvogel (gefährdet).

MAURITIUSBÜLBÜL
Hypsipetes olivaceus

Der Mauritiusbülbül ist oberseits dunkelgrau oder graubraun und unterseits heller; auffällig sind der kräftige orangegelbe Schnabel, die rosa- bis orangefarbenen Beine und die schwarze Kappe. Er ist zwar tendenziell ein Allesfresser, bevorzugt jedoch vor allem Beeren, Knospen und Sämereien, aber auch kleine Wirbellose wie Insekten, gelegentlich kleine Eidechsen oder Frösche. In den letzten Jahrzehnten war die Art insbesondere durch Entwaldung bedroht, denn die wichtigsten Lebensräume wie die heimischen immergrünen Laubwälder sowie einige angepflanzte Wälder und diverse Gebüsche wurden zerstört. Auch die Schäden durch eingeschleppte Ratten, Hirtenmainas *(Acridotheres tristis)*, Javaneraffen *(Macaca fascicularis)* und andere Arten waren erheblich. Die Bestände lagen möglicherweise in den 1970er-Jahren unter 200 Paaren; dank der zahlreichen Maßnahmen zum Schutz des Mauritiusbülbüls hat sich die Population seither jedoch stabilisiert oder sogar ganz langsam vergrößert.

Familie	Pycnonotidae
Größe	22–23 cm
Status	gefährdet (stabil)
Population	560
Verbreitung	Mauritius (endemisch)
Habitat	Wälder
Bedrohungen	Habitatdegradation, eingeschleppte Fressfeinde

SCHWARZKAPPENWÜRGER
Malaconotus alius

Diese Art ist nur in den Uluguru-Bergen in Osttansania heimisch; im Jahr 2007 wurde zusätzlich zur bis dahin bekannten kleinen Hauptpopulation eine weitere im angrenzenden Uluguru South Forest Reserve entdeckt. Die Art ist unterseits leuchtend gelb, Bürzel und Schwanz sind blass olivgrün, die Oberseite ist olivgrün mit deutlich abgesetzter schwarzer Kappe und Nacken; unverkennbar ist der für Buschwürger typische kräftige Hakenschnabel. Zurzeit wird genau ermittelt, wie groß das Verbreitungsgebiet der Art ist. Ihr Haupthabitat sind nasse bis feuchte Bergwälder in 1000 bis 1500 Meter Meereshöhe (einige Vögel wurden sogar höher beobachtet). Schwarzkappenwürger jagen vor allem im Kronendach nach Großinsekten wie Käfern, Grillen und Schaben, möglicherweise gehört auch der bedrohte Gepunktete Waldsteigerfrosch *(Leptopelis uluguruensis)* zu den Beutetieren. Bedrohlich ist insbesondere die schleichende Entwaldung an den Berghängen zugunsten von Landwirtschaft und Siedlungen, aber auch die illegalen Abholzungen (für Bau- und Feuerholz) innerhalb des Schutzgebiets und die Wasserentnahme für nahe gelegene Ballungsgebiete wie Daressalam stellen ein Problem für die Art dar.

Familie	Malaconotidae
Größe	22–24 cm
Status	vom Aussterben bedroht (abnehmend)
Population	2400
Verbreitung	Tansania
Habitat	submontane und montane Wälder
Bedrohungen	Habitatdegradation

LAPPEN-RAUPENFRESSER
Campephaga lobata

Diese Art kam ursprünglich im Tieflandregenwald im südlichsten Teil von Westafrika vor, hat sich jedoch in gewissem Maße an degradierte Habitate wie Sekundärwälder angepasst, die auf ehemaligen Abholzungs- und Plantagenflächen entstanden sind. Doch die Waldzerstörung in dieser Region (insbesondere zur Holzgewinnung und Umwandlung in Agrarflächen) hat ein unvorstellbares Ausmaß angenommen und stellt daher die wichtigste Bedrohung für den Lappen-Raupenfresser dar. Diese Art ist lebhaft gefärbt: Das Männchen hat einen grünen Rücken, grüne Flügel, die zur Spitze hin heller werden, Kappe, Nacken und Kinnstreif sind schwarz, Wangen und Unterseite orangerot. Das Weibchen ist fast genauso farbenfroh; beide Geschlechter besitzen einen auffälligen orangegelben Schnabelwinkel. Die Vögel ernähren sich von einer Mischkost aus Sämereien, Knospen und kleinen Tieren, die sie im Kronendach suchen. Zu den wenigen noch verbliebenen Standorten zählen der Taï-Nationalpark (Elfenbeinküste) und der Gola-Forest-Nationalpark (Sierra Leone).

Familie	Campephagidae	**Verbreitung**	Westafrika
Größe	21 cm	**Habitat**	Tieflandregenwald
Status	gefährdet (abnehmend)	**Bedrohungen**	Holzeinschlag, Störungen
Population	20 000–50 000		

BEDROHTE BÜLBÜLS, BUSCHWÜRGER UND BRILLENWÜRGER, STACHELBÜRZLER, VANGAWÜRGER, WÜRGER UND BLATTVÖGEL

FAMILIE	TRIVIALNAME	WISSENSCHAFTLICHER NAME	STATUS
PYCNONOTIDAE Bülbüls	Grünschwanzbleda	*Bleda eximius*	VU
	Prigogine-Bülbül	*Chlorocichla prigoginei*	EN
	Olivrückenbülbül	*Criniger olivaceus*	VU
	Mauritiusbülbül	*Hypsipetes olivaceus*	VU
	Schieferkopfbülbül	*Ixos siquijorensis*	EN
	Fleckflügelbülbül	*Phyllastrephus leucolepis*	CR
	Formosabülbül	*Pycnonotus taivanus*	VU
	Goldkehlbülbül	*Pycnonotus xantholaemus*	VU
	Gelbscheitelbülbül	*Pycnonotus zeylanicus*	VU
	Langschnabelbülbül	*Setornis criniger*	VU
MALACONOTIDAE Busch- und Brillenwürger	Amboimwürger	*Laniarius amboimensis*	EN
	Angolawürger	*Laniarius brauni*	EN
	Schwarzkappenwürger	*Malaconotus alius*	CR
	Grünbrustwürger	*Malaconotus gladiator*	VU
	Halsbandwürger	*Malaconotus kupeensis*	EN
	Gelbschopf-Brillenwürger	*Prionops alberti*	VU
	Gabela-Brillenwürger	*Prionops gabela*	EN
CAMPEPHAGIDAE Stachelbürzler	Lappen-Raupenfresser	*Campephaga lobata*	VU
	Philippinen-Raupenfänger	*Coracina mindanensis*	VU
	Newton-Raupenfänger	*Coracina newtoni*	CR
	Spiegel-Raupenfänger	*Coracina ostenta*	VU
	Mauritius-Raupenfänger	*Coracina typica*	VU
VANGIDAE Vangawürger	Rotschulter-Vanga	*Calicalicus rufocarpalis*	VU
	Helm-Vanga	*Euryceros prevostii*	VU
	Fanovana-Newtonie	*Newtonia fanovanae*	VU
	Schwarz-Vanga	*Oriolia bernieri*	VU
	Van-Dam-Vanga	*Xenopirostris damii*	EN
LANIIDAE Würger	Sao-Tomé-Würger	*Lanius newtoni*	CR
CHLOROPSEIDAE Blattvögel	Philippinenblattvogel	*Chloropsis flavipennis*	VU

ROTE LISTE ■ ausgestorben ■ in freier Wildbahn ausgest. ■ vom Aussterben bedroht ■ stark gefährdet ■ gefährdet

ZAUNKÖNIGE, KLEIBER, WASSERAMSELN UND MEISEN

Zaunkönige (Troglodytidae) sind kleine, lebhafte Vögel mit meist braun gestreiftem und geflecktem Gefieder, einem leicht abwärts gebogenen Schnabel und lauter, durchdringender Stimme. Bei den meisten Arten ist der Schwanz ziemlich kurz und wird häufig «gestelzt» (hochgestellt). Zaunkönige suchen im Unterwuchs aktiv nach Insekten (ihrer Hauptnahrung), aber auch Spinnen und anderen kleinen Wirbellosen und lassen sich aufgrund ihres Tarngefieders im Gebüsch oft nur schwer entdecken. Die meisten Arten bauen ein kugelförmiges Nest aus Grashalmen und Moos, dessen Eingang an der Seite liegt. Die 79 Arten der Familie sind mit Ausnahme des Zaunkönigs *(Troglodytes troglodytes)* nur in Amerika heimisch. Letzterer kommt in weiten Teilen der Nordhalbkugel vor, nämlich von Nordamerika bis Europa und Asien. Acht Arten sind bedroht, davon sind zwei stark gefährdet und zwei vom Aussterben bedroht.

Die 25 Arten der Kleiber (Sittidae) sind lebhafte Waldvögel mit großem Kopf und kräftigem Schnabel. Viele Arten sind oberseits grau oder graublau und unterseits beige oder hell rostbraun gefärbt; auffällig ist ferner der schwarze oder dunkle Augenstreif. Ähnlich wie Spechte ernähren sie sich hauptsächlich von Wirbellosen, die sie an (und um) Baumstämme aufspüren. Dabei können sie, unterstützt von den kräftigen Krallen, an den Stamm- und Astflächen auf- und kopfüber abwärts laufen. Einige Kleiberarten leben allerdings an Felsen. Fünf Arten sind bedroht, darunter der Riesenkleiber (gefährdet), der in Südwestchina, Myanmar und Thailand heimisch ist.

Zur Familie der Wasseramseln (Cinclidae) gehören fünf Arten; die kompakten Vögel sind auf das Tauchen und Schwimmen in schnellfließenden Gewässern spezialisiert. Sie können sogar unter Wasser laufen und erbeuten dort aquatische Wirbellose. Das Gefieder ist besonders gut gefettet und daher wasserabweisend; die kurzen kräftigen Flügel werden unter Wasser als Ruder eingesetzt, um – sogar gegen die Strömung – zu schwimmen. Die Nahrung besteht vorwiegend aus wasserlebenden Insektenlarven, beispielsweise von Eintagsfliegen, Steinfliegen und Köcherfliegen. Eine Art ist bedroht: Die in Bolivien und Argentinien lebende Rostkehl-Wasseramsel ist als gefährdet eingestuft.

Zur weltweit verbreiteten Familie der Meisen (Paridae) gehören 53 Arten; diese kleinen, flinken Singvögel lassen sich gut bei der Nahrungssuche beobachten, wenn sie kleine Insekten, Spinnen oder Sämereien aufpicken oder ans Futterhaus kommen. Bei den meisten Arten ist das Körpergefieder unauffällig und der Kopf schwarz-weiß gezeichnet, doch einige sind lebhaft gefärbt. Nur eine Art ist bedroht, die Weißflügelmeise (gefährdet).

KUBA-ZAUNKÖNIG
Ferminia cerverai

Wie bei vielen Zaunkönigen erscheint auch beim Kuba-Zaunkönig der Gesang zu laut für den kleinen Körper – dabei gehört diese Art sogar zu den größeren Zaunkönigen. Der Gesang ist trällernd und schrill, zu den Rufen zählt ein lautes «Tschip-tschip-tschip». Dieser Zaunkönig ist im Zapata-Sumpf in Kuba endemisch, einem riesigen Gebiet in Südwestkuba, zu dem auch das Zapata-Biosphärenreservat (Ramsar-Gebiet) gehört. Hier lebt der Kuba-Zaunkönig in verschiedenartigen Süßwassersümpfen, insbesondere in solchen, die jedes Jahr überschwemmt werden, und in Sümpfen, wo das Sauergras *Cladium jamaicensis* bestandsbildend ist. Die Art ernährt sich hauptsächlich von kleinen Insekten, verzehrt aber auch Spinnen, Würmer, Schnecken, kleine Echsen und Frösche sowie etwas Pflanzenkost, vor allem Beeren und weiche Sämereien. Der Kuba-Zaunkönig ist unterseits grau, ansonsten mittelbraun und tief dunkelbraun oder schwarz gestreift. Im Vergleich mit den uns vertrauten Zaunkönigen sind Beine, Schwanz und Schnabel länger.

Familie	Troglodytidae
Größe	16 cm
Status	stark gefährdet (abnehmend)
Population	1000–2500
Verbreitung	Kuba (endemisch)
Habitat	Süßwassersümpfe
Bedrohungen	Feuer, Trockenlegungsmaßnahmen

KABYLENKLEIBER
Sitta ledanti

Der Kabylenkleiber wurde in den frühen 1970er-Jahren entdeckt und erst 1976 wissenschaftlich beschrieben; diese Art ist nicht nur der einzige Kleiber in Algerien, sondern auch der einzige für das Land endemische Vogel. Er lebt kommt nur auf wenigen Flächen in Bergwäldern (500–1800 m Meereshöhe) vor, die im Nordosten von Algerien liegen. Zu diesen Orten gehören der Taza-Nationalpark und Djebel Babor – alle befinden sich innerhalb eines 60-km-Radius. Kabylenkleiber ernähren sich im Sommer von Wirbellosen wie Insekten und Spinnen, in der kalten Jahreszeit jedoch weitgehend von Sämereien, Beeren und Nüssen. Wie alle Kleiber kann auch diese Art kopfüber auf Bäumen herum klettern. Das Gefieder ist unterseits beigegelb, die Kehle blass, die Oberseite graublau, ein weißer Überaugenstreif trennt den schwärzlichen Vorderscheitel von dem für Kleiber typischen schwarzen Augenstreif; beim Weibchen sind diese schwarzen Areale grauer. Waldbrände, Walddegradation durch Beweidung und menschliche Störungen bedrohen den Bestand dieser Art.

Familie	Sittidae
Größe	12,5 cm
Status	stark gefährdet (abnehmend)
Population	250–1000
Verbreitung	Algerien (endemisch)
Habitat	Wälder
Bedrohungen	Feuer, Störungen

WEISSFLÜGELMEISE
Parus nuchalis

Diese für Indien endemische Meise ist lebhaft schwarz-weiß gefärbt mit schwarzem Mantel, schwarz-weißen Hand- und Armschwingen sowie Schirmfedern und weißen, gelb oder orangegelb überlaufenen Seiten. Auffällig sind die schwarzen Flügeldecken. Weißflügelmeisen verzehren vorwiegend Insekten, besonders Raupen sowie andere Larven und Käfer (vorwiegend Rüsselkäfer) wie auch Früchte und Nektar. Die Art hat zwei Verbreitungsschwerpunkte: einen im Süden, in Karnataka, Andrah Pradesh und Tamil Nandu, und einen im Nordwesten, der von Rajastan bis Gujarat reicht. Innerhalb dieser Gebiete sind die Populationen jedoch klein, zerstreut und stark fragmentiert; dazu droht der Verlust ihres speziellen Lebensraums, der von Akazien dominierten trocken Dornbuschwälder. Diese werden abgeholzt und als Feuerholz oder anderweitig genutzt, zum Beispiel für die Streichholz-, Möbel- oder Holzkohlenproduktion, oder die Dornbuschwälder werden gerodet, um Erz oder Baumaterial abzubauen. Auch das Vordringen der aus Nordamerika stammenden Honig-Mesquite *(Prosopis glandulosa)* ist ein Problem, nicht zu Unrecht gehört diese Art für die IUCN zu den hundert schlimmsten Neophyten der Welt.

Familie Paridae
Größe 12 cm
Status gefährdet (abnehmend)
Population 2500–10 000
Verbreitung Indien (endemisch)
Habitat trockene Buschwälder
Bedrohungen Habitatverlust und -fragmentierung, Abbau von Bodenschätzen

BEDROHTE ZAUNKÖNIGE, KLEIBER, WASSERAMSELN UND MEISEN

FAMILIE		TRIVIALNAME	WISSENSCHAFTLICHER NAME	STATUS
TROGLODYTIDAE Zaunkönige	■	Apolinar-Zaunkönig	*Cistothorus apolinari*	EN
	■	Kuba-Zaunkönig	*Ferminia cerverai*	EN
	■	Munchique-Zaunkönig	*Henicorhina negreti*	CR
	■	Nava-Zaunkönig	*Hylorchilus navai*	VU
	■	Niceforo-Zaunkönig	*Thryothorus nicefori*	CR
	■	Falkland-Zaunkönig	*Troglodytes cobbi*	VU
	■	Santa-Marta-Zaunkönig	*Troglodytes monticola*	VU
	■	Clarion-Zaunkönig	*Troglodytes tanneri*	VU
SITTIDAE Kleiber	■	Schmuckkleiber	*Sitta formosa*	VU
	■	Kabylenkleiber	*Sitta ledanti*	EN
	■	Riesenkleiber	*Sitta magna*	VU
	■	Weißbrauenkleiber	*Sitta victoriae*	EN
	■	Korsenkleiber	*Sitta whiteheadi*	VU
CINCLIDAE Wasseramseln	■	Rostkehl-Wasseramsel	*Cinclus schulzi*	VU
PARIDAE Meisen	■	Weißflügelmeise	*Parus nuchalis*	VU

ROTE LISTE ■ ausgestorben ■ in freier Wildbahn ausgest. ■ vom Aussterben bedroht ■ stark gefährdet ■ gefährdet

DROSSELN UND SPOTTDROSSELN

Die Drosseln (Turdidae) sind weltweit verbreitet; zur Familie gehören etwa 170 Arten, von denen 19 bedroht sind. Diese mittelgroßen Singvögel sind im Gesamtkörperbau ähnlich: Der Schwanz ist relativ lang, der Körper selbst recht kräftig. Das Gefieder ist bei den meisten Arten überwiegend braun, häufig mit gefleckter oder gestreifter Unterseite, doch es gibt auch sehr farbenfrohe Arten in der Familie. Drosseln suchen ihre Nahrung hauptsächlich auf dem Boden und ziehen oft Würmer und andere Wirbellose aus dem Erdreich; bei vielen Arten sind auch Beeren und andere Früchte Teil der Kost. Die in Eurasien verbreitete Singdrossel hat sich darauf spezialisiert, Gehäuseschnecken an einem harten Gegenstand zu zerschmettern, um an den weichen Schneckenkörper zu gelangen. Dabei nimmt sie die Schnecke mit dem Schnabel auf und schlägt sie mehrfach gegen einen Stein (sogenannte Drosselschmiede). Der Gesang ist bei vielen Drosseln laut und melodisch, die Alarmrufe zeternd. In Europa ist der wohlklingende Gesang von Amsel und Singdrossel für den Frühling so typisch, wie im östlichen Nordamerika die flötenden Strophen der Walddrossel. Auch die Wanderdrossel (von den ersten Siedlern irrigerweise als «American Robin» bezeichnet) ist eine typische nordamerikanische Drosselart. Neben der großen Gattung der Echten Drosseln *(Turdus)* zählen zum Beispiel die Cochoas *(Cochoa)*, Guineadrosseln *(Neocossyphus)*, Hüttensänger *(Sialia)*, Musendrosseln *(Catharus)* und Trugdrosseln *(Myadestes)* zu dieser Familie. Drei Drosselarten sind vom Aussterben bedroht: Lanai-Klarino und Palmer-Drossel (beide aus Hawaii) sowie die Taitadrossel, die nur in einigen sehr kleinen Nebelwaldgebieten in den Bergen Südkenias vorkommt.

Die Spottdrosseln (Mimidae) umfassen 35 Arten, die in Nord- und Südamerika sowie der Karibik heimisch sind. Die meist mittelgroßen Vögel haben einen langen Schnabel und langen Schwanz und ähneln im Körperbau den Drosseln. Ihr Körper ist jedoch schlanker und länglicher, der Schwanz ist im Vergleich länger. Bei vielen ist das Gefieder überwiegend braun oder grau, häufig stark gestreift. Die lebhaften Vögel verbringen viel Zeit auf der Nahrungssuche in Unterwuchs und Laubstreu; ihr abwechslungsreicher Speisezettel umfasst Insekten und andere Wirbellose, kleine Eidechsen wie auch Sämereien und Früchte. Sie sind für ihren melodischen Gesang bekannt, vor allem für ihre Fähigkeit, die Rufe und Gesänge anderer Vögel nachzuahmen, zu «spotten». Die namensgebende Spottdrossel *(Mimus polyglottos)* gilt als einer der besten Imitatoren anderer Vögel, baut deren Strophen in ihr eigenes Repertoire ein, äfft aber auch mechanische Geräusche oder Hundebellen nach. Manche Individuen eignen sich diese Plagiate erstaunlich schnell an. Wie zahlreiche gute «Sänger» besitzt auch die Spottdrossel ein unauffälliges Federkleid. Zur Familie zählen neben der großen Gattung *Mimus* weitere wie Zitterdrosseln *(Cinclocerthia)* und Sichelspottdrosseln *(Toxostoma)*. Sieben Arten sind bedroht, drei davon sogar vom Aussterben.

SUNDA-SCHNÄPPERDROSSEL

Cochoa azurea

Die Arten der Gattung *Cochoa* sind alle farbenprächtig, doch das Männchen der Sunda-Schnäpperdrossel ist mit seinem oberseits tiefblauen Gefieder besonders unverkennbar. Ansonsten ist der Vogel, einschließlich Schnabel und Augen, schwarz gefärbt. Das Blau des Weibchens ist nicht so intensiv, und die beim Männchen schwarzen Gefiederpartien sind bei ihm eher dunkelbraun. Die vier Arten der Gattung *Cochoa* sind hier, wie traditionell üblich, zu den Drosseln (Turdidae) gestellt worden, gehören jedoch nach Ansicht einiger Experten zu den Fliegenschnäppern (Muscicapidae). Wie der Name andeutet, ist die Sunda-Schnäpperdrossel auf den Sunda-Inseln und zwar im äußersten Westen von Java (im alten Königreich Sunda) endemisch. Der unauffällige, fast heimliche Vogel lebt in Bergregenwäldern in 1000 bis 3000 Meter Meereshöhe. Der Habitatverlust in den tieferen Zonen stellt eine große Bedrohung dar, denn Holzindustrie, Tourismus und Geothermie-Projekte dringen unaufhaltsam in diese Wälder vor, sodass die höher gelegenen Habitate isoliert und zu Insel-Rückzugsgebieten werden. Daraus ergeben sich etliche Probleme für die Sunda-Schnäpperdrossel, begrenzte Brutmöglichkeiten und Verarmung des Genpools sind nur einige Beispiele.

Familie	Turdidae
Größe	23 cm
Status	gefährdet (abnehmend)
Population	2500–10 000
Verbreitung	Indonesien(Java) (endemisch)
Habitat	Bergregenwälder
Bedrohungen	Entwaldung, Erschließung

KURODADROSSEL

Turdus celaenops

Die Kurodadrossel (nach einem japanischen Ornithologen benannt) hat zwei Hauptverbreitungsgebiete: erstens die südlich von Tokio gelegenen Izu-Inseln (Teil eines Nationalparks), und zwar insbesondere auf den Inseln zwischen Izu-Oshima und Aogashima, zweitens einige der Nansei-Inseln im Südwesten der Insel Kyushu. Sehr selten werden Kurodadrosseln auch auf einer der vier Hauptinseln beobachtet, gewöhnlich im Winter auf Honshu. Beim Männchen sind Flanken und Unterbrust tief orangerot, der Bauch ist in der Mitte weiß, Kopf, Hals und Oberbrust sind schwarz, das restliche Gefieder ist braun. Das Weibchen hat einen braunen Kopf und eine schwarze Kehle mit weißen Streifen. Der Hauptlebensraum sind sommergrüne Laubwälder, doch die Vögel kommen auch in Gebüschen sowie stillen Parks und Gärten vor. Die Kurodadrossel toleriert zwar die verschiedensten Habitate und ist mehr oder weniger allesfressend (im Sommer vorwiegend Wirbellose, im Winter Sämereien und Früchte), leidet aber ganz erheblich unter Nesträubern. Vor allem eingeschleppte Arten wie Feuerwiesel *(Mustela sibirica)* und Hauskatzen, aber auch Dickschnabel-Krähen *(Corvus macrorhynchos)* gefährden den Bestand der Art.

Familie	Turdidae
Größe	23 cm
Status	gefährdet (abnehmend)
Population	2500–10 000
Verbreitung	Japan (endemisch)
Habitat	Wälder, Gebüsche, Gärten
Bedrohungen	eingeschleppte Fressfeinde, Habitatverlust

FLOREANA-SPOTTDROSSEL

Mimus trifasciatus

Diese Art ist nach Floreana, einer der größeren Galapagosinseln, benannt, wo sie bis in die 1880er-Jahre vorkam. Heute kämpft sie ums Überleben und existiert nur mehr auf zwei kleinen östlich vorgelagerten Inseln, Gardner-by-Floreana und Champion, die beide kleiner als ein Quadratkilometer sind. Aufgrund der winzigen Population und des ebenso kleinen Verbreitungsgebiets ist der Bestand der Art durch ungünstige Witterungsbedingungen, wie Hurrikane, Dürren und das El Niño/Southern Oscillation (ENSO) Phänomen, extrem gefährdet. Die Floreana-Spottdrossel ist unterseits weißlich, Flügel und Schwanz sind grau mit weißen Spitzen; auffällig sind der breite schwarze Augenstreif und der schmälere weiße Überaugenstreif. Die Art bevorzugt trockene Gebüsche, vor allem mit Kakteen- und Euphorbienbeständen. Sie ist eigentlich ein Insektenfresser, verzehrt aber auch größere Tiere, wie Eidechsen und Krabben, oder Nektar und Pollen, sogar die von Seevögeln, beispielsweise Tölpeln, hochgewürgte Nahrung. Im Rahmen eines Zehn-Jahres-Aktionsplans soll die Floreana-Spottdrossel, die auf Floreana Nesträubern wie Ratten zum Opfer fiel, dort wieder angesiedelt werden.

Familie Mimidae
Größe 25 cm
Status vom Aussterben bedroht (abnehmend)
Population 45–60
Verbreitung Galapagosinseln (Ecuador) (endemisch)
Habitat Kakteendickichte
Bedrohungen eingeschleppte Fressfeinde (Hausratte), Krankheiten

BEDROHTE DROSSELN UND SPOTTDROSSELN

FAMILIE		TRIVIALNAME	WISSENSCHAFTLICHER NAME	STATUS
TURDIDAE Drosseln	■	Cholo-Alethe	*Alethe choloensis*	EN
	■	Nilghiri-Kurzflügel	*Brachypteryx major*	VU
	■	Bicknelldrossel	*Catharus bicknelli*	VU
	■	Antillendrossel	*Cichlherminia lherminieri*	VU
	■	Sunda-Schnäpperdrossel	*Cochoa azurea*	VU
	■	Sumatra-Schnäpperdrossel	*Cochoa beccarii*	VU
	■	Lanai-Klarino	*Myadestes lanaiensis*	CR
	■	Hawaiidrossel	*Myadestes obscurus*	VU
	■	Palmer-Drossel	*Myadestes palmeri*	CR
	■	Ceylon-Pfeifdrossel	*Myophonus blighi*	EN
	■	Kurodadrossel	*Turdus celaenops*	VU
	■	Rostdrossel	*Turdus feae*	VU
	■	Taitadrossel	*Turdus helleri*	CR
	■	Somalidrossel	*Turdus ludoviciae*	VU
	■	Jemendrossel	*Turdus menachensis*	VU
	■	Haitidrossel	*Turdus swalesi*	EN
	■	Mindorodrossel	*Zoothera cinerea*	VU
	■	Nataldrossel	*Zoothera guttata*	EN
	■	Guadalcanal-Erddrossel	*Zoothera turipavae*	VU
MIMIDAE Spottdrosseln	■	Socorro-Spottdrossel	*Mimus graysoni*	CR
	■	Española-Spottdrossel	*Mimus macdonaldi*	VU
	■	San-Cristobal-Spottdrossel	*Mimus melanotis*	EN
	■	Floreana-Spottdrossel	*Mimus trifasciatus*	CR
	■	Weißbrust-Spottdrossel	*Ramphocinclus brachyurus*	EN
	■	Kaktus-Spottdrossel	*Toxostoma bendirei*	VU
	■	Cozumel-Spottdrossel	*Toxostoma guttatum*	CR

ROTE LISTE ■ ausgestorben ■ in freier Wildbahn ausgest. ■ vom Aussterben bedroht ■ stark gefährdet ■ gefährdet

TIMALIEN UND FELSHÜPFER

Die Timalien (Timaliidae) sind eine große und formenreiche Familie mit etwa 320 Arten, die von Afrika bis Asien heimisch sind – allerdings gibt es auch eine einzige nordamerikanische Art (die Chaparral-Timalie). Die meisten Arten haben kurze, gerundete Flügel, einen langen Schwanz und einen kräftigen Schnabel, der bei manchen Arten recht kurz ist. die Körpergröße reicht von sehr klein bis zu krähengroß. Timalien kommen in diversen Lebensräumen vor: von Wäldern und Gebüschen bis zu Grasland, Schilfbeständen und Halbwüsten. Viele Timalien sind gesellig, sie streifen oft in Trupps umher und halten durch regelmäßige Rufe Kontakt. Derartige Trupps können bis zu dreißig Vögel zählen, dabei wird der Gruppenzusammenhalt teilweise durch diese Rufe gewährleistet. Viele Arten zeigen ein kooperatives Brutverhalten, bei dem die nichtbrütenden, vermutlich nah verwandten Individuen als «Helfer» beim Bebrüten des Geleges und dem Füttern der Jungvögel mitwirken. Beispielhafte Vertreter dieser artenreichen Familie sind die Häherlinge *(Garrulax)*, die Karminflügelhäherlinge *(Liocichla)*, die Papageischnäbel oder Papageimeisen *(Paradoxornis)*, die Drosslinge *(Turdoides)* und die Buschtimalien *(Stachyris)*. Bei den Sicheltimalien (Hauptgattung *Pomatorhinus)* war der kräftige, abwärts gebogene Schnabel namensgebend; diese Arten erreichen in der Himalajaregion ihre höchste Vielfalt und leben dort in dichtem Pflanzenwuchs in den Vorbergen. Die Zaunkönigstimalien (Hauptgattung *Spelaeornis)* sind sehr kleine Vögel mit kurzem Schwanz, die in der Laubstreu nach Wirbellosen jagen. Zu den Papageischnäbeln oder Papageimeisen (Hauptgattung *Paradoxornis)* gehören etwa zwanzig Arten kleiner aktiver Timalien, bei denen der papageienähnliche Schnabel namensgebend war. Die sehr geselligen Vögel streifen gewöhnlich in geschlossenen Trupps umher und suchen im Unterwuchs oder in Schilfbeständen nach Nahrung. Auch die Bartmeise *(Panurus biarmicus)*, eine relativ verbreitete eurasische Art, wird inzwischen zu dieser Gruppe gestellt. Die große Gruppe der Häherlinge (Hauptgattung *Garrulax)* ist im tropischen und subtropischen Asien heimisch; es sind große stimmfreudige Vögel, deren Rufe an Häher erinnern. In China und anderen Teilen Asiens werden sie häufig als Käfigvögel gehalten – für derart gesellige Vögel ein trauriges Dasein. Insgesamt sind 31 Arten dieser Familie als bedroht eingestuft, darunter ist der hübsche Blaukappenhäherling aus China sogar vom Aussterben bedroht.

Dagegen umfasst die Familie der Felshüpfer oder Stelzenkrähen (Picathartidae) lediglich zwei Arten, die beide nur im tropischen Westafrika heimisch und beide als gefährdet eingestuft sind. Der Gelbkopf-Felshüpfer kommt in Guinea, Sierra Leone, Liberia, an der Elfenbeinküste und in Ghana vor. Die Stelzenkrähen sind merkwürdige Vögel mit nacktem ungefiedertem Kopf. Sie brüten in Kolonien an Steilfelsen oder in Höhlen und suchen hauptsächlich in der Laubstreu des Regenwalds nach Futter. Beide Arten sind vor allem durch Holzeinschlag und Störungen bedroht.

HALSBANDHÄHERLING

Garrulax yersini

Die systematische Einordnung des Halsbandhäherlings ist zurzeit umstritten; einige Autoren stellen ihn nicht mehr in die Gattung *Garrulax,* sondern als *Trochalopteron yersini* in eine neue Gattung. Sein Federkleid ist äußerst farbenfreudig: schwarzes Kopfgefieder mit silberfarbenen Wangen, dunkelorangefarbener Rumpf, dunkle bis schwarze Handdecken, blassrote Handschwingen und dunkler rotgrüner Schwanz und Bürzel. Er ist im Dalat-Hochland in Südostvietnam (nordöstlich von Ho-Chi-Minh-Stadt) heimisch und bewohnt Primär- und Sekundärwälder sowie Gebüsche in 1500 bis 2500 Meter Meereshöhe. Die Regierung hat in dieser Region neue Ansiedlungen gefördert, sodass die lokalen Habitate jetzt auch durch landwirtschaftliche Betriebe, Holzeinschlag, Sammeln von Feuerholz sowie den Abbau von Bodenschätzen extrem geschädigt werden. Bei der Rodung wird auch der Unterwuchs abgeräumt, sodass die Vögel ihre Nahrungsgründe verlieren (ihre Kost reicht von Insekten bis zu Beeren) und die bereits zerstreuten Populationen noch weiter fragmentiert werden.

Familie	Timaliidae
Größe	26–28 cm
Status	stark gefährdet (abnehmend)
Population	2500–10 000
Verbreitung	Vietnam (endemisch)
Habitat	Bergwald
Bedrohungen	Holzeinschlag, Walddegradation

PRZEWALSKI-PAPAGEIMEISE

Paradoxornis przewalskii

Die bekannten Vorkommen dieser Art sind sehr begrenzt und befinden sich in Berggebieten an der Grenze von Süd-Gansu und Nord-Sichuan in Zentralchina. Genauere Informationen fehlen, da es nur wenige Beobachtungen gibt. Przewalski-Papageimeisen sind generell aus Höhenlagen von 2000 bis 3000 Meter bekannt und kommen dort in Bambusdickichten sowie immergrünen und sommergrünen (Lärchen) Nadelwäldern vor. Kappe und Wangen des Vogels sind grau, ein schwarzer Zügelstreif zieht sich über das Auge bis zum Nacken, Kehle und Oberbrust sind orangefarben, Flügeln und Schwanz olivbraun. Die Art ernährt sich vermutlich vorwiegend von Insekten. Auch die periodische Blüte und das anschließende Absterben der Bambusbestände spielen möglicherweise für Verhalten und Verbreitung dieser Art eine Rolle – ähnlich wie bei anderen Wildtieren der Region, beispielsweise dem Großen Panda *(Ailuropoda melanoleuca)*. Angesichts der verbreiteten Entwaldung gehört die Przewalski-Papageimeise vermutlich zu den Arten, die von Schutzgebieten wie dem Naturpark Jiuzhaigou für den Großen Panda und die Goldstumpfnase *(Rhinopithecus roxellana)* profitieren.

Familie	Timaliidae
Größe	13–14,5 cm
Status	gefährdet (abnehmend)
Population	2500–10 000
Verbreitung	China (endemisch)
Habitat	Waldgebiete, Bambusdickichte
Bedrohungen	Habitatfragmentierung

OMEI-HÄHERLING
Liocichla omeiensis

Der Omei-Häherling ist auf wenige Berggebiete im Süden und Zentrum von Sichuan (Südwestchina) begrenzt. Dazu gehören das Emei-, Xiaoxiang-Ling- und Daliang-Gebirge. Die Art lebt in Laubwäldern, Bambusdickichten und Gebüschen und hält sich am Boden und im Unterwuchs auf. Im Sommer begibt sie sich in Höhenlagen bis zu 2500 Meter, überwintert aber in den geschützteren Lagen unter 1000 Meter. Die Grundfarbe des Gefieders ist olivgrau, unterer Scheitel und Nacken sind rötlich überlaufen, auffällig ist das leuchtend rote Flügelfeld; Flügel und Schwanz sind beim Weibchen eher gelblich gesäumt. Durch die massive Entwaldung (zugunsten von Landwirtschaft, Siedlungen und Holzplantagen) hat der Omei-Häherling einen Großteil seines Lebensraums eingebüßt. Seine besten Überlebenschancen liegen daher in Schutzgebieten wie dem Emei-Shan-Welterbe und den Naturschutzgebieten von Mamize, Heizhugou, Mabian Dafengding und Laojun Shan. Obwohl der Omei-Häherling gesetzlich geschützt ist, wird er gelegentlich immer noch für den Käfighandel gefangen.

Familie Timaliidae
Größe 20,5 cm
Status gefährdet (abnehmend)
Population 2500–10 000
Verbreitung China (endemisch)
Habitat Wälder und Gebüsch
Bedrohungen Habitatverlust und -fragmentierung, Störungen

BUNTKOPF-FELSHÜPFER
Picathartes oreas

Der Buntkopf-Felshüpfer, auch Grauhals-Stelzenkrähe genannt, ist auffällig gezeichnet: Hals, Rücken, Flügel und Schwanz sind blaugrau, die Handschwingen blauschwarz, die helle Unterseite ist orangegelb überlaufen. Unverkennbar ist der nackte Kopf: Stirn und Scheitel sind lilaviolett, der Hinterkopf (deutlich abgesetzt) karminrot, die Kopfseiten schwarz. Der Vogel hat einen kräftigen Schnabel, lange starke Beine und sucht vorwiegend auf dem Waldboden nach Nahrung. Dabei nimmt er relativ große Beute auf, wie Schnecken, Eidechsen, Frösche und nestjunge Vögel, aber auch Würmer und Insekten. Felshüpfer bewegen sich in typischen Sprüngen fort und legen kurze Strecken zwischen den Bäumen fliegend zurück; die Flügel werden allerdings hauptsächlich eingesetzt, um das Gleichgewicht auf niedrigen Ästen zu wahren. Die Art ist von Südostnigeria über Kamerun bis Gabun und zur Demokratischen Republik Kongo verbreitet, sie lebt in Primärregenwäldern mit geschlossenem Kronendach. Obwohl die Nahrungsansprüche nicht sonderlich speziell sind, ist das Vorkommen eingeschränkt, da die Art besondere Ansprüche an den Nistplatz stellt und nur auf Felsbändern, in Höhlenausgängen oder an regengeschützten Steilfelsen brütet, die zudem durch einen Steilabfall vor Raubfeinden geschützt sind. Anlass zur Sorge geben die rasante Habitatdegradation in dieser Region und die Prädation durch Primaten.

Familie Picathartidae
Größe 35 cm
Status gefährdet (abnehmend)
Population 2500–10 000
Verbreitung Westafrika
Habitat Regenwald
Bedrohungen Entwaldung, Störungen

BEDROHTE TIMALIEN UND FELSHÜPFER

FAMILIE		TRIVIALNAME	WISSENSCHAFTLICHER NAME	STATUS
TIMALIIDAE Timalien	■	Schwarzscheitelsibia	*Actinodura sodangorum*	VU
	■	Buntkopf-Alcippe	*Alcippe variegaticeps*	VU
	■	Jerdon-Timalie	*Chrysomma altirostre*	VU
	■	Grauscheitel-Würgertimalie	*Crocias langbianis*	EN
	■	Goldstirn-Buschtimalie	*Dasycrotapha speciosa*	EN
	■	Schwarzweißhäherling	*Garrulax bicolor*	VU
	■	Perlenhäherling	*Garrulax bieti*	VU
	■	Zimtbrusthäherling	*Garrulax cachinnans*	EN
	■	Graustirnhäherling	*Garrulax cinereifrons*	VU
	■	Blaukappenhäherling	*Garrulax courtoisi*	CR
	■	Kastanienohrhäherling	*Garrulax konkakinhensis*	VU
	■	Goldflügelhäherling	*Garrulax ngoclinhensis*	VU
	■	Kansuhäherling	*Garrulax sukatschewi*	VU
	■	Halsbandhäherling	*Garrulax yersini*	EN
	■	Weißkehl-Timalie	*Kupeornis gilberti*	EN
	■	Bugunhäherling	*Liocichla bugunorum*	VU

ROTE LISTE ■ ausgestorben ■ in freier Wildbahn ausgest. ■ vom Aussterben bedroht ■ stark gefährdet ■ gefährdet

BEDROHTE TIMALIEN UND FELSHÜPFER *FORTSETZUNG*				
FAMILIE		**TRIVIALNAME**	**WISSENSCHAFTLICHER NAME**	**STATUS**
TIMALIIDAE Timalien	■	Omei-Häherling	*Liocichla omeiensis*	VU
	■	Schwarzkehl-Papageimeise	*Paradoxornis flavirostris*	VU
	■	Przewalski-Papageimeise	*Paradoxornis przewalskii*	VU
	■	Grauhauben-Papageimeise	*Paradoxornis zappeyi*	VU
	■	Sumpf-Erdtimalie	*Pellorneum palustre*	VU
	■	Palawan-Wolltimalie	*Ptilocichla falcata*	VU
	■	Borneo-Wolltimalie	*Ptilocichla leucogrammica*	VU
	■	Rostgesichttimalie	*Robsonius rabori*	VU
	■	Braungesichttimalie	*Robsonius sorsogonensis*	VU
	■	Mishmi-Zaunkönigstimalie	*Spelaeornis badeigularis*	VU
	■	Khasi-Zaunkönigstimalie	*Spelaeornis longicaudatus*	VU
	■	Negros-Streifentimalie	*Stachyris nigrorum*	EN
	■	Weißkehl-Buschtimalie	*Stachyris oglei*	VU
	■	Hinde-Drossling	*Turdoides hindei*	VU
	■	Schlankschnabel-Drossling	*Turdoides longirostris*	VU
PICATHARTIDAE Felshüpfer	■	Gelbkopf-Felshüpfer	*Picathartes gymnocephalus*	VU
	■	Buntkopf-Felshüpfer	*Picathartes oreas*	VU

ROTE LISTE ■ ausgestorben ■ in freier Wildbahn ausgest. ■ vom Aussterben bedroht ■ stark gefährdet ■ gefährdet

GRASMÜCKENARTIGE, HALMSÄNGERARTIGE (*CISTICOLA* UND VERWANDTE) UND MÜCKENFÄNGER

Die Grasmückenartigen (Sylviidae) sind eine große Familie mit 290 Arten. Die meisten sind klein, mit zierlichem Körperbau, recht unscheinbarem, braunem oder grünlichem Gefieder und schmalem Schnabel. Sie ernähren sich von Insekten und deren Larven, aber auch von Sämereien, Nektar und Früchten. Viele zeichnen sich durch laute melodische Gesänge aus. Sie kommen in den verschiedensten Habitaten vor, häufig in Waldgebieten, Gebüschen und Dickichten, doch viele, wie die Rohrsänger, sind typische Bewohner von Schilf- und anderen Feuchtgebieten. Die meisten Sylviiden bauen ein napfförmiges Nest in dichter Vegetation und sind monogam. Typische Vertreter der Familie sind die Buschsänger *(Bradypterus, Nesillas, Trichocichla)*, Grasmücken *(Sylvia)*, Laubsänger *(Phylloscopus)*, Rohrsänger *(Acrocephalus)*, Schwirle *(Locustella)*, Seidensänger *(Cettia)* und Spötter *(Hippolais)*. Typisch für Schneidervögel *(Orthotomus* und *Artisornis)* sind der gestelzte Schwanz und das Nest aus lebenden Blättern, das mit Pflanzenfasern oder Spinnweben «zusammengenäht» wird. Zurzeit wird diskutiert, ob die Schneidervögel zu den Sylviidae oder den Cisticolidae gehören. Insgesamt sind 36 Arten als bedroht eingestuft, 15 alleine in der Gattung *Acrocephalus*. Vom Aussterben bedroht sind drei Arten: Hawaii-Rohrsänger, Sprosser-Rohrsänger und Langschnabelsänger (Langschneidervogel).

Zu den Halmsängerartigen (Cisticolidae) gehören 114 Arten kleiner insektenfressender Vögel, die von Europa und Afrika bis Asien und Australien vorkommen. Die meisten leben in Grasland, Gebüschen oder Sumpfgebieten, einige haben sich allerdings an Lebensräume wie Straßenränder und Brachflächen angepasst. Viele Arten, vor allem die Zistensänger (Gattung *Cisticola*), besitzen einen typischen Gesang mit ständig wiederholten und metallisch klingenden Elementen. Der Gattungsname *Cisticola* bezieht sich auf das Nest des europäischen Zistensängers *(C. juncidis)* und bedeutet etwa «Bewohner eines Körbchens». Diese kleinen unauffälligen Vögel sind oft im Unterwuchs verborgen und lassen sich am besten anhand ihres Gesangs unterscheiden. Typische Vertreter der Familie sind neben den Zistensängern die Prinien *(Prinia)* und Feinsänger *(Apalis)*. Acht Arten sind bedroht, darunter der Taita-Feinsänger aus den Taita Hills in Südkenia sogar vom Aussterben.

Die Mückenfänger (Polioptilidae) sind eine kleine Neuweltfamilie mit 15 Arten, die in Nord- und Südamerika vorkommen. Die schlanken Vögel haben einen langen Schwanz und graues oder braunes Gefieder. Sie ernähren sich von verschiedenen Insekten und anderen Wirbellosen und leben vorwiegend in Waldgebieten, manchmal allerdings auch in trockenen Gebüschhabitaten. Nur eine Art, der Iquitos-Mückenfänger, ist bedroht, allerdings vom Aussterben. Er kommt nur in einem winzigen Gebiet in Nordperu vor und hat dort stark unter der Entwaldung gelitten. Die Art wurde erst 2005 beschrieben und wurde zum offiziellen Vogel der Stadt Iquitos, zur «Perlita de Iquitos», gekürt.

HAWAII-ROHRSÄNGER
Acrocephalus familiaris

Wie die meisten Rohrsänger ist auch der Hawaii-Rohrsänger unauffällig, vor allem braun gefärbt und hat einen dünnen Schnabel. Der Gesang ist eine einfache Strophe rasch vorgetragener, metallisch klingender Töne. Diese auf Hawaii endemische Art kommt heute nur mehr auf der kleinen Felsinsel Nihoa im Nordwesten des Archipels vor. Die Population (Unterart *A. f. kingi)* schwankt anscheinend stark, weshalb die Art als erheblich gefährdet gilt. Die Vögel leben vorwiegend in Gebüschen und ernähren sich von kleinen Wirbellosen wie Insektenlarven, Käfern und Spinnen. Früher war der Hawaii-Rohrsänger auch auf der Insel Laysan verbreitet, starb dort aber aus – zum Teil wegen der eingeführten Kaninchen, die das geeignete Habitat weitgehend kahl fraßen, sodass auch die Insektenmenge zurückging. Die kleine Population auf Nihoa ist durch extreme Witterungsereignisse wie Dürren und Stürme gefährdet. Der Zugang zur Insel Nihoa ist streng kontrolliert, außerdem werden Pläne für Ansiedlungen auf geeigneten Nachbarinseln ausgearbeitet.

Familie Sylviidae
Größe 13 cm
Status vom Aussterben bedroht (schwankend)
Population 480–1150
Verbreitung Hawaii (Nihoa) (endemisch)
Habitat Gebüsch
Bedrohungen Stürme, Feuer

USAMBARA-HYLIOTA
Hyliota usambara

Dieser farbenfrohe Vogel ist in Tansania endemisch und kommt dort nur in einem sehr kleinen Gebiet in den Vorbergen der Östlichen Usambara-Berge in Nordosttansania vor. Die mittelgroße Art ist oberseits glänzend blauschwarz gefärbt mit breiter weißer Flügelbinde. Das orangerote Gefieder von Kehle und Brust verfärbt sich zum Bauch hin ins Gelbliche. Usambara-Hyliotas bevorzugen den Kronenbereich, finden sich jedoch auch an Waldrändern und in Kaffeeplantagen zurecht; vermutlich benötigen sie zum Brüten allerdings Klimaxwälder. Die Vögel sammeln gewöhnlich von Ästen und Blättern im oberen Kronendach Insekten ab, jagen diese aber auch auf ähnliche Weise wie Fliegenschnäpper. Die Hauptgefahr für die Art liegt in der Degradation der restlichen Wälder durch Holzeinschlag und die Rodung potenzieller Ackerflächen. Derzeit versucht man, den Waldanteil in den Schutzgebieten zu erhöhen, obwohl dies angesichts der hohen Bevölkerungsdichte mit ihrem Bedarf an Bauholz und Anbauflächen schwierig ist.

Familie Sylviidae
Größe 14 cm
Status stark gefährdet (abnehmend)
Population 1000–2500
Verbreitung Tansania (endemisch)
Habitat Wälder, Plantagen
Bedrohungen Habitatdegradation

BEDROHTE GRASMÜCKENARTIGE, HALMSÄNGERARTIGE (*CISTICOLA* UND VERWANDTE) UND MÜCKENFÄNGER

FAMILIE		TRIVIALNAME	WISSENSCHAFTLICHER NAME	STATUS
SYLVIIDAE Grasmückenartige	■	Fanning-Rohrsänger	*Acrocephalus aequinoctialis*	EN
	■	Dohrn-Rohrsänger	*Acrocephalus brevipennis*	EN
	■	Langschnabel-Rohrsänger	*Acrocephalus caffer*	EN
	■	Hawaii-Rohrsänger	*Acrocephalus familiaris*	CR
	■	Basra-Rohrsänger	*Acrocephalus griseldis*	EN
	■	Sprosser-Rohrsänger	*Acrocephalus luscinius*	CR
	■	Seggen-Rohrsänger	*Acrocephalus paludicola*	VU
	■	Nauru-Rohrsänger	*Acrocephalus rehsei*	VU
	■	Rimatara-Rohrsänger	*Acrocephalus rimatarae*	VU
	■	Rodriguez-Rohrsänger	*Acrocephalus rodericanus*	EN
	■	Seychellen-Rohrsänger	*Acrocephalus sechellensis*	VU
	■	Hirse-Rohrsänger	*Acrocephalus sorghophilus*	VU
	■	Hendersoninsel-Rohrsänger	*Acrocephalus taiti*	VU
	■	Mandschuren-Rohrsänger	*Acrocephalus tangorum*	VU
	■	Pitcairn-Rohrsänger	*Acrocephalus vaughani*	EN
	■	Bräunling	*Amaurocichla bocagei*	VU
	■	Langschnabelsänger	*Artisornis moreaui*	CR

ROTE LISTE ■ ausgestorben ■ in freier Wildbahn ausgest. ■ vom Aussterben bedroht ■ stark gefährdet ■ gefährdet

LANGBEIN-BUSCHSÄNGER

Trichocichla rufa

Der Langbein-Buschsänger ist auf den Fidschi-Inseln endemisch, das Gefieder ist überwiegend braun, der Bauch weißlich, die Flanken sind rotbraun; Schwanz und Beine sind lang. Die Population ist zwar sehr klein, aber anscheinend stabil; möglicherweise wurde der Bestand sogar zu niedrig eingeschätzt. Dies liegt vor allem daran, dass die Vögel sehr schwer zu entdecken sind, wenn sie nicht rufen – der Gesang ist laut und melodisch, der Alarmruf unverkennbar und harsch. Der Langbein-Buschsänger kommt hauptsächlich auf Viti Levu vor, insbesondere im Wabu-Waldreservat und im Sovi-Becken. Er wurde auch auf Vanua Levu nachgewiesen. Die Art bevorzugt Klimaxwälder in 200 bis 800 Meter Meereshöhe, insbesondere Standorte in Bachnähe, häufig an steilen Hängen mit dichtem Unterwuchs (beispielsweise Baumfarnen). Meistens suchen die Vögel, oft in Familiengruppen, am Boden oder in Bodennähe nach Nahrung. Wie viele Bodenbewohner sind sie durch eingeschleppte fleischfressende Säuger gefährdet, beispielsweise durch Kleine Mungos *(Herpestes javanicus)* und Hausratten *(Rattus rattus)*.

Familie	Sylviidae
Größe	17 cm
Status	stark gefährdet (stabil)
Population	50–250
Verbreitung	Fidschi (endemisch)
Habitat	Klimaxwälder
Bedrohungen	eingeschleppte Fressfeinde, Holzeinschlag

GELBKEHL-FEINSÄNGER

Apalis flavigularis

Der Gelbkehl-Feinsänger ist ein zierlicher kleiner Vogel mit recht auffälligem Federkleid: Der Rücken ist leuchtend grün, die Unterseite gelb mit schwarzer Brustbinde, der Kopf schwarz, die Augen blass. Der Gesang wirkt nicht besonders melodisch – es ist nur ein lautes Zwitschern. Gelbkehl-Feinsänger brüten von Oktober bis Dezember, sie bauen ein Kuppelnest (überwiegend aus Moos); das Gelege umfasst zwei bis drei Eier. Sie wurde nur in drei Bergmassiven in Südostmalawi nachgewiesen, und da der Bestand vermutlich zurückgeht und ihr Verbreitungsgebiet sehr klein und fragmentiert ist, wurde sie als stark gefährdet eingestuft. Die bekannten Vorkommen befinden sich in immergrünen Bergwäldern, und zwar auf dem Mount Mulanje (dort auf 1000 bis 2400 m) sowie auf dem Mount Zomba und dem Mount Malosa (auf beiden auf 1400 bis 1950 m). Ein Großteil der noch erhaltenen Wälder ist zwar als Waldreservat geschützt, doch in der Praxis werden die Habitate immer noch großflächig zerstört oder degradiert.

Familie	Cisticolidae
Größe	13 cm
Status	stark gefährdet (abnehmend)
Population	2500–10 000
Verbreitung	Malawi (endemisch)
Habitat	Bergwälder
Bedrohungen	Entwaldung, Feuer

BEDROHTE GRASMÜCKENARTIGE, HALMSÄNGERARTIGE (*CISTICOLA* UND VERWANDTE) UND MÜCKENFÄNGER *FORTSETZUNG*

FAMILIE		TRIVIALNAME	WISSENSCHAFTLICHER NAME	STATUS
SYLVIIDAE Grasmückenartige	■	Rostkopf-Fuchssänger	*Bathmocercus winifredae*	VU
	■	Appert-Bülbül	*Bernieria apperti*	VU
	■	Sianakabülbül	*Bernieria tenebrosa*	VU
	■	Kivu-Buschsänger	*Bradypterus graueri*	EN
	■	Kap-Buschsänger	*Bradypterus sylvaticus*	VU
	■	Nacktzügelsänger	*Chaetornis striata*	VU
	■	Gelbbauch-Rohrsänger	*Chloropeta gracilirostris*	VU
	■	Braunstirn-Eremomela	*Eremomela turneri*	EN
	■	Usambara-Hyliota	*Hyliota usambara*	EN
	■	Pleske-Schwirl	*Locustella pleskei*	VU
	■	Angola-Bülbülgrasmücke	*Macrosphenus pulitzeri*	EN
	■	Masken-Buschsänger	*Megalurulus grosvenori*	VU
	■	Weißflügel-Schilfsteiger	*Megalurus albolimbatus*	VU
	■	Kulambangra-Laubsänger	*Phylloscopus amoenus*	VU
	■	Hainan-Laubsänger	*Phylloscopus hainanus*	VU
	■	Ijima-Laubsänger	*Phylloscopus ijimae*	VU
	■	Rundschwanz-Sänger	*Schoenicola platyurus*	VU
	■	Jemengrasmücke	*Sylvia buryi*	VU
	■	Langbein-Buschsänger	*Trichocichla rufa*	EN
CISTICOLIDAE Halmsängerartige	■	Kungwe-Feinsänger	*Apalis argentea*	EN

ROTE LISTE ■ ausgestorben ■ in freier Wildbahn ausgest. ■ vom Aussterben bedroht ■ stark gefährdet ■ gefährdet

BEDROHTE GRASMÜCKENARTIGE, HALMSÄNGERARTIGE (*CISTICOLA* UND VERWANDTE) UND MÜCKENFÄNGER *FORTSETZUNG*

FAMILIE		TRIVIALNAME	WISSENSCHAFTLICHER NAME	STATUS
CISTICOLIDAE Halmsängerartige	■	Spiegel-Feinsänger	*Apalis chariessa*	VU
	■	Gelbkehl-Feinsänger	*Apalis flavigularis*	EN
	■	Taita-Feinsänger	*Apalis fuscigularis*	CR
	■	Karamoja-Feinsänger	*Apalis karamojae*	VU
	■	Aberdare-Zistensänger	*Cisticola aberdare*	EN
	■	Graukopf-Prinie	*Prinia cinereocapilla*	VU
	■	Weißaugen-Prinie	*Prinia leontica*	VU
POLIOPTILIDAE Mückenfänger	■	Iquitos-Mückenfänger	*Polioptila clementsi*	CR

ROTE LISTE ■ ausgestorben ■ in freier Wildbahn ausgest. ■ vom Aussterben bedroht ■ stark gefährdet ■ gefährdet

FLIEGENSCHNÄPPER, AUSTRALISCHE SÄNGER, LACKVÖGEL UND SCHNÄPPERWÜRGER

Mit etwa 280 Arten sind die Fliegenschnäpper (Muscicapidae) eine der größten Vogelfamilien überhaupt; die formenreiche Familie ist nur in der Alten Welt heimisch. Diese kleinen, hauptsächlich insektenfressenden Singvögel sind sehr agil und ernähren sich vielfach von Fluginsekten, die sie häufig im Flug erbeuten. Typische Vertreter sind die «Kleindrosseln» mit den Nachtigallen *(Luscinia)*, Rotschwänzen *(Phoenicurus)*, Wiesenschmätzern *(Saxicola)*, Steinschmätzern *(Oenanthe)* und Steinröteln *(Monticola)* sowie die Schnäpper mit den Eigentlichen Schnäppern *(Muscicapa)* und den Höhlenschnäppern *(Ficedula)*. Insgesamt 32 Arten sind als bedroht gelistet, darunter der Sumatra-Blauschnäpper als vom Aussterben bedroht. Zu der auf Afrika beschränkten Gattung *Sheppardia* gehören kleine rotkehlchenähnliche Waldvögel; von den neun Arten dieser Gattung sind alleine vier bedroht – hauptsächlich aufgrund von Habitatverlust.

Die Australischen Sänger *(Maluridae)* sind eine recht kleine Familie mit 27 Arten, von denen drei bedroht sind: Carpentaria-Grasschlüpfer und Weißkehl-Grasschlüpfer (beide gefährdet) sowie Malleeborstenschwanz (stark gefährdet). Diese Familie erinnert in Körpergestalt und Verhalten an Zaunkönige; bekannte Vertreter sind die Staffelschwänze *(Malurus)*, deren Männchen sich durch schillerndes, oft blaues oder schwarzes Gefieder auszeichnen.

Die Familie der Lackvögel *(Dasyornithidae)* umfasst nur drei Arten, sie leben in Strauchsavannen in Südostaustralien. Die mittelgroßen Vögel sind unscheinbar gefärbte Bodenbewohner; auffällig sind die borstenähnlichen Federn an der Schnabelbasis. Zwei Arten sind bedroht: der Langschnabel-Lackvogel (gefährdet) und der Braunkopf-Lackvogel (stark gefährdet).

Zu den Schnäpperwürgern *(Platysteiridae)* gehören 31 Arten; die in Afrika heimischen Vögel erinnern an Fliegenschnäpper. Typische Vertreter sind die Wollschnäpper *(Batis)*, die Lappenschnäpper *(Platysteira)* und die Schnäpperwürger *(Bias)*. Bedroht ist nur der Bamenda-Lappenschnäpper (stark gefährdet), der in Bergregenwäldern in Kamerun heimisch ist und vor allem unter Habitatzerstörung zu leiden hat.

SEYCHELLENDAJAL
Copsychus sechellarum

Der hübsche und furchtlose Seychellendajal gehört wohl zu den schönsten Seltenheiten der Vogelwelt und steht für alle an Natur interessierten Seychellenbesucher auf der Wunschliste. Das überwiegend schwarze Gefieder des Vogels glänzt metallisch blau, auffällig ist ein breites weißes Flügelfeld. Der englische Name *Magpie-robin* ist sehr treffend, da der Seychellendajal im Gefieder an eine Elster und in Verhalten und Körperform an ein Rotkehlchen oder eine Drossel erinnert. Er ist auf den Seychellen endemisch; die Population ist zwar klein, nimmt jedoch zu und liegt zurzeit bei etwa 200 Vögeln. In den 1960er-Jahren gab es nur mehr einen abnehmenden Bestand auf der Insel Frégate, der 1965 bei lediglich 12 bis 15 Vögeln lag. Zu Beginn der 1990er-Jahre hatte sich dieser Bestand leicht auf etwa zwanzig Individuen erhöht. Doch infolge besserer Schutzmaßnahmen auf Frégate und Neuansiedlungen auf den Inseln Aride, Cousin und Cousine steigt die Population inzwischen wieder an. Einige Seychellendajale haben sich möglicherweise in der Nähe von Siedlungen an pestizidkontaminierten Schaben vergiftet; auch verwilderte Hauskatzen und Ratten sind ein Problem.

Familie	Muscicapidae
Größe	18–21 cm
Status	stark gefährdet (zunehmend)
Population	200
Verbreitung	Seychellen (endemisch)
Habitat	Wälder, Plantagen
Bedrohungen	eingeschleppte Fressfeinde, Pestizide

AMBRERÖTEL
Monticola erythronotus

Dieser Waldvogel kommt nur auf der Montagne d'Ambre vor, einem Bergmassiv im Norden von Madagaskar, und steht als einer der zahlreichen Madagaskar-Endemiten auf der Wunschliste von ornithologisch interessierten Besuchern. Die meisten Individuen leben nur in einem einzigen Waldgebiet auf den oberen Hängen eines einzigen Berges – eine derart eingeschränkte Verbreitung ist für diese kleinen drosselähnlichen Vögel äußerst riskant. Beim Männchen sind Kopf, Nacken und Kehle leuchtend blau, Brust und Bauch orangerot, Flügel und Rücken braun. Auch der Schwanz ist orangerot, die mittleren Schwanzfedern sind braun. Das insgesamt unauffälliger gefärbte Weibchen hat keine blaue Kapuze. Der Ambrerötel bevorzugt mittlere Höhenlagen und feuchte Bergregenwälder von 800 bis 1300 Meter Meereshöhe. Er ernährt sich von Wirbellosen, die er vor allem auf dem Waldboden erbeutet. Obwohl der Bestand vermutlich abnimmt, gibt es anscheinend keine signifikanten Bedrohungen, und der Lebensraum ist weitgehend intakt.

Familie	Muscicapidae
Größe	16 cm
Status	stark gefährdet (abnehmend)
Population	5000
Verbreitung	Madagaskar (endemisch)
Habitat	Nebelwald
Bedrohungen	Habitatdegradation

MALLEEBORSTENSCHWANZ
Stipiturus mallee

Mit seinem sehr kleinen Körper und dem langen, meist gestelzten Schwanz ist der Malleeborstenschwanz unverwechselbar. Die extrem langen Schwanzfedern sind dünn und aufgefasert (Name!), Rücken und Flügel sind braun gestreift, doch das restliche Gefieder ist sehr farbenfroh: Gesicht und Latz sind strahlend blau, der Bauch orangebraun und die Kappe rotbraun. Das Verbreitungsgebiet der Art ist sehr fragmentiert: Der Vogel ist in den Mallee-Gebieten von Victoria und South Australia heimisch und kommt vor allem im Ngarkat Conservation Park, Murray Sunset National Park und Hattah Kulkyne National Park vor. Wie der Name andeutet, lebt die Art in Mallee-Dickichten, aber auch im Spinifex-Grasland. Aufgrund der neuerdings häufigeren Buschfeuer hat sich der Pflanzenwuchs in diesen Habitaten verändert, doch immer noch gibt es große Gebiete, deren Habitate auf den ersten Blick passend sind. Es dauert jedoch fünf bis zehn Jahre, bis sich die Mallee-Vegetation so weit regeneriert hat, dass sie für den Malleeborstenschwanz geeignet ist; die fragmentierten Populationen sind daher stark gefährdet. Zurzeit ist zu wenig über die ökologischen Ansprüche dieser Art bekannt, um gezielte Schutzmaßnahmen in die Wege leiten zu können.

Familie	Maluridae
Größe	13–14,5 cm
Status	stark gefährdet abnehmend)
Population	1500–2800
Verbreitung	Australien (endemisch)
Habitat	Mallee-Busch, Grasland
Bedrohungen	Habitatverlust, Feuer

BEDROHTE FLIEGENSCHNÄPPER, AUSTRALISCHE SÄNGER, LACKVÖGEL UND SCHNÄPPERWÜRGER

FAMILIE		TRIVIALNAME	WISSENSCHAFTLICHER NAME	STATUS
MUSCICAPIDAE Fliegenschnäpper	■	Cebuschama	*Copsychus cebuensis*	EN
	■	Seychellendajal	*Copsychus sechellarum*	EN
	■	Weißkopfrötel	*Cossypha heinrichi*	VU
	■	Breitschnabel-Blauschnäpper	*Cyornis caerulatus*	VU
	■	Sumatra-Blauschnäpper	*Cyornis ruckii*	CR
	■	Sanford-Schnäpper	*Cyornis sanfordi*	EN
	■	Schiefer-Grundschnäpper	*Ficedula basilanica*	VU
	■	Bonthain-Grundschnäpper	*Ficedula bonthaina*	EN
	■	Palawan-Grundschnäpper	*Ficedula platenae*	VU
	■	Kaschmir-Zwergschnäpper	*Ficedula subrubra*	VU
	■	Humblot-Schnäpper	*Humblotia flavirostris*	EN
	■	Schwarzkehlnachtigall	*Luscinia obscura*	VU
	■	Rotkopfnachtigall	*Luscinia ruficeps*	VU
	■	Marulaschnäpper	*Melaenornis annamarulae*	VU
	■	Bülbültimalie	*Modulatrix orostruthus*	VU
	■	Ambrerötel	*Monticola erythronotus*	EN
	■	Lenduschnäpper	*Muscicapa lendu*	VU
	■	Aschbrustschnäpper	*Muscicapa randi*	VU
	■	Weißbauch-Kurzflügel	*Myiomela albiventris*	EN
	■	Nilghiri-Kurzflügel	*Myiomela major*	EN

ROTE LISTE ■ ausgestorben ■ in freier Wildbahn ausgest. ■ vom Aussterben bedroht ■ stark gefährdet ■ gefährdet

BRAUNKOPF-LACKVOGEL
Dasyornis brachypterus

Diese mittelgroße, kurzflügelige Art ist oberseits kastanienbraun mit rotbraunem Oberflügel und unterseits graubraun. Der lange Schwanz ist rotbraun. Der stimmfreudige Braunkopf-Lackvogel stößt regelmäßig klingelnde Kontaktrufe aus und singt recht melodisch. Er ist in Australien endemisch und von Ost-Victoria bis Südost-Queensland verbreitet. Da die Vögel sich vorwiegend auf dem Boden aufhalten, ungern auffliegen und ziemlich scheu sind, lassen sie sich nur schwer entdecken und verraten sich meistens durch ihre Rufe oder den Gesang. Die bevorzugten Lebensräume reichen vom Regenwald bis zu Lichtungen mit Grasbulten oder Heidegebüschen. Derartige Habitate sind durch Buschfeuer gefährdet, und die neuerdings angestiegene Brandhäufigkeit hat sich auf die Bestandszahlen ausgewirkt. Durch Feuer wird insbesondere der Unterwuchs, und damit das bevorzugte Habitat des Braunkopf-Lackvogels, zerstört. Da die idealen Habitate klein und fragmentiert sind, ist die Feuergefahr zurzeit und auch in Zukunft eine erhebliche Bedrohung für die Art. Der Braunkopf-Lackvogel ist außerdem durch eingeschleppte Fressfeinde und Beweidung gefährdet. Man versucht die Art durch umfangreiche Schutzmaßnahmen zu erhalten, beispielsweise wurden die Bestände der verwilderten Schweine und Katze kontrolliert sowie Nachzuchtprogramme in Gefangenschaft eingerichtet, um die Vögel in geeigneten Habitaten wieder auszuwildern. Die Familie *Dasyornithidae* umfasst nur zwei weitere Arten, den Langschnabel-Lackvogel (gefährdet) und den Rotkopf-Lackvogel.

Familie	Dasyornithidae
Größe	18–22 cm
Status	stark gefährdet (abnehmend)
Population	1600
Verbreitung	Australien (endemisch)
Habitat	lichte Waldgebiete, Gebüsche
Bedrohungen	Feuer, eingeschleppte Fressfeinde, Weidewirtschaft

BEDROHTE FLIEGENSCHNÄPPER, AUSTRALISCHE SÄNGER, LACKVÖGEL UND SCHNÄPPERWÜRGER *FORTSETZUNG*

FAMILIE		TRIVIALNAME	WISSENSCHAFTLICHER NAME	STATUS
MUSCICAPIDAE Fliegenschnäpper	■	Negros-Dschungelschnäpper	*Rhinomyias albigularis*	EN
	■	Weißkehl-Dschungelschnäpper	*Rhinomyias brunneatus*	VU
	■	Rotflanken-Dschungelschnäpper	*Rhinomyias insignis*	VU
	■	Luzonrötel	*Rhyacornis bicolor*	VU
	■	Kanarenschmätzer	*Saxicola dacotiae*	EN
	■	Mattenschmätzer	*Saxicola insignis*	VU
	■	Wüstenbraunkehlchen	*Saxicola macrorhynchus*	VU
	■	Rubehorötel	*Sheppardia aurantiithorax*	EN
	■	Gabelarötel	*Sheppardia gabela*	EN
	■	Njomberötel	*Sheppardia lowei*	VU
	■	Usambararötel	*Sheppardia montana*	EN
	■	Swynnerton-Rötel	*Swynnertonia swynnertoni*	VU
MALURIDAE Australische Sänger	■	Carpentaria-Grasschlüpfer	*Amytornis dorotheae*	VU
	■	Weißkehl-Grasschlüpfer	*Amytornis woodwardi*	VU
	■	Malleeborstenschwanz	*Stipiturus mallee*	EN
DASYORNITHIDAE Lackvögel	■	Braunkopf-Lackvogel	*Dasyornis brachypterus*	EN
	■	Langschnabel-Lackvogel	*Dasyornis longirostris*	VU
PLATYSTEIRIDAE Schnäpperwürger	■	Bamenda-Lappenschnäpper	*Platysteira laticincta*	EN

ROTE LISTE ■ ausgestorben ■ in freier Wildbahn ausgest. ■ vom Aussterben bedroht ■ stark gefährdet ■ gefährdet

Monarchen, Südseegrasmücken, Fächerschwänze und Verwandte

Die Monarchen (Monarchidae) sind aktive Vögel mit abgeflachtem breitem Schnabel; einige Arten besitzen eine Kopfhaube und extrem verlängerte Schwanzfedern. Es sind vorwiegend Insektenfresser, die in Waldgebieten, aber auch in anderen Lebensräumen leben – von Mangrovenbeständen bis zu Savannen. Mehrere der 96 Arten sind auffällig und lebhaft gefärbt. Monarchen kommen in Afrika, Südasien, Australasien wie auch auf einigen Pazifikinseln vor. Häufig wird das Nest aggressiv verteidigt, und die Vögel brüten in der Nachbarschaft anderer aggressiver Arten, um von deren Verhalten zu profitieren. Neben der namensgebenden Gattung der Monarchen *(Monarcha)* mit etwa dreißig Arten umfasst die Familie noch Paradiesschnäpper, Würgermonarchen und weitere Gattungen. Zur Gattung der Paradiesschnäpper *(Terpsiphone)* gehören zwölf Arten. Die Männchen dieser zierlichen, hübschen Vögel zeichnen sich durch eine Kopfhaube und extrem verlängerte Schwanzfedern aus. Die Würgermonarchen (fünf Arten in der Gattung *Clytorhynchus)* haben einen kräftigeren Schnabel, mit dem sie Totholz und trockenes Laub nach Nahrung durchsuchen. Sie verzehren hauptsächlich Wirbellose, gelegentlich auch kleine Eidechsen und Früchte. Von den zwanzig bedrohten Arten der Monarchidae sind acht stark gefährdet und fünf vom Aussterben bedroht. Zu letzteren gehören der Silber-Paradiesschnäpper (auf der Insel Sangihe in Indonesien endemisch) und der Seychellen-Paradiesschnäpper.

Die Südseegrasmücken (Acanthizidae) sind eine formenreiche australasische Familie mit 64 Arten. Die kleinen Vögel besitzen meistens kurze Flügel, einen kurzen Schwanz und unscheinbares Gefieder. Die Dornschnäbel (Gattung *Acanthiza)* leben außerhalb der Brutzeit in kleinen Trupps und lesen im Geäst Insekten von den Blättern ab. Sie erinnern an Meisen, sind aber nicht näher mit diesen verwandt. Auch die Gerygonen (Gattung *Gerygone)* sind Insektenfresser, sie suchen in Bäumen und Sträuchern nach Nahrung und sind wegen ihres angenehmen schlichten Gesangs bekannt, aber auch, weil einige Arten exzellente Imitatoren sind. Weitere typische Vertreter der Familie sind die Feldhuscher, Heidehuscher und Sandhuscher (alle Gattung *Calamanthus)*, die Waldhuscher *(Crateroscelis)* und die Gattung *Sericornis*. Zwei Arten sind bedroht: Norfolkgerygone (gefährdet) und Gelbköpfchen (stark gefährdet); letzteres ähnelt einem Kanarienvogel und ist den Wäldern der Südinsel von Neuseeland heimisch.

Die Fächerschwänze (Rhipiduridae) sind kleine Vögel mit recht langen Beinen und langem Schwanz, die von Südasien bis Australasien und in der Pazifikregion verbreitet sind. Die Familie besteht nur aus der Gattung *Rhipidura*, sie umfasst 42 Arten. Ein bekannter Vertreter ist der Gartenfächerschwanz *(R. leucophrys)*, einer der beliebtesten Vögel Australiens. Zwei Arten sind als bedroht eingestuft.

Die Colluricinclidae umfassen 14 Arten, die in Australasien und Indonesien heimisch sind. Die mittelgroßen Vögel leben in Wäldern oder Gebüschen; bekanntere Vertreter der Familie sind der Singpitohui und andere Pitohuis (Gattungen *Colluricincla* und *Pitohui)* sowie der Haubendickkopf *(Oreoica gutturalis)*. Eine Art ist bedroht: Der auf der Insel Sangihe (Indonesien) endemische Sangihepitohui ist vom Aussterben bedroht.

Die Schnäpper (Petroicidae), eine überwiegend australasische Familie, umfassen 44 Arten. Die rotkehlchenähnlichen Vögel sind teilweise unauffällig gefärbt, teilweise sehr farbenfroh. Bedroht ist nur der auf den Chatham-Inseln endemische, komplett schwarze Chatham-Schnäpper (stark gefährdet).

ELEPAIO
Chasiempis sandwichensis

Der kleine zierliche Elepaio ist für Hawaii endemisch und kommt dort auf Hawaii selbst und auf zwei weiteren Inseln, O'ahu und Kaua'i, vor. Das Gefieder ist oberseits überwiegend graubraun und unterseits weiß; auffällig sind der weiße Bürzel und die weißen Flügelbinden. Der lange dunkle Schwanz wird häufig gestelzt. Elepaios leben in verschiedensten Lebensräumen – von Bergwäldern und Schluchtwäldern bis zu Grasland und Gebüschen – und ernähren sich vor allem von Insekten, Spinnen und anderen Wirbellosen. Die Elepaio-Bestandszahlen sind zwar groß, doch das Verbreitungsgebiet ist klein und zerstückelt. Auf Hawaii und Kaua'i ist die Art noch recht häufig, nimmt aber anscheinend ab. Die größte Bedrohung geht von Habitatverlust, Vogelpocken, Vogelmalaria (durch Stechmücken verbreitet) und den eingeschleppten Hausratten *(Rattus rattus)* aus, welche die Nester ausräubern. Zudem hat sich die natürliche Zusammensetzung der Vegetation aufgrund der starken Beweidung durch verwilderte Huftiere verändert (auch durch die Ausbreitung von nicht-heimischen Gräsern), was dazu führt, dass sich das Risiko von Waldbränden deutlich erhöht hat.

Familie	Monarchidae
Größe	14 cm
Status	stark gefährdet (abnehmend)
Population	240 000
Verbreitung	Hawaii (endemisch)
Habitat	Wälder, Gebüsche
Bedrohungen	Beweidung durch verwilderte Huftiere, eingeschleppte Fressfeinde, Feuer, Krankheiten

SEYCHELLEN-PARADIESSCHNÄPPER

Terpsiphone corvina

Der Seychellen-Paradiesschnäpper gehört zu den faszinierendsten Seltenheiten in der Vogelwelt. Das Männchen hat pechschwarzes, blau schimmerndes Gefieder und extrem verlängerte, 16 Zentimeter lange mittlere Schwanzfedern. Weibchen und Jungvögel sind oberseits braunrot und unterseits weiß, der Kopf ist schwarz, sie besitzen keine Schmuckfedern. Aktuell existieren allerdings nur mehr etwa 250 Individuen des Seychellen-Paradiesschnäppers. Die Vögel brüten vor allem auf der Insel La Digue und nisten meistens auf alten Bäumen in Feuchtwäldern. In den Sümpfen von La Digue konnte sich jedoch eine eingeschleppte Schwimmpflanze ausbreiten; dies hat möglicherweise dazu geführt, dass es weniger Insekten gibt und damit das Nahrungsangebot für den Paradiesfliegenschnäpper zurückgeht. Daher werden diese Neophyten jetzt regelmäßig von den Gewässern entfernt. Nachdem man ein eigenes Schutzgebiet für den Seychellen-Paradiesschnäpper eingerichtet hat, scheint sich der Bestand langsam zu erholen. Ende 2008 siedelte man außerdem 23 Vögel auf Denis Island an – und entdeckte im Folgejahr zwei Nester mit Eiern.

Familie	Monarchidae
Größe	20 cm
Status	vom Aussterben bedroht (zunehmend)
Population	200–300
Verbreitung	Seychellen (endemisch)
Habitat	Waldgebiete in Feuchtgebietsnähe
Bedrohungen	Habitatverlust, Fressfeinde

CHATHAM-SCHNÄPPER

Petroica traversi

Mit seinem komplett schwarzen Gefieder ist der Chatham-Schnäpper ein ungewöhnlicher Vogel. So gut wie flugunfähig, verbringt er die meiste Zeit auf dem Waldboden, wo er nach wirbelloser Beute wie Grillen, Würmern und Schaben sucht. Die Rettung des Chatham-Schnäppers gehört zu den Erfolgsgeschichten im Vogelschutz. Die Art war ursprünglich auf den gesamten Chatham-Inseln (im Osten von Neuseeland) verbreitet, kommt heute jedoch nur mehr auf Mangere Island und South East Island (Rangatira) vor. Vor allem die Einführung von Ratten und Katzen durch europäische Siedler ist für diese Entwicklung verantwortlich. Um 1880 existierte nur mehr eine kleine Population der Art auf Little Mangere. Als 1980 nicht mehr als fünf Vögel und ein einziges Brutpaar übrig waren, schien das Aussterben der Art besiegelt, doch dank intensiver Bemühungen steht die Gesamtpopulation inzwischen bei 250 bis 300 Individuen. Es ist überlebenswichtig für die Art, dass keine Raubfeinde auf den beiden heutigen Inselstandorten eingeschleppt werden.

Familie	Petroicidae
Größe	15 cm
Status	stark gefährdet (zunehmend)
Population	250–300
Verbreitung	Chatham-Inseln (endemisch)
Habitat	Buschwald
Bedrohungen	Habitatverlust, eingeschleppte Fressfeinde (potenziell)

BEDROHTE MONARCHEN, SÜDSEEGRASMÜCKEN, FÄCHERSCHWÄNZE UND VERWANDTE

FAMILIE	TRIVIALNAME	WISSENSCHAFTLICHER NAME	STATUS
MONARCHIDAE Monarchen	Elepaio	*Chasiempis sandwichensis*	VU
	Schwarzkehl-Würgermonarch	*Clytorhynchus nigrogularis*	VU
	«Santa-Cruz-Würgermonarch»	*Clytorhynchus sanctaecrucis*	EN
	Silber-Paradiesschnäpper	*Eutrichomyias rowleyi*	CR
	Himmelsschnäpper	*Hypothymis coelestis*	VU
	Rostbrust-Mayrornis	*Mayrornis versicolor*	VU
	Truk-Monarch	*Metabolus rugensis*	EN
	Boano-Monarch	*Monarcha boanensis*	CR
	Biak-Monarch	*Monarcha brehmii*	EN
	Everett-Monarch	*Monarcha everetti*	EN
	Juliana-Monarch	*Monarcha julianae*	VU
	Flores-Monarch	*Monarcha sacerdotum*	EN
	Tinian-Monarch	*Monarcha takatsukasae*	VU
	Samoamonarch	*Myiagra albiventris*	VU
	Rarotonga-Monarch	*Pomarea dimidiata*	EN
	Flecken-Monarch	*Pomarea iphis*	VU
	Marquesas-Monarch	*Pomarea mendozae*	EN
	Tahiti-Monarch	*Pomarea nigra*	CR
	Fatuhiva-Monarch	*Pomarea whitneyi*	CR

ROTE LISTE ■ ausgestorben ■ in freier Wildbahn ausgest. ■ vom Aussterben bedroht ■ stark gefährdet ■ gefährdet

BEDROHTE MONARCHEN, SÜDSEEGRASMÜCKEN, FÄCHERSCHWÄNZE UND VERWANDTE *FORTSETZUNG*				
FAMILIE		**TRIVIALNAME**	**WISSENSCHAFTLICHER NAME**	**STATUS**
MONARCHIDAE Monarchen	■	Seychellen-Paradiesschnäpper	*Terpsiphone corvina*	CR
ACANTHIZIDAE Südseegrasmücken	■	Norfolkgerygone	*Gerygone modesta*	VU
	■	Gelbköpfchen	*Mohoua ochrocephala*	EN
RHIPIDURIDAE Fächerschwänze	■	Malaita-Fächerschwanz	*Rhipidura malaitae*	VU
	■	Manusfächerschwanz	*Rhipidura semirubra*	VU
COLLURICINCLIDAE	■	Sangihepitohui	*Colluricincla sanghirensis*	CR
PETROICIDAE Schnäpper	■	Chatham-Schnäpper	*Petroica traversi*	EN

ROTE LISTE ■ ausgestorben ■ in freier Wildbahn ausgest. ■ vom Aussterben bedroht ■ stark gefährdet ■ gefährdet

BRILLENVÖGEL

Die Brillenvögel *(Zosteropidae)* sind eine recht große Altwelt-Vogelfamilie mit 98 Arten. Die kleinen, meistens grünlich gefärbten, vorwiegend waldlebenden Vögel sind von Subsahara-Afrika über Süd- und Ostasien bis nach Australasien und zu den Pazifikinseln heimisch. Der Trivialname Brillenvogel bezieht sich auf den auffälligen weißen Augenring, ansonsten ist das Gefieder der meisten Arten recht unauffällig. Viele Arten sehen sich auf den ersten Blick ähnlich, sodass die Bestimmung im Feld nicht einfach ist; mehrere Arten sind olivgrau gefärbt und auf der Unterseite etwas heller. Der weiße Augenring besteht aus kleinen weißen Federn, die das Auge umgeben, und beruht nicht auf einer besonderen Hautfärbung. In Körperbau und Verhalten erinnern die Brillenvögel an die Laubsänger der Alten Welt; die Brillenvögel besitzen kräftige Beine, gerundete Flügel und können bis zu 15 Zentimeter lang sein. Wie die Laubsänger ernähren sie sich von gemischter Kost, die Insekten und Beeren einschließt. Außerdem verzehren sie Blütennektar, den sie mithilfe ihrer schlanken Pinselzunge besser aufschlecken können. Außerhalb der Brutzeit sind Brillenvögel gesellig und finden sich oft in großen Trupps zusammen. Die meisten Vertreter der Familie gehören zur Gattung *Zosterops*, weitere sind beispielsweise die Gattungen *Lophozosterops* und *Speirops*. Insgesamt sind zwanzig Arten als bedroht eingestuft, davon alleine sechs als vom Aussterben bedroht. Mehrere Arten sind für bestimmte ozeanische Inseln endemisch.

ORANGEKEHL-BRILLENVOGEL
Madanga ruficollis

Der Orangekehl-Brillenvogel ist auf der indonesischen Insel Buru endemisch und dort nur von zwei oder drei Standorten bekannt. Dieser kleine, heimliche Waldvogel erinnert an den Fliegenschnäpper und ist von seinen Merkmalen her so ungewöhnlich, dass er eine eigene Gattung bildet (monotypisch). Bis auf die orangerote Kehle und den gelbbraunen Steiß ist das Gefieder recht eintönig: auf der Oberseite olivgrün, an Kopf und Unterseite grau. Beine und Schnabel sind bei Alttieren schwarz. Das auffälligste Merkmal ist der orangerote Kehlfleck. Sowohl Verbreitungsgebiet als auch Populationsgröße sind klein, und die Art ist anscheinend von Natur aus ziemlich selten, sogar innerhalb eines scheinbar idealen Habitats. Orangekehl-Brillenvögel fressen hauptsächlich Insekten und klettern an bemoosten Baumstämmen ähnlich wie Kleiber herum; gelegentlich schließen sie sich gemischten Trupps an. Die meisten Nachweise stammen aus Höhenlagen zwischen 850 und 1550 Meter; man vermutet, dass die Vögel lokal vertikale Wanderungen unternehmen. Zum Glück sind die Bergwälder auf Buru nach wie vor recht ungestört, obwohl Holzfällerei und Rodungen eine ständige potenzielle Bedrohung sind. Die genauen Vorkommen dieser Art müssen dringend besser untersucht werden; viele potenzielle Standorte wurden bisher noch gar nicht kartiert.

Familie	Zosteropidae
Größe	13 cm
Status	stark gefährdet (abnehmend)
Population	2500–10 000
Verbreitung	Indonesien (Buru) (endemisch)
Habitat	Bergwälder
Bedrohungen	Abholzung

GOLDBRILLENVOGEL
Cleptornis marchei

Dieser hübsche goldgelbe Brillenvogel ist nur auf zwei Inseln der Nördlichen Marianen heimisch, nämlich auf Saipan und Aguijan. Kopf, Unterseite und Bürzel sind leuchtend goldgelb, Schnabel und Beine orangefarben, Flügel und Schwanz überwiegend bräunlich. Der Augenring ist nicht weiß wie bei anderen Brillenvögeln, sondern gelblich. Die Mehrzahl der Vögel lebt auf Saipan und kommt dort in verschiedenen Waldhabitaten vor: in Primärwäldern, in Beständen mit eingeführten Baumarten, aber auch in verstädterten Gebieten. Sie suchen meist in kleinen Trupps nach Insekten und anderen Wirbellosen und verzehren außerdem Nektar und Früchte. Auf Saipan ist die Art vor allem durch die versehentlich eingeführte Braune Nachtbaumnatter *(Boiga irregularis)* bedroht; dieser Nesträuber hat bereits die lokale Vogelfauna auf der Insel Guam stark dezimiert und zum Aussterben des Guam-Monarchen geführt. Daher ist die Kontrolle des Schlangenbestands die wichtigste Naturschutzmaßnahme auf Saipan. Auf Aguijan lebt eine kleine Population des Goldbrillenvogels; die Insel ist nach wie vor schlangenfrei.

Familie Zosteropidae
Größe 14 cm
Status vom Aussterben bedroht (abnehmend)
Population 58 000
Verbreitung Nördliche Marianen (Nordwestpazifik)
Habitat Waldgebiete
Bedrohungen Habitatverlust, eingeschleppte Fressfeinde (Braune Nachtbaumnatter)

WEISSSTIRN-BRILLENVOGEL
Zosterops natalis

Typischer Brillenvogel mit dem charakteristischen weißen Augenring; klein und laubsängerähnlich, oberseits grünlich, unterseits weißgrau, mit bräunlichen Flügeln und Schwanz. Der Weißstirn-Brillenvogel war ursprünglich ein Endemit der Weihnachtsinsel, wurde aber Ende des 20. Jahrhunderts auf den Kokosinseln eingeführt. Auf der Weihnachtsinsel sind Weißstirn-Brillenvögel nach wie vor die häufigste Vogelart und kommen in allen Habitaten mit Baumbeständen vor; auf den Kokosinseln sind sie vor allem in Siedlungsnähe verbreitet. Durch Abbau von Bodenschätzen wurde ein Drittel der Waldfläche auf der Weihnachtsinsel zerstört. Potenziell gefährlich kann auch eine eingeführte Ameisenart, die Gelbe Spinnerameise *(Anoplolepis gracilipes)*, werden, da diese Superkolonien bildet und den Lebensraum auf komplexe Weise beeinflusst: Die Ameisen stören das natürliche Gleichgewicht, indem sie die Weihnachtsinsel-Krabbe *(Gecarcoidea natalis)* töten, die ihrerseits die Verbreitung von Unkräutern verhindert. Auch ein Baumsterben geht indirekt auf das Konto der Ameisen und möglicherweise greifen die Spinnerameisen auch Nestjunge der Brillenvögel an.

Familie Zosteropidae
Größe 11–13 cm
Status gefährdet (stabil)
Population 20 000
Verbreitung Weihnachtsinsel (auf den Kokosinseln eingeführt), Indischer Ozean (endemisch)
Habitat Wälder, Gärten
Bedrohungen Habitatverlust, eingeschleppte Ameisen

BEDROHTE BRILLENVÖGEL

FAMILIE		TRIVIALNAME	WISSENSCHAFTLICHER NAME	STATUS
ZOSTEROPIDAE Brillenvögel	■	Bonin-Honigfresser	*Apalopteron familiare*	VU
	■	Goldbrillenvogel	*Cleptornis marchei*	CR
	■	Orangekehl-Brillenvogel	*Madanga ruficollis*	EN
	■	Truk-Brillenvogel	*Rukia ruki*	CR
	■	Braunbrillenvogel	*Speirops brunneus*	VU
	■	Kamerunbrillenvogel	*Speirops melanocephalus*	VU
	■	Norfolk-Brillenvogel	*Zosterops albogularis*	CR
	■	Mauritiusbrillenvogel	*Zosterops chloronothus*	CR
	■	Guambrillenvogel	*Zosterops conspicillatus*	EN
	■	Fahl-Brillenvogel	*Zosterops ficedulinus*	VU
	■	Annobon-Brillenvogel	*Zosterops griseovirescens*	VU
	■	Gizobrillenvogel	*Zosterops luteirostris*	EN
	■	Mahe-Brillenvogel	*Zosterops modestus*	EN
	■	Karthala-Brillenvogel	*Zosterops mouroniensis*	VU
	■	Weißstirn-Brillenvogel	*Zosterops natalis*	VU
	■	Nehrkorn-Brillenvogel	*Zosterops nehrkorni*	CR
	■	Rotabrillenvogel	*Zosterops rotensis*	CR
	■	Samoa-Brillenvogel	*Zosterops samoensis*	VU
	■	Ranonggabrillenvogel	*Zosterops splendidus*	VU
	■	Dünnschnabel-Brillenvogel	*Zosterops tenuirostris*	EN

ROTE LISTE ■ ausgestorben ■ in freier Wildbahn ausgest. ■ vom Aussterben bedroht ■ stark gefährdet ■ gefährdet

HONIGFRESSER, NEKTARVÖGEL, MISTELFRESSER UND PANTHERVÖGEL

Bei den Honigfressern *(Meliphagidae)* sind, wie der Name vermuten lässt, Nektar und andere süß schmeckende Kohlenhydrate Teil der normalen Kost. Mehrere Arten verzehren auch Früchte, einige machen Jagd auf Insekten. Mit 175 Arten ist die Familie relativ groß, sie ist vorwiegend in Australasien und im Pazifikraum verbreitet und lebt in Waldgebieten, Gebüschen, Grasland und Mangroven. In Australien und Neuseeland spielen Honigfresser eine wichtige Rolle bei der Blütenbestäubung; man konnte nachweisen, dass sie ihre Wanderbewegungen dem Blütezeitpunkt ihrer bevorzugten Futterpflanzen anpassen. Insgesamt sind zehn Arten bedroht, drei davon sind stark gefährdet (beispielsweise der für Australien endemische Warzen-Honigfresser), der auf Neukaledonien endemische Rotgesicht-Honigfresser ist sogar vom Aussterben bedroht.

Nektarvögel *(Nectariniidae)* sind in vieler Hinsicht das Altwelt-Gegenstück zu den Kolibris der Neuen Welt; sie sind ebenfalls auf eine Kost aus Nektar spezialisiert. Wie die Kolibris besitzen die meisten, insbesondere die Männchen, ein bunt-schillerndes Federkleid; charakteristisch ist auch der lange, abwärts gebogene Schnabel. Nektarvögel können zwar nicht im Schwirrflug auf der Stelle verharren wie Kolibris, doch auch sie sind geschickte Flieger. Zehn Arten sind als Spinnenjäger (Gattung *Arachnothera)* bekannt; sie sind insgesamt größer, nicht so farbenprächtig und überwiegend Waldvögel. Sie ernähren sich ebenfalls von Blütennektar, verzehren aber, wie der Name sagt, auch Spinnen und andere Gliedertiere (Arthropoden). Nektarvögel bauen an Zweigen hängende Beutelnester aus Pflanzenfasern und Spinnweben. Von den etwa 125 Arten der Familie sind sieben bedroht.

Die Mistelfresser *(Dicaeidae)*, auch Blütenpicker genannt, sind ebenfalls auf eine Ernährung aus Nektar und Früchten spezialisiert. Die Familie umfasst 45 Arten und ist vor allem von Indien bis zu den Philippinen heimisch, eine Art (der Rotsteiß-Mistelfresser, *Dicaeum hirundinaceum)* kommt in Australien vor. Die meist recht kleinen, kurzschwänzigen Vögel besitzen einen kurzen scharfen Schnabel; die röhrenförmige Zunge erleichtert das Aufschlecken von Nektar. Drei Arten sind bedroht: Der auf Cebu (Philippinen) endemische Vierfarben-Mistelfresser ist sogar vom Aussterben bedroht.

Zu den Panthervögeln *(Pardalotidae)* zählen nur vier Arten – sie alle sind aktive, sperlingsähnliche Bewohner von Waldgebieten und in Australien heimisch. Hoch oben im Kronendach lesen sie Insekten von den Blättern ab und spielen vermutlich eine wichtige Rolle bei der Kontrolle saugender Pflanzenläuse, Zikaden und Wanzen. Diese Insekten nutzen ihre eigenen kristallisierten zuckerhaltigen Ausscheidungen als schützende Umhüllung, doch die Panthervögel verzehren diese gerne. Eine Art ist bedroht: Der Tasman-Panthervogel (in Tasmanien endemisch) ist vor allem durch Habitatverlust stark gefährdet.

HIHI

Notiomystis cincta

Einige Systematiker sind der Ansicht, dass dieser Honigfresser näher mit den Lappenvögeln (Callaeidae) aus Neuseeland verwandt ist und möglicherweise in eine eigene Familie gestellt werden sollte. Beim Männchen sind Kopf, Rücken, Flügel und Oberbrust schwarz, es besitzt aufstellbare weiße Federbüschel an der Kopfseite, ein goldgelbes Brustband und eine weiße Flügelbinde. Die weiße Flügelbinde ist auch beim Weibchen ausgebildet, ansonsten ist sein Gefieder überwiegend graubraun. Der Hihi lebt in Wäldern, ernährt sich von Früchten, Nektar und Wirbellosen und brütet in Baumhöhlen. Er war früher auf der Nordinsel von Neuseeland weit verbreitet, kommt in freier Wildbahn heute jedoch nur mehr auf Little Barrier Island vor – allerdings hat man ihn mehrfach auf anderen Inseln (vor allem auf Tiritiri Matangi und Kapiti) und an einer Stelle auf dem Festland angesiedelt. Diese Neuansiedlungen werden durch Nistkästen und Zusatzfütterungen unterstützt. Vermutlich wurde der Hihi auf dem Festland vor allem durch Waldverlust und Vogelkrankheiten ausgerottet, möglicherweise auch durch die eingeschleppten Hausratten *(Rattus rattus)*.

Familie	Meliphagidae
Größe	18 cm
Status	gefährdet (stabil)
Population	500–2000
Verbreitung	Neuseeland (endemisch)
Habitat	Wälder
Bedrohungen	Habitatverlust, Krankheiten

WARZEN-HONIGFRESSER

Xanthomyza phrygia

Dieser mittelgroße, überwiegend schwarze Vogel ist ein eher typischer Vertreter der Honigfresser. Das Gefieder ist lebhaft gelb und weiß gezeichnet, die dunklen Augen sind von einem federfreien rötlichen Augenring umgeben. Der Gesang ist ebenfalls recht typisch und besteht aus glockenähnlichen Tönen. Die Art ist für Australien endemisch und kommt an den Westhängen der Great Dividing Range vor sowie in einigen Küstenhabitaten von Victoria und New South Wales bis Südost-Queensland. Warzen-Honigfresser sind in feuchten Mischwäldern heimisch, darunter auch in flussbegleitenden Wäldern mit Fluss-Keulenbaum *(Casuarina cunninghamiana)* oder feuchten Küstenwäldern mit den Eukalyptusarten *Eucalyptus robusta* oder *Corymbia maculata*. Sie ernähren sich von verschiedenen Insekten, aber auch vom Nektar bestimmter Pflanzenarten, darunter *Eucalyptus albens*, *E. melliodora* und *E. sideroxylon*. Die vom Warzen-Honigfresser bevorzugten Lebensräume sind großenteils zerstört oder zerstückelt worden; man nimmt außerdem an, dass er unter der Konkurrenz mit einer häufigeren Honigfresserart, dem Weißstirn-Schwatzvogel *(Manorina melanocephala)*, leidet.

Familie	Meliphagidae
Größe	20–24 cm
Status	stark gefährdet (abnehmend)
Population	1500
Verbreitung	Australien (endemisch)
Habitat	Tieflandwälder
Bedrohungen	Habitatverlust und -fragmentierung

ROTFLÜGEL-NEKTARVOGEL
Nectarinia rufipennis

Das namensgebende Unterscheidungsmerkmal dieser Art sind die rotbraunen Schwingen bei Männchen und Weibchen, die bei keiner anderen Nektarvogelart vorkommen. Beim Männchen sind Kopf und obere Rückenpartie leuchtend blau gefärbt, die Kehle ist bronzefarben und von der roten Brust durch ein intensiv blaues Kehlband getrennt. Das Gefieder des Weibchens ist überwiegend grünbraun und schimmert bronzefarben, die Brust ist gelblich gestreift. Der relativ lange, abwärts gebogene Schnabel ist für Nektarfresser typisch – die Art ernährt sich hauptsächlich vom Nektar tropischer Mistelgewächse und anderer Blütenpflanzen, aber auch von kleinen Insekten. Die streitsüchtige Art verteidigt ihre «Lieblingsblumen» energisch gegen andere Nektarvögel. Der Rotflügel-Nektarvogel bevorzugt Wälder und Waldränder als Lebensraum und ist nur in den Udzungwa-Bergen in Tansania heimisch, meist in 1500 bis 1700 Meter Meereshöhe. Die meisten Vorkommen liegen innerhalb des Udzungwa Mountains National Park, wo Abholzungen und Feuer allerdings bis heute ein Problem darstellen. Die noch verbliebenen Waldgebiete leiden erheblich unter Fragmentierung und Degradation. Dringend nötig ist eine Kartierung und Überwachung der Population, gleichzeitig müssen die Schutzflächen effektiver verwaltet werden.

Familie	Nectariniidae
Größe	12 cm
Status	gefährdet (abnehmend)
Population	10 000–20 000
Verbreitung	Tansania (endemisch)
Habitat	Bergwälder
Bedrohungen	Entwaldung, Holzeinschlag

BEDROHTE HONIGFRESSER, NEKTARVÖGEL, MISTELFRESSER UND PANTHERVÖGEL

FAMILIE		TRIVIALNAME	WISSENSCHAFTLICHER NAME	STATUS
MELIPHAGIDAE Honigfresser		Grant-Honigfresser	*Grantiella picta*	VU
		Rotgesicht-Honigfresser	*Gymnomyza aubryana*	CR
		Mao-Honigfresser	*Gymnomyza samoensis*	EN
		MacGregor-Honigfresser	*Macgregoria pulchra*	VU
		Mallee-Schwatzvogel	*Manorina melanotis*	EN
		Langbart-Honigfresser	*Melidectes princeps*	VU
		Karmesin-Honigfresser	*Myzomela chermesina*	VU
		Hihi	*Notiomystis cincta*	VU
		Morotai-Lederkopf	*Philemon fuscicapillus*	VU
		Warzen-Honigfresser	*Xanthomyza phrygia*	EN
NECTARINIIDAE Nektarvögel		Sangihe-Nektarvogel	*Aethopyga duyvenbodei*	EN
		Amani-Nektarvogel	*Anthreptes pallidigaster*	EN
		Rotband-Nektarvogel	*Anthreptes rubritorques*	VU
		Orangebauch-Nektarvogel	*Nectarinia loveridgei*	EN
		Blutbrust-Nektarvogel	*Nectarinia rockefelleri*	VU
		Rotflügel-Nektarvogel	*Nectarinia rufipennis*	VU
		Riesen-Nektarvogel	*Nectarinia thomensis*	VU
DICAEIDAE Mistelfresser		Schwarzgürtel-Mistelfresser	*Dicaeum haematostictum*	VU
		Vierfarben-Mistelfresser	*Dicaeum quadricolor*	CR
		Mindoro-Mistelfresser	*Dicaeum retrocinctum*	VU
PARDALOTIDAE Panthervögel		Tasman-Panthervogel	*Pardalotus quadragintus*	EN

ROTE LISTE ■ ausgestorben ■ in freier Wildbahn ausgest. ■ vom Aussterben bedroht ■ stark gefährdet ■ gefährdet

AMMERN

Die sehr große Familie der Ammern (Emberizidae) umfasst etwa 320 Arten; es sind finkenähnliche Körnerfresser. Bis auf die recht kleinen Kubafinken (Gattung *Tiaris* und Verwandte) sind die meisten Ammern kräftiger gebaut als Finken (Fringillidae). Die Hauptgruppen sind die Ammern der Neuen und die Ammern der Alten Welt, doch die vielgestaltige Familie umfasst unter anderem Buschammern *(Atlapetes)*, Kubafinken, Grundfinken *(Geospiza)*, Junkos *(Junco)*, Pfäffchen *(Sporophila)*, Ämmerlinge *(Phrygilus)*, Grundammern *(Pipilo*, *Melozone)*, Ammerfinken *(Poospiza)* und die Safran- oder Gilbammern *(Sicalis)*. Typisch für die meisten Ammern ist ein braunes gestreiftes Gefieder, bei vielen fallen deutliche Kopfzeichnungen auf, einige sind schwarz-weiß. Der kräftige Schnabel ist charakteristisch für Körnerfresser, an die Nestjungen werden allerdings vorwiegend Insekten verfüttert. Die Ammern der Alten Welt (Gattung *Emberiza)* gehören zu den vertrauten Arten in Eurasien und Afrika und leben gewöhnlich in offenem Gelände, wo sie sich hauptsächlich von Sämereien ernähren. Außerhalb der Brutzeit ziehen sie oft in Trupps umher. Von den 38 *Emberiza*-Arten wurden vier als gefährdet eingestuft, doch die Jankowski-Ammer wird inzwischen als stark gefährdet angesehen. Die hübsche Art mit rotbraunem Kopf kommt in Grasland und Dickichten im äußersten Nordosten von China und Nordkorea vor; die sehr kleine Population ist vor allem bedroht, weil ihr Habitat in Agrar- und Forstflächen umgewandelt wird. Zu den Buschammern (Hauptgattung *Atlapetes*) gehören etwa vierzig Arten sperlingsähnlicher Vögel; zwei davon sind zurzeit vom Aussterben bedroht: die Blasskopf-Buschammer aus Ecuador und die Antioquia-Buschammer, eine erst kürzlich beschriebene Art aus Kolumbien. Unter dem Begriff «Amerikanische Sperlinge» werden im englischen Sprachraum kleinere, meist braungraue gestreifte Ammern vor allem aus den Gattungen *Aimophila*, *Ammodramus*, *Apizella* und *Zonotrichia* zusammengefasst. Zu den Pfäffchen *(Sporophila)* zählen über dreißig Arten; es sind recht kleine Vögel mit kurzem dickem Schnabel, eine Anpassung an eine Kost aus Kleinsämereien. Auch die berühmten «Darwinfinken» (15 Arten) der Galapagosinseln gehören zu den Emberizidae; sie haben sich durch sogenannte adaptive Radiation in ganz unterschiedliche Richtungen entwickelt, – insbesondere was Schnabelform und -größe angeht –, um die verschiedensten Nahrungsquellen auf den Galapagosinseln nutzen zu können. Insgesamt sind 37 Arten der Emberizidae bedroht, davon sieben vom Aussterben: beispielsweise der sehr seltene Mangrove-Darwinfink und der seltene Kleinschnabel-Darwinfink, zwei für Galapagos endemische Grundfinkenarten.

GRÜNKARDINAL

Gubernatrix cristata

Diese große Ammernart kommt vor allem in Argentinien und Uruguay vor. Das überwiegend gelbgrüne Männchen hat einen schwarz gestreiften Rücken und dunkle Schwanzfedern (die äußeren sind gelb). Auffällig ist die lange schwarze Haube, deren äußere Federn gelb sind. Das Weibchen ist unscheinbarer gefärbt als das Männchen, seine Haube ist weiß gerandet. Grünkardinäle bevorzugen lichte Waldgebiete, Gebüsch und Savannen und waren früher im gesamten Verbreitungsgebiet häufig, sind in den letzten Jahrzehnten jedoch extrem zurückgegangen. Sicherlich ist der Verlust des Lebensraums einer der wichtigen Faktoren, doch auch der Fang für den Käfigvogelhandel spielt eine Rolle, da die Art aufgrund ihres lauten melodischen Gesangs als Käfigvogel begehrt ist. Sowohl in Argentinien als auch in Uruguay gibt es nur mehr lokale Populationen, in Uruguay existieren möglicherweise nur noch 300 Individuen. Die heimischen Wälder leiden unter Abholzung und Aufforstung mit Eukalyptusarten beziehungsweise der Umwandlung in Weideland für die Rinderzucht. Zudem ist die Integrität der Art eventuell durch Hybridisierung mit der Diuka *(Diuca diuca)* gefährdet.

Familie	Emberizidae
Größe	20 cm
Status	stark gefährdet (abnehmend)
Population	1500–3000
Verbreitung	Argentinien, Uruguay, Brasilien (möglicherweise)
Habitat	Wälder, Gebüsche
Bedrohungen	Käfigvogelhandel, Habitatverlust, Hybridisierung

BLASSFUSS-GIMPELFINK

Melanospiza richardsoni

Kleine Ammer mit schwarzem (Männchen) oder braunem (Weibchen) Gefieder und kräftigem schwarzem Schnabel. Beide wippen auffällig mit dem Schwanz, das Männchen hat außerdem rosafarbene Beine. Die Art kommt nur auf der Karibikinsel Saint Lucia und dort vor allem in den Bergen vor; sie bevorzugt Schluchten mit dichtem Unterwuchs, ist allerdings nicht besonders wählerisch, was ihre Habitatansprüche angeht: Man findet sie auch in vielfältigen Habitaten wie Regenwald, Sekundärwald, Pflanzungen und Dickichten, auch in mehreren Waldreservaten, zum Beispiel in La Sorcière und Edmond. Blassfuß-Gimpelfinken suchen vorwiegend am Boden in der Laubstreu nach Nahrung und verzehren Insekten, Früchte und Sämereien; sie brüten von April bis Juni. Die Art ist durch Rodungen zugunsten von Agrarflächen bedroht, ferner durch eingeführte Fressfeinde wie Ratten und Mangusten. Diese erbeuten wahrscheinlich Eier, Nestjunge und Altvögel. Offensichtlich stellt das Auslichten von Unterwuchs in Pflanzungen (um gefällte Bäume besser abtransportieren zu können) die stärkste Bedrohung dar, denn diese Maßnahme vertreibt den Blassfuß-Gimpelfink aus seinem Habitat.

Familie	Emberizidae
Größe	13–14 cm
Status	stark gefährdet (abnehmend)
Population	250–1000
Verbreitung	Saint Lucia (endemisch)
Habitat	Regenwald, Pflanzungen, Dickichte
Bedrohungen	Habitatdegradation, eingeschleppte Fressfeinde

ROWETTIA
Rowettia goughensis

Die auf der Gough-Insel im Südatlantik endemische Rowettia (auch Gough-Ammer genannt) ist vom Aussterben bedroht, da die kleine und schwankende Population inzwischen abnimmt. Die relativ große und untersetzt gebaute Art ist überwiegend olivgrün mit auffälliger schwarz-gelber Zeichnung auf Gesicht und Kehle. Sie ist in Tussock-Grasland und Heiden am häufigsten, kommt aber auch in Mooren und farnreichen Gebüschen vor. Die Rowettia ernährt sich hauptsächlich von wirbellosen Tieren, aber auch von Früchten und Gräsersamen; sie ist ein Bodenbrüter und nistet vor allem auf steilen Abhängen und Felsklippen. Wie viele Vogelarten auf ozeanischen Inseln ist auch die Gough-Ammer durch Neozoen bedroht, in diesem Fall vorwiegend durch Hausmäuse *(Mus musculus)*, doch potenziell (und wesentlich ernsthafter) durch Hausratten *(Rattus rattus)*. Mäuse und Ratten erbeuten nachweislich die Eier und Jungvögel von Bodenbrütern. Man versucht auf der Gough-Insel (Naturschutzgebiet und Weltnaturerbe), die Mäuse auszurotten und eine Besiedlung durch Ratten zu verhindern.

Familie Emberizidae
Größe 18 cm
Status vom Aussterben bedroht (abnehmend)
Population 1000
Verbreitung Gough-Insel (endemisch)
Habitat Grasland, Heiden
Bedrohungen Neozoen

SUMPFPFÄFFCHEN
Sporophila palustris

Das kleine, hübsch gefärbte und lebhaft singende Sumpfpfäffchen ist als Käfigvogel sehr beliebt und wird daher immer noch gefangen, um die anhaltende Nachfrage zu befriedigen. Das Männchen hat rotbraunes Körpergefieder, dunkle Flügel und Schwanz, weißen Latz und Halsband sowie einen grauen Scheitel. Der kurze und kräftige Schnabel ist für Körnerfresser typisch. In freier Natur ist die Art nur an einigen Stellen in Nordostargentinien (vor allem in Entre Ríos), Südbrasilien, Ostparaguay und Südosturuguay (vor allem im Bañados-del-Este-Biosphärenreservat) nachgewiesen worden. Sie lebt im Grasland und bevorzugt sumpfige Gebiete mit einem Mosaik aus dichter Gräservegetation und offenen Wasserflächen. Die Hauptnahrung sind Gräsersamen. Durch Aufforstungsmaßnahmen haben sich viele Graslandhabitate verändert, zusätzlich stellen Vogelfängern der Art gezielt nach. Auch Pestizide, die in die Sümpfe gelangen, könnten sich negativ auf die Vögel auswirken. Insgesamt sind sechs weitere Pfäffchen-Arten *(Sporophila)* bedroht; möglicherweise ist das Kapuzenpfäffchen aus Brasilien sogar bereits ausgestorben.

Familie Emberizidae
Größe 10 cm
Status stark gefährdet
Population 50–250
Verbreitung Argentinien, Uruguay, Paraguay, Brasilien
Habitat Grasland
Bedrohungen Käfigvogelhandel, Aufforstung, Umweltverschmutzung

BEDROHTE AMMERN

FAMILIE	TRIVIALNAME	WISSENSCHAFTLICHER NAME	STATUS
EMBERIZIDAE Ammern	Carrizal-Pfäffchen	*Amaurospiza carrizalensis*	CR
	Spitzschwanzammer	*Ammodramus caudacutus*	VU
	Antioquia-Buschammer	*Atlapetes blancae*	CR
	Goldkopf-Buschammer	*Atlapetes flaviceps*	EN
	«Schwarzbrillen-Buschammer»	*Atlapetes melanopsis*	EN
	Blasskopf-Buschammer	*Atlapetes pallidiceps*	CR
	Mangrove-Darwinfink	*Camarhynchus heliobates*	CR
	Kleinschnabel-Darwinfink	*Camarhynchus pauper*	CR
	Campos-Ammer	*Coryphaspiza melanotis*	VU
	Weidenammer	*Emberiza aureola*	VU
	Jankowski-Ammer	*Emberiza jankowskii*	EN
	Sokotra-Ammer	*Emberiza socotrana*	VU
	Schwefelammer	*Emberiza sulphurata*	VU
	Grünkardinal	*Gubernatrix cristata*	EN
	Graufügelammer	*Incaspiza ortizi*	VU
	Blassfuß-Gimpelfink	*Melanospiza richardsoni*	EN
	Tristan-Ammerfink	*Nesospiza acunhae*	VU
	«Nightingale-Insel-Ammerfink»	*Nesospiza questi*	VU

ROTE LISTE ■ ausgestorben ■ in freier Wildbahn ausgest. ■ vom Aussterben bedroht ■ stark gefährdet ■ gefährdet

BEDROHTE AMMERN *FORTSETZUNG*				
FAMILIE		**TRIVIALNAME**	**WISSENSCHAFTLICHER NAME**	**STATUS**
EMBERIZIDAE Ammern	■	Wilkins-Ammerfink	*Nesospiza wilkinsi*	EN
	■	Tangaren-Buschammer	*Oreothraupis arremonops*	VU
	■	Kokosfink	*Pinaroloxias inornata*	VU
	■	Grauschwanz-Ammerfink	*Poospiza alticola*	EN
	■	Baer-Ammerfink	*Poospiza baeri*	VU
	■	Schwarzwangen-Ammerfink	*Poospiza cinerea*	VU
	■	Garlepp-Ammerfink	*Poospiza garleppi*	EN
	■	Rostbauch-Ammerfink	*Poospiza rubecula*	EN
	■	Griscom-Buschammer	*Pselliophorus luteoviridis*	VU
	■	Rowettia	*Rowettia goughensis*	CR
	■	Zacatecas-Ammer	*Spizella wortheni*	EN
	■	Zimtpfäffchen	*Sporophila cinnamomea*	VU
	■	Falzschnabelpfäffchen	*Sporophila falcirostris*	VU
	■	Riesenpfäffchen	*Sporophila frontalis*	VU
	■	Kapuzenpfäffchen	*Sporophila melanops*	CR
	■	Schwarzmantelpfäffchen	*Sporophila nigrorufa*	VU
	■	Sumpfpfäffchen	*Sporophila palustris*	EN
	■	Zapata-Ammer	*Torreornis inexpectata*	EN
	■	Sierra-Ammer	*Xenospiza baileyi*	EN

ROTE LISTE ■ ausgestorben ■ in freier Wildbahn ausgest. ■ vom Aussterben bedroht ■ stark gefährdet ■ gefährdet

TANGAREN

Die Tangaren und Verwandte (Thraupidae) sind eine große Vogelfamilie, die im tropischen Amerika verbreitet ist (einige Arten bis Mexiko). Ihre Vertreter sind meist sehr farbenfrohe, fruchtfressende, kleine bis mittelgroße Waldvögel, die insgesamt an Finken erinnern. Der Schnabel ist häufig finkenähnlich, allerdings bei den Türkisvögeln lang, dünn und abwärts gebogen, bei den Hakenschnäbeln hingegen aufwärts gebogen. Die Familie umfasst rund 270 Arten, zu denen die Buschtangaren, Grünorganisten, Spitzschnäbel, Pitpits, Organisten, Hakenschnäbel, *Hemispingus*-Arten, Türkisvögel und Bergtangaren gehören. Buschtangaren (Hauptgattung *Chlorospingus)* sind kleine Vögel, die möglicherweise näher mit den Ammern (Emberizidae) verwandt sind. Die in der Neotropis endemischen Grünorganisten *(Chlorophonia)* sind kleine, meist leuchtend grüne Vögel, die in Feuchtwäldern, oft in Höhenlagen, leben. Zu den Spitzschnäbeln (auch Kegelzuckervögel genannt, Hauptgattung *Conirostrum)* gehört die mit neun Zentimeter Körperlänge kleinste Tangarenart, der Weißohr-Spitzschnabel *(C. leucogenys)*. Die Organisten *(Euphonia)*, eine große Gattung mit 27 Arten, sind hübsche Vögel mit oberseits metallisch blauem und unterseits gelbem Gefieder. Die beiden Gattungen der Hakenschnäbel *(Diglossa* und *Diglossopis)* sind Nektarfresser, die mit ihrem Schnabel häufig Blütenkronen anbohren, um an den Nektar zu gelangen. Die meisten kommen im Hochland vor. Die Arten der Gattung *Hemispingus* ähneln den Grasmücken. Die Türkisvögel (auch Zuckervögel genannt, Hauptgattung *Cyanerpes)* sind von Mexiko bis Brasilien verbreitet; es sind kleine Waldvögel, die im Kronendach leben und auf Nektar als Nahrung spezialisiert sind (langer gebogener Schnabel). Bergtangaren (Hauptgattung *Anisognathus)* sind meist farbenfrohe Vögel, die in Tieflandregenwäldern oder Bergregenwäldern leben; einige wenige Bergtangaren kommen auch in tropischen Hochgebirgsgrasländern vor. Insgesamt sind 22 Arten der Tangarenfamilie bedroht, zwei sind als vom Aussterben bedroht gelistet: die Witwen-Tangare und die Rubinkehl-Tangare – beide brasilianische Endemiten mit nur sehr kleinem bekanntem Verbreitungsgebiet. Viele Tangaren sind durch die Vernichtung oder Veränderung ihrer Waldlebensräume gefährdet. Farbenfrohe Arten wie die prächtige Vielfarben-Tangare werden zudem für den illegalen Käfigvogelhandel gefangen. Zu den Schillertangaren (Gattung *Tangara)* gehören einige der schönsten Vögel überhaupt: Das Farbspektrum umfasst blaue, grüne, rote und gelbe Töne, oft sind die Arten mehrfarbig. Diese Vielfalt zeigt sich auch in den Trivialnamen, beispielsweise Smaragd-Tangare, Goldnacken-Tangare, Schwarznacken-Tangare, Blaukappen-Tangare oder Vielfarben-Tangare. Die Gattung umfasst etwa fünfzig Arten, die meistens in Andenwäldern leben.

ROTBRUST-PITPIT
Dacnis berlepschi

Beim farbenfrohen Rotbrust-Pitpit ist, wie der Name sagt, die untere Hälfte der Brust scharlachrot, der Bauch gelblich; Oberbrust, Kehle, Scheitel und Rücken sind hingegen intensiv blau. Der Mantel ist silbrig blau gestreift, der Bürzel ist ebenfalls silberblau. Die Art kommt nur in der Chocó-Region in Südwestkolumbien und Nordwestecuador vor, doch das Verbreitungsgebiet ist sehr stark fragmentiert. Als Lebensraum bevorzugt die Art Tiefland-Sumpfwälder und Bergregenwälder bis zu einer Höhe von 1200 Meter; die größte Bestandsdichte erreicht sie in unberührten oder nur leicht durchgeforsteten Primärwäldern. Rotbrust-Pitpits sind häufig in gemischten Trupps und meistens im Kronendach auf Nahrungssuche; sie verzehren Insekten und Früchte. Der Chocó war sehr stark von Entwaldung betroffen: Ein Großteil wurde in Agrarflächen, insbesondere Palmölplantagen, umgewandelt; Rinderhaltung, Abbau von Bodenschätzen und Straßenbau haben sich ebenfalls negativ ausgewirkt. Möglicherweise liegt die Rotbrust-Pitpitpopulation bei 50 000 Individuen; da sie jedoch anscheinend rapide abnimmt, wird die Art inzwischen als gefährdet eingestuft.

Familie	Thraupidae
Größe	12 cm
Status	gefährdet (abnehmend)
Population	20 000–50 000
Verbreitung	Kolumbien, Ecuador
Habitat	Tieflandregenwälder
Bedrohungen	Holzeinschlag, Entwaldung, Erzabbau

CABANIS-TANGARE
Tangara cabanisi

Hübsche Tangare mit überwiegend hellblauem Gefieder, grünlichem Mantel sowie himmelblauem Bürzel und Oberschwanz. Schulterfedern, Armschwingen und Armdecken sind schwarz, auch die Oberbrust ist schwarz gezeichnet. Das kleine Verbreitungsgebiet nimmt weiter ab; die Art findet sich zurzeit in der Sierra Madre de Chiapas (Südwestmexiko, vor allem im El-Triunfo-Biosphärenreservat) und im angrenzenden Guatemala (insbesondere an den Vulkanen Santa María und Atitlán), und zwar vor allem in 1000 bis 1700 Meter Meereshöhe in feuchten Laubwäldern. Sie wurde allerdings auch in Kaffeeplantagen beobachtet, wenn diese an Primärwälder grenzen. Cabanis-Tangaren sind häufig in Trupps und meistens im oberen Kronendach auf Nahrungssuche; sie verzehren Insekten und Früchte, beispielsweise von verschiedenen Feigenarten. Das napfförmige Nest wird in dichtem Laubwerk gebaut. Da der Lebensraum dieser Art sich bestens für den Kaffeeanbau eignet, wurde der Primärwald großflächig in Plantagen umgewandelt. Vielleicht bietet Ökotourismus, (vor allem mit Schwerpunkt Vogelbeobachtung) einen Weg, um diese und andere seltene Arten der Region zu schützen.

Familie	Thraupidae
Größe	15 cm
Status	stark gefährdet (abnehmend)
Population	2500–10 000
Verbreitung	Mexiko, Guatemala
Habitat	Feuchtwälder
Bedrohungen	Habitatdegradation

BEDROHTE TANGAREN

FAMILIE		TRIVIALNAME	WISSENSCHAFTLICHER NAME	STATUS
THRAUPIDAE Tangeren	■ (orange)	Goldring-Tangare	*Bangsia aureocincta*	EN
	■ (gelb)	Blauschulter-Tangare	*Bangsia melanochlamys*	VU
	■ (orange)	Goldrücken-Bergtangare	*Buthraupis aureodorsalis*	EN
	■ (gelb)	Wetmore-Tangare	*Buthraupis wetmorei*	VU
	■ (gelb)	Schmätzer-Tangare	*Calyptophilus frugivorus*	VU
	■ (gelb)	Schwarzohr-Bunttangare	*Chlorochrysa nitidissima*	VU
	■ (gelb)	Schwarzstirn-Buschtangare	*Chlorospingus flavovirens*	VU
	■ (gelb)	Rotstirn-Spitzschnabel	*Conirostrum tamarugense*	VU
	■ (rot)	Witwen-Tangare	*Conothraupis mesoleuca*	CR
	■ (gelb)	Rotbrust-Pitpit	*Dacnis berlepschi*	VU
	■ (gelb)	Türkis-Pitpit	*Dacnis hartlaubi*	VU
	■ (orange)	Maronenbauch-Hakenschnabel	*Diglossa gloriosissima*	EN
	■ (orange)	Trauerhakenschnabel	*Diglossa venezuelensis*	EN
	■ (orange)	Schwarzwangenhabia	*Habia atrimaxillaris*	EN
	■ (gelb)	Graurücken-Hemispingus	*Hemispingus goeringi*	VU
	■ (gelb)	Zimtbrauen-Hemispingus	*Hemispingus rufosuperciliaris*	VU
	■ (rot)	Rubinkehl-Tangare	*Nemosia rourei*	CR
	■ (orange)	Cabanis-Tangare	*Tangara cabanisi*	EN

ROTE LISTE ■ ausgestorben ■ in freier Wildbahn ausgest. ■ vom Aussterben bedroht ■ stark gefährdet ■ gefährdet

BEDROHTE TANGAREN *FORTSETZUNG*				
FAMILIE		**TRIVIALNAME**	**WISSENSCHAFTLICHER NAME**	**STATUS**
THRAUPIDAE Tangaren	■	Vielfarben-Tangare	*Tangara fastuosa*	VU
	■	Grünkappen-Tangare	*Tangara meyerdeschauenseei*	VU
	■	Schwarzmantel-Tangare	*Tangara peruviana*	VU
	■	Veilchenschulter-Tangare	*Wetmorethraupis sterrhopteron*	VU

ROTE LISTE ■ ausgestorben ■ in freier Wildbahn ausgest. ■ vom Aussterben bedroht ■ stark gefährdet ■ gefährdet

VIELFARBEN-TANGARE
Tangara fastuosa

Diese besonders farbenprächtige Tangare ist in Brasilien endemisch und kommt dort an etwa fünfzig Standorten im Nordosten (in Alagoas, Paraíba und Pernambuco) vor. Sie lebt im Atlantischen Regenwald, doch dieses Habitat ist mittlerweile sehr stark zerstückelt und gestört. Die Art benötigt Lebensräume mit dichter Vegetation und sucht ihre Nahrung im Kronendach und an Waldrändern, oft in gemischten Trupps. Als Brutplatz werden meistens Gebiete mit üppigem Bromelienbewuchs im Kronendach gewählt, da die Bromelientrichter einen relativ sicheren Neststandort bieten. Dass diese schöne Art mit türkisgrünem Kopf, schwarzem Schnabel und Kehle, blauer Brust, orangerotem Bürzel und hellblauen Flügeldecken zum Ziel von Fallenstellern für den Käfigvogelhandel wurde, ist kaum verwunderlich. Sie ist lokal bereits an etlichen früheren Standorten ausgerottet. Der Vogelhandel und die Entwaldung sind denn auch die Hauptprobleme. Da nur mehr etwa zwei Prozent des Atlantischen Regenwalds in Brasilien erhalten sind, ist es essenziell, die Reste so weit wie möglich zu schützen. Einige Waldgebiete stehen zwar nominell unter Schutz, doch es kommt immer wieder zu Verstößen gegen den Schutzstatus und zu illegalem Holzeinschlag. In manchen Gebieten, wie der Reserva Biológica Pedra Talhada, ist der Schutz besser, und bestimmte Flächen werden wieder aufgeforstet.

Familie	Thraupidae
Größe	13,5 cm
Status	gefährdet (abnehmend)
Population	2500–10 000
Verbreitung	Brasilien (endemisch)
Habitat	Atlantischer Regenwald, Feuchtwälder, Gebüsche (Cerrado)
Bedrohungen	Käfigvogelhandel, Entwaldung, Holzeinschlag, Feuer

WALDSÄNGER

Die Waldsänger (Parulidae) umfassen etwa 118 Arten kleiner, meist lebhaft gefärbter oder auffällig gezeichneter insektenfressender Vögel. Die nur in der Neuen Welt heimische Familie erreicht ihre größte Diversität in Zentralamerika. Die meisten Arten leben überwiegend im Geäst und Kronenbereich von Bäumen. Stelzen-Waldsänger *(Parkesia motacilla)*, Drossel-Waldsänger *(P. novaeboracensis)* und der Zeledon-Waldsänger *(Zeledonia coronata)* suchen ihre Nahrung jedoch hauptsächlich auf dem Boden. Waldsänger (engl. *wood warblers)* ähneln im Verhalten zwar insgesamt der Altweltfamilie der Grasmückenartigen (Sylviidae), doch sie unterscheiden sich nicht nur durch das farbenfrohe Gefieder, sondern singen wesentlich weniger und nicht annähernd so melodisch wie ihre Pendants in der Alten Welt. Viele nordamerikanische Waldsängerarten besitzen ein gelb-graues Federkleid, weshalb die Unterscheidung im Feld recht schwierig ist. Die englische Namengebung ist häufig verwirrend, da die amerikanischen Siedler viele Arten mit Namen belegten, die ihnen aus ihrer Heimat in der Alten Welt vertraut waren. Ein Beispiel ist *redstart*: In Nordamerika ist dies der Schnäpper-Waldsänger (*Setophaga ruticilla*, Familie Waldsänger), in der Alten Welt jedoch die Gattung der Rotschwänze *(Phoenicurus*, Familie der Muscicapidae). Insgesamt sind 15 Arten der Parulidae bedroht, drei sogar vom Aussterben: Belding-Gelbkehlchen (auf der Baja-California-Halbinsel in Mexiko endemisch), Blassfuß-Waldsänger (auf der Insel Saint Lucia endemisch) und der Gelbstirn-Waldsänger – die letzten beiden sind möglicherweise bereits ausgestorben. Für alle bedrohten Arten ist Habitatverlust ein Hauptproblem.

Etwa die Hälfte der Waldsängerarten sind Zugvögel, die in Nordamerika brüten, jedoch in den wärmeren Regionen von Mittel- und Südamerika überwintern. Im Frühjahr setzt ein intensiver Rückzug in Richtung Norden ein; ein Ereignis, auf das sich viele Vogelbeobachter Jahr für Jahr freuen. Traditionell rasten diese Durchzügler regelmäßig an denselben Plätzen, einer der bekanntesten ist der Central Park in New York! Diese große Grünfläche ist eine Oase mit insektenreicher Vegetation, die jedes Jahr zahlreiche durchziehende Waldsänger magnetisch anzieht.

GRAUWANGEN-WALDSÄNGER
Basileuterus griseiceps

Der für Venezuela endemische Grauwangen-Waldsänger kommt nur in der Cordillera de Caripe im Nordosten des Landes vor. Die Unterseite des Vogels ist leuchtend gelb und kontrastiert mit der dunkel olivgrünen Oberseite und dem grauen Kopf. Auffällig ist der weiße Oberaugenfleck. Die Art lebt in erster Linie in ungestörten Bergwäldern mit dichtem Unterwuchs und kommt vorwiegend in 1000 bis 2400 Meter Meereshöhe vor. Durch die großräumige Umwandlung dieser Wälder in Kaffee-, Zitrus-, Bananen- und Mangoplantagen hat der Druck auf die verbliebenen Waldgebiete erheblich zugenommen. In einem der wichtigsten Schutzgebiete, dem El Guácharo Nationalpark, findet sich viel geeigneter Lebensraum, doch sogar hier werden Wälder gerodet und der Unterwuchs abgeflämmt – häufig, um den Kaffeeanbau zu erleichtern.

Familie Parulidae
Größe 14 cm
Status stark gefährdet (abnehmend)
Population 2500–10 000
Verbreitung Venezuela (endemisch)
Habitat Bergwälder
Bedrohungen Walddegradation, Zerstörung der Strauchschicht, um Plantagen anzulegen

GELBSTIRN-WALDSÄNGER
Vermivora bachmanii

Der Gelbstirn-Waldsänger ist als vom Aussterben bedroht gelistet, ist unter Umständen aber bereits ausgestorben. Obwohl die letzte gesicherte Beobachtung von 1988 stammt, existiert die Art möglicherweise in bestimmten, regelmäßig überschwemmten Sumpfwäldern in den Südstaaten der USA nach wie vor. Bevorzugte Habitate waren sumpfige Standorte mit Bambusdickichten aus *Arundinaria gigantea,* die jedoch weitgehend trockengelegt oder gerodet wurden. Die Art überwintert oder überwinterte vor allem in Kuba. Vielleicht hat der Gelbstirn-Waldsänger in geeigneten Gebieten wie dem Congaree Swamp Nationalpark in South Carolina doch überlebt, denn von dort stammen mehrere neuere, wenn auch unbestätigte Beobachtungen. Für viele engagierte Vogelbeobachter ist der Gelbstirn-Waldsänger ähnlich legendär wie der Elfenbeinspecht. Nachdem der kleine Waldsänger in den 1980er-Jahren möglicherweise in Kuba beobachtet wurde, wollte man die Hoffnung nicht einfach aufgeben, doch wahrscheinlich ist er mittlerweile für immer verschwunden.

Familie Parulidae
Größe 12 cm
Status vom Aussterben bedroht (möglicherweise ausgestorben)
Population weniger als 50
Verbreitung USA (endemischer Brutvogel), Kuba (Winter)
Habitat Sumpfwälder
Bedrohungen Habitatverlust

BEDROHTE WALDSÄNGER

FAMILIE		TRIVIALNAME	WISSENSCHAFTLICHER NAME	STATUS
PARULIDAE Waldsänger		Santa-Marta-Waldsänger	*Basileuterus basilicus*	VU
		Grauwangen-Waldsänger	*Basileuterus griseiceps*	EN
		Pirre-Waldsänger	*Basileuterus ignotus*	VU
		Pfeif-Waldsänger	*Catharopeza bishopi*	EN
		Angela-Waldsänger	*Dendroica angelae*	VU
		Pappel-Waldsänger	*Dendroica cerulea*	VU
		Goldwangen-Waldsänger	*Dendroica chrysoparia*	EN
		Rosen-Waldsänger	*Ergaticus versicolor*	VU
		Belding-Gelbkehlchen	*Geothlypis beldingi*	CR
		Goldscheitel-Gelbkehlchen	*Geothlypis flavovelata*	VU
		Ockerbrust-Gelbkehlchen	*Geothlypis speciosa*	EN
		Blassfuß-Waldsänger	*Leucopeza semperi*	CR
		Goldaugen-Waldsänger	*Myioborus pariae*	EN
		Gelbstirn-Waldsänger	*Vermivora bachmanii*	CR
		Spiegel-Waldsänger	*Xenoligea montana*	VU

ROTE LISTE ■ ausgestorben ■ in freier Wildbahn ausgest. ■ vom Aussterben bedroht ■ stark gefährdet ■ gefährdet

GOLDWANGEN-WALDSÄNGER

Dendroica chrysoparia

Das Gefieder dieses hübschen kleinen Waldsängers ist überwiegend schwarz und weiß, auffällig sind die goldgelben Wangen, der schwarze Augenstreif und der goldgelbe Überaugenstreif. Die Flügel tragen zwei weiße Binden, die Unterseite ist weitgehend weiß, die Flanken sind schwarz gestreift. Als Brutvogel ist die Art in Texas endemisch, überwintert aber in Südmexiko (Chiapas), Guatemala, El Salvador, Nicaragua und Honduras, gelegentlich auch in Costa Rica und Panama. Goldwangen-Waldsänger brüten in Eichen- und Wacholderwäldern in bestimmten Regionen von Texas, vor allem im Balcones Canyonlands National Wildlife Refuge östlich des Edwards Plateau. Sie sind besonders auf eine lokale Wacholderart angewiesen, deren Rinde sie zum Nestbau verwenden. Im Winter suchen die Vögel in gemischten Trupps nach Nahrung und bevorzugen Habitate, in denen Eichen dominieren. Zudem gibt es mehrere kleine Schutzgebiete, die speziell auf die Bedürfnisse dieser Art ausgerichtet sind. Der spezialisierte Lebensraum der Art ist durch Holzeinschlag und das Sammeln von Brennholz bedroht; auch die Überwinterungsgebiete leiden teilweise darunter, dass Kiefern-Eichenwälder in Weideland für die Rinderhaltung umgewandelt werden. Der Aktionsplan für den Goldwangen-Waldsänger umfasst eine Bildungsinitiative auf Gemeindeniveau und Pläne zur Habitatwiederherstellung.

Familie	Parulidae
Größe	12,5 cm
Status	stark gefährdet (abnehmend)
Population	21 000
Verbreitung	USA (Texas) (endemischer Brutvogel), Mexiko bis Panama (Winter)
Habitat	Waldgebiete
Bedrohungen	Holzeinschlag, Habitatfragmentierung

Stärlinge und Vireos

Zur Familie der Stärlinge (Icteridae), in Amerika als «Blackbirds» bezeichnet, gehören etwa hundert Arten mittelgroßer Vögel, die nur in Nord-, Mittel und Südamerika heimisch sind. Die meisten leben in den Tropen, zwei Schwerpunkte der Artenvielfalt liegen in Südmexiko und Kolumbien. Zu dieser formenreichen Familie gehören unter anderen der Bobolink, die Kassiken (Gattung *Cacicus)*, Kuhstärlinge *(Molothrus)*, Hordenvögel *(Agelaius)*, die Grackeln *(Quiscalus)*, Lerchenstärlinge *(Sturnella)*, Trupiale *(Icterus)* und Stirnvögel oder Oropendolas *(Psarocolius)*. Viele Arten sind gesellig und ziehen, vor allem außerhalb der Brutzeit, in Trupps und Schwärmen umher. Die *Agelaius*-Arten kommen häufig in offenen, manchmal sumpfigen Lebensräumen vor. Die Kuhstärlinge sind, ähnlich wie viele Kuckucksarten, Brutparasiten und legen ihre Eier in die Nester anderer Arten. Die krähenähnlichen Grackeln sind Allesfresser mit charakteristischen krächzenden Rufen. Die Stirnvögel sind große gesellige Waldvögel aus Zentral- und Südamerika; ihre von Ästen herabhängenden Webnester bieten einen gewissen Schutz vor Affen und Schlangen. Die Trupiale sind mittelgroß mit farbenfrohem, häufig orange oder gelbem und schwarzem Gefieder. Dreizehn Stärlingsarten sind als bedroht eingestuft, eine – der auf der Karibikinsel Montserrat endemische Montserrat-Trupial – sogar vom Aussterben.

Auch die Vireos (Vireonidae) sind nur in Amerika heimisch. Diese recht kleinen, laubsängerähnlichen Vögel der Wälder und Gebüsche haben ein unscheinbares Gefieder, einen relativ kräftigen Schnabel und ernähren sich vorwiegend von Insekten. Von den 52 Arten sind drei bedroht.

MONTSERRAT-TRUPIAL

Icterus oberi

Die Trupiale (Gattung *Icterus)* sind auf die Neue Welt beschränkt; der Montserrat-Trupial ist auf der Karibikinsel Montserrat endemisch. Das Männchen ist auffällig gelb-schwarz gefärbt: Brust, Bauch, Unterschwanzbereich sowie der untere Rücken sind gelb, das restliche Gefieder ist schwarz. Die Weibchen sind unscheinbar gelbgrün gefärbt. Das Verbreitungsgebiet dieser Art war schon immer sehr klein, hat in den letzten Jahrzehnten jedoch noch mehr abgenommen. Verantwortlich dafür sind vor allem Vulkanausbrüche auf der Insel, hauptsächlich zwischen 1995 und 1997, durch die der Lebensraum dieser Art etwa zu zwei Dritteln zerstört wurde. Auch die Jahre 2001, 2003 und 2006 brachten starke Ascheregen, die über den Brutplätzen niedergingen. Problematisch ist zudem der Raubdruck durch eingeschleppte Ratten und die heimische Perlaugen-Spottdrossel *(Margarops fuscatus)*. Montserrat-Trupiale leben in verschiedenen Waldhabitaten, bevorzugen jedoch höhere und feuchtere Lagen. Die gewebten Nester hängen an Bananen- und insbesondere an Helikonienblättern. Die Vögel ernähren sich vorwiegend von Insekten, aber auch von Früchten und Nektar.

Familie	Icteridae
Größe	21 cm
Status	vom Aussterben bedroht (abnehmend)
Population	500–5200
Verbreitung	Montserrat (Karibik, Großbritannien) (endemisch)
Habitat	Wald
Bedrohungen	Vulkanausbrüche, möglicherweise Klimawandel, Raubfeinde

ROTBRUSTSTÄRLING
Sturnella defilippii

Das unverwechselbare Gefieder dieser Art ist beim Männchen überwiegend schwarz mit braun gerandeten Federn, doch Kehle, Brust und Zügelstreif (zwischen Auge und Oberschnabel) sind leuchtend rot, der Überaugenstreif ist cremeweiß. Das Weibchen ist brauner und stärker gestreift; Kehle und Bauch sind blassrosa bis bräunlich. Rotbruststärlinge leben meistens in natürlichem Grasland mit hoher Vegetation und vermeiden im Allgemeinen landwirtschaftliches Grünland und intensiv beweidete Gebiete. Sie ernähren sich von Insekten, Sämereien und Pflanzentrieben. Das Verbreitungsgebiet reicht vom östlichen Zentralargentinien bis Uruguay und Südbrasilien. Seit etwa 1900 hat der Bestand massiv abgenommen, dabei ging das Verbreitungsgebiet um neunzig Prozent zurück. Der größte Teil der Population lebt in Argentinien, vorwiegend im Südwesten der Provinz Buenos Aires und in La Pampa. Heutzutage sind riesige Gebiete, die früher natürliches Grasland waren, in Weideflächen, vor allem für Rinder, umgewandelt worden, sodass der Lebensraum nicht mehr für Rotbruststärlinge geeignet ist. Außerdem gibt es Hinweise, dass Vögel für den Käfigvogelmarkt gefangen werden.

Familie	Icteridae
Größe	21 cm
Status	gefährdet (abnehmend)
Population	28 000
Verbreitung	Argentinien, Uruguay, Brasilien
Habitat	Grasland
Bedrohungen	Habitatverlust, Zertrampeln

GILBSTÄRLING
Xanthopsar flavus

Lebhaft gefärbter Vogel mit auffälligen Gefieder: Beim Männchen sind Kopf, Gesicht, Brust, Bauch und Bürzel gelb, der restliche Körper ist schwarz. Die Weibchen sind weitgehend olivbraun und gestreift. Die stimmfreudige Art zeichnet sich durch harte Rufe und einen kurzen, hohen und trillernden Gesang aus. Gilbstärlinge sind gesellig und brüten in Kolonien, gewöhnlich in Lebensräumen, die von Gräsern dominiert werden, häufig in dichter und sumpfiger Vegetation, manchmal jedoch auf trockeneren Agrarflächen. Die Art kommt an bestimmten Standorten in Paraguay (vor allem in Itapúa und Misiones), Argentinien (vor allem der Nordosten von Corrientes), Uruguay (vor allem in den Feuchtgebieten im Süden und Westen) und in Südbrasilien vor. Anscheinend gehen die Bestände angesichts von Habitatdegradierung und -verlust ziemlich schnell zurück. Viele Feuchtgebiete wurden trockengelegt, manchmal auch eingedeicht und überflutet, während Abflämmen und Beweidung das Grasland stark verändert haben. Gilbstärlinge werden außerdem für den Käfigvogelhandel gefangen. Sie kommen in einigen Schutzgebieten vor, auch Wiedereinbürgerungsprogramme waren teilweise erfolgreich.

Familie	Icteridae
Größe	18 cm
Status	gefährdet (abnehmend)
Population	2500–10 000
Verbreitung	Brasilien, Paraguay, Uruguay, Argentinien
Habitat	Grasland, Sumpfland, Agrarflächen
Bedrohungen	Habitatverlust, Feuer, Fallenstellerei

SCHWARZKOPF-VIREO
Vireo atricapilla

Dieser kleine, relativ untersetzte Vogel ist in den USA und Mexiko heimisch. Das Männchen hat einen schwarzen Kopf mit weißem Zügelstreif zwischen den roten Augen und dem schwarzen Schnabel – der Vogel wirkt fast, als ob er eine weiße Brille trüge. Die Oberseite ist überwiegend olivbraun, die schwärzlichen Flügel tragen zwei gelbliche Flügelbinden, die Unterseite ist hauptsächlich weißlich bis olivfarben. Das Weibchen ist insgesamt unauffälliger mit grauem Kopf. Schwarzkopf-Vireos waren früher wesentlich weiter verbreitet und brüteten von Kansas und Oklahoma bis Texas und Zentralmexiko, heute gibt es jedoch nur mehr einige viel stärker fragmentierte Vorkommen. Die Vögel brüten in dichten Gebüschhabitaten, wo Grasland und Mischwälder aufeinandertreffen. Männchen und Weibchen bauen das Nest und bebrüten die Eier gemeinsam. Anschließend kümmert sich das Männchen um die Nestjungen, während das Weibchen ein weiteres Gelege hat, manchmal mit einem neuen Partner. Schwarzkopf-Vireos brüten in Mexiko vorwiegend in 1000 bis 2000 Meter Meereshöhe und überwintern meistens in West- und Südwestmexiko. Zusammen mit dem Goldwangen-Waldsänger gehören sie zu den Flaggschiffarten des Balcones Canyonlands National Wildlife Refuge in Texas; in Zentraltexas gibt es einige Habitatrestaurierungsprojekte, die sich lokal auf diese beiden Arten konzentrieren. Zu den vielfältigen Gefahren für den Schwarzkopf-Vireo zählen die Umwandlung der Habitate in Weideland, eine intensive Beweidung, die Plünderung der Nester durch Schlangen und Säuger sowie die Ausbreitung des Braunkopf-Kuhstärlings *(Molothrus ater)*, eines Brutparasiten; auch Feuer ist eine wesentliche Gefährdung.

Familie	Vireonidae
Größe	12 cm
Status	gefährdet (abnehmend)
Population	8000
Verbreitung	USA, Mexiko
Habitat	Gebüsche
Bedrohungen	Feuer, Habitatverlust, Fressfeinde

BEDROHTE STÄRLINGE UND VIREOS				
FAMILIE		**TRIVIALNAME**	**WISSENSCHAFTLICHER NAME**	**STATUS**
ICTERIDAE Stärlinge	■	Dreifarbenstärling	*Agelaius tricolor*	EN
	■	Gelbschulterstärling	*Agelaius xanthomus*	EN
	■	Loretokassike	*Cacicus koepckeae*	VU
	■	Forbes-Stärling	*Curaeus forbesi*	EN
	■	Roststärling	*Euphagus carolinus*	VU
	■	Rotbauchstärling	*Hypopyrrhus pyrohypogaster*	EN
	■	Braunkopf-Trupial	*Icterus bonana*	VU
	■	Montserrat-Trupial	*Icterus oberi*	CR
	■	Braunachselstärling	*Macroagelaius subalaris*	EN
	■	Bromelienstärling	*Nesopsar nigerrimus*	EN
	■	Braunmantel-Stirnvogel	*Psarocolius cassini*	EN
	■	Rotbruststärling	*Sturnella defilippii*	VU
	■	Gilbstärling	*Xanthopsar flavus*	VU
VIREONIDAE Vireos	■	Schwarzkopf-Vireo	*Vireo atricapilla*	VU
	■	Kariben-Vireo	*Vireo caribaeus*	VU
	■	Chocó-Vireo	*Vireo masteri*	EN

ROTE LISTE ■ ausgestorben ■ in freier Wildbahn ausgest. ■ vom Aussterben bedroht ■ stark gefährdet ■ gefährdet

FINKEN

Die Finken (Fringillidae) umfassen etwa 165 Arten. Die kompakten, meist kleinen Vögel mit kräftigem kegelförmigem Schnabel sind, was das Gefieder angeht, sehr formenreich: Manche sind unscheinbar grau oder braun, andere wie Girlitze, Stieglitze und Kernbeißer sind lebhaft gefärbt. Viele Finken sind Gartenvögel und erscheinen am Futterhäuschen. Etliche Finkenvögel tragen bekannte Trivialnamen, beispielsweise Kanarienvögel, Kreuzschnäbel, Stieglitze, Kernbeißer, Birkenzeisige, Karmingimpel, Gimpel, Girlitze, Erlenzeisige, Hänflinge. Bei mehreren Arten hat sich die Grundform des Schnabels im Lauf der Evolution abgewandelt und an das spezifische Ernährungsverhalten der Vögel angepasst. Bei den Kreuzschnäbeln kreuzt sich die Spitze von Ober- und Unterschnabel, dank dieser Anpassung können sie Koniferenzapfen öffnen, um an die Samen zu gelangen.

Die Girlitze (Gattung *Serinus)* gehören zu den kleinsten Finken; diese Gattung, mit über vierzig Arten eine der größten in der Familie, umfasst unter anderem den Kanarengirlitz *(Serinus canaria)*, den europäischen Girlitz *(Serinus serinus)* sowie Arten aus dem Mittelmeergebiet, Afrika und Asien. Der Kanarengirlitz kommt wild auf den Kanaren, Azoren und Madeira vor und ist die Stammform des «Kanarienvogels». Von diesem existieren inzwischen zahlreiche Zuchtformen, die nach besonders schönem Gesang und Gefiederfärbung ausgelesen wurden und werden.

Eine weitere große Gattung sind die Zeisige *(Carduelis)* mit über dreißig Arten; hierzu werden die Stieglitze, Grünfinken, Hänflinge, Birkenzeisige und Erlenzeisige gerechnet. Die vorwiegend schlanken Vögel besitzen einen kurzen, dünnen Schnabel; diesen setzen sie ein, um an die winzigen Sämereien unterschiedlicher Pflanzen zu gelangen – das Spektrum reicht je nach Vogelart von Distelsamen bis zu Nadelbaumsämereien. Die Karmingimpel (Gattung *Carpodacus)* sind kräftiger als die Zeisige, mit dickerem Schnabel und häufig rosaroten Gefiederpartien (Männchen). Die Kernbeißer *(Coccothraustes* und *Hesperiphona)* besitzen einen derart kräftigen Schnabel, dass sie damit – wie der Name sagt – Kirschkerne aufknacken können.

Die Unterfamilie der Kleidervögel (Drepanidinae) ist im Hawaii-Archipel heimisch; die meisten Arten tragen lokale Trivialnamen. Auffällig sind die verschiedenen Schnabelformen der Arten: Beim Akialoa ist der lange schmale Schnabel insgesamt nach unten gekrümmt, beim Akiapolaau ist hingegen nur der Oberschnabel verlängert und abwärts gebogen. Der leuchtend rote Iiwi nutzt seinen stark gekrümmten Schnabel, um in Blüten nach Nektar zu suchen. Zu den dreißig bedrohten Finkenarten zählen vor allem Kleidervogelarten aus Hawaii; zehn sind vom Aussterben bedroht: Akekee, Akikiki, Schopfkleidervogel, Papageischnabel-Gimpel, Nihoagimpel, Nukupuu, Alauwahio, Ou, Palila und Mauigimpel – letzterer ist vermutlich ausgestorben. Bereits jetzt sind mehrere für Hawaii endemische Finken ausgestorben. Eine weitere Inselart, der Einfarbgirlitz, ist ebenfalls vom Aussterben bedroht, während der Azorengimpel stark gefährdet ist.

KAPUZENZEISIG
Carduelis cucullata

Diese Art gehört zu den vielen kleinen Singvogelarten, die unter der Fallenstellerei für den Käfigvogelhandel leiden. Hauptsächlich deshalb geht ihr Bestand rapide zurück, und die Population ist inzwischen sehr stark fragmentiert. Das unverkennbare, schwarz-rot gefärbte Männchen zeichnet sich durch einen melodiösen Gesang mit trillernden und zwitschernden Tonfolgen aus. Die wichtigsten bekannten Verbreitungsgebiete liegen verstreut in Nordvenezuela, Nordkolumbien und Südwestguyana. Die Angaben für Populationszahlen schwanken erheblich, da Bestandserhebungen sehr schwer durchzuführen sind. Kapuzenzeisige leben in verschiedenen Habitaten und wechseln zwischen immergrünen Regenwäldern, saisongrünen Trockenwäldern sowie Grasland und Dickichten. Das Nest wird meistens in epiphytischen Bromelien im Bereich der Baumkronen gebaut. Die Vögel ernähren sich von Früchten, insbesondere Misteln und Feigen sowie Blütenknospen und Sämereien. Als Käfigvögel sind Kapuzenzeisige auch deshalb so beliebt, weil sie sich mit Kanarienvögeln kreuzen lassen, deren Gefieder auf diese Weise um rote Farbtöne bereichert wird. Kapuzenzeisige stehen zwar in Venezuela und Guyana unter Schutz, sind jedoch, beispielsweise durch Habitatverlust, immer noch bedroht.

Familie Fringillidae
Größe 10 cm
Status stark gefährdet (abnehmend)
Population 2500–10 000
Verbreitung Venezuela, Kolumbien, Guyana
Habitat Wälder und Grasland
Bedrohungen Käfigvogelhandel, Habitatverlust

SCHOPFKLEIDERVOGEL
Palmeria dolei

Großer Kleidervogel mit leicht gebogenem, scharfem Schnabel. Das überwiegend schwarze Gefieder ist auf der Brust gefleckt und gestreift, auf der Stirn sitzt ein steifer weißer Federbusch; auffällig sind ferner ein orangegelber Augenring und ein orangerotes Nackenband. Die Rufe sind klar pfeifend, der Gesang eine Folge tiefer Töne, die an den einheimischen Namen des Schopfkleidervogels, Akohekohe, erinnern. Die Art ist auf Hawaii endemisch und kommt nur auf der Insel Maui vor, ist dort aber an den Nordosthängen des Haleakala relativ häufig. Sie war früher auch auf Moloka'i heimisch, jedoch inzwischen dort ausgestorben. Schopfkleidervögel bevorzugen feuchte und nasse Wälder in 1500 bis 2000 Meter Meereshöhe. Sie ernähren sich nicht nur von Nektar, sondern auch von wirbellosen Tieren. Verwilderte Hausschweine sind für die Degradation der Lebensräume verantwortlich und haben auch zur Verbreitung von Moskitos beigetragen, die Krankheiten verbreiten. Auch der Raubdruck durch eingeschleppte Katzen, Ratten, Schleiereulen und eventuell sogar durch Kleine Mungos *(Herpestes javanicus)* machen dem Schopfkleidervogel zu schaffen.

Familie Fringillidae
Größe 18 cm
Status vom Aussterben bedroht (abnehmend)
Population 3800
Verbreitung Hawaii (Maui)
Habitat Feucht- und Regenwälder
Bedrohungen Habitatverlust, eingeschleppte Raubfeinde, Krankheiten

BEDROHTE FINKEN

FAMILIE		TRIVIALNAME	WISSENSCHAFTLICHER NAME	STATUS
FRINGILLIDAE Finken	■	Kapuzenzeisig	*Carduelis cucullata*	EN
	■	Somalihänfling	*Carduelis johannis*	EN
	■	Safranzeisig	*Carduelis siemiradzkii*	VU
	■	Yarrell-Zeisig	*Carduelis yarrellii*	VU
	■	Oahu-Amakihi	*Hemignathus flavus*	VU
	■	Kauai-Amakihi	*Hemignathus kauaiensis*	VU
	■	Nukupuu	*Hemignathus lucidus*	CR
	■	Akiapolaau	*Hemignathus munroi*	EN
	■	Anianiau	*Hemignathus parvus*	VU
	■	Hispaniolakreuzschnabel	*Loxia megaplaga*	EN
	■	Palila	*Loxioides bailleui*	CR
	■	Akekee	*Loxops caeruleirostris*	CR

ROTE LISTE ■ ausgestorben ■ in freier Wildbahn ausgest. ■ vom Aussterben bedroht ■ stark gefährdet ■ gefährdet

IIWI
Vestiaria coccinea

Mit seinem intensiv scharlachroten Gefieder und dem langen rosafarbenen, stark gebogenen Schnabel gehört der Iiwi zu den ungewöhnlichsten Kleidervögeln auf Hawaii. Flügel und Schwanz sind schwarz, die Beine rosarot – so sind die Altvögel im grünen Laubwerk ihres Lebensraums gut zu erkennen. Die Jungvögel sehen völlig anders aus – ihr Gefieder ist goldbraun und gefleckt, der Schnabel elfenbeinfarben. Zeitweilig hielt man sie für eine andere Art. Der lokale Name Iiwi ist eine lautmalerische Umschreibung seines Gesangs, häufig imitiert der Iiwi aber auch die Rufe anderer Vogelarten. Der gebogene Schnabel und die röhrenförmige Pinselzunge sind Anpassungen, um leichter an den Blütennektar heimischer Pflanzen zu gelangen – diese Blüten sind häufig röhrenförmig. Gelegentlich picken die Vögel ein Loch in den Blütenschlund, um den Nektar einfacher zu ernten; sie können außerdem wie Kolibris im Schwirrflug vor der Blüte verharren. Zum Teil werden auch wirbellose Tiere verzehrt. Iiwis waren früher auf der ganzen Inselgruppe verbreitet, kommen aber heute nur mehr auf Maui und Hawaii (Hakalau) vor. Sie leben in 300 bis 2900 Meter Meereshöhe in Wäldern verschiedener Art, auch in gestörten Lebensräumen. Wie der Schopfkleidervogel hat der Iiwi unter eingeschleppten Säugern, wie Rindern, Schweinen, Katzen und Ratten, gelitten. Zudem erkrankt er leicht an Vogelmalaria, die von eingeführten Moskitos verbreitet wird. Offensichtlich werden die Populationen in den Tieflandwäldern am stärksten befallen. Iiwis sind zwar zurzeit noch relativ häufig, doch die Population nimmt deutlich ab und die Art kommt an weniger Standorten vor als früher.

Familie	Fringillidae
Größe	15 cm
Status	gefährdet (abnehmend)
Population	350 000
Verbreitung	Hawaii (endemisch)
Habitat	Wälder
Bedrohungen	Habitatverlust, eingeschleppte Raubfeinde, Krankheiten

BEDROHTE FINKEN *FORTSETZUNG*

FAMILIE		TRIVIALNAME	WISSENSCHAFTLICHER NAME	STATUS
FRINGILLIDAE Finken	■	Akepa	*Loxops coccineus*	EN
	■	Mauiqimpel	*Melamprosops phaeosoma*	CR/EX
	■	Einfarbgirlitz	*Neospiza concolor*	CR
	■	Akikiki	*Oreomystis bairdi*	CR
	■	Hawaii-Astläufer	*Oreomystis mana*	EN
	■	Schopfkleidervogel	*Palmeria dolei*	CR
	■	Alauwahio	*Paroreomyza maculata*	CR
	■	Maui-Astläufer	*Paroreomyza montana*	EN
	■	Papageischnabel-Gimpel	*Pseudonestor xanthophrys*	CR
	■	Ou, Gelbkopfkleidervogel	*Psittirostra psittacea*	CR
	■	Azorengimpel	*Pyrrhula murina*	EN
	■	Ankobergirlitz	*Serinus ankoberensis*	VU
	■	Gelbkehlgirlitz	*Serinus flavigula*	EN
	■	Zederngirlitz	*Serinus syriacus*	VU
	■	Salvadori-Girlitz	*Serinus xantholaemus*	VU
	■	Laysangimpel	*Telespiza cantans*	VU
	■	Nihoagimpel	*Telespiza ultima*	CR
	■	Iiwi	*Vestiaria coccinea*	VU

ROTE LISTE ■ ausgestorben ■ in freier Wildbahn ausgest. ■ vom Aussterben bedroht ■ stark gefährdet ■ gefährdet

PRACHTFINKEN, WEBERVÖGEL UND SPERLINGE

Zu den Prachtfinken (Estrildidae) gehören etwa 140 Arten; es sind kleine, aktive finkenähnliche Vögel, oft mit buntem Gefieder. Viele Arten sind beliebte Ziervögel, da sie bereitwillig in Gefangenschaft brüten und sich gut an das Leben in Volieren anpassen. Für viele Arten ist auch ein angenehmer melodischer Gesang typisch. Zur Familie der Prachtfinken zählen die Astrilde *(Estrilda)*, Bronzemännchen *(Lonchura)*, Blauastrilde *(Uraeginthus)*, Bergastrilde *(Cryptospiza)*, Amaranten *(Cryptospiza)*, Prachtastrilde *(Emblema)*, Diamantfinken *(Stagonopleura)*, Bergamadinen *(Oreostruthus)*, Meisenastrilde *(Nesocharis)* und die Eigentlichen Papageiamadinen *(Erythrura)*. Die Astrilde sind in Afrika und Asien heimisch, die Bronzemännchen vorwiegend in Südasien, Indien und im Südwestpazifik, während andere, wie Zebrafink, Binsenastrild, Gould-Amadine und Verwandte, in Australien leben. Prachtfinken bilden meistens eine stabile Paarbindung aus, die bei vielen Arten lebenslang hält. Die Körperlänge dieser kleinen Vögel beträgt 11 bis 13 Zentimeter und sie wiegen nur sieben bis zehn Gramm. Bronzemännchen sind überwiegend Körnerfresser und bevorzugen offene Lebensräume mit Schilf und Gräserarten. Sie sind etwa so groß wie Astrilde, doch nicht so farbenprächtig, sondern meistens braun. Trotzdem sind sie beliebte Käfigvögel. Insgesamt sind neun Prachtfinkenarten bedroht; die Gould-Amadine ist sogar stark gefährdet.

Die Webervögel und ihre Verwandten (Ploceidae) umfassen 106 Arten, von denen 13 bedroht sind. Webervögel (Hauptgattung *Ploceus*) sind sperlingsähnlich, doch im Gegensatz zu Sperlingen sind die Männchen meistens recht lebhaft gefärbt. Wie der Name sagt, weben diese Vögel aus Grashalmen und anderem faserigem Pflanzenmaterial komplizierte Nester; einige brüten zudem in großen Kolonien. Ebenfalls zur Familie gehören die Schönweber (Gattung *Foudia*), sie kommen vorwiegend im südlichen Indischen Ozean vor, insbesondere in Madagaskar, auf den Seychellen, Maskarenen und Komoren. Diese kleinen, 12 bis 15 Zentimeter langen Vögel besitzen einen kurzen kegelförmigen Schnabel, der an eine Kost aus Samen angepasst ist, die gelegentlich durch Insekten ergänzt wird. Sie brüten in Waldgebieten oder Gebüschen und bauen aus Grashalmen und anderem Pflanzenmaterial ein kuppelförmiges Nest mit seitlichem Eingang, das an Palmwedeln oder Zweigen hängt. Weitere Gattungen der Ploceidae sind die Feuerweber oder Widas *(Euplectes)*, die Gattungen *Malimbus* und *Quelea* sowie die Witwenvögel *(Vidua*, häufig als eigene Familie angesehen). Viele Arten sind Schwarmvögel; der Blutschnabel-Weber ist mit einer geschätzten Population von 1,5 Milliarden sogar der häufigste Vogel der Welt. Diese Vögel bilden manchmal Riesenschwärme und ziehen fast wie Wanderheuschrecken von Ort zu Ort – da sie Getreide und andere Sämereien verzehren, können sie auf Feldern große Schäden anrichten.

Die mit den Webervögeln verwandte Altwelt-Familie der Sperlinge (Passeridae) umfasst etwa vierzig Arten; eine Art, der «Abd-al-Kuri-Sperling» ist gefährdet.

MAURITIUS-WEBER

Foudia rubra

Kleiner, hauptsächlich brauner Vogel, der nur auf Mauritius im Indischen Ozean heimisch ist. Im Brutkleid des Männchens kontrastieren dunkelbrauner Rücken, Flügel und Schwanz stark mit leuchtend rotem Kopf, Hals und Brust; auch der Bürzel ist rötlich gefärbt. Der Bestand ist zwar sehr klein, anscheinend jedoch stabil, und die Art ist nicht unmittelbar vom Aussterben bedroht. Mauritius-Weber leben in Wäldern verschiedener Art und ernähren sich von Insekten, Früchten und Nektar. Die Art kam früher in geeigneten Lebensräumen auf der gesamten Insel vor, doch die Population nahm rapide ab – teilweise durch Habitatverlust, doch hauptsächlich, weil sie direkt durch Fressfeinde, wie Hausratten *(Rattus rattus)* und Javaneraffen *(Macaca fascicularis)*, dezimiert wurde. Auf Mauritius selbst sind die Vögel heute vorwiegend im Black River Gorges National Park im Südwesten verbreitet. Einige Vögel wurden 2005 auf die vorgelagerte Île aux Aigrettes umgesiedelt und konnten dort eine stabile Population etablieren, auf die sich im Notfall zurückgreifen ließe.

Familie	Ploceidae
Größe	14 cm
Status	stark gefährdet (stabil)
Population	200–350
Verbreitung	Mauritius (endemisch)
Habitat	Wald, Plantagen
Bedrohungen	Habitatverlust, eingeschleppte Raubfeinde

GROSSSCHNABEL-WEBER

Ploceus megarhynchus

Das Verbreitungsgebiet des Großschnabel-Webers ist relativ stark fragmentiert; er kommt vor allem in Nordindien, aber auch in Ostindien (Assam) und Ostnepal vor. Der große, ziemlich untersetzt gebaute Vogel ist auf Kopf und Unterseite vorwiegend gelb, Rücken und Flügel sind grünlich gestreift. Die Art kommt im «Terai» vor, einem feuchten, häufig überschwemmten Grasland des Tieflands. Wie die meisten Webervögel ist auch diese Art gesellig, sie sucht in Trupps nach Nahrung und brütet in Kolonien. Die Nester werden entweder in hohen Gräsern und Schilf oder in Bäumen gebaut. Die Ausdehnung des Terai-Graslands ist jedoch durch Entwässerung sehr stark zurückgegangen – hauptsächlich, um Anbauflächen für Reis, Zuckerrohr, Senf und Tee wie auch Weideflächen zu gewinnen. Außerdem erntet man die hochwüchsigen Gräser und das Schilf ab, um Reetdächer zu decken. Großschnabel-Weber werden ferner für den Käfigvogelhandel eingefangen; in Indien ist dies seit 1991 allerdings verboten, und die Art wurde unter Schutz gestellt.

Familie	Ploceidae
Größe	17 cm
Status	gefährdet (abnehmend)
Population	2500–10 000
Verbreitung	Indien, Nepal
Habitat	Sümpfe, Monsunwälder
Bedrohungen	Habitatverlust, Beweidung, Käfigvogelhandel

GOULD-AMADINE

Erythrura gouldiae

Bei Käfigvogelhaltern ist diese zierliche und farbenfrohe, für Australien endemische Art bekannt und beliebt. Die Altvögel besitzen einen langen, zugespitzten Schwanz, glänzend grünes Rücken- und Nackengefieder, gelben Bauch, blaue Brust sowie ein hellblaues Halsband. Es gibt zwei Farbvarianten: eine mit schwarzem Kopf und Gesicht, die andere mit leuchtend rotem Gesicht, das schwarz gesäumt ist. Gould-Amadinen waren zu Beginn des 20. Jahrhunderts noch wesentlich häufiger; die Art hat zum Teil durch den Fang für den Käfigvogelhandel gelitten, ist vermutlich aber vor allem wegen der Veränderungen in ihrem Lebensraum zurückgegangen – dieser wurde durch die intensive Rinderhaltung und Beweidung degradiert. Möglicherweise spielt auch die gestiegene Häufigkeit der Buschfeuer eine Rolle.

Kleine Bestände der Gould-Amadine überleben in Nordaustralien, vor allem im nördlichen Northern Territory; auch aus Queensland gibt es einige Beobachtungen. Die Gesamtpopulation liegt bei 2000 bis 10 000 Vögeln, überwiegend in der Kimberley-Region. Die Vögel bevorzugen lichte Waldgebiete mit Grasunterwuchs und zahlreichen hohlen Nistbäumen. Gould-Amadinen ernähren sich hauptsächlich von den Samen verschiedener Gräserarten und stellen ihre Kost je nach Jahreszeit von Trocken- auf Regenzeit-Gräserarten um.

Familie Estrildidae
Größe 11–12,5 cm
Status stark gefährdet (abnehmend)
Population 2000–10 000
Verbreitung Australien (endemisch)
Habitat lichte Wälder mit Grasunterwuchs, Baumsavanne
Bedrohungen Beweidung, Feuer

BEDROHTE PRACHTFINKEN, WEBERVÖGEL UND SPERLINGE

FAMILIE	TRIVIALNAME	WISSENSCHAFTLICHER NAME	STATUS
ESTRILDIDAE Prachtfinken	Olivastrild	*Amandava formosa*	VU
	Rotmantel-Astrild	*Cryptospiza shelleyi*	VU
	Gould-Amadine	*Erythrura gouldiae*	EN
	Schwarzstirn-Papageiamadine	*Erythrura kleinschmidti*	VU
	Königs-Papageiamadine	*Erythrura regia*	VU
	Manila-Papageiamadine	*Erythrura viridifacies*	VU
	Anambra-Astrild	*Estrilda poliopareia*	VU
	Arfaknonne	*Lonchura vana*	VU
	Reisfink	*Padda oryzivora*	VU
PLOCEIDAE Webervögel	Rodriguez-Weber	*Foudia flavicans*	VU
	Mauritius-Weber	*Foudia rubra*	EN
	Ballmann-Weber	*Malimbus ballmanni*	EN
	Ibadan-Weber	*Malimbus ibadanensis*	EN
	Goldnacken-Weber	*Ploceus aureonucha*	EN
	Bannerman-Weber	*Ploceus bannermani*	VU
	Braunwangen-Weber	*Ploceus batesi*	EN
	Kilombero-Weber	*Ploceus burnieri*	VU
	Gelbfuß-Weber	*Ploceus flavipes*	VU
	Goland-Weber	*Ploceus golandi*	EN
	Großschnabel-Weber	*Ploceus megarhynchus*	VU
	Nicoll-Weber	*Ploceus nicolli*	EN
	Loango-Weber	*Ploceus subpersonatus*	VU
PASSERIDAE Sperlinge	«Abd-al-Kuri-Sperling»	*Passer hemileucus*	VU

ROTE LISTE ausgestorben, in freier Wildbahn ausgest., vom Aussterben bedroht, stark gefährdet, gefährdet

STARE, PIROLE, DRONGOS UND PARADIESVÖGEL

Die Stare (Sturnidae), in erster Linie eine Altwelt-Vogelfamilie, umfassen 110 Arten – viele Starenarten sind Opportunisten, die in den verschiedensten Lebensräumen zurechtkommen. Die kleinen bis mittelgroßen, recht untersetzten Vögel haben einen langen, geraden Schnabel und je nach Art unterschiedliches Gefieder: oft schwarz und glänzend, bei einigen Arten auffällig gefärbt. Viele Stare sind sehr gesellig und rasten und suchen truppweise nach Nahrung. Dabei bilden manche Arten, vor allem der (europäische) Star, oft ungeheuer große Schwärme, besonders an den gemeinsamen Schlafplätzen. Da Stare am Boden auf Futtersuche gehen, bevorzugen sie offene Lebensräume. Auch Mainas und Madenhacker (zwei Arten) gehören zu den Staren und sind beide hauptsächlich in den Tropen heimisch. Einige Mainas und Stare sind hervorragende Stimmimitatoren und können auch die Rufe anderer Vogelarten nachmachen. Madenhacker ernähren sich vorwiegend, indem sie parasitische Insekten und Zecken vom Körper großer Herbivoren (insbesondere Rindern) ablesen – zum Nutzen von Vogel und Säugetier. Acht Arten der Starenfamilie sind bedroht.

Die Pirole (Oriolidae) sind elegante schlanke, häufig prächtig gefärbte Vögel mit melodischem flötenartigem Gesang. Die dreißig Arten der Familie sind in Afrika, Europa, Asien und Australien heimisch. Männchen sind lebhafter gefärbt als die Weibchen. Pirole haben einen leicht gebogenen Schnabel, leben in Waldgebieten und suchen ihre Nahrung als opportunistische Allesfresser meist oben im Kronendach. Auch die in Australasien heimischen Feigenpirole (drei Arten) gehören zu dieser Familie. Drei Pirolarten sind bedroht, der auf Luzon (Philippinen) endemische Isabellpirol sogar vom Aussterben.

Drongos (Dicruridae) kommen von Afrika bis Südostasien und Australasien vor. Von den 23 Arten sind zwei bedroht: der Braunschwingen-Drongo und der Mayotte-Drongo, beide auf den Komoren endemisch. Das Gefieder der mittelgroßen Drongos ist meistens dunkel oder schwarz, der Schwanz ist gegabelt (manchmal leierförmig), gerade oder besonders verlängert; einige Arten besitzen eine Haube. Mehrere Arten sind gute Nachahmer und imitieren Vogelrufe und andere Geräusche. Drongos leben in offenen Wäldern oder Gebüschen und ernähren sich von Insekten, die sie zum Teil fast wie Fliegenschnäpper erbeuten. Sie reagieren sehr aggressiv auf Störungen (besonders wenn sie auf dem Nest sitzen) und greifen häufig auch wesentlich größere Vögel an.

Die Paradiesvögel (Paradisaeidae) gehören zu den interessantesten und schönsten Vögeln der Welt. Die mittelgroßen und in etwa krähenförmigen Vögel sind 15 bis 44 Zentimeter groß. Die meisten Arten sind nur in Neuguinea heimisch, ein paar in Nordostaustralien und einige in Indonesien. Bei mehreren Arten tragen die Männchen prächtige Schmuckfedern und führen komplexe Balzrituale auf. Diese finden in speziellen Balzarenen (Leks) statt, häufig mit Balztänzen, bei denen die Männchen ihr fantastisches Gefieder gebührend in Szene setzen. Dieses artspezifische Revier- und Balzverhalten geht mit ungewöhnlichen akustischen Signalen einher, beispielsweise laut knatternden Geräuschen, die zum Teil mithilfe modifizierter Schwungfedern erzeugt werden. In manchen historischen Quellen hielt man die Paradiesvögel aufgrund des herrlichen Gefieders für den mythischen Phönixvogel. Von den vierzig Arten sind drei bedroht – vor allem, weil ihr Lebensraum in tropischen Wäldern verschwindet und weil sie wegen ihrer Schmuckfedern bejagt werden.

BALISTAR

Leucopsar rothschildi

Illegale Fallenstellerei für den Käfigvogelhandel hat dazu geführt, dass dieser fast reinweiße prächtige Star beinahe ausgerottet ist. Er ist mittelgroß, besitzt eine aufstellbare Federhaube auf dem Kopf, rund um die Augen ein unbefiedertes blaues Gesichtsfeld und einen kräftigen gelben Schnabel. Flügel- und Schwanzspitzen sind schwarz. Die Rufe sind, wie bei vielen Staren, schrill und schwätzend. Die Art kommt nur in Indonesien und auf Bali vor, wird seit Langem von Sammlern dezimiert und steht inzwischen in freier Wildbahn kurz vor dem Aussterben – und dies, obwohl die winzige Restpopulation innerhalb des Bali Barat Nationalparks lebt. Balistare brüten in Monsunwäldern wie auch in offenen Gebüschen und Savannen; außerhalb der Brutzeit leben sie zerstreut in lichten Wäldern und Auwäldern. Bis in die 1990er-Jahre (damals sank die Individuenzahl bis auf sechs) fielen Balistare auch der Wilderei zum Opfer. Man versucht, die Wildpopulation zu stärken, indem man in Gefangenschaft erbrütete Vögel freisetzt, und hat ein spezielles Schutzgebiet für diese Art auf der kleinen Insel Nusa Penida vor der Küste eingerichtet.

Familie	Sturnidae
Größe	25 cm
Status	vom Aussterben bedroht (abnehmend, möglicherweise in freier Wildbahn ausgestorben)
Population	50–100
Verbreitung	Bali (endemisch)
Habitat	Dickichte, Savanne
Bedrohungen	Käfigvogelhandel, Habitatverlust

BLAUPARADIESVOGEL

Paradisaea rudolphi

Dieser prächtige Waldvogel ist eine der 38 in Neuguinea endemischen Paradiesvogelarten. Zu den Gefahren für Paradiesvögel zählen Habitatverlust und die traditionelle Bejagung wegen ihres besonderen Federkleids. Der Blauparadiesvogel ist einer der schönsten, aber auch der seltensten Paradiesvögel. Zurzeit kommt er noch an einigen verstreuten Standorten östlich des Zentralgebirges von Papua-Neuguinea vor: Es handelt sich um Bergwälder (auf 1000 bis 2000 Meter Höhe) vor allem am Mount Sisa und im Owen-Stanley-Gebirge. Der Bestand wird auf nicht mehr als 10 000 Vögel geschätzt; möglicherweise gibt es sogar nur mehr 2500 Individuen, die Art wird daher als gefährdet eingestuft. Anscheinend gehen die Zahlen zurück, da die Bevölkerung immer stärker wächst und immer mehr Paradiesvogel-Habitate für die Landwirtschaft gerodet werden. Typisch für den Blauparadiesvogel ist das insgesamt dunkle Gefieder, der recht kräftige elfenbeinweiße Schnabel, das leuchtend blaue Gefieder von Rücken, Flügeln und Schwanz sowie ein unvollständiger weißer Augenring. Das Männchen hängt bei seinem bemerkenswerten Balzritual kopfüber an einem Ast und breitet sein blaues Gefieder fächerförmig aus, überragt von zwei extrem verlängerten gebogenen Schwanzfedern. Diese Vorführung wird von bizarren knatternden Geräuschen sowie summenden und nasalen Rufen begleitet.

Familie	Paradisaeidae
Größe	30 cm
Status	gefährdet (abnehmend)
Population	2500–10 000
Verbreitung	Papua-Neuguinea
Habitat	Bergwälder
Bedrohungen	Habitatverlust, Bejagung

BEDROHTE STARE, PIROLE, DRONGOS UND PARADIESVÖGEL

FAMILIE		TRIVIALNAME	WISSENSCHAFTLICHER NAME	STATUS
STURNIDAE Stare	■	Weißaugenstar	*Aplonis brunneicapillus*	EN
	■	Rarotonga-Star	*Aplonis cinerascens*	VU
	■	Pelzelnstar	*Aplonis pelzelni*	CR
	■	Rostbürzelstar	*Aplonis santovestris*	VU
	■	Abbott-Star	*Cinnyricinclus femoralis*	VU
	■	Balistar	*Leucopsar rothschildi*	CR
	■	Greisenstar	*Sturnus albofrontatus*	VU
	■	Schwarzflügelmaina	*Sturnus melanopterus*	CR
ORIOLIDAE Pirole	■	Sao-Tomé-Pirol	*Oriolus crassirostris*	VU
	■	Isabellpirol	*Oriolus isabellae*	CR
	■	Seidenpirol	*Oriolus mellianus*	VU
DICRURIDAE Drongos	■	Braunschwingen-Drongo	*Dicrurus fuscipennis*	EN
	■	Mayotte-Drongo	*Dicrurus waldenii*	VU
PARADISAEIDAE Paradiesvögel	■	Breitschwanz-Paradieshopf	*Epimachus fastuosus*	VU
	■	Blauparadiesvogel	*Paradisaea rudolphi*	VU
	■	Wahnes-Paradiesvogel	*Parotia wahnesi*	VU

ROTE LISTE ■ ausgestorben ■ in freier Wildbahn ausgest. ■ vom Aussterben bedroht ■ stark gefährdet ■ gefährdet

RABENVÖGEL UND LAPPENVÖGEL

Zu den Rabenvögeln (Krähenvögeln) gehören etwa 115 Arten. Die mittelgroßen bis großen Vögel besitzen oft ein schwarzes oder dunkles Gefieder, das aber bei mehreren Arten, vor allem den Hähern, lebhafter gefärbt ist. Die intelligenten und anpassungsfähigen Vögel kommen in vielen Lebensräumen vor und sind auch in ihrer Nahrung sehr vielseitig. Krähen, Raben und Dohlen (Gattung *Corvus)* gehören zu den klügsten Vögeln überhaupt; zahlreiche Arten sind Kulturfolger und nutzen verfügbare Nahrungsquellen rund um menschliche Behausungen und Äcker. Die größten Vertreter der Corvidae – und damit die größten Sperlingsvögel (Passeriformes) überhaupt – sind die Raben mit neun Arten. Diese kräftigen Vögel leben meistens in Gebirgshabitaten. Viele Krähenarten sind gesellig, sie sind Koloniebrüter und suchen gemeinsame Schlafplätze auf. Von den 13 bedrohten Arten sind 2, die Guam-Krähe und die Banggai-Krähe, vom Aussterben bedroht; eine Art, die Hawaii-Krähe, ist in freier Wildbahn ausgestorben. Zur Familie der Rabenvögel rechnet man neben den Krähen, Raben und Dohlen die Häher *(Garrulus* und andere), die Bergkrähen *(Pyrrhocorax)*, die Gattung *Nucifraga*, die Echten Wüstenhäher *(Podoces)*, Elstern *(Pica* und andere), Buschhäher *(Aphelocoma)*, Baumelstern *(Dendrocitta)* und weitere Gattungen. Die Saatkrähe *(Corvus frugilegus)*, mit großem Verbreitungsgebiet in Europa und Asien, ist sozial lebend; sie sucht im Winter gemeinsame Schlafplätze auf, brütet in Kolonien und baut hoch oben in Baumkronen ein kompaktes Nest aus Zweigen. Als Allesfresser verzehren Saatkrähen und andere Krähen diverse pflanzliche und tierische Kost, aber auch Abfälle, beispielsweise auf Mülldeponien. Häufig sind Dohlen *(C. monedula)* mit Saatkrähen vergesellschaftet. Bergkrähen sind gesellige Vögel, die an Steilfelsen und im Gebirge leben und besonders elegant fliegen können. Kennzeichnend sind das schwarzglänzende Gefieder und die roten Beine. Von den beiden Arten, Alpenkrähe *(P. pyrrhocorax)* und Alpendohle *(P. graculus)*, ist zurzeit keine im Gesamtbestand bedroht; lokal sind jedoch beide zurückgegangen, teilweise aufgrund von Habitatfragmentierung. Auch die Gattung *Nucifraga* umfasst zwei Arten, den Kiefernhäher *(N. columbiana)* der westlichen USA und den Tannenhäher *(N. caryocatactes)* aus Europa und Asien. Beide ernähren sich vorwiegend von Koniferensamen, aber auch von Nüssen, die sie mit ihrem kräftigen Schnabel öffnen können. Die vier Arten der Echten Wüstenhäher leben in Halbwüsten in den Höhenlagen von Zentralasien bis zu Mongolei. Mit ihren langen kräftigen Beinen hüpfen und springen sie zwischen den Felsblöcken hin und her. Der in der Taklamakan-Wüste (Westchina) heimische Weißschwanzhäher *(P. biddulphi)* steht auf der Vorwarnliste, da seine Population recht klein und fragmentiert ist. Elstern und Baumelstern sind aktive Vögel mit langem Schwanz, häufig mit lebhaft gefärbtem Gefieder.

Die Familie der Lappenvögel (Callaeidae) umfasst nur zwei Arten und ist auf Neuseeland beschränkt. Eine Art, der Graulappenvogel (Kokako), ist gefährdet. Die andere Art ist der Sattelvogel. Namensgebend waren die Hautlappen an der Schnabelbasis dieser krähenähnlichen Vögel.

FLORIDAHÄHER
Aphelocoma coerulescens

Wie die meisten Häher besitzt auch diese Art ein recht farbenfrohes Gefieder: überwiegend blau und hellgrau, mit dunkler Gesichtsmaske. Der stimmfreudige und gesellige Vogel ruft häufig, während er in Gebüschen nach Nahrung sucht. Floridahäher (auch Florida-Buschhäher genannt) bevorzugen Dickichte und Gebüsch als Lebensraum und sind hauptsächlich in trockenen, von Eichen dominierten offenen Gehölzen mit spärlichem Bodenbewuchs und Sandboden heimisch. Die Zusammensetzung dieser Pflanzengesellschaften bleibt teilweise nur durch regelmäßige Feuer erhalten; der ideale Zustand für Floridahäher ist 5 bis 15 Jahre nach einem Waldbrand erreicht. Die Vögel ernähren sich von Eicheln, Beeren, wirbellosen Tieren und kleinen Wirbeltieren (beispielsweise Fröschen, Echsen und Jungvögeln). In Florida ist ein Großteil der Trockengebüsche dem Wohnbau und der Landwirtschaft zum Opfer gefallen, auch die Häufigkeit der Brände nahm ab, sodass sich Kiefernbestände entwickeln konnten – diese Lebensräume sind jedoch für den Floridahäher ungeeignet. Vielleicht kann die Art eher überleben, wenn man ausgewählte Flächen turnusmäßig unter kontrollierten Bedingungen abbrennt.

Familie	Corvidae
Größe	27–31 cm
Status	gefährdet (abnehmend)
Population	6500
Verbreitung	USA (Florida) (endemisch)
Habitat	Dickichte, Waldgebiete
Bedrohungen	Habitatverlust, Störungen

GRAULAPPENVOGEL
Callaeas cinereus

Der in Neuseeland endemische Graulappenvogel (auch als Kokako oder Lappenkrähe bezeichnet) und der Sattelvogel *(Philesturnus carunculatus)* sind die einzigen Vertreter der Lappenvögel. Der Kokako ist ein großer Vogel; Beine und Schwanz sind lang, die breiten Flügel gerundet, der Schnabel kurz und kräftig mit hängenden blauen Hautlappen an der Schnabelbasis. Das Gefieder ist überwiegend blaugrau. Bemerkenswert ist der getragene, laute Gesang, dessen klare Töne sogar mit dem Klang einer Orgel verglichen wurden. Dem eigentlichen Gesang gehen miauende, summende Rufe voraus. Die Vögel singen häufig im Duett, auch benachbarte Paare können in den Gesang einfallen. Inzwischen kommt der Graulappenvogel nur mehr auf der Nordinsel vor. Er lebt in hochwüchsigen Tieflandwäldern und ernährt sich von Früchten, Blättern, Knospen, Blüten, Nektar und wirbellosen Tieren. Die Bestandsrückgänge wurden anfangs vor allem durch Habitatverlust verursacht, doch inzwischen gelten eingeführte Prädatoren wie Hausratte *(Rattus rattus)*, Kusu *(Trichosurus vulpecula)* und Hermelin *(Mustela erminea)* als Hauptbedrohung. Die noch existierenden Standorte sind weitgehend geschützt, viele werden zur Kontrolle der Neozoen gezielt gemanagt, und einige Vögel konnten auch auf vorgelagerte Inseln umgesiedelt werden.

Familie	Callaeidae
Größe	38 cm
Status	stark gefährdet (abnehmend)
Population	1500
Verbreitung	Neuseeland (endemisch)
Habitat	Tieflandwälder
Bedrohungen	Habitatverlust, eingeschleppte Raubfeinde, Beweidung

BEDROHTE RABENVÖGEL UND LAPPENVÖGEL				
FAMILIE		**TRIVIALNAME**	**WISSENSCHAFTLICHER NAME**	**STATUS**
CORVIDAE Rabenvögel	■ (gelb)	Floridahäher	*Aphelocoma coerulescens*	VU
	■ (orange)	Flores-Krähe	*Corvus florensis*	EN
	■ (grau)	Hawaii-Krähe	*Corvus hawaiiensis*	EW
	■ (rot)	Guam-Krähe	*Corvus kubaryi*	CR
	■ (gelb)	Antillen-Krähe	*Corvus leucognaphalus*	VU
	■ (rot)	Banggai-Krähe	*Corvus unicolor*	CR
	■ (gelb)	Weißkehl-Häher	*Cyanolyca mirabilis*	VU
	■ (gelb)	Zwerg-Häher	*Cyanolyca nana*	VU
	■ (gelb)	Prachthäher	*Garrulus lidthi*	VU
	■ (gelb)	Nacktschnabel-Häher	*Gymnorhinus cyanocephalus*	VU
	■ (gelb)	Sichuan-Häher	*Perisoreus internigrans*	VU
	■ (gelb)	Schmuckkitta	*Urocissa ornata*	VU
	■ (orange)	Akazien-Häher	*Zavattariornis stresemanni*	EN
CALLAEIDAE Lappenvögel	■ (orange)	Graulappenvogel	*Callaeas cinereus*	EN

ROTE LISTE ■ ausgestorben ■ in freier Wildbahn ausgest. ■ vom Aussterben bedroht ■ stark gefährdet ■ gefährdet

NATUR- UND ARTENSCHUTZ

NATUR- UND ARTENSCHUTZ SIND AUSSERORDENTLICH WICHTIG; VIELE GRÜNDE SPRECHEN DAFÜR, WILDVÖGEL UND IHREN LEBENSRAUM ZU ERHALTEN. VÖGEL GEHÖREN ZU DEN AUFFÄLLIGSTEN UND SCHÖNSTEN ALLER WILD LEBENDEN TIERE – SIE BEFLÜGELN UND BEGEISTERN UNS, WENN WIR SIE ZU HAUSE ODER AUF REISEN BEOBACHTEN KÖNNEN.

Vögel reagieren äußerst empfindlich und schnell auf Umweltveränderungen und sind daher als Frühwarnsystem geeignet, das uns darauf aufmerksam macht, wenn die Dinge falsch laufen. Zusammenfassend gesagt: Wenn sich die Lebensbedingungen für die Vogelwelt verschlechtern, werden sie sich höchstwahrscheinlich – sei es sofort oder in Zukunft – auch für andere Wildtiere und uns Menschen zum Negativen wenden.

Untersuchungen an Vögeln und ihrer Populationsentwicklung haben uns in der Vergangenheit schon häufig auf Gefahren für die Umwelt aufmerksam gemacht. In Costa Rica dehnen beispielsweise Vogelarten der Tieflandwälder ihr Verbreitungsgebiet bergaufwärts aus, weil in den höheren Lagen der Nebelwälder aufgrund der Klimaerwärmung offenbar die Nebelbildung zurückgeht. Ein weiteres Beispiel ist die Bestandsentwicklung der Dorngrasmücke in Großbritannien: Ende der 1960er-Jahre sank ihre Zahl aufgrund von Wüstenbildung (Desertifikation) in ihren Überwinterungsgebieten in Subsahara-Afrika dramatisch.

Vögel sind also nicht nur deshalb schützenswert, weil Naturfreunde sich für sie begeistern, sondern es gibt konkrete und dringliche Gründe, die den Vogelschutz rechtfertigen.

Es ist von entscheidender Bedeutung, den Schutz von Lebensräumen in aller Welt zu garantieren, wenn wir eine Umwelt mit großer Artenvielfalt erhalten wollen. Dieser natürliche Reichtum bietet uns eine Fülle von Produkten, von Holz und Papier bis zu Kultur- und Arzneipflanzen. Der Natur- und Artenschutz hat viele Aspekte und ist oft dann am wirksamsten, wenn er die einheimische Bevölkerung – vor allem den Teil, der auf eine enge Beziehung zu ursprünglichen Lebensräumen angewiesen ist – einbezieht und für eine nachhaltige Nutzung der Ressourcen Sorge trägt.

Weltweit steigen die Mitgliederzahlen in Vogel- und Naturschutzorganisationen. So hat die National Audubon Society in den USA rund 60 000 Mitglieder, und in Großbritannien zählt die Royal Society for the Protection of Birds (RSPB) mehr als eine Million Mitglieder. Der World Wide Fund for Nature (WWF), der Geschäftsstellen in mehr als vierzig Ländern unterhält, hat in den USA 1,2 Millionen Mitglieder und weltweit fast fünf Millionen Unterstützer.

Der Ökotourismus gewinnt zunehmend an Popularität, insbesondere, wenn es um Vögel geht, und die von Besuchern stammenden Gelder können für Vogelschutz-Feldprojekte eingesetzt werden. *Ein* Beispiel dafür ist die Seychellen-Insel Cousin im Indischen Ozean. Diese Insel wird inzwischen jährlich von bis zu 8000 Menschen besucht, und das Schutzgebiet wird mit den Geldern dieser Touristen, aber auch von den lokalen Gemeinden unterhalten.

◁ *Ein Eselspinguinküken schlüpft aus dem Ei. Der Bestand dieser Art umfasst zwar mehrere Populationen – sie leben vorwiegend auf sub-antarktischen Inseln – doch die Art leidet unter einem allgemeinen Bestandsrückgang und wird auf der Vorwarnliste geführt.*

Natur- und Artenschutz in Aktion

Auch wenn die Bedrohungen für seltene Vögel und andere Tiere sowie Pflanzen sehr real – manchmal sogar existenziell – sind und tendenziell zunehmen, sieht die Lage nicht nur düster aus, und es sollte betont werden, dass es viele Erfolgsgeschichten gibt. Sorgfältige Beobachtungen und Aufzeichnungen, gefolgt von gezielten lokalen und politischen Initiativen wie Habitatschutz und Öffentlichkeitsarbeit haben viele Arten vor einem dramatischen Rückgang und der Gefahr des Aussterbens gerettet.

Dank gezielter Artenschutzbemühungen haben 18 Vogelarten in den letzten zwanzig Jahren deutlich zugenommen, sodass sie in eine niedrigere Gefährdungskategorie zurückgestuft werden konnten. Viele weitere Arten haben ebenfalls profitiert und können möglicherweise in Zukunft in eine niedrigere Kategorie wechseln.

Einer der Schlüsselansätze für einen erfolgreichen Artenschutz besteht darin, eine Liste vorrangiger Maßnahmen für all die Vogelarten aufzustellen, die als «vom Aussterben bedroht» klassifiziert sind – gegenwärtig sind es insgesamt 190 Arten. Zu solchen Maßnahmen zählen der Schutz von Standorten, an denen die Art in freier Wildbahn vorkommt (einschließlich Etablierung eines effizienten Habitatmanagements), die Kontrolle invasiver Arten, die Wiederherstellung (Rehabilitation) degradierter oder verschwundener Habitate, lokale und internationale Öffentlichkeitsarbeit sowie die Wiederansiedlung von Arten an geeigneten Standorten. In der Praxis erfordert der Schutz der meisten Arten eine Kombination einiger oder aller angeführten Maßnahmen. Was die Zahl der betroffenen Arten angeht, so sind die wichtigsten Maßnahmen der Schutz und das Management von Standorten, vor allem der Important Bird Areas (IBAs).

Seit 2004 sind für rund 88 Prozent aller vom Aussterben bedrohten Vogelarten gezielte Erhaltungsmaßnahmen durchgeführt worden, und an mehr als der Hälfte dieser Maßnahmen ist die BirdLife International Partnership beteiligt, die mit anderen Organisationen, Agenturen und Regierungen zusammenarbeitet. Ermutigend ist, dass mehr als siebzig Prozent aller Arten, für die Schutzmaßnahmen ergriffen wurden, bereits von diesen Maßnahmen profitiert haben, sei es durch eine Verringerung der Bedrohung, eine Verlangsamung des Bestandsrückgangs oder eine Erholung der Population.

Diese erfreulichen Statistiken machen Hoffnung und sind ermutigend für alle, denen der Erhalt der Natur und die wunderbare Vielfalt von Vögeln und anderen Wildtieren in aller Welt am Herzen liegt.

△ *Eine Erdnatter (Elaphe obsoleta) plündert im östlichen Nordamerika ein Vogelnest. Eingeschleppte Schlangen stellen für mehrere Vogelarten eine Bedrohung dar, vor allem für inselbewohnende Arten.*

VORRANGIGE MASSNAHMEN ZUM SCHUTZ VON ARTEN, DIE VOM AUSSTERBEN BEDROHT SIND

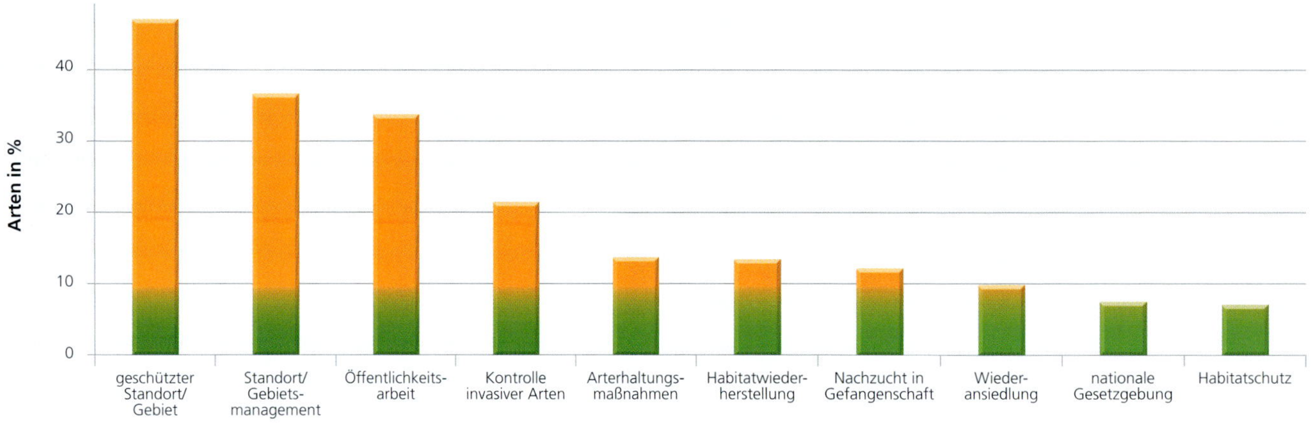

Die folgenden vier Arten sind klassische Beispiele für Vogelarten, von denen einst nur noch wenige Exemplare existierten, die aber dennoch durch rechtzeitiges Eingreifen vor dem Aussterben gerettet werden konnten. Alle vier Arten sind heute als «stark gefährdet» klassifiziert.

CHATHAM-SCHNÄPPER

Von diesem pechschwarzen Schnäpper, der auf den Chatham-Inseln (Neuseeland) endemisch ist, gab es 1980 nur noch fünf Exemplare. Nach gezielten Schutzbemühungen erlebte die Art ein spektakuläres Comeback; die Zahl der Vögel nahm stetig zu und liegt heute bei etwa 200.

MAURITIUSSITTICH

Auch wenn die Individuenzahl dieses hübschen, langschwänzigen Sittichs zurzeit noch niedrig ist – Schätzungen zufolge sind es weniger als 250 Tiere – erholt sich der Bestand dank Erhaltungsmaßnahmen allmählich. Die Art lebt nur im Südwesten der im Indischen Ozean gelegenen Insel Mauritius.

RAROTONGA-MONARCH

Diese Monarchenart galt einst als der seltenste Vogel der Welt; sie ist auf den Cook-Inseln (Neuseeland) endemisch. Von rund zwanzig Vögeln im Jahr 1983 hat sich die Art wieder auf 250 bis 300 Individuen erholt. Die Rarotonga-Monarchen leiden stark unter Hausratten *(Rattus rattus)* und Hauskatzen.

SEYCHELLENDAJAL

Der von der Gestalt her drosselähnliche schwarz-weiße Seychellendajal weist eine kleine, aber wachsende Population von rund 200 Exemplaren auf. Diese war bereits auf eine Handvoll Individuen auf der Seychelleninsel Frégate gesunken, als man dort Schutzmaßnahmen ergriff und die Art zusätzlich auf einigen anderen Inseln ansiedelte. Inzwischen steigt der Bestand wieder.

△ *Geplant ist, den stark gefährdeten Seychellendajal im Rahmen der Schutzbemühungen auf weiteren Inseln anzusiedeln.*

▽ *Der stark gefährdete Chatham-Schnäpper stand schon am Rand des Aussterbens, hat sich aber spektakulär erholt und zählt inzwischen wieder rund 200 Tiere – Tendenz steigend.*

GEFAHR FÜR BEDROHTE ARTEN DURCH NEOZOEN UND NEOPHYTEN

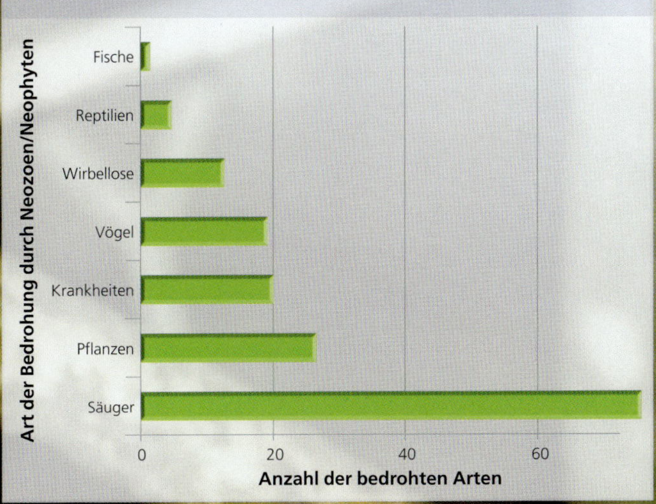

RETTUNG VON SEEVÖGELN

Von allen Vogelgruppen sind Seevögel am stärksten bedroht; bei Albatrossen steigt diese Bedrohung weltweit schneller als bei allen anderen Gruppen. Auf ihrer ausgedehnten Nahrungssuche verbringen zahlreiche Seevögel viel Zeit über beziehungsweise in internationalen Gewässern, daher müssen Schutzmaßnahmen global angegangen und koordiniert werden.

Durch sein «Global Seabirds Programm» versucht BirdLife International marine IBAs zu ermitteln und zu schützen; dabei werden Kriterien wie Zugengpässe (Flaschenhälse, wo Zugvögel beispielsweise enge Luftstraßen passieren oder um Landzungen navigieren müssen) und bevorzugte Nahrungsgründe auf hoher See (oft dort, wo aufsteigendes Tiefenwasser die marine Produktivität und damit das Nahrungsangebot erhöht) berücksichtigt. Manche Gebiete sind besonders produktiv, vor allem dort, wo kalte, nährstoffreiche Meeresströmungen aus der Tiefe nach oben steigen. Beispiele sind die antarktische Polarfrontzone (antarktische Konvergenz), der Benguelastrom im östlichen Südatlantik und der Humboldtstrom an der Westküste von Südamerika und am Patagonischen Schelf. Dank der Nährstoffe kann das Phytoplankton rasch wachsen; es dient wiederum dem Zooplankton sowie größeren Tieren, einschließlich Fischen und Kopffüßern, als Nahrung. Seevögel sammeln sich in solchen Gebieten, um das reiche Beuteangebot zu nutzen, kommen aber dadurch häufig in Kontakt mit Fischereiflotten. Der Schlüssel zu effektiven Schutzmaßnahmen ist die Ermittlung derjenigen Gebiete, in denen sich der kommerzielle Fischfang auf diverse Seevogelarten wie Albatrosse und Sturmvögel besonders negativ auswirkt. Eines der Hauptprobleme ist die Überschneidung zwischen Albatrosverbreitung und Meeresgebieten mit Langleinenfischerei; jährlich sterben mehr als 300 000 Seevögel, darunter 100 000 Albatrosse, als Beifang in beköderten Langleinen. Die Vögel kommen um, wenn sie versuchen, Köderfische von den Haken an den Leinen zu lösen, verfangen sich dabei und ertrinken meistens. Etliche Seevögel sterben auch, wenn sie versuchen, über Bord geworfene Fische (Rückwurf) zu fressen, und dabei mit der Schleppnetzausrüstung kollidieren. Von den 22 Albatrosarten sind 17 bedroht und fünf stehen auf der Vorwarnliste; unter den bedrohten Arten wiederum sind sechs stark gefährdet und drei vom Aussterben bedroht.

BirdLife hat die Albatross Task Force ins Leben gerufen, die mit Fischern in sieben Ländern – Argentinien, Brasilien, Chile, Ecuador, Südafrika, Namibia und Uruguay – zusammenarbeitet, um praktikable Lösungen für dieses Problem zu finden. So wurde der jährliche Beifang von Seevögeln in Chile beispielsweise durch Modifizierungen der Fischereiausrüstung von 1500 auf Null gesenkt, während durch den Einsatz von «Vogelscheuchen-Leinen» in Brasilien der Beifang um 56 Prozent reduziert werden konnte.

Invasive Arten, also eingeschleppte Tiere und Pflanzen, stellen eine weitere wichtige Bedrohung für Seevögel dar und gefährden vor allem ihren Bruterfolg. Mehr als die Hälfte aller bedrohten Vogelarten weltweit leidet unter invasiven Arten – vor allem auf Inseln, wo Seevögel häufig brüten.

◁ *Dieser rastende Laysanalbatros hat sich auf Fischernetzen auf den Midwayinseln (nordwestliche Hawaii-Inseln) niedergelassen. Die Art steht auf der Vorwarnliste.*

△ *Ein Rotfußtölpel und sein Küken auf Galapagos. Diese Art gilt zwar nach wie vor als nicht gefährdet, doch sie ist durch die Fischereiindustrie und Küstenerschließungsmaßnahmen bedroht.*

Viele Seevögel brüten in Kolonien und sind für eingeschleppte Neozoen wie Ratten, Mäuse und Katzen eine leichte Beute. Inselvögeln, die sich ohne die Bedrohung durch heimische Prädatoren entwickelt haben, fehlen die nötigen Strategien, um diesen Gefahren zu begegnen; folglich erleiden viele Arten große Verluste.

Vatu i Ra, eine der kleinen Fidschi-Inseln, ist ein gutes Beispiel für eine erfolgreich abgewehrte Besiedlung durch invasive Arten. Auf dieser Insel brüten sechs Seevogelarten, darunter Weißkopfnoddi, Noddi, Rotfußtölpel, Arielfregattvogel und Weißschwanz-Tropikvogel – insgesamt mehr als 10 000 Brutpaare. Diese Seevögel hatten stark unter Ratten zu leiden, die Eier und Küken erbeuteten. Nach einer gezielten Ausrottungsaktion ist die Insel heute rattenfrei. Mithilfe ähnlicher Maßnahmen konnten 16 Inseln mit wichtigen Seevogelpopulationen von Ratten befreit werden; dadurch wurden die Kolonien von 17 Vogelarten geschützt.

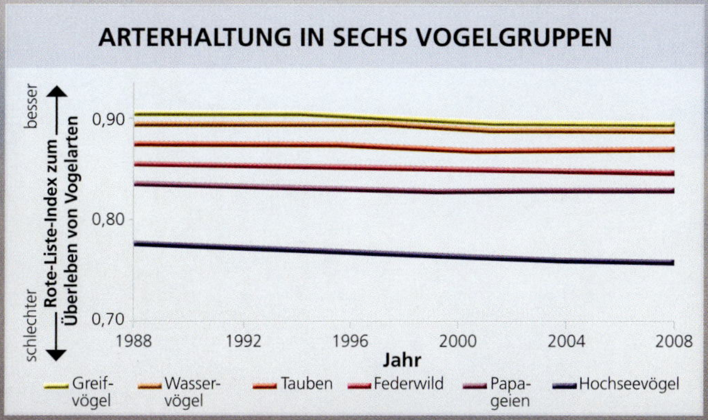

INVASIVE ARTEN AUF INSELN

In neuerer Zeit hat sich die Aussterberate (Extinktionsrate) für Vögel stark erhöht – Schätzungen zufolge ist sie im Vergleich zur natürlichen Hintergrundrate um einen Faktor 1000 bis 10 000 gestiegen. Am häufigsten sind Arten ausgestorben, deren Verbreitung sich auf kleine Inseln beschränkte. In den letzten 500 Jahren sind mehr als 150 Vogelarten verschwunden, 18 davon im letzten Quartal des 20. Jahrhunderts.

Wie die Abbildung zeigt, sind Inselarten besonders verwundbar. Die Hauptbedrohung für diese Arten liegt in der Einführung fremder Arten. Wie bereits erwähnt, sind zahlreiche Seevögel betroffen, aber Konkurrenz und Raubdruck durch Neozoen beeinflussen auch viele andere Inselvogelarten, vor allem die fast oder völlig flugunfähigen.

Sobald die Hauptprobleme ermittelt sind, ist es möglich, den Rückgang von Inselvogelarten zu stoppen beziehungsweise umzukehren. Hier hat es eine Reihe bemerkenswerter Erfolge gegeben; Beispiele sind Chatham-Schnäpper, Mauritiusfalke, Mauritiussittich, Rarotonga-Monarch, Seychellendajal, Seychellen-Rohrsänger und Kakapo.

Ein Erfolg jüngeren Datums ist der Azoren-Gimpel: Diese Art konnte inzwischen aus der Kategorie «vom Aussterben bedroht» in die Kategorie «stark gefährdet» herabgestuft werden. In diesem Fall bestand das Hauptproblem im Habitatverlust durch die Einwanderung invasiver Pflanzenarten. Der Azoren-Gimpel ist ausschließlich auf der Hauptinsel der Azoren São Miguel heimisch, und zwar in den kleinen Restbeständen der ursprünglichen Lorbeerwälder im Osten der Insel.

Die Rodungen des Lorbeerwalds führten zu einem Bestandsrückgang des Azoren-Gimpels, verschlimmert wurde diese Situation durch die Ausbreitung von invasiven Pflanzen, vor allem *Hedychium gardnerianum, Clethra arborea* und *Pittosporum undulatum*. Diese breiteten sich in den Lorbeerwäldern aus, worauf die wichtigsten Nahrungsgrundlagen der Vögel (Früchte, Samen und Knospen einheimischer Pflanzenarten) stark abnahmen. Zudem könnten sich Ratten und Marder (wie Wiesel) ebenfalls negativ auf den Bruterfolg ausgewirkt haben. Als Teil des «BirdLife International Preventing Extinctions Programme» hat der portugiesische Species Guardian SPEA (Sociedade Portuguesa Para o Estudo Das Aves) dafür gesorgt, dass die invasiven Pflanzenarten entfernt und heimische Arten nachgepflanzt wurden. Dadurch konnte der Niedergang des Azoren-Gimpels rückgängig gemacht werden.

▷ *Die Population des stark gefährdeten Azoren-Gimpels, die drastisch zurückgegangen war, zählte 2008 wieder 1300 Individuen.*

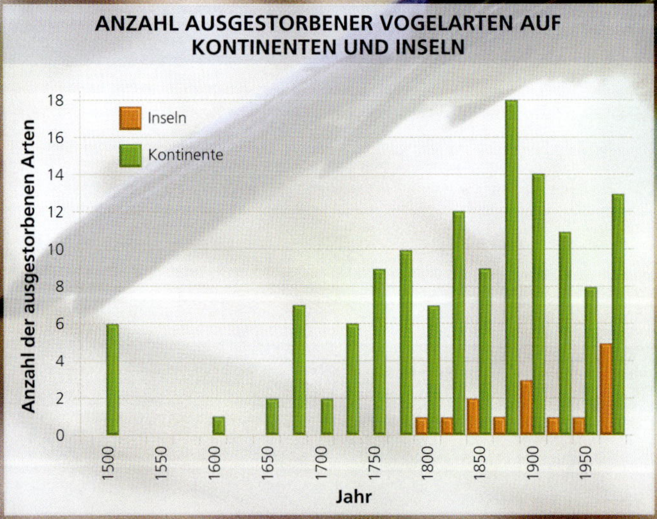

SCHUTZ VON WALDVÖGELN

Weltweit steigt auch die Aussterberate von Vögeln auf den Kontinenten – Hauptgrund ist die Habitatzerstörung. Die artenreichsten terrestrischen Habitate sind die Wälder, vor allem die Tropenwälder. Dort leben siebzig Prozent aller terrestrischen Tier- und Pflanzenarten – mehr als 13 Millionen Arten –, darunter siebzig Prozent aller Gefäßpflanzen und neunzig Prozent aller Wirbellosen. Auch dreißig Prozent aller Vogelarten sind Waldbewohner. Der Schutz von tropischen Wäldern ist daher von allerhöchster Priorität; daher hat BirdLife International das «Forest of Hope Programme» ins Leben gerufen, um Schutzmaßnahmen in den gesamten Tropen zu koordinieren. Ziel des Programms ist es, eine Entwaldung zu verhindern und bis 2015 das natürliche Waldgefüge an bis zu zwanzig Tropenwald-Standorten (mit insgesamt mehr als fünf Millionen Hektar Fläche) wiederherzustellen. Das «Forest of Hope Programme» verbindet Naturschutz mit Lobbyarbeit auf nationaler und internationaler Ebene.

Der Schutz von Naturwäldern ist auch eine wichtige Strategie zur Reduzierung von Treibhausgasen; damit trägt dieses Projekt auch zum Erhalt und zur Wiederherstellung von Kohlenstoffvorräten und zum Kampf gegen den Klimawandel bei.

Ein wichtiger Aspekt dieser Initiative ist die partnerschaftliche Zusammenarbeit mit der einheimischen Bevölkerung, die in und um den Regenwald lebt und von ihm abhängig ist. Rund 4,6 Millionen Menschen, vor allem in den Tropen, sind auf Wasser aus den Wäldern angewiesen; darüber hinaus liefern die Wälder Nahrung, Holz und Brennstoff. Die Förderung von Natur- und Artenschutz sowie einer ökologisch nachhaltigen Nutzung der natürlichen Ressourcen ist von entscheidender Bedeutung.

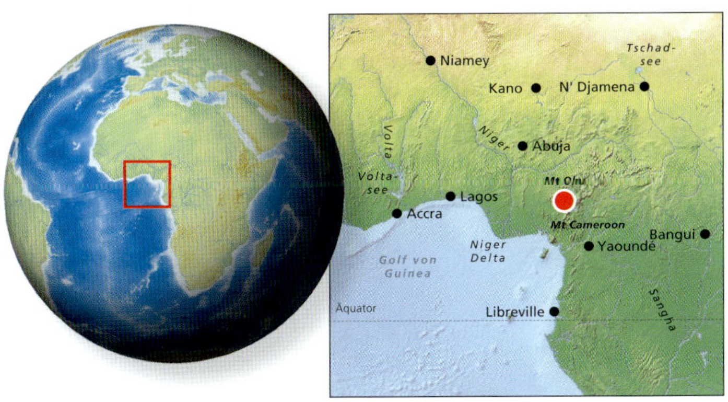

Eine Initiative des «Forest of Hope Programme» betrifft die Vegetation des Mount Oku Important Bird Area (IBA) im Bamenda-Hochland im Nordwesten Kameruns. Hier befindet sich die letzte Hochburg des farbenprächtigen Bannerman-Turako und des Bamenda-Lappenschnäppers, die beide stark gefährdet sind. Sie haben wie andere waldbewohnende Arten stark unter der Zerstörung des Bergwaldes gelitten, der in Ackerland umgewandelt wurde. Im Jahr 1987 wurde ein von der Gemeinde getragenes Waldprojekt in die Wege geleitet, das eine bedeutende Regenerierung des Waldes erzielen konnte. Die Zunahme der Waldbedeckung konnte mithilfe von Satellitenbildern und Luftaufnahmen nachgewiesen werden und übersteigt seit 1995 die Entwaldungsrate: Der Wald nahm also wieder zu, und gleichzeitig werden die beiden «Flaggschiffarten» geschützt. Dieses Projekt zeigt, dass sich Natur- und Artenschutz durchaus mit dem Schutz der natürlichen Ressourcen vereinbaren lassen, die so wichtig für den Lebensunterhalt der lokalen Bevölkerung sind.

△ *Der Bannerman-Turako, ein Fruchtfresser, besitzt ein auffälliges, farbenfrohes Gefieder. Seine Verbreitung beschränkt sich weitgehend auf das Bamenda-Hochland in Kamerun; die Art gilt als stark gefährdet.*

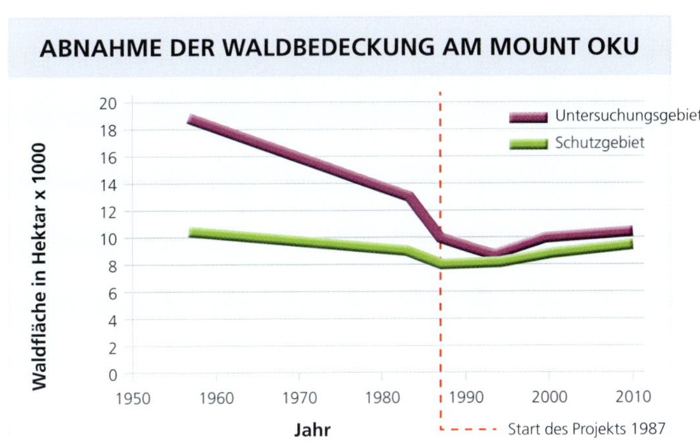

WOFÜR STEHT BIRDLIFE?

BirdLife International ist ein partnerschaftlicher internationaler Zusammenschluss von Natur- und Artenschutzorganisationen, die sich einem gemeinsamen Ziel verschrieben haben: dem Erhalt wild lebender Vögel, ihrer Lebensräume und der globalen biologischen Vielfalt; dazu gehört die Arbeit vor Ort, um einen langfristigen Schutz zu gewährleisten, der Natur und Menschen gleichermaßen zugutekommt. Als weltweite Gemeinschaft kooperieren wir bei einer breiten Palette von Natur- und Artenschutzmaßnahmen – dies betrifft sowohl die Zusammenarbeit auf Regierungsebene, zum Beispiel bei globalen Problemen wie dem Klimawandel, als auch lokale Aktionen wie den Schutz bestimmter Arten und ihrer Lebensräume. Gemeinsam sind wir die führende Autorität, was den Status von Vogelarten, ihre Lebensräume wie auch die Probleme und Bedrohungen angeht, die Vögel betreffen. Da inzwischen weltweit jede achte Vogelart vom Aussterben bedroht ist, benötigen viele Arten unsere Unterstützung, um sie vor diesem Schicksal zu bewahren.

Man könnte sich leicht entmutigt fühlen, da die Degradierung und Zerstörung von Habitaten auf dem ganzen Globus rasch voranschreitet, doch wir alle können mithelfen, diese Verluste zu thematisieren, und auf vielerlei Weise einen positiven Beitrag zum Naturschutz leisten. Regierungen, Nicht-Regierungsorganisationen, akademische Institutionen und Wirtschaft – sie alle müssen dabei mitwirken, aber das gilt auch für jeden Einzelnen.

Jeder von uns muss die negativen Auswirkungen unserer Lebensweise auf die Artenvielfalt vermindern, die vor allem durch Konsum und Kohlendioxidausstoß verursacht werden. Besonders die Regierungen sind in der Verantwortung, Strategien für eine ökologisch nachhaltige Entwicklung durchzusetzen. Neben dem Eintreten für allgemeine Ziele, wie eine Abschwächung des Klimawandels und den Erhalt des globalen IBA-Netzwerks, hat BirdLife bestimmte wünschenswerte Maßnahmen herausgestellt, die für sämtliche bedrohten Vogelarten von Nutzen sind (siehe Tabelle unten).

▷ *Verölte Brillenpinguine in einem Rehabilitationszentrum in Kapstadt, Südafrika; die Vögel wurden von Inseln vor der südnamibischen Küste gerettet.*

WESENTLICHE MASSNAHMEN FÜR BEDROHTE ARTEN

BirdLife hat die folgende Prioritätenliste ermittelt, um die Zukunft der global vom Aussterben bedrohten Vogelarten zu sichern und ein weiteres Artensterben zu verhindern.

Priorität 1	Diclofenac als Tiermedikament muss aus der Nahrungskette auf dem indischen Subkontinent und in Südostasien verschwinden und sein Einsatz in Afrika verhindert werden, um den katastrophalen Rückgang mehrerer Geierarten zu stoppen.
Priorität 2	Es müssen geeignete Maßnahmen ergriffen werden, um den Beifang von Seevögeln im Rahmen der kommerziellen Langleinenfischerei auf den Weltmeeren zu verringern. Das käme zahlreichen Albatros- und Sturmvogelarten – zum Beispiel dem Tristan-Albatros – zugute, deren Bestände signifikant abnehmen, weil die Tiere sich in den Leinen verfangen und ertrinken.
Priorität 3	Es müssen geeignete Maßnahmen ergriffen werden, um eine weitere Ausbreitung invasiver Arten zu verhindern und diese Arten vor allem auf ozeanischen Inseln auszurotten oder zu kontrollieren – das gilt z. B. für die Braune Nachtbaumnatter auf den nördlichen Marianen, Ratten und Katzen auf Niau und Ratten auf Fatuhiva (Franz.-Polynesien), Ratten und Katzen auf den Balearen (E), Ratten, Katzen und Pflanzen auf den Juan-Fernández-Inseln (Chile) sowie Katzen, Schweine, Schafe und Kaninchen auf Socorro (MEX).
Priorität 4	Kontrolle und Management von Bejagung und Käfigvogelhandel müssen verstärkt werden (unter anderem durch nationale Gesetze und CITES-Regelungen); das gilt vor allem für den Gelbwangenkakadu und den Balistar (Indonesien), den Rotsteißkakadu und den Walden-Hornvogel (PHI), den Blaulappenhokko (COL), den Blaukehl-Ara (Bolivien) und den Salvadori-Weißohrsittich (BRA).
Priorität 5	Die Bemühungen, die verketteten Bedrohungen von Habitatdegradation, invasiven Arten und Klimawandel in Angriff zu nehmen, müssen deutlich intensiviert werden; dies betrifft die acht vom Aussterben bedrohten, auf Hawaii endemischen Arten sowie endemische Arten mit ähnlichen Problemen anderenorts, wie in französischen und englischen Überseeterritorien.
Priorität 6	Die verbliebenen Wälder auf zwei afrikanischen und einer asiatischen Inselgruppe, die jeweils drei endemische, vom Aussterben bedrohte Arten beherbergen, müssen angemessen geschützt und gemanagt werden. Es handelt sich um São Tomé, die Komoren und Sangihe in Indonesien.
Priorität 7	In Brasilien müssen die verbliebenen Restbestände des Atlantikwaldes unter Schutz gestellt und gemanagt werden, vor allem diejenigen IBAs, die vom Aussterben bedrohte Arten beherbergen, wie Chapada do Araripe (für den Araripe-Helmpipra), ESEC Murici (Kragenweih, Alagoas-Blattspäher, Nördlicher Einfarbameisenschlüpfer), Complexo Pedra Azul/Forno Grande (Rubinkehl-Tangare) und Restinga de Maçambaba (Restinga-Ameisenfänger).
Priorität 8	IBAs mit Tropenwäldern, die zusätzlich zu den bereits bekannten Bedrohungen durch Rodung für Ackerbau und Holzeinschlag zunehmend durch die unangemessene Expansion von Biotreibstoffplantagen gefährdet sind, müssen unter Schutz gestellt und adäquat gemanagt werden; das gilt zum Beispiel in Indonesien, auf den Philippinen, in Kolumbien, Ecuador, Peru und Mexiko – in all diesen Ländern beherbergen die Wälder eine große Zahl vom Aussterben bedrohter Waldvogelarten.
Priorität 9	Im Rahmen der «Asia-Pacific Flyway Partnership» müssen in Asien die Bemühungen zum Erhalt von Feuchtgebieten – insbesondere wichtiger Wattregionen – verstärkt werden; dies kommt Arten, die vom Aussterben bedroht sind, wie Löffelstrandläufer und Bernstein-Seeschwalbe, zugute.
Priorität 10	Die Suche nach und eventuelle Bestandsaufnahme von «verlorenen» und möglicherweise ausgestorbenen Arten wie Kapuzenpfäffchen (Brasilien), Himalajawachtel (Indien), Dünnschnabel-Brachvogel (Russland) und Samoa-Pfuhlhuhn (Samoa) muss gezielt in Angriff genommen werden.

Daten aus BirdLifes «Critically Endangered Birds: A Global Audit» (www.birdlife.org/crbirds/)

△ Das Ei eines Elefantenvogels (Aepyornis maximus), eines riesigen flugunfähigen Vogels, der einst auf Madagaskar heimisch war, aber inzwischen ausgestorben ist – wahrscheinlich wurde er erst im 17. Jahrhundert vom Menschen ausgerottet.

DAS «PREVENTING EXTINCTIONS PROGRAMME» (PROGRAMM ZUR VERHINDERUNG DES AUSSTERBENS)

BirdLife hat ein spezielles Programm – Preventing Extinctions (Aussterben verhindern) – ins Leben gerufen. Im Rahmen dieses Programms wird geprüft, welche Maßnahmen für die jeweilige Art benötigt werden, und es werden «Species Champions» benannt, die die nötigen finanziellen Mittel bereitstellen, sowie «Species Guardians», die für die Umsetzung der vorrangigen Maßnahmen sorgen.

«BirdLife Species Champions» sind eine weltweite Gemeinschaft von Firmen, Organisationen und Einzelpersonen, die eine Patenschaft für eine Art übernehmen und finanzielle Mittel für die wichtigen, von BirdLife International angeregten Schutzmaßnahmen bereitstellen, um das Aussterben von Vogelarten zu verhindern.

«BirdLife Species Guardians» sind Individuen oder Organisationen, die es sich zur Aufgabe gemacht haben, Schutzmaßnahmen für eine bestimmte bedrohte Art in einem definierten geografischen Gebiet und gewöhnlich auch in einem bestimmten Land durchzusetzen und/oder anzuregen. Zudem überwachen sie den Gefährdungsstatus der Art und legen die nötigen wesentlichen Maßnahmen fest. Zu den Aktivitäten solcher «Species Guardians» gehört in der Regel:

- Durchführung von Prioritätsmaßnahmen zum Schutz der Art.
- Entwicklung eines Aktionsplans für die Art (Species Action Plan), falls es noch keinen derartigen Plan gibt.
- Erleichterung der Durchführung von Prioritätsmaßnahmen durch andere Einzelpersonen oder Organisationen.
- Verbindungsaufnahme und Kommunikation mit anderen Einzelpersonen und Organisationen, die an Forschungsprojekten oder Maßnahmen für die Art beteiligt sind.
- Befürwortung von geeigneten Schutzmaßnahmen gegenüber maßgeblichen Behörden und Institutionen.
- Überwachung des Gefährdungsstatus der Art sowie von Durchführung und Auswirkung der Maßnahmen durch sämtliche beteiligten Seiten.

WEGE ZUM SCHUTZ VON VÖGELN UND UMWELT

Schutzmaßnahmen können sowohl lokal als auch international durchgeführt werden. Das heißt, dass jede Einzelperson und jedes Land Verantwortung übernehmen kann, selbst wenn dies nur in kleinem Rahmen geschieht. Diese Tabelle enthält einige Vorschläge:

Lokal	Kaufen Sie vor Ort ein und bevorzugen Sie nachhaltig erzeugte Produkte. Kaufen Sie biologisch erzeugte Baumwollkleidung – die meisten anderen Hersteller benutzten Pestizide, die Vögel schädigen. Fördern Sie den Handel mit Wildvögeln nicht zusätzlich, indem Sie diese als Haustiere halten. Fördern Sie das Vogelleben in Ihrem Garten durch regelmäßige Gabe von geeignetem Vogelfutter. Hängen Sie Nistkästen auf. Pflanzen Sie vogelfreundliche Pflanzen, vor allem heimische Arten. Verwenden Sie keine Pestizide oder andere Pflanzenschutzmittel. Unterstützen Sie die lokalen Natur- und Vogelschutzorganisationen.
Global	Unterstützen Sie globale Naturschutzorganisationen, wie BirdLife International und den WWF. Unterstützen Sie Bemühungen, den von Menschen verursachten Klimawandel zu bekämpfen.
Erziehung	Eltern und Lehrer können Kindern beibringen, die Natur zu schätzen und zu schützen, eine intakte Umwelt zu bewahren, und ihr Interesse an Vögeln und anderen Wildtieren fördern.
Ökotourismus	Unterstützen Sie bei der Urlaubsplanung ökologisch ausgerichtete Unternehmen, insbesondere, wenn diese die einheimische Bevölkerung und lokale Naturschutzprojekte unterstützen.
Datenbanken	BirdLife erstellt zurzeit zusammen mit der RSPB und der Audubon-Gesellschaft ein Internet-Netzwerk zur weltweiten Sammlung, Speicherung sowie Abruf von Vogelbeobachtungsdaten. Auf diese Weise können auch Einzelpersonen ihre Beobachtungen mithilfe des Kartenportals www.worldbirds.org beisteuern. Da nach und nach immer mehr Länder online gehen, werden die gesammelten Datenmengen zunehmen, was eine vollständigere Erfassung der Verbreitung und besseres Einspeisen der Daten ermöglicht.

BIRDLIFE-PARTNER WELTWEIT

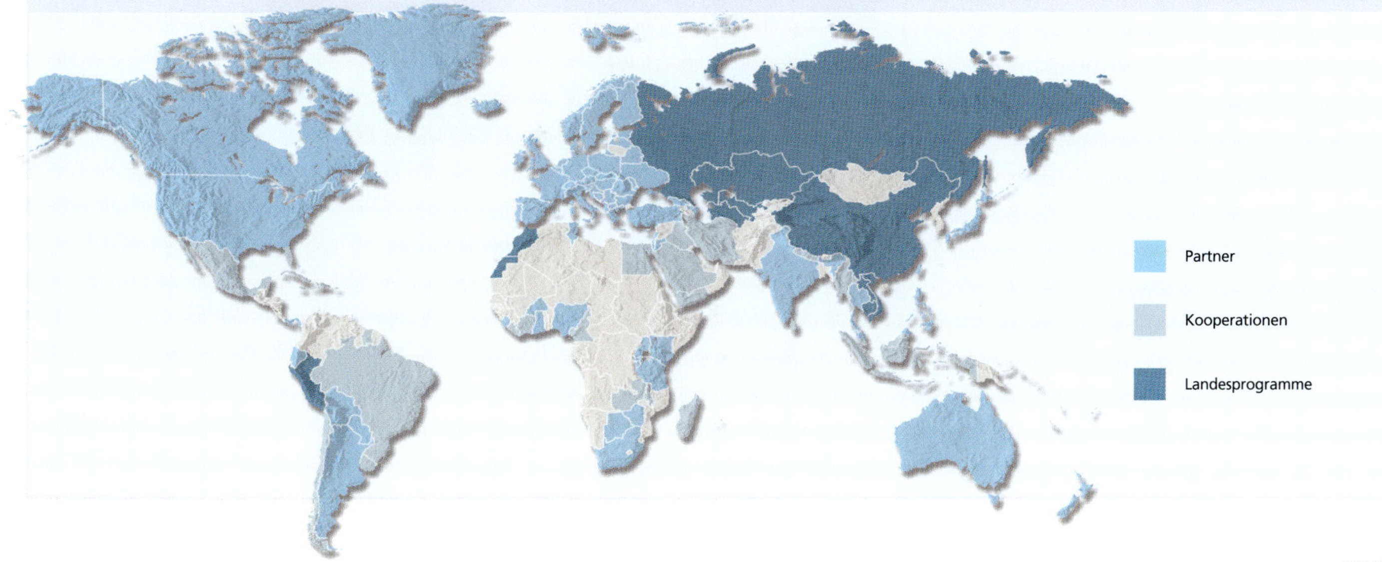

BIRDING-HOTSPOTS DER WELT

Auf **diesen** Seiten stellen wir mehr als vierzig der besten Gebiete in der ganzen Welt vor, in denen sich Vögel beobachten lassen. Diese Hotspots bieten einen großen Querschnitt durch vielfältige Habitate und Regionen. Natürlich ist diese Auswahl sehr subjektiv, doch sie soll Standorte vorstellen, die für ihren großen Artenreichtum bekannt sind oder die einige ungewöhnliche oder seltene Vogelarten beherbergen.

BIRDING-HOTSPOTS

Nordamerika

❶ Yellowstone National Park (USA)
Haupthabitate: Wiesen, Flüsse, Seen, Wälder
Interessante Vögel: Weißkopf-Seeadler, Bartkauz, Nashornpelikan, Trompeterschwan, Kragenente, Rosenbauch-Schneegimpel, Grauwasseramsel
Beste Jahreszeit: Sommer

❷ Everglades National Park (USA)
Haupthabitate: Süßwassersümpfe, Flussmündungen, Mangrovenwälder
Interessante Vögel: Waldstorch, Rosalöffler, Rötelreiher, Rallenkranich, Schneckenweih, Kurzschwanzbussard, Floridaente, Amerikanischer Schlangenhalsvogel, Amerikanischer Scherenschnabel, Kokardenspecht
Beste Jahreszeit: ganzjährig

❸ Olympic-Halbinsel (USA)
Haupthabitate: Küste, temperate Regenwälder, Nadelwälder
Interessante Vögel: Fleckenkauz, Felsengebirgshuhn, Marmelalk, Gelbschopflund, Nashornalk, Schwarzer Austernfischer, Halsbanddrossel
Beste Jahreszeit: Frühjahr, Sommer

❹ Cape May (USA)
Haupthabitate: Küste, Strandseen, Sümpfe, Salzwiesen, Wiesen, Wälder, Gebüsche
Interessante Vögel: Watvögel: Knutt, Kleiner Schlammläufer. Auf dem Zug: Greifvögel, Seevögel und Singvögel, Gartentrupial, Sommertangare
Beste Jahreszeit: während des Frühjahrs- und Herbstzugs

❺ Wood Buffalo National Park (Kanada)
Haupthabitate: Wiesen, Nadelwälder, Feuchtgebiete
Interessante Vögel: Schreikranich, Kanadakranich, Weißkopf-Seeadler, Wanderfalke, Schneegans
Beste Jahreszeit: Frühjahr, Sommer

❻ Point Pelee (Kanada)
Haupthabitate: Seeufer, Wälder, Sumpfgebiete
Interessante Vögel: Waldsänger auf dem Zug: Fichten-Waldsänger, Pappel-Waldsänger, Goldflügel-Waldsänger, Kapuzen-Waldsänger, Rostscheitel-Waldsänger, Zitronen-Waldsänger, Entenvögel
Beste Jahreszeit: während des Frühjahrs- und Herbstzugs

Zentralamerika und Karibik

7 Monteverde Nebelwald (Costa Rica)
Haupthabitate: tropischer Bergregenwald
Interessante Vögel: Quetzal, Laucharassari, Mohrenguan, Dreilappenkotinga, Tangaren, Kolibris
Beste Jahreszeit: ganzjährig

8 Arima-Tal (Asa Wright Nature Centre) Trinidad (Trinidad & Tobago)
Haupthabitate: Tropenwald, Höhlen
Interessante Vögel: Fettschwalm (brütet in Höhlen), Gelbkopfpipra, Goldbandpipra, Bartkotinga, Dottertukan, Zuckervogel, Tangaren, Kolibris, Schwarzohrpapagei, Venezuelaamazone, Fahlkopfspecht
Beste Jahreszeit: ganzjährig

Südamerika

9 Pantanal (Brasilien)
Haupthabitate: Süßwasser-Feuchtgebiete, Wälder, Buschland
Interessante Vögel: Reiher, Störche, Ibisse (einschließlich Stirnbandibis), Greifvögel wie Schneckenweih und Fischbussard, Sonnenralle, Zwergbinsenralle, Aras (einschließlich Hyazinth-Ara und Halsband-Ara)
Beste Jahreszeit: Sommer, Herbst

10 Lauca-Nationalpark (Chile)
Haupthabitate: Hochgebirgssumpfgebiete, Seen, Puna-Grasland
Interessante Vögel: Andenflamingo, Chileflamingo, James-Flamingo, Riesenblässhuhn, Inkataucher, Darwin-Nandu, Diadem-Regenpfeifer, Höhenläufer
Beste Jahreszeit: Oktober bis November (Südfrühling)

11 Manu (Peru)
Haupthabitate: Tropenwald einschließlich *Varzea* (saisonal überschwemmter Wald), Flüsse, Seen
Interessante Vögel: große Artenvielfalt, vor allem Ameisenvögel, Kolibris, Tangaren, Papageien (einschließlich Aras), Andenfelsenhahn
Beste Jahreszeit: ganzjährig

12 Sierra Nevada de Santa Marta (Kolumbien)
Haupthabitate: Tropenwälder (diverse Formen), Grasland
Interessante Vögel: lokale oder endemische Arten, darunter Santa-Marta-Sittich, Santa-Marta-Waldsänger, Grauohr-Buschammer, Santa-Marta-Buschtyrann, Santa-Marta-Degenflügel, Santa-Marta-Elfe, Santa-Marta-Tapaculo, Olivrücken-Ameisenpitta, Schwarzwangen-Bergtangare, Glanztrogon
Beste Jahreszeit: ganzjährig

13 Iguazú-Nationalpark (Argentinien/Brasilien)
Haupthabitate: Flüsse, Wasserfälle, tropischer Regenwald
Interessante Vögel: Grausteißtinamu, Schwarzmaskenguan, Goldtukan, Riesentukan, Rußsegler, Zimtkopftangare
Beste Jahreszeit: ganzjährig

Europa

14 Myvatn (Island)
Haupthabitate: Seen, Flüsse, Vulkanlandschaft, Lavafelsen, Sümpfe und Moore
Interessante Vögel: Kragenente, Spatelente, Eisente, Ohrentaucher, Odinshühnchen, Gerfalke, Merlin, Alpenschneehuhn
Beste Jahreszeit: Frühjahr, Sommer

15 North Norfolk Coast (Großbritannien)
Haupthabitate: Küstendünen, Watt und Kiesstrände, Salzwiesen, Sümpfe, Wälder, Gebüsche
Interessante Vögel: überwinternde Gänse (vor allem Kurzschnabelgans, Ringelgans), Watvögel (z. B. Knutt, Ufer- und Pfuhlschnepfe, Säbelschnäbler), Rohrweihe, Rohrdommel, Löffler, Bartmeise, Seidensänger, im Frühjahr und im Herbst auch Zugvögel
Beste Jahreszeit: ganzjährig

16 Varanger (Norwegen)
Haupthabitate: Tundra, Klippen, Meer
Interessante Vögel: Scheckente, Prachteiderente, Gelbschnabeltaucher, Dickschnabellumme, Mornellregenpfeifer, Gerfalke, Wellenläufer
Beste Jahreszeit: Frühjahr, Sommer

17 Wexford Slobs (Republik Irland)
Haupthabitate: Wattgebiete, Feuchtwiesen
Interessante Vögel: Weißwangengans, Saatgans, Ringelgans, Blässgans, Schneegans, Singschwan, Zwergschwan
Beste Jahreszeit: Herbst, Winter

18 Hortobagy (Ungarn)
Haupthabitate: Grasland (Puszta), Flüsse, Seen, einige lichte Waldgebiete
Interessante Vögel: Großtrappe, Sakerfalke, Rotfußfalke, Kaiseradler, Reiherarten, (Eurasischer) Kranich, Blauracke, Schwarzstirnwürger, Rohrsänger und Schwirle (einschließlich Rohrschwirl und Drossel-Rohrsänger)
Beste Jahreszeit: ganzjährig

19 Neusiedler See (Österreich/Ungarn)
Haupthabitate: See, Schilfbestände
Interessante Vögel: Kolbenente, Moorente, Löffler, Rohrdommel, Zwergdommel, Purpurreiher, Silberreiher, Mariskensänger, Rohrschwirl
Beste Jahreszeit: Frühjahr

20 Wattenmeer (Waddenzee) (Niederlande, Deutschland, Dänemark)
Haupthabitate: Watt, Inseln, Salzwiesen, Dünen, Wiesen, Gebüsche
Interessante Vögel: Watvögel (vor allem Ufer- und Pfuhlschnepfe, Regenpfeifer, Strandläufer, Knutt, Säbelschnäbler), Entenvögel (vor allem Kurzschnabelgans, Weißwangengans, Ringelgans, Brandgans, Spießente, Eiderente, Trauerente, Brillenente, Samtente), Greifvögel (vor allem Weihen, Bussarde)
Beste Jahreszeit: ganzjährig

21 Dadia-Lefkimi-Soufli-Wald (Griechenland)
Haupthabitate: Wälder, Wiesen, Flüsse, Kulturlandschaft
Interessante Vögel: Schmutzgeier, Gänsegeier, Mönchsgeier, Schlangenadler, Steinadler, Schelladler, Schreiadler, Zwergadler, Kurzfangsperber, Uhu, Maskenwürger
Beste Jahreszeit: Frühjahr bis Herbst

Europa *(Fortsetzung)*

22 Nationalpark Berchtesgaden (Deutschland)
Haupthabitate: alpine Vorberge und Hochgebirge: Laubmischwald, Laub-Nadel-Mischwald, subalpiner Fichtenwald, alpine Matten, Gebüsche, Fels- und Schuttfluren
Interessante Vögel: Gänsegeier, Steinadler, Wespenbussard, Wanderfalke, Alpenschneehuhn, Auerhuhn, Birkhuhn, Haselhuhn, Raufußkauz, Sperlingskauz, Schwarzspecht, Grünspecht, Grauspecht, Weißrückenspecht, Dreizehenspecht, Felsenschwalbe, Bergpieper, Alpenbraunelle, Ringdrossel, Berglaubsänger Zwergschnäpper, Wasseramsel, Mauerläufer (selten), Tannenhäher, Kolkrabe, Alpendohle, Schneefink (Schneesperling)
Beste Jahreszeit: Spätfrühling, Sommer

23 Białowieza-Nationalpark (Polen)
Haupthabitate: Wald, Lichtungen, Sümpfe und Moore, Wiesen
Interessante Vögel: Spechte (darunter Schwarzspecht, Grauspecht, Mittelspecht, Weißrückenspecht und Dreizehenspecht), Fliegenschnäpper (darunter Trauerschnäpper Grauschnäpper, Halsbandschnäpper und Zwergschnäpper), Kernbeißer, Pirol, Schwarzstorch, Greifvögel (darunter Wespenbussard, Zwerg-, Schrei- und Schlangenadler)
Beste Jahreszeit: ganzjährig

24 Donaudelta (Rumänien)
Haupthabitate: Flussdelta, Teiche, Sümpfe, Feuchtwiesen, Schilfbestände, Küste
Interessante Vögel: Krauskopfpelikan, Rosapelikan, Reiherarten, Brauner Sichler, Kormoran, Zwergscharbe, Sumpfhühner, Rothalsgans, Rohrsänger und Grasmücken, Beutelmeise, Greifvögel (darunter Seeadler, Kaiseradler, Schelladler, Rötelfalke, Sakerfalke und Rotfußfalke)
Beste Jahreszeit: ganzjährig

25 Monfragüe-Nationalpark (Spanien)
Haupthabitate: Fluss, Klippen, Wälder, Gebüsche
Interessante Vögel: Greifvögel (Mönchsgeier, Gänsegeier, Schmutzgeier, Spanischer Kaiseradler, Steinadler, Habichtsadler, Zwergadler, Schlangenadler, Rot- und Schwarzmilan), Weißstorch, Schwarzstorch, Alpensegler, Alpenkrähe, Blaumerle
Beste Jahreszeit: ganzjährig

26 Camargue (Frankreich)
Haupthabitate: Küstenlagunen (Etangs), Schilfgürtel
Interessante Vögel: Rosaflamingo, Nachtreiher, Rallenreiher, Purpurreiher, Stelzenläufer, Rotflügel-Brachschwalbe, Dünnschnabelmöwe, Schwarzkopfmöwe, Lachseeschwalbe, Raubseeschwalbe, Blauracke
Beste Jahreszeit: Frühjahr und Sommer

Asien

27 Ussuriland (Russland)
Haupthabitate: Wälder, Seen, Flüsse, Wattflächen, Inseln
Interessante Vögel: Mandschurenkranich, Weißnackenkranich, Mönchskranich, Schwarzschnabelstorch, Riesen-Fischuhu, Schuppensäger, Mandarinente, Lasurmeise
Beste Jahreszeit: Frühjahr, Sommer

28 Ba-Wang-Ling-Naturreservat (Hainan, China)
Haupthabitate: Tropenwald, Buschland
Interessante Vögel: Hainan-Buschwachtel, Hainan-Pfaufasan, Silberfasan, Malaienadler, Blaubartspint, Schwarzbrauen-Breitrachen, Hainan-Laubsänger, Rotwangenhäherling, Blaubrustschnäpper, Gelbschnabelkleiber, Graubauchkitta
Beste Jahreszeit: ganzjährig

29 Bharatpur (Indien)
Haupthabitate: Wälder, Grasland, Gebüsche, Dickichte, Sümpfe
Interessante Vögel: Reiherarten, Störche (darunter Buntstorch und Riesenstorch), Entenvögel (Fleckschnabelente und Javapfeifgans), Streifengans, Greifvögel (darunter Schelladler und Gangesadler), Koromandeluhu, Singvogelarten auf dem Zug
Beste Jahreszeit: Winter

30 Sinharaja Forest (Sri Lanka)
Haupthabitate: Tieflandregenwald
Interessante Vögel: Schmuckkitta, Ceylonspornhuhn, Ceylontaube, Ceylon-Pfeifdrossel, Greisenstar, Ceylonhuhn, Nacktstirnkuckuck, Serendib-Zwergohreule
Beste Jahreszeit: ganzjährig

31 Mount Apo Natural Park (Mindanao, Philippinen)
Haupthabitate: Bergwald
Interessante Vögel: Affenadler, Rotohreule, Himmelsschnäpper, Rotsteißkakadu, Streifenuhu, Blaunackenpapagei, Philippinenhaubenadler, Goldfischer, Rotnackenliest, Silberfischer, Hufeisen-Fruchttaube, Philippinen-Raupenfänger
Beste Jahreszeit: ganzjährig

32 Bogani Nani Wartabone National Park (Sulawesi, Indonesien)
Haupthabitate: Tieflandregenwald, Flüsse, Teiche
Interessante Vögel: Hammerhuhn, Sulawesieule, Celebes-Hornvogel, Helm-Hornvogel, Celebes-Spint, Celebes-Racke, Eisvögel (darunter Schwarzschnabelliest, Blauohrliest, Rostfischer), Weißrücken-Schwalbenstar
Beste Jahreszeit: ganzjährig

Afrika

33 Gambia-Fluss (Republik Gambia)
Haupthabitate: Fluss, Wälder, Gebüsche, Sümpfe, Mangroven
Interessante Vögel: Binsenralle, Rotkehlspint, Scharlachspint, Krokodilwächter, Raub-Seeschwalbe, Rüppell-Seeschwalbe, Goliathreiher, Zügelliest, Sporngans, Nimmersatt, Wollhalsstorch, Bindenfischeule
Beste Jahreszeit: ganzjährig

34 Bwindi Impenetrable Forest (Uganda)
Haupthabitate: Tropenwald, Buschland, Sümpfe
Interessante Vögel: Blaukehl-Breitrachen, Kivu-Buschsänger, Trugtesia, Purpurspint, Weißmaskenhopf, Purpurbauch-Nektarvogel, Königs-Nektarvogel, Rotkehl-Alethe, Ugandarötel, Sternrötel
Beste Jahreszeit: ganzjährig

Afrika *(Fortsetzung)*

35 Serengeti (Tansania)
Haupthabitate: Grasland, Savanne, Akaziensavannen, Seen, Berge
Interessante Vögel: Strauß, Sekretär, Trappenarten, Madenhacker, Rotschwanz-Weber, Graubrustfrankolin, Pfirsichköpfchen, Karamoja-Feinsänger, Grauschopf-Brillenwürger, Schwarzflügel-Brachschwalbe, Kaffern-Hornrabe, Greifvögel (darunter Kappengeier, Ohrengeier, Sperbergeier, Weißrückengeier, Kampfadler)
Beste Jahreszeit: ganzjährig

36 Okavango-Delta (Botswana)
Haupthabitate: Flüsse, Sümpfe, Teiche, Papyrus- und Schilfbestände, Gebüsche, Dickichte, Halbwüste
Interessante Vögel: Reiher (18 Arten, darunter Braunkehlreiher), Klunkerkranich, Heiliger Ibis, Greifvögel (darunter Schreiseeadler, Schlangenadlerarten, Kampfadler und Silberadler), Bienenfresserarten, Kuckuck-, Würger- und Eisvogelarten
Beste Jahreszeit: ganzjährig

37 Rift-Valley-Seen (Kenia)
Haupthabitate: Süßwasser- und Natronseen
Interessante Vögel: Zwergflamingo, Rosaflamingo, Afrikanischer Löffler, Goliathreiher, Nimmersatt, Rosapelikan, Schreiseeadler, Hornvogelarten, Watvögel, Entenvögel (darunter Fahlente und Weißrücken-Pfeifgans)
Beste Jahreszeit: ganzjährig

38 Krüger-Nationalpark (Südafrika)
Haupthabitate: Savanne, Buschland, Waldgebiete, Grasland, Flüsse
Interessante Vögel: etliche Adlerarten wie Kampfadler, Savannenadler, Silberadler, Schreiadler, Gaukler, Schwarzbrust-Schlangenadler, Einfarb-Schlangenadler, Schreiseeadler; Geier (darunter Kapgeier, Weißrückengeier, Wollkopfgeier und Ohrengeier), Strauß, Sekretär, Riesentrappe, Goliathreiher, Schwarzhalsreiher, Störche (darunter Weißstorch, Schwarzstorch, Abdimstorch, Sattelstorch und Wollhalsstorch), Nachtschwalben (darunter Flaggennachtschwalbe), Eisvogelarten, Bienenfresser-, Racken- und Hornvogelarten
Beste Jahreszeit: ganzjährig

Ozeanische Inseln

39 São Tomé (Demokratische Republik São Tomé und Principe) (Atlantik)
Haupthabitate: Regenwald, Küste, Kulturlandschaft
Interessante Vögel: Hartlaubeule, Sao-Tomé-Würger, Sao-Tomé-Pirol, Stahl-Paradiesschnäpper, Bräunling, Fahl-Brillenvogel, Einfarbgirlitz
Beste Jahreszeit: Juni bis September (Trockenzeit)

40 Granit-Seychellen (Seychellen) (Indischer Ozean)
Haupthabitate: Wälder, Gebüsche, Mangroven, Kulturlandschaft
Interessante Vögel: Seychellen-Rohrsänger, Seychellendajal, Seychellen-Paradiesschnäpper, Mahe-Brillenvogel, Seychellen-Salangane, Seychellenfalke, Rabenpapagei, Feenseeschwalbe
Beste Jahreszeit: ganzjährig

41 Christmas Island National Park (Weihnachtsinsel) (Indischer Ozean)
Haupthabitate: Regenwald, Mangroven, Strände, Klippen, Höhlen
Interessante Vögel: Abbott-Tölpel, Weißbauchtölpel, Rotfußtölpel, Weißbauch-Fregattvogel, Bindenfregattvogel, Rotschwanz- und Weißschwanz-Tropikvogel, Weihnachtskauz
Beste Jahreszeit: ganzjährig

42 Rivière Bleue (Neu-Kaledonien, Frankreich) (Pazifik)
Haupthabitate: Regenwald
Interessante Vögel: Kagu, Riesen-Fruchttaube, Rotgesicht-Honigfresser, Diademlori, Hornsittich, Neukaledonien-Sittich, Schwarzrückenschwalm, Pelzralle, Lesson-Lederkopf, Rotsteiß-Raupenfänger, Geradschnabelkrähe, Verreaux-Buschsänger, Neukaledonien-Honigfresser, Ockerbauch-Dickkopf
Beste Jahreszeit: ganzjährig

43 Galapagosinseln (Ecuador) (Pazifik)
Haupthabitate: Inseln, Klippen, Gebüsche und Dickichte
Interessante Vögel: «Darwinfinken» (d. h. Grundfinken, Baumfinken, Waldsängerfink und Spechtfink), Spottdrosseln (wie Floreana-Spottdrossel), Galapagospinguin, Galapagosscharbe, Galapagosalbatros, Lavamöwe, Gabelschwanzmöwe, Galapagosbussard, Galapagosschwalbe, Galapagosralle, Hawaii-Sturmvogel
Beste Jahreszeit: ganzjährig

Australasien

44 Kakadu (Australien)
Haupthabitate: Seen, Flüsse, Küstenfeuchtgebiete, Teiche, Savanne, Wälder
Interessante Vögel: Weißbauch-Seeadler, Keilschwanzweih, Riesenstorch, Brolgakranich, Königslöffler, Weißhalsreiher, Rotrückenreiher, Kammblatthühnchen, Mangroveralle, Spaltfußgans, Radjahgans, Brillenpelikan, Australische Zwergente, Gelbfuß-Pfeifgans, Fuchshabicht, Gould-Amadine, Azurfischer und Mangrovefischer
Beste Jahreszeit: ganzjährig

45 Lamington (Australien)
Haupthabitate: temperater und subtropischer Regenwald, Buschland
Interessante Vögel: Braunrücken-Leierschwanz, Lärmpitta, Schildparadiesvogel, Gelbnacken- u. Seiden-Laubenvogel, Rostbauch-Dickichtvogel, Wongataube, Königs- u. Pennant-Sittich, Gelbkehl-Sericornis, Australien-Stachelschwanzflöter
Beste Jahreszeit: ganzjährig

46 Coorong National Park (Australien)
Haupthabitate: Flüsse, Seen, Küstenlagunen, Sanddünen, Meer
Interessante Vögel: Watvögel (darunter Maskenkiebitz, Kappenregenpfeifer, Isabellbrachvogel, Rußausternfischer), Entenvögel (Schwarzschwan, Hühnergans, Weißkehlente, Augenbrauenente, Halsbandkasarka, Rosenohrente, Lappenente), Australischer Ibis, Brauner Sichler, Stachelibis, Königslöffler und Gelbschnabellöffler
Beste Jahreszeit: ganzjährig

47 Daintree Valley, Queensland Wet Tropics (Australien)
Haupthabitate: Regenwald, Feuchtgebiete, Mangroven
Interessante Vögel: Helmkasuar, Buschhuhn, Reinwardt-Huhn, Schwarzkopf-Stachelschwanzflöter, Farnhuscher, Säulengärtner, Zahn-Laubenvogel, Victoria-Paradiesvogel, Rotstirn-Sericornis, Fahlstirn-Sericornis, Lärmpitta
Beste Jahreszeit: ganzjährig

GLOSSAR

Afrotropische Region (Afrotropis) Faunengeografische Region (Ökozone), die Afrika südlich der Sahara, den Süden und den Osten der Arabischen Halbinsel, den Süden des Iran und den Südwesten von Pakistan sowie Madagaskar und die Inseln im westlichen Indischen Ozean umfasst.

Altiplano Hochebene in den Zentralanden (Südamerika), die sich zwischen westlicher und östlicher Kordillere erstreckt; die Staaten Peru, Bolivien, Chile und Argentinien haben Anteil am Altiplano.

Art (Spezies) Hierarchische Ebene in der biologischen Systematik, in der ähnliche Organismen zusammengefasst werden, die sich in freier Wildbahn paaren können und fruchtbare Nachkommen zeugen. Jede Art trägt einen international anerkannten Doppelnamen (sogenannte binäre Nomenklatur), der gewöhnlich kursiv geschrieben wird. Die binäre Nomenklatur basiert auf dem Lateinischen und besteht aus dem Gattungsnamen, gefolgt vom Artnamen. So trägt die Schleiereule, eine von 13 Arten innerhalb der **Gattung** *Tyto*, den wissenschaftlichen Artnamen *Tyto alba*.

ausgestorben (Extinct, EX) Kategorie, in die eine **Art** eingeordnet wird, bei der mit hoher Zuverlässigkeit angenommen werden muss, dass das letzte Individuum gestorben ist (siehe auch **IUCN, Rote Liste**).

Australasien Geografische Region, die Australien, Neuseeland, Neuguinea und die benachbarten pazifischen Inseln umfasst.

bedrohte (gefährdete) Art (*threatened species*) **Art**, die in freier Natur bald verschwinden könnte – darunter werden Arten aus den Kategorien **gefährdet (vulnerable), stark gefährdet (endangered)** und **vom Aussterben bedroht (critically endangered)** zusammengefasst.

Beifang Tiere, die unabsichtlich von Fischereiflotten gefangen werden. Beifang stellt für Seevögel, vor allem für Albatrosse und Sturmvögel, eine ernste Bedrohung dar; häufig verheddern sie sich in Fischernetzen oder bleiben an der Köderhaken hängen, die beim Langleinenfischen eingesetzt werden.

Billabong Kleines stehendes Gewässer in Australien, das meistens aus einem abgeschnürten Flussmäander entsteht.

Biodiversität (Artenvielfalt) Die Vielfalt der Lebensformen, die man in einem bestimmten **Habitat** oder in einer bestimmten Region findet. Eine große Biodiversität ist typisch für relativ ungestörte Habitate; die terrestrische Biodiversität ist in tropischen Regenwäldern am größten.

Biokraftstoff (Biotreibstoff) Treibstoff, der direkt aus biologischen Quellen stammt; gewöhnlich wird er aus Pflanzen gewonnen, die speziell zu diesem Zweck angebaut werden, beispielsweise Zuckerrohr und Ölpalme.

Biom Lebensgemeinschaft, die hauptsächlich durch die charakteristische Vegetation (Pflanzenformation) wie auch durch klimatische und geografische Kriterien definiert ist und eine typische Gemeinschaft von Organismen (Biozönose) aufweist. Beispiele für Biome sind Tundren, (subtropische) Lorbeerwälder und Wüsten.

boreal Wörtlich «nördlich»; oft in Zusammenhang mit den von Koniferen (Nadelbäumen) geprägten Wäldern des Nordens verwendet («boreale Nadelwälder»).

Brackwasser Wasser, dessen Salzgehalt (Salinität) zwischen der Salzkonzentration von Süßwasser und Meerwasser liegt; Brackwasser ist für Flussmündungen, Salzwiesen und andere Bereiche typisch, in denen sich Süß- und Salzwasser mischen.

Brutkleid (Prachtkleid) Gefiederkleid eines Vogels in der Brutzeit, häufig auffälliger und bunter als im übrigen Jahreslauf. Gewöhnlich tragen Vögel im Frühjahr und im Sommer ihr Brutkleid; viele Entenarten legen ihr Prachtkleid jedoch bereits im Winter an.

Brutparasiten Vögel, die ihre Eier in das Nest einer anderen Vogelart legen und der fremden **Art** das Ausbrüten und die Aufzucht ihrer Jungen überlassen. Diese Form der Brutpflege hat sich im Lauf der Evolution bei etlichen Vogelgruppen entwickelt, vor allem bei Kuckucksarten und Kuhstärlingen.

Buschland (Dickicht) Allgemeiner Begriff für Pflanzenformationen, die von niedrigem Gebüsch und zwergwüchsigen Bäumen dominiert sind; bildet häufig den Übergang zwischen Waldland und Grasland. Das geringe Wachstum kann durch Wassermangel und/oder extreme Hitze oder Kälte verursacht sein.

Bushveld Bestimmte Ausprägung der **Savanne** im südlichen Afrika; besteht aus verschiedenen **Habitaten** wie Grasland, offenem Waldland und **Buschland** (Dickicht).

Bürzel Bereich zwischen dem Rücken eines Vogels und dem Schwanzansatz.

Campo Limpo Südamerikanischer Graslandtyp (reines Grasland), der vorwiegend in Brasilien und Paraguay vorkommt; verschiedene Übergangshabitate leiten zur offenen **Savanne** über.

Chaparral Hartlaubvegetation (Pflanzen mit immergrünen, ledrigen Laubblättern), die sich in den Landesteilen von Kalifornien mit Mittelmeerklima entwickelt hat.

Cerrado (Campo cerrado) Südamerikanischer Savannentyp (offene Baumsavanne), der vorwiegend in Brasilien und Paraguay vorkommt; verschiedene Übergangshabitate leiten zum offenen Grasland über.

Deckfedern Kurze Federn, die die Basis größerer Federn bedecken und gleichzeitig den Strömungswiderstand des Körpers senken.

Dehesa Nachhaltig bewirtschaftete, lichte Wälder in Spanien (in Portugal als *Montado* bezeichnet). Sie bestehen aus immergrünen Eichen und werden beweidet (Hutewälder), aber nur selten als Ackerfläche genutzt. Dehesas beherbergen eine vielfältige Fauna und Flora.

eingeschleppte Art Art, die an einem bestimmten Ort nicht heimisch ist und gewöhnlich vom Menschen absichtlich oder unabsichtlich eingeführt wird. Eingeschleppte Tiere (Neozoen) und Pflanzen (Neophyten) können in manchen Fällen zu einer Bedrohung für die heimischen Vögel werden; das gilt besonders für Arten auf ozeanischen Inseln.

Endemic Bird Area (EBA) Ein «Brennpunkt» der Artenvielfalt bei Vögeln, übersetzt etwa «Vogelgebiet mit besonderem Endemitenreichtum»; auch als «Zentrum des Vogelendemismus» bezeichnet. Als EBA wird ein Gebiet definiert, in dem sich mehrere Verbreitungsgebiete lokaler endemischer Vogelarten überschneiden.

endemische Art (Endemit) Tier- oder Pflanzenart, die nur in einem bestimmten begrenzten Verbreitungsgebiet vorkommt. Eine Art kann zum Beispiel in einem bestimmten Land oder auf einer bestimmten Insel endemisch sein; viele der weltweit seltenen Vogelarten sind Endemiten.

Entwaldung Anthropogene Beseitigung von Waldflächen durch verschiedene Aktivitäten, insbesondere durch Abholzung und Brandrodung. Vor allem in den Tropen zählt die Entwaldung zu den Hauptursachen für die Bedrohung von Vögeln sowie der gesamten Flora und Fauna; historisch gesehen sind große Teile der gemäßigten Zonen durch Entwaldung degradiert worden.

Eutrophierung Anreicherung von organischen und anorganischen Nährstoffen in Gewässern, meist aufgrund eines Nitrat- und Phosphatüberangebots aus Düngerrückständen sowie landwirtschaftlichen und kommunalen Abwässern. Oft kommt es daraufhin zu einer Algenblüte mit späterem Sauerstoffmangel im Gewässer, der sich negativ auf die Lebensgemeinschaft der Wasserbewohner und deren **Biodiversität** auswirkt. Eutrophierung kann in Extremfällen zu einem derart starken Sauerstoffmangel führen, dass es zu einem Fischsterben kommt.

Familie Hierarchische Ebene in der biologischen Systematik, die eine oder mehrere Gattungen umfasst (siehe auch **Gattung, Art**).

Fynbos Buschförmige Pflanzenformation im Südwesten Südafrikas, die von strauchigen Hartlaubgewächsen dominiert wird und für die Florenregion der Capensis typisch ist. Typisch sind Heidekrautgewächse (Ericaceae), Silberbaumgewächse (Proteaceae) und die gräserähnlichen Restionaceae. Fynbos (auf Afrikaans «feines Gebüsch») bezieht sich auf die nadelähnlichen Blätter der meisten Arten. Fast siebzig Prozent der Fynbos-Pflanzenarten sind endemisch.

Garrigue Kleinstrauchformation des Mittelmeergebiets, bestehend aus kleinwüchsigen Pflanzen, die häufig ätherische Öle enthalten; Garrigue ist oft eine Degradationsstufe der **Macchie**.

Gattung (Genus, Plural Genera) Hierarchische Ebene in der biologischen Systematik, die eine oder mehrere **Arten** umfasst (siehe auch **Familie**).

gefährdet, verletzlich (Vulnerable, V) Gefährdungskategorie, in die eine **Art** aufgenommen wird, die nach Meinung von Experten in kritischem Maße vom Aussterben in freier Wildbahn bedroht ist (siehe auch **IUCN, Rote Liste**).

gering gefährdet, Vorwarnliste (Near Threatened, NT) Gefährdungskategorie, in die eine **Art** eingeordnet wird, bei der die Gefahr besteht, dass sie in naher Zukunft in eine der «bedroht»-Kategorien hochgestuft werden muss (siehe auch **IUCN, Rote Liste**).

globale Erwärmung (Erderwärmung) Anstieg der Durchschnittstemperaturen auf der Erde, normalerweise auf die Zunahme der Durchschnittstemperatur seit Mitte des 20. Jahrhunderts bezogen. Dieser Anstieg wird von anthropogenen Aktivitäten hervorgerufen, vor allem von einer steigenden Konzentration an **Treibhausgasen** in der Atmosphäre. Derartige Veränderungen wirken sich bereits jetzt auf die **Ökosysteme** und **Arten** unserer Erde aus.

Greifvögel Vögel, die (vornehmlich) andere Wirbeltiere fangen, töten und verzehren. In der Regel verfügen sie über ein hoch entwickeltes Sehvermögen, scharfe Klauen und einen Hakenschnabel. Bezieht sich gewöhnlich auf Taggreife, also Vögel der Ordnung Falconiformes (Adler, Bussarde, Habichte, Weihen, Geier, Falken und ihre Verwandten), wird aber häufig auf die sogenannten Nachtgreife (Ordnung Strigiformes, Eulenvögel) ausgedehnt. Greifvögel wurden früher auch als Raubvögel bezeichnet.

Habitat (Lebensraum) Typische natürliche Umgebung einer bestimmten Vogelart beziehungsweise allgemein einer bestimmten Tier- oder Pflanzenart.

Heide Buschvegetation, die gewöhnlich von Heidekrautgewächsen (Ericaceae) dominiert wird; sie ist für sonnige, durchlässige Standorte in Nordwesteuropa typisch, wo sie normalerweise Waldflächen ersetzt und durch die Auswirkungen von Beweidung und Brandrodung erhalten wird.

in freier Wildbahn ausgestorben (Extinct in the Wild, EW) Gefährdungskategorie, in die eine **Art** eingeordnet wird, deren Vertreter bekanntermaßen in freier Natur ausgestorben sind und nur mehr in Gefangenschaft überleben (siehe auch **IUCN, Rote Liste**).

Indomalayische Region Faunengeografische Region (Ökozone), die sich östlich von Afghanistan über Indien und Sri Lanka, Südchina, die Malaiische Halbinsel und Teile von Indonesien erstreckt und auch die Philippinen und Borneo umfasst. In dieser Region leben fast sechzig Prozent der Weltbevölkerung; durch massive Entwaldung in den letzten Jahrzehnten ging der Lebensraum vieler Vogelarten verloren.

invasive Art **Art**, die einen **Lebensraum** aggressiv besiedelt; in der Regel handelt es sich um eine **eingeschleppte Art**. Invasive Arten können heimische Arten direkt durch Raubdruck (Prädation) oder aber durch Konkurrenz unter Druck setzen.

IUCN (International Union for the Conservation of Nature) Weltnaturschutzunion; Organisation, die Informationen über den Status von **bedrohten Arten** sammelt (siehe auch **Rote Liste**) und sich bemüht, Naturschutz und Nachhaltigkeit auf lokaler wie auch auf globaler Ebene durchzusetzen.

Käfigvogel Jede Vogelart, die häufig in Gefangenschaft gehalten wird. Viele tropische Vögel, vor allem Papageien und einige Singvögel, werden gefangen, um den illegalen Käfigvogelhandel zu beliefern, was zur Bedrohung vieler Arten führt.

keine ausreichenden Daten (Data Deficient, DD) Gefährdungskategorie, in die eine **Art** aufgenommen wird, über die nicht genügend Informationen vorliegen, um ihren Gefährdungsstatus zu beurteilen (siehe auch **IUCN, Rote Liste**).

Klimawandel Veränderung des globalen Klimas. Im Lauf der Erdgeschichte ist es bereits viele Male aufgrund natürlicher Ursachen zu einem Klimawandel gekommen, vor allem durch Schwankungen der Erdumlaufbahn um die Sonne. Die gegenwärtige Veränderung, die mit einer **globalen Erwärmung** einhergeht, gilt bei den meisten Experten jedoch als menschengemacht (anthropogen) und wird unter anderem auf die Freisetzung großer Mengen an Gasen wie Kohlendioxid zurückgeführt, die den **Treibhauseffekt** verstärken.

Kronenraum, Kronendach Baumkronenbereich eines Waldes, gebildet vom Astwerk und vom Laub der Bäume; im tropischen Regenwald der Kronenraum des obersten «Stockwerks».

Kwongan Lokale Bezeichnung für einen artenreichen Buschwald in den westaustralischen Küstenebenen, eine Hartlaubvegetation, die sich unter Einfluss eines Mittelmeerklimas entwickelt.

Mantel Deckgefieder der oberen Rückenpartie.

Macchie Immergrüne Hartlaubgebüsche der Mittelmeerregion (italienische Bezeichnung, französisch *Maquis*); dieser Vegetationstyp hat sich durch Beweidung und Feuer aus den ursprünglichen immergrünen Eichenwäldern entwickelt.

Matorral Spanische Bezeichnung für immergrüne Hartlaubgebüsche, wird vor allem in Chile verwendet.

Melanesien Teil von **Ozeanien** im Westpazifik; reicht von Neuguinea südwärts bis Neukaledonien und westwärts bis zu den Fidschi-Inseln.

Mikronesien Teil von **Ozeanien** im Westpazifik nördlich von **Melanesien**; umfasst eine Vielzahl weit verstreuter tropischer Inseln und Atolle und reicht im Westen bis zu den Marshall-Inseln und nach Kiribati.

Miombo-Trockenwald Charakteristischer Waldtyp der Savannenhochebenen im südlichen Zentralafrika, von Angola bis Tansania und Mosambik. Der dominierende Baum ist *Brachystegia longifolia*, auf Suaheli als *Miombo* bezeichnet.

Montado siehe **Dehesa**

Nebelwald (Bergregenwald, Wolkenwald) Wälder in tropischen Höhenlagen, wo die Luftfeuchtigkeit sehr hoch, aber die Verdunstung relativ gering ist. Es entwickelt sich ein besonderes Habitat, das vor allem in Mittel- und Südamerika gut ausgebildet ist und eine hohe Vogeldiversität aufweist.

nearktische Region (Nearktis) Faunengeografische Region (Ökozone), die Nordamerika (mit Ausnahme von Südflorida) sowie die benachbarten Hochländer von Mexiko und Grönland umfasst.

neotropische Region (Neotropis) Faunengeografische Region (Ökozone), die Süd- und Mittelamerika, das mexikanische Tiefland, die Karibik und die Südspitze von Florida umfasst.

nicht gefährdet (Least Concern, LC) Gefährdungskategorie, in die eine **Art** eingeordnet wird, die bekanntermaßen weit verbreitet und häufig ist (siehe auch **IUCN, Rote Liste**).

Ökosystem Ein recht ungenauer Begriff, mit dem eine Lebensgemeinschaft von Tier- und Pflanzenarten beschrieben wird, die aber auch durch abiotische Faktoren wie lokale Bodenverhältnisse und Klima definiert wird.

Ökotourismus Tourismusform, die Rücksicht auf Umwelt und Bevölkerung einer bestimmten Region nimmt und besonderen Wert auf die Flora und Fauna legt. Einnahmen aus dem Ökotourismus können im günstigen Fall zur finanziellen Unterstützung des Naturschutzes dienen.

Ozeanien Nicht streng definierter Begriff, mit dem meist eine Region bezeichnet wird, welche die Inseln im Pazifik umfasst; manchmal werden aber auch **Australasien** und Neuseeland dazugerechnet (siehe auch **Melanesien, Mikronesien, Polynesien**).

paläarktische Region (Paläarktis) Faunengeografische Region (Ökozone), die Europa sowie Nord- und Zentralasien umfasst. Sie reicht im Norden von Island bis Japan und im Süden von Nordafrika (über den Nahen Osten und die südlichen Ausläufer des Himalajas) bis nach Zentralchina.

Pampa Grassteppe der gemäßigten Klimaregion in Südamerika, vor allem in Argentinien verbreitet, ebenso in Uruguay und Südbrasilien. Die trockene Pampa dominiert in Zentralargentinien, die feuchte (daher fruchtbare) Pampa hingegen weiter ostwärts.

pelagisch Auf dem offenen Meer lebend. Pelagische Vogelarten, vor allem Albatrosse, Sturmtaucher und Sturmvögel, verbringen einen Großteil ihres Lebens auf hoher See und kommen nur zum Brüten an Land.

Phrygana Griechische Bezeichnung, die der **Garrigue** entspricht: mediterrane Kleinstrauchvegetation, die aus Hartlaubgewächsen besteht und vor allem durch Beweidung und Feuer klein gehalten wird.

Phytoplankton Marines Phytoplankton besteht aus mikroskopisch kleinen, Fotosynthese treibenden Organismen, vor allem aus Kieselalgen (Diatomeen), Grünalgen, Dinoflagellaten und Blaualgen.

Polynesien Teil von **Ozeanien** im Mittel- und Südpazifik östlich von **Melanesien**; umfasst eine Vielzahl weit verstreuter Inseln und Atolle, die sich von Tonga und Samoa im Westen bis nach Hawaii im Norden und nach Französisch-Polynesien sowie den Pitcairn-Inseln im Osten erstrecken.

Ramsar-Liste Liste von Feuchtgebieten von internationaler Bedeutung, zusammengefasst in der «Konvention über Feuchtgebiete» (Ramsar-Konvention), die 1971 in Ramsar (Iran) unterzeichnet wurde; Ziel ist der Schutz der ökologischen Integrität dieser Feuchtgebiete. Bisher sind in 160 Ländern insgesamt 1896 Schutzgebiete ausgewiesen worden.

Raubvögel siehe **Greifvögel**

Rote Liste Kurzfassung für «Rote Liste der gefährdeten Arten der Weltnaturschutzunion»; dort werden Tier- und Pflanzenarten aufgeführt, die besonders schutzbedürftig sind. Die Rote-Liste-Kategorien sind: nicht gefährdet (LC), gering gefährdet/Vorwarnliste (NT), gefährdet (VU), stark gefährdet (EN), vom Aussterben bedroht (CR), in freier Wildbahn ausgestorben (EW), ausgestorben (EX) (siehe **bedrohte Art**).

Sahelzone Übergangsbereich zwischen Sahara (Wüste) im Norden und Trockensavanne im Süden; die Sahelzone besteht bei variabler Breite aus einem Mosaik von Halbwüste, Grasland und offener Savanne.

Savanne Tropisches oder subtropisches Grasland mit offenem, vereinzeltem Gehölzbestand, im Normalfall Übergangsbereich zwischen tropischem Regenwald und Wüste.

Schnabel Von Hornleisten überzogener zahnloser Kiefer bei Vögeln, der aus einem Ober- und einem Unterschnabel besteht.

Schnabelaufsatz Natürlicher Auswuchs auf dem Oberschnabel eines Vogels; typisch vor allem für Hornraben.

Scheitel Kopfoberseite des Vogels.

Singvögel Unterordnung (*Passeri* oder auch *Oscines*) der **Sperlingsvögel** (Passeriformes), oft für ihren komplexen und manchmal melodischen Gesang bekannt.

Sperlingsvögel Vertreter der größten Vogelordnung, der *Passeriformes*. Zu den Passeriformes zählen die **Singvögel**.

stark gefährdet (Endangered, EN) Gefährdungskategorie, in die eine **Art** aufgenommen wird, die nach Meinung von Experten in hohem Maße vom Aussterben in freier Wildbahn bedroht ist (s. a. auch **IUCN, Rote Liste**).

Steppe Grasland der gemäßigten (temperaten) Zone; die Steppenregion erstreckt sich in einem Gürtel (von unterschiedlicher Breite) von Osteuropa bis zur Mongolei.

Treibhauseffekt Natürlicher Prozess, bei dem (Sonnen-)Strahlung in der Atmosphäre festgehalten und die Erdoberfläche in einem Temperaturbereich gehalten wird, in dem Leben gedeihen kann. In den letzten Jahrzehnten ist dieser Effekt durch die anthropogene Freisetzung von **Treibhausgasen** verstärkt worden (siehe auch **Klimawandel**).

Treibhausgas Gas, das für den **Treibhauseffekt** verantwortlich ist. Die wichtigsten Treibhausgase sind Kohlendioxid, Methan, Stickoxide und Ozon sowie Wasserdampf. In den letzten Jahrzehnten ist vor allem die Kohlendioxidkonzentration beträchtlich gestiegen, was wiederum den Treibhauseffekt verstärkt und zu einer **globalen Erwärmung** führt.

Tomillares Spanische Bezeichnung für Pflanzenformationen, die der **Garrigue** entsprechen (von spanisch *tomillo*, Thymian).

Tundra Vorwiegend baumlose Pflanzenformation der Polargebiete, insbesondere in der Arktis. Typisch sind Zwergsträucher, Seggen, Gräser, Moose und Flechten.

vertikale Wanderung Ortsveränderung von gebirgsbewohnenden **Arten**, die bergauf oder bergab ziehen, normalerweise in Antwort auf ein verändertes Nahrungsangebot.

vom Aussterben bedroht (Critically Endangered, CR) Gefährdungskategorie, in die eine **Art** aufgenommen wird, die nach Meinung von Experten in extremem Maße vom Aussterben in freier Wildbahn bedroht ist (siehe auch **IUCN, Rote Liste**).

Wachshaut Nackte, weiche Haut an der Wurzel des Oberschnabels; kommt bei bestimmten Vogelfamilien, vor allem bei Papageien, Tauben und Greifvögeln, vor.

Wanderung («Zug») Regelmäßige jährliche Ortsveränderungen einer Art, die einem jahreszeitlichen Rhythmus folgen. Aus winterkalten Gebieten wandern viele Vogelarten in der kalten Jahreszeit in Regionen mit einem milderen Klima ab, wo sie genügend Nahrung finden.

Watvogel (Limikolen) Vertreter der Ordnung Charadriiformes, zu der Regenpfeiferartige und Schnepfenvögel gehören.

Wichtiges Vogelgebiet (Important Bird Area, IBA) Gebiet, das von *BirdLife International* (Welt-Dachverband der Vogelschutzverbände) als Schlüsselgebiet für den Vogelschutz benannt wurde. Um diesen Status zu erlangen, muss ein Gebiet eines oder mehrere der folgenden Kriterien erfüllen: beherbergt bedeutende Bestände von einer oder mehreren weltweit **bedrohten Arten**, ist im Verbund mit anderen IBAs von besonderer Bedeutung für Arten mit eingeschränktem Verbreitungsgebiet, beherbergt besonders hohe Individuenzahlen an Zugvogelarten oder koloniebrütenden Vogelarten. Inzwischen sind fast 11 000 Gebiete in rund 200 Ländern als IBAs ausgewiesen worden.

Welterbeliste Liste der UNESCO, auf der wichtige Welterbestätten – Weltkulturerbe und Weltnaturerbe – aufgeführt sind. Im Jahr 2010 umfasste die Liste 911 Einträge, darunter 180 Weltnaturerbestätten.

World Bird Database (WBDB) Datenbank, mit deren Hilfe BirdLife Partnership sämtliche Daten zum Status aller Vogelarten verwaltet, analysiert und kommuniziert. Die Datenbank liefert nicht nur genaue Informationen zu **Arten**, insbesondere **bedrohten (gefährdeten) Arten**, sondern umfasst auch zwei wichtige Kategorien zu bestimmten Regionen – **EBAs (Endemic Bird Areas)** und **IBAs (Wichtigen Vogelgebiete)**.

Zooplankton Winzige tierische Organismen, die im Wasser treiben. Marines Zooplankton setzt sich aus ständig vorhandenen Organismen wie Flohkrebsen, Ruderfußkrebsen und Krill zusammen; dazu kommen die Larven anderer Meerestiere, wie Krabben und Seesterne. Das Zooplankton bildet eine wichtige Komponente des marinen Nahrungsgefüges (Nahrungsnetzes) (siehe auch **Phytoplankton**).

Register

BILDNACHWEIS

Der Dank der Verlage für die Reproduktionsgenehmigung der Abbildungen geht an:
Seiten: 1 Corbis/Visuals Unlimited/John Cornell; **2–3** Corbis/Epa/Nic Botha; **4–5** Shutterstock/Vishnevskiy Vasily; **6** Corbis/Frans Lanting; **7** BirdLife International; **8–9** Corbis/Arthur Morris; **10** Corbis/All Canada Photos/Rolf Hicker; **11 oben** FLPA/Minden Pictures/Michael & Patricia Fogden; **11 unten** FLPA/Shem Compion; **13 oben** FLPA/Minden Pictures/Claus Meyer; **13 unten** Shutterstock/Sue Robinson; **14–15 unten** Corbis/Momatiuk-Eastcott; **14 oben rechts** FLPA/Minden Pictures/Konrad Wothe; **15 oben** Corbis/Science Faction/Rainbow/Dan McCoy; **16** Corbis/Philip Gould; **17 oben** FLPA/Frans Lanting; **17 unten** FLPA/Malcolm Schuyl; **18 oben** FLPA/Steve Trewhella; **18 unten** Corbis/Bob Sacha; **19** Corbis/Paul Souders; **20** FLPA/Neil Bowman; **21** Shutterstock/Francois Loubser; **22–23 unten** Corbis/Reuters/John Kolesidis; **23 oben rechts** FLPA/John Eveson; **26–27** FLPA/Minden Pictures/Tui DeRoy; **29 oben rechts** Nature/Karl Ammann; **29 unten** Nature/Aflo; **30** Ardea/Andrey Zvoznikov; **31 oben** Nature/Morley Road; **31 unten** Corbis/Aurora Photos/John Lee; **32** FLPA/Frans Lanting; **33** Corbis/Paulo Whitaker; **34 oben** Ardea/John S. Dunning; **34 unten** Nature/Luiz Claudio Marigo; **35 oben** Shutterstock/Neale Cousland; **36** Getty Images/National Geographic/Klaus Nigge; **37** Photolibrary/age fotostock/Patricio Robles Gil; **38** Photoshot/NHPA/Jany Sauvanet; **39** FLPA/Neil Bowman; **40** FLPA/Minden Pictures/Konrad Wothe; **41 oben** Corbis/Frans Lanting; **41 unten** FLPA/Minden Pictures/Mark Moffett; **42–43** FLPA/Minden Pictures/Carr Clifton; **45** Corbis/Robert Y. Kaufman; **46 oben** FLPA/S & D & K Maslowski; **46 unten** Ardea/Wardene Weisser; **47** Corbis/David Muench; **48** Photolibrary/John Warburton-Lee Photography/Paul Harris; **49** Franz Immoos, Amsterdam; **50** FLPA/Minden Pictures/Kevin Schafer; **51** Nature/Roger Powell; **52–53** Shutterstock/AP Design; **54** Shutterstock/Yoann Combronde; **55** Science PhotoLibrary/Bernhard Edmaier; **56** FLPA/Minden Pictures/Winfried Wisniewski; **57** FLPA/Imagebroker; **58** FLPA/Richard Brooks; **59** Photolibrary/Imagebroker/Fabian von Poser; **60–61** Photolibrary/Image Source; **63** Corbis/Hans Reinhard; **64** FLPA/Minden Pictures/Patricio Robles Gil; **65** FLPA/Jürgen & Christine Sohns; **66 oben** Photolibrary/Russian Look/Konstantin Mikhailov; **66–67** Corbis/Latitude/Galen Rowell; **68–69** FLPA/Minden Pictures/Yva Momatiuk & John Eastcott; **69 unten rechts** Corbis; **70** Photolibrary/Flirt Collection/Joe McDonald; **71** Science Photo Library/Bruce F Molina/National Snow & Ice Data Center/World Data Center for Glaciology; **72–73** Corbis/All Canada Photos/Russ Heinl; **74** Photolibrary/age fotostock/Andoni Canela; **75** Photolibrary/Picture Press/Klaus Nigge; **76** Peter van Zoest; **77** Photolibrary/Animals Animals/ABL/Roger de la Harpe; **79 oben** Corbis/Eric und David Hosking; **79 unten** FLPA/Winfried Wisniewski; **80–81** Photolibrary/Cuboimages/Paroli Galperti; **82** Corbis/Peter Johnson; **83** Photolibrary/Saga Photo/Patrick Forget; **84** Photolibrary/age fotostock/Nigel Dennis; **85** Getty Images/Robert Harding Picture Library/Steve & Ann Toon; **86–87** Photolibrary/Robert Harding Picture Library/Jochen Schlenker; **87 oben rechts** Jon Thornton; **88–89** Corbis/Kevin Schafer; **90–91** Corbis/Martin Harvey; **91 oben** Corbis/JAI/Nigel Pavitt; **92–93** FLPA/Minden Pictures/Jim Brandenburg; **93 oben rechts** Corbis/Wolfgang Kaehler; **94 oben links** FLPA/Winfried Wisniewski; **94 rechts** Corbis/EPA/Pawel Supernak; **95** FLPA/Minden Pictures/Martin Woike; **96–97** Ardea/Jean Paul Ferrero; **97 oben rechts** FLPA/Winfried Wisniewski; **98** Corbis/JAI/Nigel Pavitt; **99 oben** Nature/Gary K. Smith; **99 unten** Corbis/Reuters/Diario Panorama; **100** Getty Images/National Geographic/Steve Winter; **101** Miguel A. Torres; **102–103** Corbis/Macduff Everton; **105** Alamy/Martin Harvey; **106** Getty Images/Buena Vista Images; **107 oben** Bill Clark/U.S Geological Survey; **107 unten** Photolibrary/age fotostock/Kevin O'Hara; **109** Photolibrary/Juniors Bildarchiv; **110 oben** Photoshot/World Pictures/Jean Du Boisberranger; **110 unten** FLPA/Frans Lanting; **111 oben** FLPA/Terry Whittaker; **111 unten** Alamy/Andre Jenny; **112** Photoshot/NHPA/ANT; **113** Photolibrary/age fotostock/Andoni Canela; **114 unten links** Ardea/Jean Paul Ferrero; **114–115** Corbis/Matthieu Colin/Sygma; **115tr** Ardea/Jean Paul Ferrero **116** Shutterstock/Dean Bertoncij **117** Shutterstock/H. Damke; **118** Shutterstock/George Lamson **119 oben** Shutterstock/beltsazar **119 unten** FLPA/Tui de Roy Minden **228–229** Tim Laman **230** Corbis/Jim Merli/Visuals Unlimited, Inc. **231 oben** FLPA/David Hosking **231 unten** FLPA/Geogg Moon **232–233** FLPA/Frans Lanting **233 oben** FLPA/Tuit de Roy/Minden Pictures **234** Gonçalo M. Rosa **235 oben** Nik Borrow **237** Corbis/epa/Nic Bothma/**238** Corbis/Frans Lanting

New bird illustrations by Gill Tomblin